21世纪高等院校规划教材

网页设计与制作

任正云　陆大修　编著

中国水利水电出版社

内 容 提 要

本书全面介绍网页设计与制作技术，它以目前最流行的网页设计制作软件为技术支撑，详细介绍了 Dreamweaver 8、Fireworks 8、Flash 8 三种软件的使用方法。

本书共 12 章，从 HTML 入门、网站规划开始，配以丰富的实例，重点介绍使用“三剑客”制作网页的方法和技巧。主要内容包括 HTML 初步、网页文档的创建、网页的定位技术、网页的修饰技术；如何使用 Fireworks 8 处理网页图像；如何使用 Flash 8 制作网页动画；动态网站技术。每章后面都给出了精心设计的思考题和练习题，以便读者进一步理解和巩固所学的知识。

本书实例丰富，内容翔实，操作方法简单易学，融基础性、技术性、使用性为一体，不仅适合作为各大、中专院校及网页设计培训班的教材，也可供从事网站设计的人员及相关工作人员参考。

本书电子教案可以从中国水利水电出版社网站上免费下载，网址为：http://www.waterpub.com.cn/softdown/。

图书在版编目（CIP）数据

网页设计与制作 / 任正云等编著. —北京：中国水利水电出版社，2007

21 世纪高等院校规划教材

ISBN 978-7-5084-3865-8

Ⅰ. 网… Ⅱ. 任… Ⅲ. 主页制作－高等学校－教材

Ⅳ. TP393.092

中国版本图书馆 CIP 数据核字（2007）第 072999 号

书　　名	21 世纪高等院校规划教材 **网页设计与制作**
作　　者	任正云　陆大修　编著
出版发行	中国水利水电出版社 （北京市海淀区玉渊潭南路 1 号 D 座　100038） 网址：www.waterpub.com.cn E-mail：mchannel@263.net（万水） sales@waterpub.com.cn 电话：（010）68367658（营销中心）、82562819（万水）
经　　售	全国各地新华书店和相关出版物销售网点
排　　版	北京万水电子信息有限公司
印　　刷	北京蓝空印刷厂
规　　格	184mm×260mm　16 开本　23.25 印张　573 千字
版　　次	2007 年 7 月第 1 版　2011 年 6 月第 4 次印刷
印　　数	8501—11500 册
定　　价	32.00 元

序

随着计算机科学与技术的飞速发展，计算机的应用已经渗透到国民经济与人们生活的各个角落，正在日益改变着传统的人类工作方式和生活方式。在我国高等教育逐步实现大众化后，越来越多的高等院校会面向国民经济发展的第一线，为行业、企业培养各级各类高级应用型专门人才。为了大力推广计算机应用技术，更好地适应当前我国高等教育的跨跃式发展，满足我国高等院校从精英教育向大众化教育的转变，符合社会对高等院校应用型人才培养的各类要求，我们成立了“21 世纪高等院校规划教材编委会”，在明确了高等院校应用型人才培养模式、培养目标、教学内容和课程体系的框架下，组织编写了本套“21世纪高等院校规划教材”。

众所周知，教材建设作为保证和提高教学质量的重要支柱及基础，作为体现教学内容和教学方法的知识载体，在当前培养应用型人才中的作用是显而易见的。探索和建设适应新世纪我国高等院校应用型人才培养体系需要的配套教材已经成为当前我国高等院校教学改革和教材建设工作面临的紧迫任务。因此，编委会经过大量的前期调研和策划，在广泛了解各高等院校的教学现状、市场需求，探讨课程设置、研究课程体系的基础上，组织一批具备较高的学术水平、丰富的教学经验、较强的工程实践能力的学术带头人、科研人员和主要从事该课程教学的骨干教师编写出一批有特色、适用性强的计算机类公共基础课、技术基础课、专业及应用技术课的教材以及相应的教学辅导书，以满足目前高等院校应用型人才培养的需要。本套教材消化和吸收了多年来已有的应用型人才培养的探索与实践成果，紧密结合经济全球化时代高等院校应用型人才培养工作的实际需要，努力实践，大胆创新。教材编写采用整体规划、分步实施、滚动立项的方式，分期分批地启动编写计划，编写大纲的确定以及教材风格的定位均经过编委会多次认真讨论，以确保该套教材的高质量和实用性。

教材编委会分析研究了应用型人才与研究型人才在培养目标、课程体系和内容编排上的区别，分别提出了 3 个层面上的要求：在专业基础类课程层面上，既要保持学科体系的完整性，使学生打下较为扎实的专业基础，为后续课程的学习做好铺垫，更要突出应用特色，理论联系实际，并与工程实践相结合，适当压缩过多过深的公式推导与原理性分析，兼顾考研学生的需要，以原理和公式结论的应用为突破口，注重它们的应用环境和方法；在程序设计类课程层面上，把握程序设计方法和思路，注重程序设计实践训练，引入典型的程序设计案例，将程序设计类课程的学习融入案例的研究和解决过程中，以学生实际编程解决问题的能力为突破口，注重程序设计算法的实现；在专业技术应用层面上，积极引入工程案例，以培养学生解决工程实际问题的能力为突破口，加大实践教学内容的比重，增加新技术、新知识、新工艺的内容。

本套规划教材的编写原则是：

在编写中重视基础，循序渐进，内容精炼，重点突出，融入学科方法论内容和科学理念，反映计算机技术发展要求，倡导理论联系实际和科学的思想方法，体现一级学科知识组织的层次结构。主要表现在：以计算机学科的科学体系为依托，明确目标定位，分类组织实施，兼容互补；理论与实践并重，强调理论与实践相结合，突出学科发展特点，体现学科发展的内在规律；教材内容循序渐进，保证学术深度，减少知识重复，前后相互呼应，内容编排合理，整体结构完整；采取自顶向下设计方法，内涵发展优先，突出学科方法论，强调知识体系可扩展的原则。

本套规划教材的主要特点是：

（1）面向应用型高等院校，在保证学科体系完整的基础上不过度强调理论的深度和难度，注重应用型人才的专业技能和工程实用技术的培养。在课程体系方面打破传统的研究型人才培养体系，根据社会经济发展对行业、企业的工程技术需要，建立新的课程体系，并在教材中反映出来。

（2）教材的理论知识包括了高等院校学生必须具备的科学、工程、技术等方面的要求，知识点不要求大而全，但一定要讲透，使学生真正掌握。同时注重理论知识与实践相结合，使学生通过实践深化对理论的理解，学会并掌握理论方法的实际运用。

（3）在教材中加大能力训练部分的比重，使学生比较熟练地应用计算机知识和技术解决实际问题，既注重培养学生分析问题的能力，也注重培养学生思考问题、解决问题的能力。

（4）教材采用“任务驱动”的编写方式，以实际问题引出相关原理和概念，在讲述实例的过程中将本章的知识点融入，通过分析归纳，介绍解决工程实际问题的思想和方法，然后进行概括总结，使教材内容层次清晰，脉络分明，可读性、可操作性强。同时，引入案例教学和启发式教学方法，便于激发学习兴趣。

（5）教材在内容编排上，力求由浅入深，循序渐进，举一反三，突出重点，通俗易懂。采用模块化结构，兼顾不同层次的需求，在具体授课时可根据各校的教学计划在内容上适当加以取舍。此外还注重了配套教材的编写，如课程学习辅导、实验指导、综合实训、课程设计指导等，注重多媒体的教学方式以及配套课件的制作。

（6）大部分教材配有电子教案，以使教材向多元化、多媒体化发展，满足广大教师进行多媒体教学的需要。电子教案用 PowerPoint 制作，教师可根据授课情况任意修改。相关教案的具体情况请到中国水利水电出版社网站 www.waterpub.com.cn 下载。此外还提供相关教材中所有程序的源代码，方便教师直接切换到系统环境中教学，提高教学效果。

总之，本套规划教材凝聚了众多长期在教学、科研一线工作的教师及科研人员的教学科研经验和智慧，内容新颖，结构完整，概念清晰，深入浅出，通俗易懂，可读性、可操作性和实用性强。本套规划教材适用于应用型高等院校各专业，也可作为本科院校举办的应用技术专业的课程教材，此外还可作为职业技术学院和民办高校、成人教育的教材以及从事工程应用的技术人员的自学参考资料。

我们感谢该套规划教材的各位作者为教材的出版所做出的贡献，也感谢中国水利水电出版社为选题、立项、编审所做出的努力。我们相信，随着我国高等教育的不断发展和高校教学改革的不断深入，具有示范性并适应应用型人才培养的精品课程教材必将进一步促进我国高等院校教学质量的提高。

我们期待广大读者对本套规划教材提出宝贵意见，以便进一步修订，使该套规划教材不断完善。

21 世纪高等院校规划教材编委会
2004 年 8 月

前　言

随着计算机技术和通信技术的飞速发展，网络的应用已经深入人们的工作和生活。为了充分利用网络资源，企业可以宣传自己的产品；政府可以发布有关的政策法规；学校可以为学生提供有关的教学信息。为了使自己的网站能够吸引越来越多的用户，迫切需要了解并掌握网页设计技术。

本书从实际出发，以理论结合实际的方式，详细地介绍了 Dreamweaver 8、Fireworks 8、Flash 8 三个软件的使用方法和操作技巧，将网页设计过程中的难点、要点贯穿一线，循序渐进地介绍了网页制作的整个过程，其中包括构思、规划、制作和发布等。

本书共分 12 章，从 HTML 入门、网站规划开始，配以丰富的实例，重点介绍使用“三剑客”制作网页的方法和技巧；第 1 章介绍了 HTML 初步，第 2～9 章介绍了网页文档的创建、网页的定位技术、网页的修饰技术；第 10 章介绍了如何使用 Fireworks 8 处理网页图像；第 11 章介绍了如何使用 Flash 8 制作网页动画，第 12 章介绍了动态网站技术。每章后面都给出了精心设计的思考题和上机练习题，以便于读者进一步理解和巩固所学的知识。

本书十分重视实际能力的培养，每讲一个知识点，都配有实践技能训练，为帮助读者掌握这些技能，写作时着重注意如下几点：

- 表述概念力求准确而不冗长，尽可能深入浅出。
- 对操作过程尽量配以图形说明。
- 提供了丰富详实的例子，让读者学习轻松，上手容易，将读者学习软件时的困难一一化解。
- 每章的最后都附有练习题和上机练习题，便于读者巩固加深所学的知识。

本书由任正云、陆大修编著，参加编写的人员还有陈万华、琚辉、严永松、沈成涛、毛红鹰、刘青筱、李成海、熊治梅和肖衡。全书由任正云完成统稿和校对，陈万华、严永松、沈成涛、刘青筱为本书绘制了大量的插图，在编写和修改过程中，田原、胡玉荣、李素若提出了宝贵的意见和建议，并给予非常大的帮助，在此一并表示感谢！

由于编者水平有限，编写时间仓促，书中如有疏漏和不足之处，敬请读者和专家批评指正。

编　者

2007 年 4 月

目　录

第 1 章　网页基础知识

1.1　网页概述

1.1.1　什么是网页

Web 直译过来就是“网”，可以理解为通过超级链接将各种文档连接起来的一个大规模的信息集合。

网页（Web 页）实际上就是 HTML 文件，是一种可以在 WWW 网上传输，并能被浏览器认识和翻译成页面的文件。WWW 是 World Wide Web 的缩写；HTML 则是 Hyper Text Markup Language 的缩写，意为“超文本标记语言”，它是一种规范，一种标准。超文本就是指页面可以包含图片、链接、音乐等非文字的元素。网页实际上就是由 HTML 语言编写出来的。HTML 语言的发展很快，已经经历了 HTML 1.0、HTML 2.0 和 HTML 3.0 多个版本，现在正朝着动态 HTML（DHTML）和虚拟 HTML（VHTML）方面发展，对于一般网页制作者而言，只要掌握 HTML 2.0 就可以了。

制作网页所需要的硬件和软件如下：

（1）硬件。计算机主频最好在 PⅡ以上，内存最好在 128MB 以上，必须有足够大的空间来存放网页素材。如果条件许可，还可以配置一台扫描仪和数码相机，以便获取和处理图片素材。

（2）软件。Dreamweaver 8 是目前制作网页的最新软件版本，FrontPage 也是一个不错的产品。处理网页图像和文字可以选择 Fireworks，若要制作网页动画，可以选择 Flash，还有很多与之相关的软件本书就不一一介绍。

1.1.2　网页中的基本元素

网页包括的主要元素有文本、图像、动画、声音、视频、表格、表单等，图 1-1 所示就是一个包含了多元素的网页。

1．文本

文本是人类最重要的信息载体和交流的工具，网页的主体一般以文本为主。在制作网页时，可以根据需要设置文本的字体、字号、颜色以及所需要的其他格式。

文本在网页中的主要功能是显示信息和超级链接，文本通过文字的具体内容与不同的格式来显示信息的重要内容，这是文本的直接功能。此外，文本作为一个对象，往往又是超级链接的触发体，通过文本表达的链接目标指向相关内容。

2．图像

图像在网页中可以起到提供信息、展示作品、美化网页以及体现风格等效果。图像可以用作标题、网站标志、网页背景、链接按钮、导航条、网页主图等，网页中使用图像的格式主要有 GIF、JPEG、PNG 等格式。

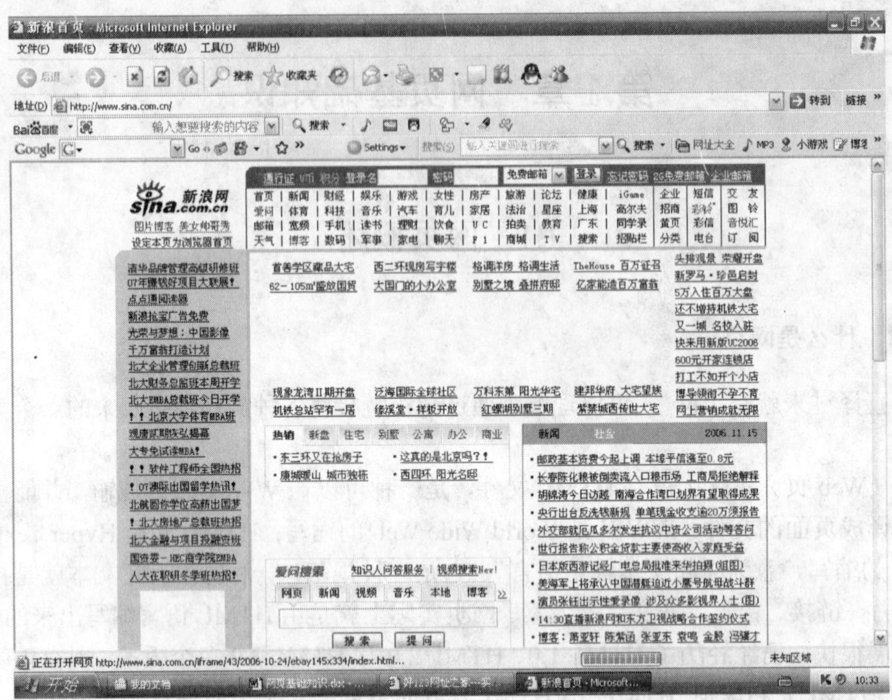

图 1-1 新浪网主页

（1）GIF 图像。GIF（Graphics Interchange Format）由 Compu-Serve 公司 1987 年 6 月制订，支持 64000 像素的图像，最多只能支持 256 色到 16MB 颜色的调色板，也就是 8 位的图像。GIF 靠水平扫描像素行找到固定的颜色区域进行压缩，然后减少同一区域中像素数量。单个文件中的多重图像，可按行扫描迅速解码以及有效的压缩，具有硬件无关性，GIF 通常对于卡通、图像、Logo 以及带有透明区域的图像、动画很有作用，主要用于多媒体制作与网页制作中。GIF 文件格式的扩展名是.gif。GIF 文件的特点是文件小，使用时占用系统内存少，调用时间短。

（2）JPEG 图像。JPEG（Joint Photographic Experts Group，联合照片专家组）是一种特别为照片图像设计的图片压缩处理格式。JPEG 文件格式的扩展名为.jpg。JPEG 文件采用先进的压缩算法（分无损压缩与有损压缩两类），可以保持较好的图像保真度和较高的压缩比。当压缩比达到 48:1 时，可以保持很好的图像效果。JPEG 文件格式是扫描照片、带材质的图像、带渐变色过渡的图像或者多于 256 种颜色图像的最佳格式。

（3）PNG 图像。PNG（Portable Network Graphic）即可移植网络图形。PNG 图像是专门针对 Web 开发的一种无损压缩图像，它的压缩比要大大超过许多传统的图像无损压缩算法，同时还支持透明背景和动态效果。PNG 文件格式的扩展名是.png。

3. 动画

动画实质上就是动态的图像。在网页中使用动画可以有效地吸引浏览者的注意。由于活动的对象比静止的对象更具有吸引力，因而网页上通常有大量的动画。网页中使用较多的是 GIF 动画和 Flash 动画。动画的功能是提供信息、展示作品、装饰网页、动态交互。

4. 声音

声音是多媒体网页的重要组成部分。当前存在着一些不同类型的声音文件和格式，也有不同的方法将这些声音文件添加到 Web 页中去。在决定被添加声音的格式和方式之前，需要考虑声音的用途、声音文件的格式、声音文件的大小、声音的品质和浏览器的差别等，不同的浏览器对于声音文件的处理方法是非常不同的，彼此之间可能不兼容。用于网络声音文件的格式非常多，常用的是 MIDI、MAV、MP3 和 AIF 等。

一般来讲，不要使用声音文件作为网页的背景音乐，那样会影响网页的下载速度。可以在网页中添加一个链接来打开声音文件作为背景音乐，让播放音乐变得可以控制。

浏览器的不同，处理声音文件的方式也会有很大的差异，最好将声音文件添加到 Flash 影片中，然后嵌入 SWF 文件以改善一致性。

5. 视频

网页中视频文件的格式也非常多，常见的有 RealPlayer、MPEG、AVI 和 DivX 等。视频文件的采用让网页变得非常精彩而且有动感。网络上的许多插件也使得向网页中插入视频文件变得非常简单。

6. 表格

表格是一种用来控制网页中页面布局的有效方式。为了达到理想的视觉效果，通常都不显示边框，我们所看到的网页如果具有横竖分明的风格，一般都是用表格来辅助布局的。

在创建表格后，就可以方便地修改其外观和结构，创建者可以执行以下任意操作。

（1）添加网页内容。

（2）添加、删除、拆分及合并行和列。

（3）修改表格、行或单元格属性以添加颜色和对齐。

（4）拷贝和粘贴单元格。

许多设计人员使用表格对网页进行布局。Dreamweaver 提供两种方式来查看和操作表格：标准视图和布局视图。在标准视图中，表格显示为行和列的网格，而布局视图允许创建者在将表格用作基础结构的同时在网页上绘制、移动方框以及调整方框的大小。

7. 表单

表单是一种特殊的网页元素。表单的主要用途是：收集联系信息、接受用户要求、获得反馈意见、设置访问者签名、让浏览者输入关键字搜索相关网页、让浏览者注册会员或以会员身份登录。在图 1-1 中，登录的用户名、密码、搜索引擎等都是表单。

表单由不同功能的表单域组成，最简单的表单也要包含一个输入区域和一个提交按钮。站点浏览者填写表单的方式通常是输入文本、选中单选按钮和复选框，以及从下拉列表框中选择选项。根据表单功能和处理方式的不同，通常可以将表单分为用户反馈表单、留言簿表单、搜索表单和用户注册表单等类型。

除了上面介绍的元素，还可以在 Dreamweaver 8 文档中插入 Flash 影片或对象、QuickTime 或 Shockwave 影片、Java Applets、ActiveX 控件或者其他音频和视频对象。

1.1.3　网页的类型

网页或网站由一个或多个超级文本组成，一个网页包含的元素很多，但经过浏览器编译后能够看到以下几大类元素：文字、图像、表格、动画和视频等。还有很多元素是看不到的，比如应用程序的执行过程。不同内容的网页被执行的过程是不同的，一般有 3 种类型：基本网页、动态网页和模板网页。

1．基本网页

基本网页又称静态网页，是相对动态网页而言的，并不是指网页中的元素是静止不动的，而是指客户端浏览器与服务器端不发生任何交互的网页，如图 1-2 所示。但网页中可能包括 GIF 动画，Flash 动画，或变换图像，当单击或鼠标指针经过时才会变化，这种静态网页执行过程较为简单，如图 1-3 所示就是它的工作原理。

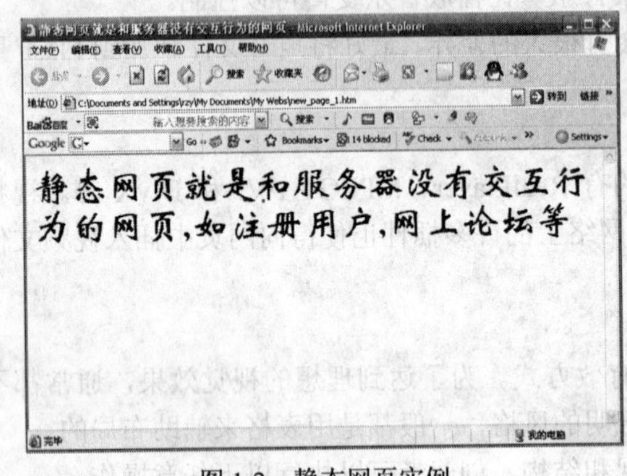

图 1-2 静态网页实例

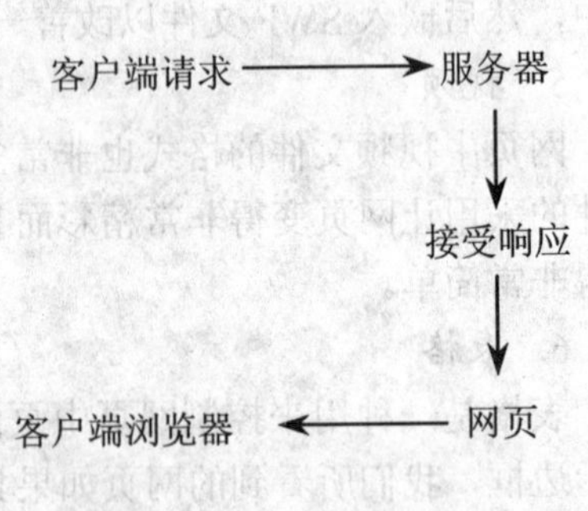

图 1-3 静态网页工作过程

2．动态网页

动态网页中除了基本网页中的元素以外还包括一些程序，这些应用程序需要浏览器与服务器之间发生交互行为，而且应用程序的执行需要应用程序服务器才能完成。

应用程序服务器的作用是读取动态网页上的代码，根据代码中的指令完成网页，然后将代码从网页上去掉，所得的结果将是一个静态网页；应用程序服务器将该网页传送回网页服务器，网页服务器将网页发送到浏览器，浏览器得到的仍然是一个纯 HTML 的静态网页。

动态网页是人与服务器对话的结果，如图 1-4 所示的登录、注册、网上购物等都属于此类网站。

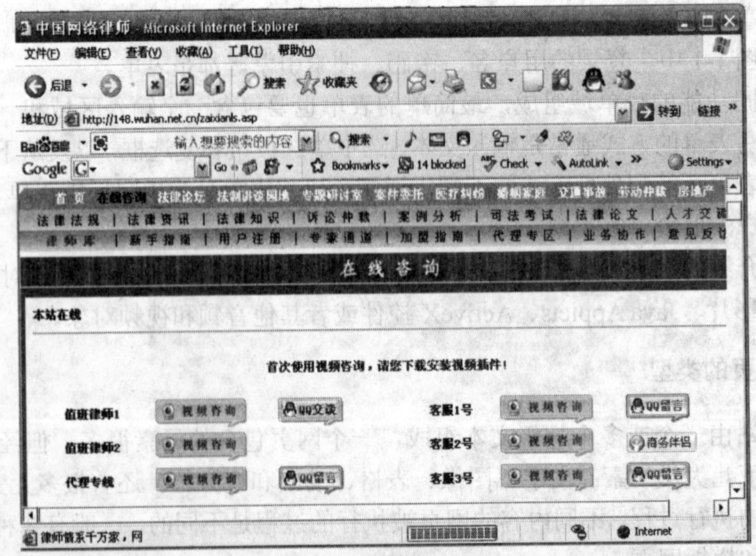

图 1-4 中国网络律师

动态网页有两种：一种是普通动态网页，它不包含数据库；一种是包含数据库的动态网页。

（1）普通动态网页，其工作过程如图 1-5 所示。

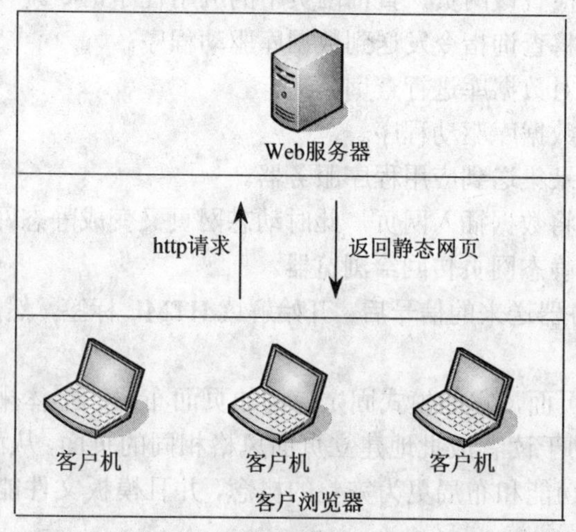

图 1-5　动态网页工作过程

1）客户端浏览器向网络中的服务器发出请求，指向某个动态网页。

2）服务器接受请求信号后，将该网页送到应用程序服务器。

3）应用程序服务器检查该网页，并执行其中的如 JavaScript、VBScript、CGI、ASP、PHP 和 Perl 等应用程序代码。

4）应用程序服务器将完成的网页再传回给服务器。

5）服务器将完成的静态网页传回给浏览器。

6）客户端浏览器接收到服务器传来的信号后，开始解读 HTML 标签，然后将结果转换并显示出来。

（2）包含数据库如 Access、SQL、MYSQL 等的动态网页，其工作过程如图 1-6 所示。

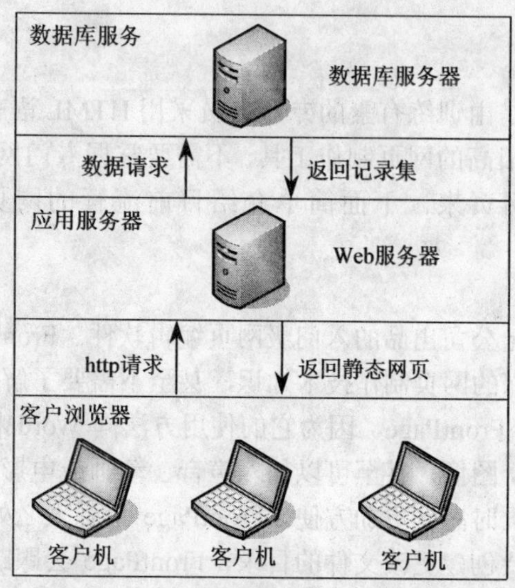

图 1-6　包含数据库的动态网页工作工程

1）浏览器向网络中的服务器发出请求，指向某个动态网页。

2）服务器接受请求信号后，将该网页送至应用程序服务器。

3）应用程序服务器检查该网页，查询网页中的应用程序指令。

4）应用程序服务器将查询指令发送到数据库驱动程序。

5）数据库驱动程序对数据库进行查询。

6）记录集被返回给数据库驱动程序。

7）驱动程序再将记录集送到应用程序服务器。

8）应用程序服务器将数据插入网页，此时动态网页又变成静态网页。

9）服务器将完成的静态网页传回给浏览器。

10）浏览器接到服务器送来的信号后，开始解读 HTML 标签，然后将其结果转换并显示。

3. 模板网页

模板提供一个标准页面，它的模式固定，例如页面布局、字体排列等固定不变，只需要改变页面的内容，这有助于读者成批地建立页面风格相同的页面，从而使网站风格得到统一。模板能够带给你对网页功能和布局更为完整的概念，并且模板文件能够让你更容易地浏览页面代码。

注意：浏览器在浏览网页（静态网页和动态网页）的时候并不是请求一次，而是请求多次。当服务器第 1 次将网页以文本的形式送回浏览器时，浏览器顺序“阅读”网页中的代码，当遇到图像、GIF 动画、Flash 动画或应用程序代码时，浏览器就会发送第 2 次请求，服务器找到图像、GIF 动画、Flash 动画、应用程序代码并运行它们，并将完成的结果送回浏览器，这样经过反复多次请求，才将整个网页显示出来。

在实际工作中，整个请求过程只需要几十秒甚至几秒的时间，这要取决于浏览器客户端计算机的性能、网络速度以及网页的大小等多方面因素。

1.2 网页制作工具简介

1.2.1 网页编辑工具

过去创建和管理网页是由训练有素的专业人员采用 HTML 语言手工编写程序来实现的。而现在有许多可视化程度很高的网页制作工具，不需要掌握专门网页制作技术就能够创作出富有特色、动感十足的网页来。下面简单介绍目前流行的网页编辑工具 FrontPage 和 Dreamweaver。

1. FrontPage

FrontPage 是 Microsoft 公司出品的入门级网页编辑软件。FrontPage 支持所见即所得的编辑方式，它不需要掌握很深的网页制作技术知识，甚至不需要了解 HTML 语言格式。如果会使用 Word，很快就能学会 FrontPage，因为它的使用方法同 Word 相似。可以像编辑 Word 文档那样在文章中加入表格、图像，甚至可以加入声音、动画或电影。FrontPage 自带的向导和模板能使初学者在编辑网页时感到更加方便。FrontPage 最强大之处是站点管理功能。在更新服务器上的站点时，不需要创建更改文件的目录，FrontPage 会跟踪文件并拷贝那些新版本的文件。

2. Dreamweaver

Dreamweaver 是由美国著名的软件开发商 Macromedia 公司推出的网页制作产品，它是一个用于可视化设计与管理网页和网站的管理工具，支持最新的 Web 技术，包含可视化网页设计、图像编辑、全局查找替换、处理 Flash 和 Shockwave 等媒体格式和动态 HTML。它与 Macromedia 公司的 Flash、Fireworks、FreeHand 配合使用，功能更为强大，是目前专业人士首选的网页制作工具。Dreamweaver、Flash 和 Fireworks 被称为“网页制作三剑客”。

1.2.2 网页动画制作软件

Flash 也是 Macromedia 公司推出的产品。Flash 8 可以更好的为网页设计师和开发人员服务，帮助他们提高工作效率，创造丰富的、极具诱惑力和感染力的动画作品。

Flash 的主要功能是制作动画，这种动画不能是纯粹的动画，还应该具有交互的特点，制作出来的作品应该达到令人目眩的感觉。

Flash 8 兼容了以前的版本，凡是以前使用过 Flash 4、Flash 5、Flash MX 和 Flash MX 2004 的用户都可以立即上手，应用起来更方便、更快捷。Flash 8 的功能得到了极大的扩展，用它可以创造完整的动态站点，从内容显示到数据库的连通，以及视频的调整，给用户带来的惊喜是空前的。

凭借 Flash 8 的开发环境及新的服务器技术优势，网页的开发者可以通过它建立新一代的网络动画，带来更具视觉震撼力的 Web 产品。

1.2.3 网络图像处理软件

Fireworks 是 Macromedia 公司专门为网页设计的 Web 图形工具软件，它可以用最少的步骤生成最小但质量很高的 JPEG 和 GIF 图像，这些图像可以直接用于网页上。Fireworks 是 Web 图形工具的首选软件。

Photoshop 是由 Adobe 公司出品的著名的图形图像处理软件。它能够实现各种专业化的图像处理，是专业图像创作的首选软件。

1.3 HTML 基础

HTML 则是“Hyper Text Markup Language，超文本标记语言”的缩写，它是构成 Web 页面的主要工具，是用来表示网上信息的符号标记语言。

在 Internet 上，如果想在全球范围内发布信息，需要一个能够被广泛理解的语言，也就是说所有计算机都能够理解的用于出版的“母语”。WWW（World Wide Web）所使用的出版语言就是 HTML 语言。

通过 HTML，将所需要表达的信息按某种规则写成 HTML 文件，通过专用的浏览器来识别，并将这些 HTML“翻译”成可以识别的信息，就是我们所见到的网页。HTML 的功能如下：

（1）出版在线的文档，其中包含了标题、文本、表格、列表以及照片等内容。

（2）通过超链接检索在线信息。

（3）为获取远程服务而设计表单，可用于检索信息、订购产品。

（4）在文档中直接包含了电子表格、视频剪辑、声音剪辑以及其他一些功能。

1.3.1　HTML 语言结构的基本标志

HTML 语言是标准的 ASCII 文件，从结构上讲，HTML 文件由元素组成，组成文件的许多元素用于组织文件内容和指导文件的输出格式。

1. 文档标志

文档标志为<html></html>。<html>标志用于 HTML 文档的最前面，用来标识 HTML 文档的开始。而</html>标志恰恰相反，它放在 HTML 文档的最后边，又来标识 HTML 文档的结束，两个标志必须成对使用。

2. 文件头标志

文件头标志为<head></head>。<head>和</head>构成 HTML 文档的开头部分，在此标志之间可以使用<title></title>、<script></script>等标志对。<head></head>标志对之间的内容不会在浏览器的框内显示出来。两个标志必须成对使用。

3. 文件主体标志

文件主体标志为<body></body>。<body></body>是 HTML 文档的主体部分，在此标志对之间可以包含<p></p>、<h1></h1>、
、<hr>等众多标志。它们所定义的文本、图像等将会在浏览器的框内显示出来。两个标志必须成对使用。<body>标志中还可以有如表 1-1 所示的属性。

表 1-1　<body>标志属性

属性	用途	示例
<body bgcolor="# rrggbb">	设置背景颜色	<body bgcolor="red">红色背景
<body textr="# rrggbb">	设置文本颜色	<body textr="#0000ff">蓝色文本
<body link="# rrggbb">	设置链接颜色	<body link="blue">链接为蓝色
<body vlink="# rrggbb">	设置已经使用的链接的颜色	<body vlink="#ff0000">

4. 文件标题标志

文件标题标志为<title></title>。使用过浏览器的人可能都会注意到浏览器窗口最上边的蓝色部分显示的文本信息，那些信息一般是网页的“主题”。要将网页的主题显示到浏览器的顶部其实很简单，只要在<title></title>标志对之间加上显示的文本即可。

注意：<title></title>标志对只能放在<head></head>标志对之间。

下面是一个综合的例子，说明了 HTML 文档中最基本标志的使用。

```
<html>
<head>
<title>显示在浏览器最上边蓝色条中的文本</title>
</head>
<body bgcolor="red"text="blue">
<p>红色背景、蓝色的文本</p>
</body>
</html>
```

1.3.2　页面格式标志

在网页设置中会用到 HTML 页面设置、列表设置等格式标志。

1. 段落标志

（1）<p></p>。<p></p>标志对是用来创建一个段落，在此标志对之间加入的文本将按照段落的格式显示在浏览器上。另外，<p>标志还可以使用 align 属性，它用来说明对齐方式，语法是<palign=" "> </p>。align 可以是 Left（左对齐）、Center（居中）和 Right（右对齐）三个值中的一个。

如<p align="Center"></p>表示标志对中的文本使用居中对齐方式。

（2）<per></per>。<per></per>标志对用来对文本进行预处理操作。

2. 换行标志

是一个很简单的标志，它没有结束标志，因为它是用来创建一个回车换行的。在
的使用上面还有一定的技巧，如果把
加在<p></p>标志对的外边，将创建一个很大的回车换行，即
前面和后面文本的行与行之间的距离很大，若放在<p></p>的里面，则
前面和后面的文本行与行之间的距离比较小。

3. 列表标志

（1）<dl></dl>、<dt></dt>、<dd></dd>。<dl></dl>用来创建一个普通的列表，<dt></dt>用来创建列表中的上层项目，<dd></dd>用来创建列表中最下层项目，<dt></dt>和<dd></dd>都必须放在<dl></dl>标志对之间。

下面是一个创建普通列表的例子：

```
<html>
<head>
<title>一个普通的列表</title>
</head>
<body tetx="blue">
<dl>
<dt>中国城市</dt>
<dd>北京<dd>
<dd>上海<dd>
<dd>广州<dd>
<dt>美国城市</dt>
<dd>华盛顿<dd>
<dd>芝加哥 dd>
<dd>纽约<dd>
</dl>
</body>
</html>
```

上面实例在浏览器中的显示结果如图 1-7 所示。

（2）<ol></ol>、<ul></ul>、<li></li>。<ol></ol>标志对用来创建一个有数字的列表；<ul></ul>标志对用来创建一个标有圆点的列表；<li></li>标志对只能在<ol></ol>或<ul></ul>标志对之间使用，此标志对用来创建一个列表项，若<li></li>放在<ol></ol>之间，则每个列表项加上一个数字，若<li></li>放在<ul></ul>之间，则每个列表项加上一个圆点。

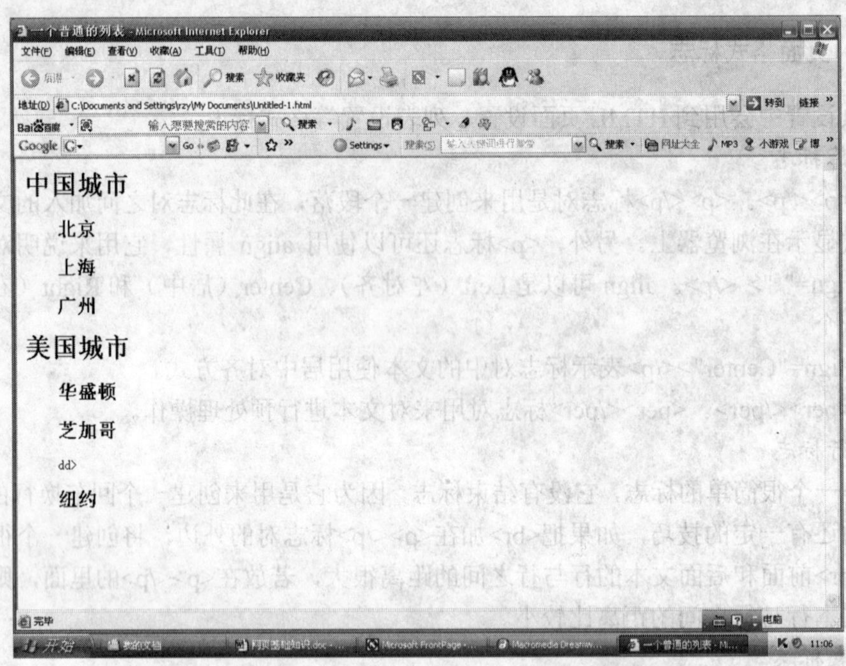

图 1-7 列表标志在浏览器中的显示效果

```
<html>
<head>
<title></title>
</head>
<body tetx="buue">
<ol>
<p>中国城市</p>
<li>北京</li>
<li>上海</li>
<li>广州</li>
</ol>
<ul>
<p>美国城市</p>
<li>华盛顿</li>
<li>芝加哥</li>
<li>纽约</li>
</ul>
</body>
</html>
```

实例在浏览器中显示的结果如图 1-8 所示。

（3）<div></div>。<div></div>标志对用来排版大块 HTML 段落，也用于格式化表，此标志对的用法与<p></p>标志对非常相似，同样有 align 对齐方式属性。

4. 标题格式标志

HTML 语言提供了一系列对文本中的标题进行操作的标志对，如<h1></h1>…<h6></h6>，一共有 6 对标题的标志对。<h1></h1>是最大的标题，而<h6></h6>则是最小的标题，也就是说标志中 h 后面的数字越大标题文本就越小。如果 HTML 文档需要输出标题文本，就可以使用这 6 对标题中的任何一对。

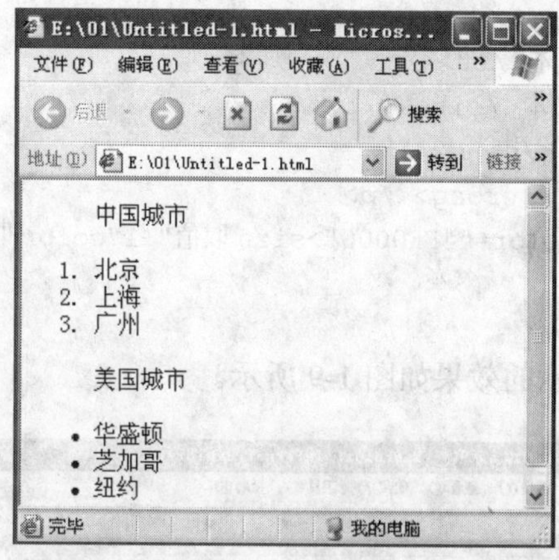

图 1-8　列表标志在浏览器中的显示效果

1.3.3　文本标志

1. 黑体字、斜体字、下划线标志对

<b></b>用来使文本以黑体字的形式输出。

<i></i>用来使文本以斜体字的形式输出。

<u></u>用来使文本以下划线的形式输出。

2. 文字字型标志

文字字型标志还有<tt></tt>、<cite></cite>、<em></em>、<strong></strong>。这些标志对的用法和上面讲的一样，差别只是输出文本的字体不一样。

<tt></tt>用来输出打字机风格字体的文本。

<cite></cite>用来输出引用方式的字体，通常是斜体。

<em></em>用来输出需要强调的文本（通常是斜体加黑体）。

<strong></strong>则用来输出加重文本（通常是斜体加黑体）。

3. 文字大小、字体、颜色标志

<font></font>是很有用的标志对，它可以对输出文本的字体大小、颜色进行随意地改变，这些改变主要是通过对两个属性 size 和 color 的控制来实现的。size 属性用来改变字体大小，它可以取值–N、N 和+N；而 color 属性则用来改变文本的颜色。颜色的取值可以是基本标志中讲过的十六进制 RGB 颜色码或 HTML 语言给定的颜色常量名。

4. 文本标志的综合应用

```
<html>
<head>
<title>文本标志的综合示例</title>
</head>
<body tetx="blue">
  <h1>最大的标题</h1>
  <h3>使用 h3 的标题</h3>
```

```
  <h6>最大的标题</h6>
  <p><b>黑体字文本</b></p>
  <p><i>斜体字文本</i></p>
  <p><u>下划线文本</u></p>
  <p><tt>打字机风格的文本</tt></p>
  <p><cite>引用方式的文本</cite></p>
  <p><em>强调文本</em></p>
  <p><strong>加重文本</strong></p>
  <p><font size="+1" color="#FF0000">size 取值"+1"color 取值为红色时的文本</font></p>
</body>
</html>
```

上面程序在浏览器中显示的效果如图 1-9 所示。

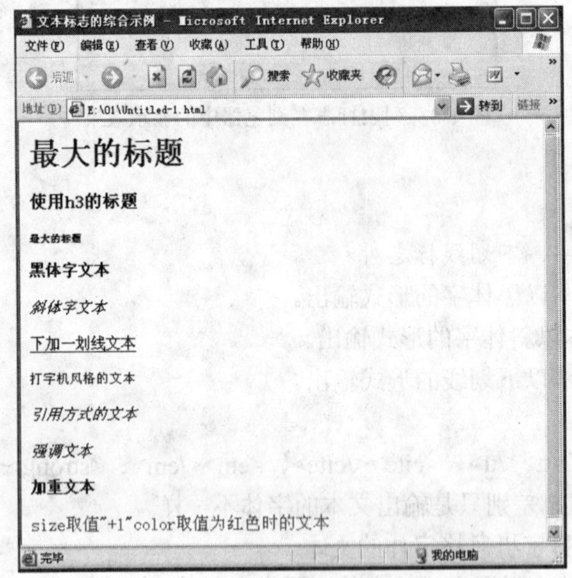

图 1-9 文本标志在浏览器中的显示效果

1.3.4 图像标志

图像在网页制作中担任着非常重要的角色。HTML 语言也专门提供了<img>标志来处理图像的输出。

1. 图像属性赋值标志

<img>标志并不是真正将图像加入到 HTML 文档中，而是将标志对的 SRC 属性赋值。这个值是图像文件的文件名，包括路径，这个路径可以是相对路径，也可以是网址。实际上就是通过路径将图形文件嵌入到文档中。

所谓相对路径是指所要链接或嵌入到当前 HTML 文档的文件与当前文件的相对位置所形成的路径。通常有如下情况：

（1）假如 HTML 文件与图形文件（假设文件名为 logo.gif）在同一个目录下，则可以将代码写成<img src="logo.gif">。

（2）假如图形文件放在当前 HTML 文档所在目录的一个子目录（子目录名假设是 images）

下，则代码应该为<img src="images/logo.gif">。

（3）假设图形文件放在当前 HTML 文档所在目录的上层目录（目录名假设是 home）下，则相对路径就必须是准网址。即用“../”表示网站，然后在后面紧跟文件在网站中的路径。假设 home 是网站下的一个目录，则代码应为<img src="../home/logo.gif">，若 home 是网站目录 king 下面的一个子目录，则代码应该为<img src="../king/home/logo.gif">。

必须强调，src 属性在<img>标志中是必须赋值的，是标志中不可缺少的一部分。除此之外，<img >标志还有 alt、align、border、width 和 height 属性。

1）alt 属于是当鼠标移动到图像上时显示的文本。

2）align 是图形的对齐方式。

3）border 属性是图形的边框，可以取大于或者等于 0 的整数，默认单位是像素。

4）width 和 height 属性是图形的宽和高，默认单位是像素。

2. 水平线标志

<hr>标志是在 HTML 文档中假如一条水平线，它可以直接使用，具有 size、color、width 和 noshade 属性。

（1）size 是设置水平线的厚度。

（2）width 是设置水平线的宽度，默认单位为像素。

（3）noshade 属性不需要赋值，而是直接加入标志即可使用，它是用来加入一条没有阴影的水平线（不加入此属性，水平线将有阴影）。

1.3.5 表格标志

表格标志对于网页制作是很重要的，现在很多网页都使用多重表格，主要是因为表格不但可以固定文本和图像的输出，而且还可以任意进行背景和前景颜色的设置。

1. 创建表格标志

<table></table>标志对用来创建一个表格，它有如表 1-2 所示的属性。

表 1-2　<table></table>标志属性

属性	用途
<table bgcolor=" ">	设置表格的背景色
<table border="">	设置边框的宽度，若不设置宽度默认值为 0
<table bordercolor="">	设置边框的颜色
<table bordercolor light="">	设置边框明亮部分的颜色（当 border 的值大于等于 1 才有用）
<table bordercolor darkr="">	设置边框昏暗部分的颜色（当 border 的值大于等于 1 才有用）
<table cellspacing="">	设置表格的单元格之间的空间大小
<table cellspacing="">	设置表格的单元格边框与其内部内容之间空间大小
<table width="">	设置表格的宽度，单位用绝对像素值或总宽度的百分比

2. 行、单元格和表格头标志

（1）<tr></tr>、<td></td>。<tr></tr>标志对用来创建表格的每一行。此标志对只能放在<table></table>标志对之间使用，而在此标志对之间加入文本是无用的，因为<tr></tr>之间只能紧跟<td></td>标志对才是有效的语法。<td></td>标志对用来创建表格中每一行中的每一个单元格，此标志对只有放在<tr></tr>标志对之间才是有效的，输入的文本也只有放在<td></td>标志对之间才有效（即才能被显示出来）。<table></table>、<tr></tr>和<td></td>标志对之间的关系，如表 1-3 所示。

表 1-3 <table></table>、<tr></tr>和<td></td>标志对之间的关系

标志	含义
<table>	最外层，创建一个表格
<tr>	创建一行
<td>要输出的文本只能放在此处</td> <td>要输出的文本只能放在此处</td> <td>要输出的文本只能放在此处</td>	创建一个单元格（这里总共创建了三个单元格）
</tr>	行末尾
</table>	最外层

此外，<tr>还有 align 和 valign 属性，

align 是水平对齐方式，取值为 left（左对齐）、center（居中对齐）、right（右对齐）。

valign 是垂直对齐方式，取值为 top（靠顶端对齐）、middle（居中间对齐）、bottom（靠底部对齐）。

<td>具有 width、colspan、rowspan 和 nowrap 属性。

width 是单元格的宽度，单位用绝对像素值或总宽度的百分比。

colspan 设置一个表格单元格跨占的列数（缺省值为 1）。

rowspan 设置一个表格单元格跨占的行数（缺省值为 1）。

nowrap 禁止对表格单元格内的内容自动断行。

（2）<th></th>。<th></th>标志对用来设置表格头，文字通常是黑体、居中。

3. 表格标志的综合应用

```
<html>
<hrad>
<title>表格标志的综合示例</title>
</head>
<body>
<table border="1"width="80%"bgcolor="#e8e8e8" cellpadding="2" bordercolor=
"30000ff">
<tr>
<th width="33%" colspan="2" valign="bottom">意大利</th>
<th width="36%" colspan="2" valign="bottom">英格兰</th>
<th width="36%" colspan="2" valign="bottom">西班牙</th>
<tr>
<td width="16%" align="center">AC 米兰</td>
<td width="16%" align="center">佛罗伦萨</td>
<td width="17%" align="center">曼联</td>
<td width="17%" align="center">纽卡斯卡</td>
```

```
<td width="17%" align="center">巴塞罗那</td>
<td width="17%" align="center">皇家社会</td>
<tr>
<td width="16%" align="center">尤文图斯</td>
<td width="16%" align="center">桑普多利亚</td>
<td width="17%" align="center">利物普</td>
<td width="17%" align="center">阿森纳</td>
<td width="17%" align="center">皇家马德里</td>
<td width="17%" align="center">......</td>
<tr>
<td width="16%" align="center">拉奇奥</td>
<td width="16%" align="center">国际米兰</td>
<td width="17%" align="center">切尔西</td>
<td width="17%" align="center">米德尔斯堡</td>
<td width="17%" align="center">马德里竞技</td>
<td width="17%" align="center">......</td>
</table>
</body>
</html>
```

以上例子在浏览器中显示的结果如图 1-10 所示。

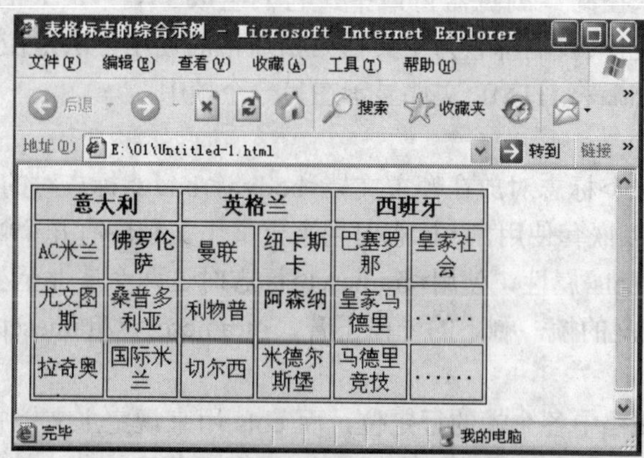

图 1-10　表格标志在浏览器中的显示效果

1.3.6　链接标志

链接是 HTML 语言的一大特色。正因为有了它，人们对内容的浏览才具有灵活性和网络性。

1. 创建链接页面标志

创建页面标志对的 href 属性是不可缺少的，标志对之间加入需要链接的文本和图像（链接图像即加入<img　src="　">标志）。Href 的值可以是网址或相对路径，也可以为 mailto:形式。对于第一种情况，语法为<a href="URL"></a>，这样就可以创建一个超文本链接，例如：

```
<a href="xld.home.chinaren.net/"> 这是我的网站</a>
```

对于第二种情况，语法为<a href="mailto:EMAIL"> </a>，这就创建一个自动发送电子邮件的连接，mailto：后边紧跟着要自动发送的电子邮件的地址（即 E-mail 地址），例如：

```
<a href="mailto:jmun_jsjxy@163.com">这是我的电子邮箱(E-mail)</a>
```

此外，<a href=" "> </a>还具有 target 属性。此属性用来指明浏览的目标帧，这将在 1.3.7 节介绍目标帧的时候给予介绍，这里提到它的目的是要说明如果不使用 target 属性，当浏览者单击了链接之后将在原来的浏览窗口中浏览新的 HTML 文档。当 target 的值等于"_blank"时，单击链接后将会打开一个新的浏览器窗口来浏览新的 HTML 文档。例如：

```
<a href="xld.home. chinaren.net/" target="_blank"> 这是我的网站</a>
```

2. 创建链接标签标志

<a name=""></a>标志对要结合<a href=" "> </a>标志对使用才有效果。<a name=""></a>标志对用来在 HTML 文档中创建一个标签（也就是做一个记号），属性 name 是不可缺少的，它的值是标签名，例如：

```
<a name="标签名">此处创建了一个标签</a>
```

创建标签是为了在 HTML 文档中创建一些链接，以便能够找到同一文档中有标签的地方。要找到标签所在地，就必须使用<a href=" "> </a>标志对，例如要找到“标签名”这个标签，就要编写如下代码：

```
<a href="#标签名 ">单击此处将使浏览器跳到"标签名" </a>
```

1.3.7 标志帧

帧可以用来向浏览器窗口中装载多个 HTML 文件。也就是说每个 HTML 文件占据一个帧，而多个帧可以同时显示在同一浏览器窗口中，它们组成了一个最大的帧，即一个包含多个 HTML 文档的 HTML 文件(我们称它为主文档)。帧通常的使用方法是在一个帧中放置目录(即可以供选择的链接)，然后将 HTML 文件显示在另一个帧中。

1. 帧属性标志

<frameset></frameset>标志对放在帧主文档<body></body>标志对的外边，也可以嵌套在其他帧的文档中，并且可以嵌套使用。此标志对用来定义主文档中有几个帧并且各个帧是如何排列的。它具有 rows 和 cols 属性，使用<frameset>标志时这两个属性至少选择一个，否则浏览器窗口只显示第一个定义的帧，剩下的一概不管，<frameset></frameset>标志对也就没有起到任何作用。

rows 用来规定主文档中各个帧的行定位，而 cols 用来规定主文档中各个帧的列定位。这两个属性的取值可以是百分数、绝对像素值或者*，其中*代表那些未被说明的空间，如果同一个属性中出现多个*则将剩下的未被说明的空间平均分配。同时，所有的帧按照 rows 和 cols 值从左到右，然后从上到下排列，示例如表 1-4 所示。

表 1-4 帧属性标志示例说明

示例	说明
<frameset rows="*,*,*">	总共有三个按列排列的帧，每个帧占整个浏览器窗口的 1/3
<frameset cols="40%,*,*">	总共有三个按行排列的帧，第一个帧占整个浏览器窗口的 40%，剩下的空间平均分配给另外两个帧
<frameset rows="40%,*" cols="50%,*,200">	总共有六个帧，先是在第一行中从左到右排列三个帧，然后在第二行中从左到右再排列三个帧，即两行三列，所占空间依据 rows 和 cols 属性的值，其中 200 的单位是像素

2．帧内容标志

（1）<frame>。<frame>标志放在<frameset></frameset>之间，用来定义某一个具体的帧。<frame>标志具有 src、name、scrolling 和 noresize 属性，其中 src 和 name 属性都是必须赋值的。

src 是此帧的源 HTML 文件名（包括网络路径、相对路径或网址），浏览器将会在此帧中显示 src 指定的 HTML 文件。

name 是此帧的名字，这个名字用来供超文本链接标志<a href="" target="">中的 target 属性，用来指定链接的 HTML 文件将显示在哪一个帧中。例如定义一个帧，名字是 main，在帧中显示的 HTML 文件名是 jc.htm，则代码为：<frame src="jc.htm" name="main">。当有一个链接单击了这个链接后，文件 new.htm 将要显示在名为 main 的帧中，则代码为<a href="new.htm" target="main">需要链接的文本</a>。这样就可以在一个帧中建立网站目录，加入一系列链接，当单击链接以后在另一帧中显示被链接的 HTML 文件。

scrolling 用来指定是否显示滚动轴，取值可以是 yes（显示）、no（不显示）、auto（若需要则会自动显示，不需要则自动不显示）。

noresize 属性值直接加入标志中就可以使用，不需要赋值，它用来禁止用户调整一个帧的大小。

（2）<noframes></noframes>。<noframes></noframes>标志对也是放在<frameset></frameset>标志对之间，用来在那些不支持帧的浏览器中显示文本或图像信息。

3．帧标志的综合应用

下面是一个有关帧的综合应用的例子。

主文档：

```
<html>
<head>
<title>帧标志综合示例</title>
</head>
<frameset cols="25%,*">
<frame src="menu.htm" scrolling="no" name="Left">
<frame src="pagel.htm" scrolling="auto"  name="Main">
<noframes>
<body>
<p>对不起,您的浏览器不支持"帧"!</p>
</body>
</noframes>
</frameset>
</html>
```

目录页 meun.htm:

```
<html>
<head>
<title>目录</title>
</head>
<body>
<p><font color="#ff0000">目录</font></p>
<p><a href="pagel.htm" target="Main">链接到第一页</a></p>
<p><a href="page2.htm" target="Main">链接到第二页</a></p>
```

```
</body>
</html>
第一页 page1.htm
<html>
<head>
<title>第一页</title>
</head>
<body>
<p align="center"><font color="#8000ff">这是第一页!</font></p>
</body>
</html>
第二页 page2.htm
<html>
<head>
<title>第二页</title>
</head>
<body>
<p align="center"><font color="#ff0080">这是第二页!</font></p>
</body>
</html>
```

综合实例的运行效果如图 1-11 所示。

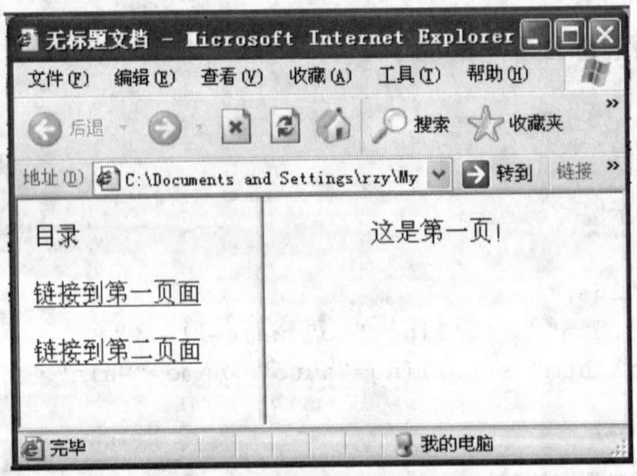

图 1-11 综合实例运行效果

1.3.8 表单标志

表单在 Web 网页中用来给访问者填写信息，从而获取用户信息，使网页具有交互的功能。一般是将表单设计在一个 HTML 文档中，当用户填写完信息后执行提交（submit）操作。于是表单的内容就从客户端浏览器传送到服务器上，经过服务器上的 ASP 或 CGI 等处理程序处理后，再将用户所需信息传送回客户端的浏览器上，这样网页就具有了交互性。

1. 创建表单标志

<form></form>标志对用来创建一个表单，也就是定义表单的开始和结束位置，在标志对之间的一切都属于表单内容。<form>标志还有 action、method 和 target 属性。

action 的值是处理程序的程序名（包含绝对路径和相对路径），如<form action="http://

myhome.com/counter.cgi">当用户提交表单时，服务器将执行网址http://myhome.com/上的名为counter.cgi的 CGI 程序。

method 属性用来定义处理程序从表单中获得信息的方式，可以取 GET 和 POST 中间的任何一个。GET 方式是处理程序从当前 HTML 文档中获取数据，然而这种方式传送的数据量是有所限制的，一般限制在 1KB 以下。POST 方式与 GET 方式正好相反，它是当前的 HTML 文档把数据传送给处理程序，传送的数据量要比使用 GET 方式大得多。

terget 属性用来指定目标窗口或目标帧。

2. 定义输入区标志

<input type=" " >标志用来定义一个用户输入区，用户可以在其中输入信息。此标志必须放在<form></form>标志对之间。

<input type=" " >标志中共提供了八种类型的输入区域，具体是哪一种类型由 type 属性决定，这八种类型的具体内容如表 1-5 所示。

表 1-5　type 属性列表

Type 属性取值	输入区域类型	输入区域示例
<input type="text" size="" maxlength="">	单行文本输入区域，size 与 maxlength 属性用来定义此种输入区域显示尺寸大小与输入的最大字符数	
<input type="submit">	将表单内容提交给服务器按钮	submit
<input type="reset">	将表单的内容全部清除，重新填写按钮	reset
<input type="checkbox" checked="checked">	一个复选框，checked 属性用来设置该复选框缺省时是否被选中，右边示例使用了三个复选框	你喜欢哪些教程： ☑ HTML入门 ☑ 动态HTML ☐ ASP
<input type="hidden">	隐藏区域，用户不能在其中输入，用来预设某些要传送的信息	
<input type="image" src="URL">	使用图像来代替 submit 按钮，图像的源文件由 src 属性指定，用户单击后，表单中的信息和单击位置的 X、Y 坐标一起传送给服务器	
<input type="password">	输入密码的区域，当用户输入密码时，区域内将会显示*	请输入您的密码：
<input type="radio">	单选框类型，radio 属性表示输入项是一个单选项，右边示例中使用了三个单选项	10月3日中韩国奥队比赛结果会是：◉ 中国胜 ○ 平局 ○ 韩国胜

此外，八种类型的输入区域有一个公共的属性 name，此属性给每一个输入区域一个名字。这个名字与输入区域是一一对应的，即一个输入区域对应一个名字。服务器就是通过调用某一个输入区域名字的 value 属性来获得该区域的数据。而 value 属性是另一公共属性，它可以用来指定输入区域的缺省值。

3. 创建列表框标志

（1）<select></select>。<select></select>标志对用来创建一个下拉列表框或可以复选的列表框。此标志对用于<form></form>标志对之间。<select>具有 multiple、name 和 size 属性。

name 是此列表的名字，它与上面介绍的 name 属性作用是一样的。

size 属性用来设置列表的高度，缺省时值为 1，若没有设置（加入）multiple 属性，显示的将是一个弹出式的列表框。

（2）<option>。<option>标志是用来指定列表框的一个选项，它放在<select></select>标志对之间。此标志具有 selected 和 value 属性。selected 属性用来指定默认的选项。value 属性用来给<option>指定的选项赋值，这个值是要传送到服务器上的，服务器正是通过调用<select>区域的名字的 value 属性来获得该区域选中的数据项，如表 1-6 所示。

表 1-6　示例说明

HTML 代码	浏览器显示的结果
<from action="cgi-bin/tongji.cgi" method="post"> <p>请选择最喜欢的女歌手 ： <select name="gxl" size="1"> <option value="zh">祖海 <option value="szy" selected>宋祖英 <option value="hh">韩红 <option value="sy">孙悦 </select> </form>	请选择最喜欢的女歌手 ： 宋祖英
<form action="cgi-bin/tongji.cgi" method="post"> <p>请选择最喜欢的男歌手 ： <select name="gxl" size="1"> <option value="ldh">刘德华 <option value="zhxy" selected>张学友 <option value="gfch">郭富城 <option value="lm">黎明 </select> </form>	请选择最喜欢的男歌手 ： 张学友

4. 创建文本框标志

<textarea></textarea>用来创建一个可以输入多行的文本框，此标志对用于<form></form>标志对之间。<textarea>具有 name、cols 和 rows 属性。cols 和 rows 属性分别用来设置文本框的列数和行数，这里的行和列是以字符为单位的，如表 1-7 所示。

表 1-7　示例说明

HTML 代码	浏览器显示的结果
<form action="cgi-bin/tongji.cgi" method="post"> <p>你的意见对我很重要: <textarea name="yj" cols="20" rows="5">请将意见输入此区域 </textarea> </form>	请将意见输入此区域 你的意见对我很重要:

1.3.9　多媒体标志

多媒体标志用于插入音乐和各种多媒体插件。

1. 插入背景音乐标志

<bgsound>用来插入背景音乐，但只适用于 IE，其参数设定不多。

例如：

```
<bgsound src="your.mid"autostart="true" loop="infinite">
src="your.mid"
```

设定 mid 档案及路径，可以是相对路径，也可以是绝对路径。

```
autostart="true"
```

是否在音乐文件传完之后就自动播放音乐。true 表示是，false 表示否（内定值）。

```
loop="infinite"
```

是否自动反复播放。loop=2 表示重复 2 次，infinite 表示重复多次。

2. 插入各种多媒体标志

<embed>用以插入各种多媒体，格式可以是 MIDI、MAV、AIFF、AU 等，netscape 及新版的 IE 都支持。其参数设定较多。

例如：

```
<embed src="your.mid" autostart="true" loop="true" height="true">
src="your.mid"
```

设定 mid 档案及路径，可以是相对路径，也可以是绝对路径。

```
autostart="true"
```

是否在音乐文件传完之后，就自动播放音乐。true 表示是，false 表示否（内定值）。

```
loop="true"
```

是否自动反复播放。loop=2 表示重复 2 次，infinite 表示重复多次。

```
hidden="true"
```

是否完全隐藏控制画面，true 为是，no 为否（内定）。

```
Starttime="分:秒"
```

设定歌曲开始播放的时间。如 Starttime="00:30"表示从第 30 秒处开始播放。

```
Volume="0-100"
```

设定音量的大小，数量是 0 到 100 之间。内定值为使用者系统本身设定。

```
Width="整数"和 high="整数"
```

设定控制画面的宽度和高度（若 hidden="no"）。

```
Align="center"
```

设定控制画面和旁边文字的对齐方式，其值可以是 top、bottom、center、baseline、left right texttop、middle、absmiddle、absbottom。

```
Controls="smallconsole"
```

设定控制画面的外貌。预设值是 console。其中 console 一般正常的面板；smallconsole 较小的面板；playbutton 只显示播放按钮；pausebutton 只显示暂停按钮；stopbutton 只显示停止按钮；volumelever 只显示音量调整按钮。

1.3.10 其他标志

1. <marquee>

<marquee>适用于 IE，译为“跑马灯”。例如 status Bar，其意思是指走动或卷动的文字，其参数设定较多。例如：

```
<marquee behavior="scroll" direction="left" bgcolor="#0000ff" height="30" width="150" hspace="0" vspace="0" loop="infinite" scrollamount="30" scrolldelay="500">hello</marquee>
```

behavior="scroll"。设定文字的卷动方式，可选值为：

scroll 一般卷动，使内定值。

slied 例如幻灯片，一格格的，效果是文字一接触左边便全部消失。

alternate 文字向左右两边撞来撞去。

```
direction="left"
```

设置文字卷动方向，left 表示向左，是内定值，right 表示向右。

```
bgcolor="#0000ff"
```

设置文字卷动范围的背景颜色。

```
height="30" width="150"
```

设置文字卷动范围，可以采取相对或绝对值，如 30%或 30 等，单位为像素。

```
hspace="0" vspace="0"
```

设定文字的水平及垂直空白位置。

```
loop="infinite"
```

设定文字卷动的次数，其值可以是正整数或 infinite，infinite 是内定的，表示无限次。

```
scrollamount="30"
```

设定每“格”文字之间的间隔，单位是像素。

```
scrolldelay="500"
```

设定文字卷动的停顿时间，单位是毫秒。

2. <blink>

<blink>是令文字闪烁，只适用于 netscape，用法直接，没有参数。例如：

<blink>天上的星星不说话，地上的孩子叫妈妈<blink>

显示的结果为：天上的星星不说话，地上的孩子叫妈妈

3. <meta>

```
<meta http-equiv="content-type" content="text/html;charset=big5">
<meta http-equiv="content-type" content="text/html;charset=iso-8859-1>
```

设定这是 HTML 文件及其编码语系，中文网页请使用 BIG5，或者不设编码也可，纯英文网页建议使用 ISO-8859-1。

```
<meta name="GENERATOR" content="Mozilla/4.04[en] (win95;I) [Netscape]">
<meta name="GENERATOR" content="Microsoft FrontPage 3.0">
```

表示该网页由什么编辑器写成。

```
<meta http-equiv="refresh" content=10;url=html:www.3wc.com>
```

这一行较为实用，能在预定的秒数内自动转到指定的网址，原始码中的 10 表示 10 秒。

4. <link>

<link>用来将目前文件与其他 URL 链接，但不会有链接按钮，用于<head>标志，格式如下：

```
<link href="URL" rel="relationship">
<link href="URL" rev="relationship">
```

1.4　实践技能训练

【实例 1】 字体设置标记

实例说明：本实例介绍字体设置标志的方法，效果如图 1-12 所示。

实例分析：利用字体设置标志，设置字体的大小、颜色及字体的属性，完成字体设置的 HTML 网页的制作。

操作步骤如下：

（1）选择“开始”→“程序”→Macromedia→Dreamweaver 8，启动 Dreamweaver 8 程序。

（2）选择 HTML 进入编辑环境，选择代码。

（3）在文档窗口输入源代码如下所示。

```
<html>
   <head>
    <title>HTML 中字体的设置</title>
   </head>
   <body>
      <h1 align=center>
         <font size="14" color="#0000FF" face=cursive>欢迎进入校园网站</font>
      </h1>
    </body>
</html>
```

（4）选择“文件”→“保存”，在“另存为”对话框选择存放位置、输入网页文件名。例如，输入 ziti.htm。在“保存类型”中选择“所有文件”，然后单击“保存”按钮。

（5）双击打开 ziti.htm 文件，显示的结果如图 1-12 所示。

图 1-12　字体设置显示效果

【实例 2】 字符修饰标记

实例说明：本实例介绍字符修饰标记的使用方法，效果如图 1-13 所示。

实例分析：利用字符修饰标记，<i></i>、<u></u>，完成字符修饰 HTML 网页的制作。

操作步骤如下：

（1）选择“开始”→“程序”→Macromedia→Dreamweaver 8，启动 Dreamweaver 8 程序。

（2）选择 HTML 进入编辑环境，选择代码。

（3）在文档窗口输入源代码如下所示。

```
<html>
   <head>
   <title>HTML 中字符修饰的设置</title>
   </head>
   <body bicolor="ffffff" text="#000000">
     <font size="12"><i><u>校园是我家，大家共同建设她.</u></i></font>
     </body>
</html>
```

（4）选择“文件”→“保存”，在“另存为”对话框选择存放位置、输入网页文件名。例如，输入 zifu.htm。在“保存类型”中选择“所有文件”，然后单击“保存”按钮。

（5）双击打开 zifu.htm 文件，显示的结果如图 1-13 所示。

图 1-13 字符修饰设置显示效果

【实例 3】 表格标记

实例说明：本实例介绍表格标记的使用方法，效果如图 1-14 所示。

实例分析：利用表格标记，<table>元素用于定义一个表格，每一个表格只有一对<table></table>。<td></td>用来定义表格单元，一张网页可以包含多个表格单元。<tr></tr>用来定义表格的行，<th></th>用来定义表格的头。

操作步骤如下：

（1）选择“开始”→“程序”→Macromedia→Dreamweaver 8，启动 Dreamweaver 8 程序。

（2）选择 HTML 进入编辑环境，选择 代码。

（3）在文档窗口输入源代码如下所示。

```
<html>
   <head>
     <title>表格标记的是设置</title>
   </head>
   <body>
        <table align="center" border="15" width="100" height="100">
            <caption valign="top">学生成绩单</caption>
            <tr><th colspan="100">赵亮</th></tr>
```

```
            <tr>
                <th bgcolor="white">语文</th>
                <th bgcolor="white">数学</th>
                 <th bgcolor="white">英语</th>
            </tr>
            <tr>
                <td align="left">98</td>
                 <td align="center">97</td>
                 <td align="right">86</td>
            </tr>
        </table>
    </body>
</html>
```

（4）选择“文件”→“保存”，在“另存为”对话框选择存放位置、输入网页文件名。例如，输入 biao.htm。在“保存类型”中选择“所有文件”，然后单击“保存”按钮。

（5）双击打开 biao.htm 文件，显示的结果如图 1-14 所示。

图 1-14　表格设置显示效果

本章思考与练习

1．什么是网页？网页中常用哪些元素？常用的网页设计工具有哪些？

2．常用的 HTML 标记有哪些？

3．HTML 有什么主要的功能？

4．什么叫相对路径？

第2章　Dreamweaver 8 入门

Dreamweaver 8 是一款优秀的“所见即所得”的网页编辑器，其可视化特征使用户可以直接在页面上添加和编辑元素，而不是一行一行的写代码。例如，可以通过鼠标来添加图像、代码、表格等元素，能自动将结果生成 HTML 源代码。用户可以随时查看文档的 HTML 源代码，在代码视图中随时可以进行更改。

2.1　Dreamweaver 8 界面介绍

2.1.1　Dreamweaver 8 界面介绍

在首次启动 Dreamweaver 8 时会出现如图 2-1 所示的一个界面，这是一个“工作区设置”对话框，在对话框左侧是 Dreamweaver 8 的设计视图，右侧是 Dreamweaver 8 的代码视图。Dreamweaver 8 设计视图布局提供了一个将全部元素置于一个窗口中的集成布局。我们选择面向设计者的设计视图布局。

图 2-1　Dreamweaver 8 工作区设置界面

在 Dreamweaver 8 中首先显示一个起始页，可以勾选这个窗口下面的“不再显示此对话框”来隐藏它。在这个页面中包括“打开最近项目”、“创建新项目”、“从范例创建”三个方便实用的项目，建议大家保留。

新建或打开一个文档，进入 Dreamweaver 8 的标准工作界面。Dreamweaver 8 的标准工作界面包括标题显示、菜单栏、插入面板组、文档工具栏、标准工具栏、文档窗口、状态栏、属性面板和浮动面板组如图 2-2 所示。

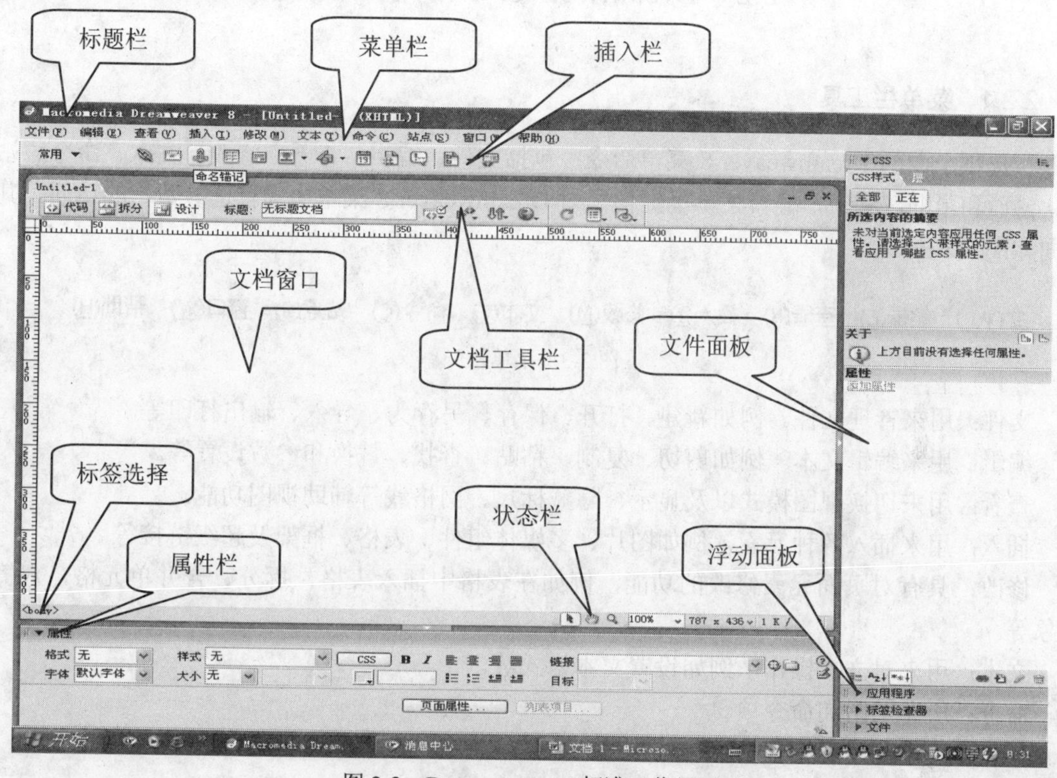

图 2-2　Dreamweaver 8 标准工作界面

Dreamweaver 8 标准工作界面大致可以分为以下几个区域：

（1）标题栏。启动 Macromedia Dreamweaver 8 后，标题栏显示文字 Macromedia Dreamweaver 8，新建或打开一个文档后，在后面还会显示该文档的位置和文件名称。

（2）菜单栏。提供全面的 Dreamweaver 8 菜单命令，包括文件、编辑、查看、修改、文本、命令、站点、窗口和帮助。

（3）文档工具栏。文档工具栏包含各种按钮，它们提供各种文档窗口视图（如设计视图和代码视图）的选项、各种查看选项和一些常用操作（如在浏览器中预览）。

（4）插入栏。插入面板集成了所有可以在网页应用的对象，包括插入菜单中的选项。有常用、布局、表单、文本、HTML、应用程序、Flash 元素和收藏夹共八个二级菜单共 167 个按钮。

（5）文档窗口。当我们打开或创建一个项目时，进入文档窗口，我们可以在文档区域中进行输入文字、插入表格和编辑图片等操作。

（6）属性栏。属性面板并不是将所有的属性加载在面板上，而是根据我们选择的对象来动态显示对象的属性，属性面板的状态完全是随当前在文档中选择的对象来确定的。

（7）状态栏。文档窗口底部的状态栏提供了与正在创建的文档有关的其他信息。

（8）浮动面板组。Dreamweaver 8 提供了许多编辑面板，这些面板都浮动于编辑窗口之外。在初次使用 Dreamweaver 8 的时候，这些面板根据功能被分成了若干组。

2.2 Dreamweaver 8 常用工具

2.2.1 菜单栏工具

提供全面的 Dreamweaver 8 菜单命令，包括文件、编辑、查看、修改、文本、命令、站点、窗口和帮助。其中，编辑菜单里提供了对 Dreamweaver 8 菜单中“首选参数”的访问，其界面如图 2-3 所示。

文件(F) 编辑(E) 查看(V) 插入(I) 修改(M) 文本(T) 命令(C) 站点(S) 窗口(W) 帮助(H)

图 2-3 菜单栏

文件：用来管理文件。例如新建、打开、保存、另存为、导入、输出打印等。

编辑：用来编辑文本。例如剪切、复制、粘贴、查找、替换和参数设置等。

查看：用来切换视图模式以及显示、隐藏标尺、网格线等辅助视图功能。

插入：用来插入各种元素，例如图片、多媒体组件、表格、框架及超级链接等。

修改：具有对页面元素修改的功能，例如在表格中插入表格，拆分、合并单元格，对齐对象等。

文本：用来对文本操作，例如设置文本格式等。

命令：所有的附加命令项。

站点：用来创建和管理站点。

窗口：用来显示和隐藏控制面板以及切换文档窗口。

帮助：联机帮助功能。例如按下 F1 键，就会打开电子帮助文本。

2.2.2 文档工具栏

文档工具栏包含各种按钮（见表 2-1），它们提供各种文档窗口视图（如设计视图和代码视图）的选项、各种查看选项和一些常用操作（如在浏览器中预览），界面如图 2-4 所示。

图 2-4 文档工具界面

表 2-1 文档工具按钮的名称和功能

图标	按钮名称	主要功能
代码	显示代码视图	在主窗口中显示网页的 HTML 源代码
拆分	显示代码视图和设计视图	在窗口中同屏显示网页的源代码和页面效果
设计	显示设计视图	网页编辑窗口，只显示网页排版效果

续表

图标	按钮名称	主要功能
标题: 无标题文档	文档标题	说明本网页的主题
	没有浏览器检测错误	
	验证标记	
	文件管理	单击此按钮可弹出一个菜单命令，其中包括一些与文件状态有关的命令
	在浏览器中预览或调试	单击按钮后弹出的菜单主要有两项命令：①预览在 IExplore 6.0；②编辑浏览器列表（E）
	刷新设计视图	修改了网页的源代码后单击此按钮将刷新设计视图，使其显示修改后的效果
	视图选项	选择不同的视图选项
	可视化处理	

2.2.3 插入面板

插入面板集成了所有可以在网页应用的对象，包括插入菜单中的选项。有常用、布局、表单、文本、HTML、应用程序、Flash 元素和收藏夹共八个二级菜单 167 个按钮。插入面板组其实就是图像化了的插入指令，通过一个个的按钮，可以很容易地加入图像、声音、多媒体动画、表格、图层、框架、表单、Flash 和 ActiveX 等网页元素，属性面板的界面如图 2-5 所示。常用按钮如表 2-2 所示。

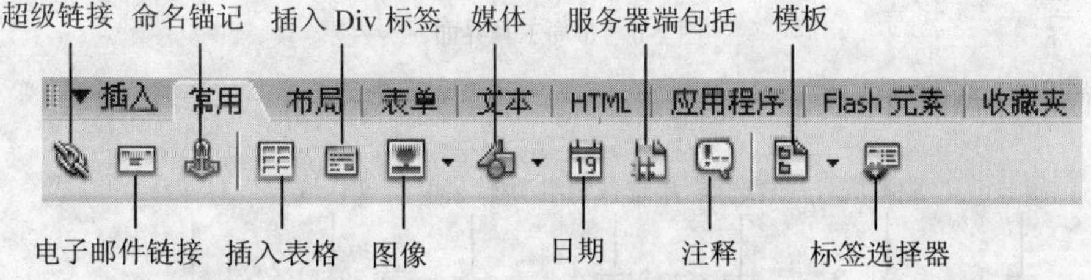

图 2-5 插入面板中常用工具的界面

表 2-2 插入面板及常用工具按钮

图标	按钮名称	主要功能
常用 ▼		
	超级链接	在光标处插入一个超文本链接
	电子邮件链接	在光标处插入 E-mail 链接
	命名锚记	又称锚点，通常为指定的对象命名，在浏览器中不显示
	插入表格	在文档的光标处插入表格
	插入 Div 标签	

续表

图标	按钮名称	主要功能
	图像	在文档的光标处插入外部图像。有图像、图像占位符、鼠标经过图像、Fireworks html、导航条、绘制矩形热点、绘制椭圆热点、绘制多边形热点 8 个选项
	媒体	在光标处插入多媒体。有 flash、flash 按钮、flash 文本、flash paper、shockwave、Applet、参数、Actives 和插件共九个选项
	日期	在光标处插入日期
	服务器端包括	
	注释	在光标处插入注释说明，在浏览器中并不显示
	模板	模板选择标签，此处共有创建模板、创建嵌套模板、可编辑模板、可编辑区域、可选区域、重复区域、可编辑的可选区域和重复表格八个选项
	标签选择器	选择不同的标签

布局工具的界面如图 2-6 所示。

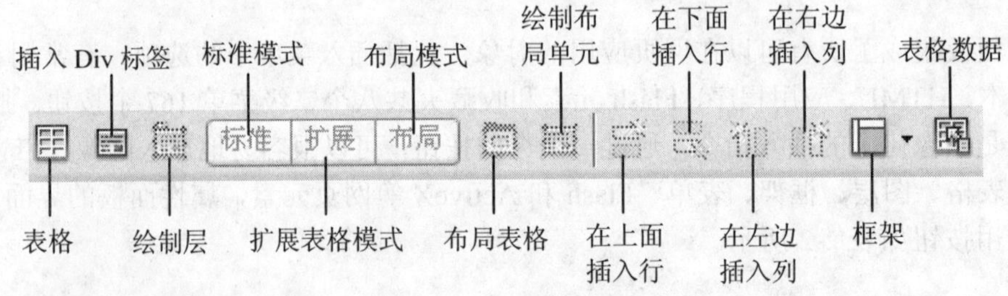

图 2-6　布局工具界面

表单工具界面如图 2-7 所示

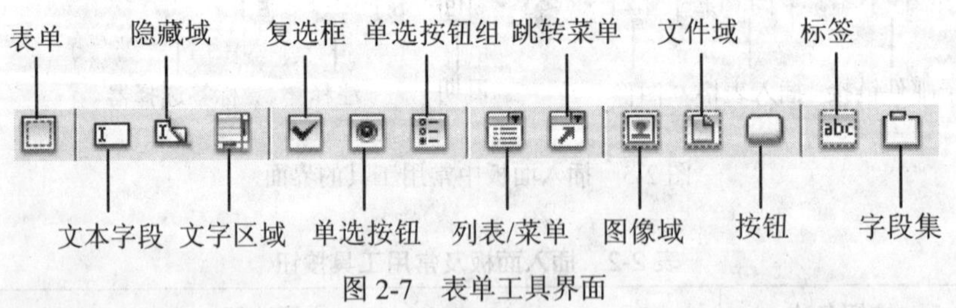

图 2-7　表单工具界面

文本工具栏，应用程序等将在后面逐步介绍。

2.2.4　文档窗口

当打开或创建一个项目时，进入文档窗口，可以在文档区域中进行输入文字、插入表格和编辑图片等操作。

文档窗口显示当前文档。可以选择下列任一视图：设计视图用于可视化页面布局、可视化编辑和快速应用程序开发的设计环境。在该视图中，Dreamweaver 8 显示文档的完全可编辑的可视化表示形式，类似于在浏览器中查看页面时看到的内容。代码视图是一个用于编写和编辑 HTML、JavaScript、服务器语言代码以及任何其他类型代码的手工编码环境。代码和设计视图可以在单个窗口中同时看到同一文档的代码视图和设计视图。

2.2.5　属性面板

属性面板并不是将所有的属性加载到面板上，而是根据我们选择的对象来动态显示对象的属性，属性面板的状态完全是随当前在文档中选择的对象来确定的。例如，当前选择了一幅图像，那么属性面板上就出现该图像的相关属性；如果选择了表格，那么属性面板会相应地变化成表格的相关属性，属性面板的界面如图 2-8 所示。

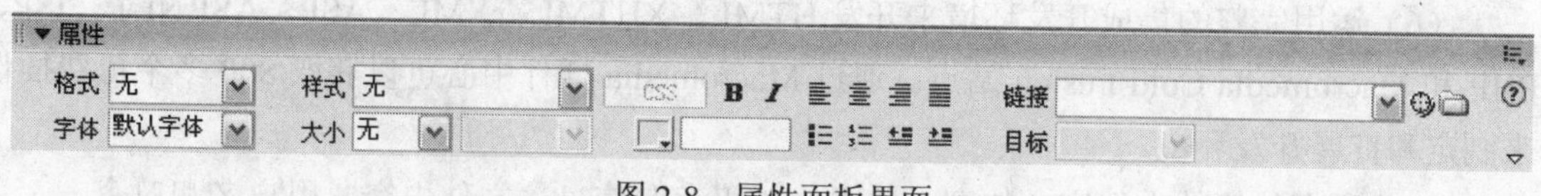

图 2-8　属性面板界面

2.2.6　状态栏

文档窗口底部的状态栏提供了与正在创建的文档有关的其他信息。标签选择器显示环绕当前选定内容的标签的层次结构。单击该层次结构中的任何标签以选择该标签及其全部内容。单击可以选择文档的整个正文，状态栏的界面如图 2-9 所示。

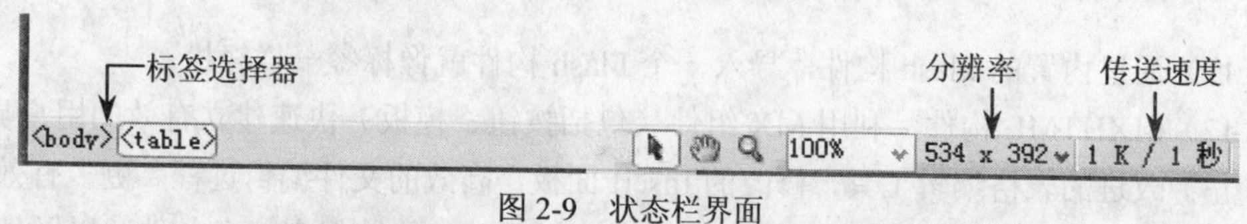

图 2-9　状态栏界面

2.3　Dreamweaver 8 的功能简介

Macromedia Dreamweaver 8 提供了更多功能强大的可视化设计工具、应用开发环境以及代码编辑支持。使开发人员和工程师能够快捷地创建代码规范的应用程序，集成程度非常高，开发环境简单而且高效。

（1）将世界一流水平的设计和代码编辑器合二为一，在设计窗口中精简源代码，使用户能够按照工作需要指定自己的用户界面。

（2）跨浏览器有效检查。当保存时，自动地检查当前文档跨浏览器的有效性（兼容性），可以指定测试浏览器，同时自动检测以确定页面有没有目标浏览器不支持的 tags 或 CSS 结构。动态跨浏览器有效性检测功能可以自动核对 tags 或 CSS 规则是否适应目前的主浏览器。

（3）使用内置的图形编辑程序让开发更加节省时间。图像的剪切、缩放等一系列辅助性的图像编辑功能可以使用内嵌的 Macromedia Fireworks 技术。

（4）在设计模式下允许开发者不用固定的浏览器预览数据，而利用 LiveData 窗口预览实时数据。

（5）功能更多的CSS支持。

1）在设计窗口中运用重新设计的标签检测工具来检测哪个CSS规则运用了当前的选择。

2）即时编辑功能让你在编辑CSS的同时能够即时看到设计窗口中的变化。

3）使用增强的CSS面板直接在代码内部定义样式，并且可以直观地看到CSS样式定义的位置。

4）不必切换编辑方式直接选取CSS样式，样式下拉列表中内置了所有可用样式的预览显示。

5）通过页面属性对话框（修改→页面属性）获取更多页面控制属性（如标题、链接等）。

（6）运用完整的集成开发环境来开发HTML、XHTML、XML、ASP、ASP.NET、JSP、PHP和Macromedia Cold Fusion站点。通过Macromedia插件中心可以获取800多个免费插件来制定和扩展开发环境。

（7）所有传输的文件完全加密，并阻止越权存取信息、文件内容、用户名和口令。

（8）从Microsoft Word和Excel中直接拷贝粘帖内容到Dreamweaver中，同时保留字体、颜色和CSS样式。完全支持Unicode，支持使用和储存任何字体以及编码（包括双字节字符）。

（9）使用改进后的ASP.NET对象和属性检测工具构建Microsoft ASP.NET Web forms.

（10）重新编写PHP语法和服务器行为，包括Master-Detail页面设置模块、用户身份验证模块等。

（11）通过内置的Flash构件，导入一个Flash构件就像标签一样轻松。

（12）MXHTML构件，利用MX组件（包括按钮、模板）快速建立有效的用户界面。

（13）改进的表格编辑工具，修改的Insert面板，高效的文件编辑过程。更多有效的代码编辑（如按右键弹出的编码工具），更多的搜索选择项并且能够保存搜索条件，以及能够迅速启动属性检查工具。详尽的属性编辑，列出每个适用于当前选择项的可用属性。

此外，Dreamweaver 8还增加了图片处理功能，图片亮度和对比度的调节、图片的锐化效果等。

2.4 使用Dreamweaver 8处理图片

在Dreamweaver中插入一张图片，属性面板上就多了几个与图片相关的属性图标。改变图片的大小后，在图片大小设置栏旁边就多了一个带箭头的图形按钮图标，这可快速使图片还原到原始大小的工具。切换到Fireworks图标旁边的一组图表中，也是一个这样的图标。Dreamweaver 8同时还增加了剪切（Crop）工具（剪切图片）、亮度/对比度调节工具、锐化工具三个图片处理的新功能。有了这些简单的图片处理工具，在编辑网页图片时，不需要启动其他图像处理软件，提高了工作效率。

1. 图片剪切

（1）在Dreamweaver 8中打开一张图片（选择“插入”→“图像”）。

（2）在属性面板中选择“剪切”工具，用鼠标在图片上圈出所要选择图形的范围。

（3）双击鼠标，Dreamweaver 8 将图片剪切成所需要的尺寸，如图 2-10 所示。

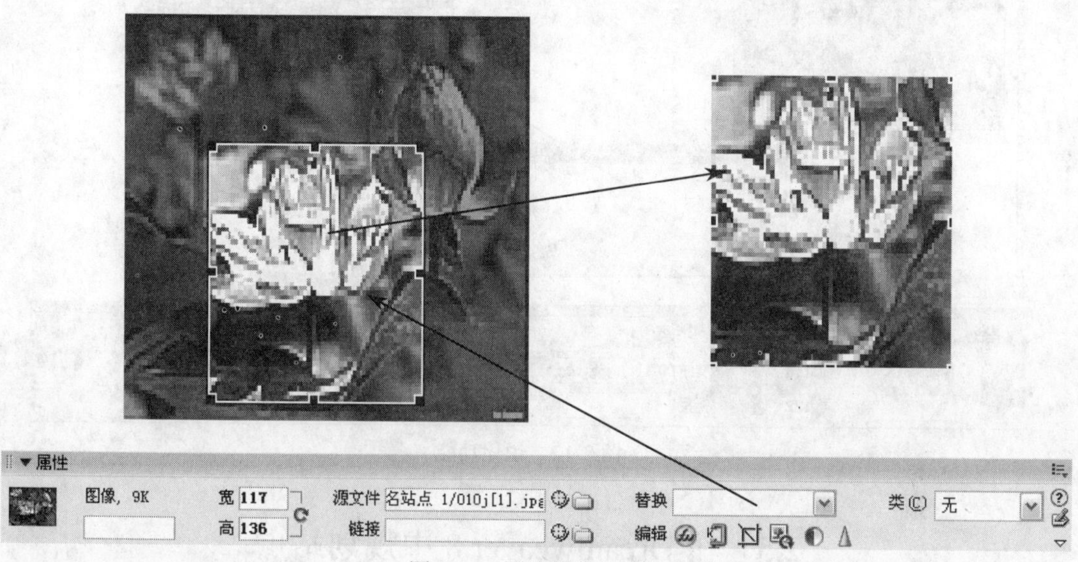

图 2-10　图片的剪切功能

2. 亮度的调节

插入一张数码照片，选择属性面板中的“亮度/对比度”工具，如图 2-11 所示。然后设置亮度参数为 25，对比度参数为 34，图片效果发生了改变。

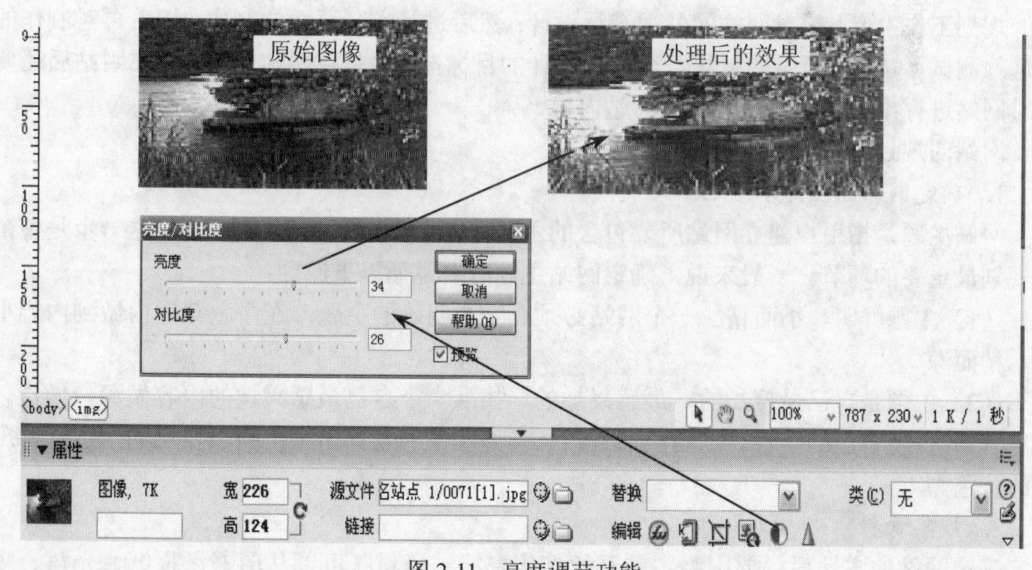

图 2-11　亮度调节功能

3. 锐化

继续上一步的图片操作，选择“锐化”工具，将参数设置为 5，如图 2-12 所示，这时所看到的图像就清晰了一些。

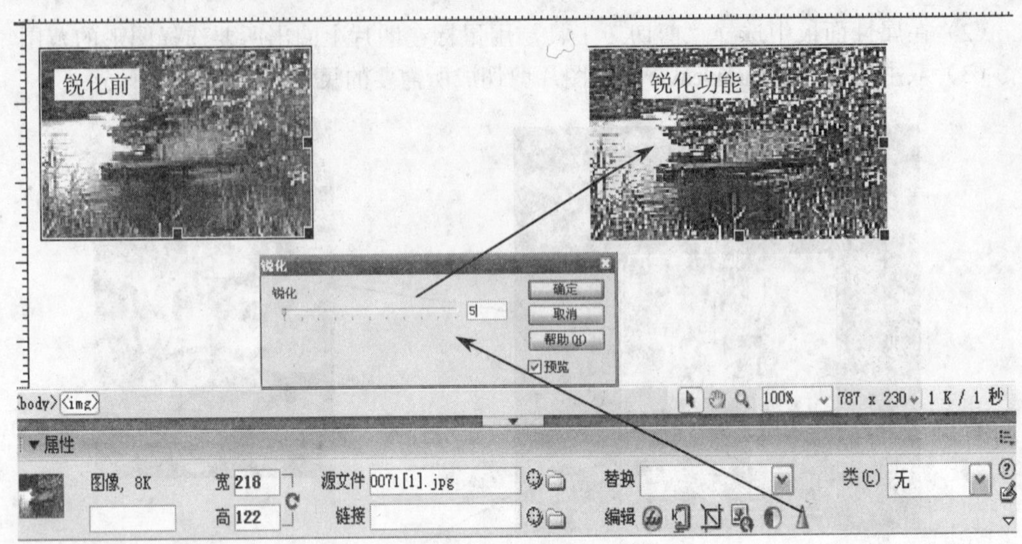

图 2-12 锐化功能

2.5 在 Dreamweaver 8 中规划站点

在 Dreamweaver 中，站点这个术语既可以是 Web 站点，也可以指属于 Web 站点的文档在本地存储的位置。当开始考虑创建 Web 站点时，为了确保站点的成功，应该按照一系列的规划步骤进行。即使创建个人主页，仔细规划站点也是有用的。

要开发一个优秀的网站，通常应该遵循以下工作流程：首先明确开发网站的目的，做好网站的规划工作；接下来对网站的外观进行设计；然后进行实际页面的制作；接着再对制作的网站进行测试，以确保所做的网站符合最初设计的目标；最后是将网站发布。发布网站后还要定期对网站进行维护，以便及时更新网站内容。

网站的规划主要包括以下内容。

1．确定网站的主题和名称

网站主题是指用户建立网站所要包含的主要内容。现在网站的主题很多，这一步是整个网站规划最重要的环节。一般来说，确定网站主题时要遵循以下原则：

（1）主题鲜明、小而精。一个网站必须有一个明确的主题，在主题范围内做到内容小而全、精而深。

（2）主题是自己最擅长的、最感兴趣的。找准一个自己最感兴趣的内容做深、做透。

（3）体现自己的个性。把自己的兴趣、爱好尽情的发挥出来，突出自己的个性，办出自己的特色。

2．搜集资料

确定网站的主题后，要围绕主题开始搜集资料。资料既可以从图书、报纸、光盘、多媒体上获得，也可以从网上搜集；然后再把搜集的资料去粗取精，去伪存真，作为自己制作网页的素材。

3．规划站点

规划站点就像设计一座大楼一样，只有图纸设计好了，才能建成一座漂亮的楼房。在规划网站时，首先要把网站的内容一一列举出来，根据内容列出一个结构化的蓝图，根据实际情况设计各个页面之间的链接。网站的规划内容有：确定网站点题材，确定网站的名称，确定网站的框架等。

4. 栏目的设置

合理的设计网站的栏目和板块，一般要注意以下事项：

（1）突出主题。把主题栏目放在最显眼的地方，让访问者更快、更鲜明地知道你的网站所要表现的内容。

（2）设计一个“最近更新”的栏目。

5. 目录结构设计

目录结构设计一般要注意以下事项：

（1）按照栏目内容建立子目录。

（2）每个目录下分别为图像创建一个目录 image。

（3）目录的层次不要太深，最好少于五层。

（4）尽量使用意义明确的非中文目录（一般用拼音）。

6. 颜色搭配

合理地应用色彩是非常关键的，不同的色彩搭配产生不同的效果，并能够影响访问者的情绪。网页的背景颜色并不一定非要用白色，选用的背景应该和整套页面的色调协调。总之，色彩搭配要遵循和谐、均衡、重点突出的原则。

7. 版面布局

网页页面的版面布局是不可忽视的。要合理地运用空间，让自己的网页疏密有致，井井有条。如果把整个网页都填的密密实实的，没有一点空隙，这样会给人一种压抑感。一般遵循的原则是：突出重点、平衡和谐，将网站标志、主菜单等最重要的模块放在最显眼、最突出的位置。同时还要注意其他页面和首页风格的一致性，要有返回首页的链接。

8. 图像的运用

网页上不能只有文字，必须适当地增加一些图像，使用图像一般要注意以下事项：

（1）图像为主页的内容服务，不要让整个页面花花绿绿，喧宾夺主。

（2）图像要兼顾大小美观。图片不仅要好看，还要在保证图片质量的情况下尽量缩小图片的大小，单张图像不要超过 30KB。

（3）合理地使用 JPG 和 GIF 格式。一般来说，颜色较少的（在 256 色以内的）图像要把它处理成 GIF 格式；颜色比较丰富的图像，最好把它处理成 JPG 格式。

2.6　本地站点的搭建与管理

要制作一个能够被大家浏览的网站，首先需要在本地磁盘上制作网站，然后把网站传到互联网的 Web 服务器上。放置在本地磁盘上的网站被称为本地站点，位于互联网 Web 服务器里的网站被称为远程站点。Dreamweaver 8 提供了对本地站点和远程站点强大的管理功能。

在 Dreamweaver 8 中可以有效地建立并管理多个站点。搭建站点可以有两种方法，一是利用向导完成，二是利用高级设定来完成。

1. 定义站点

在搭建站点前，我们先在硬盘上建一个以英文或数字命名的空文件夹。

（1）选择“菜单栏”→“站点”→“管理站点”，出现如图 2-13 所示“管理站点”对话框。单击“新建”按钮，选择弹出菜单中的“站点”项。

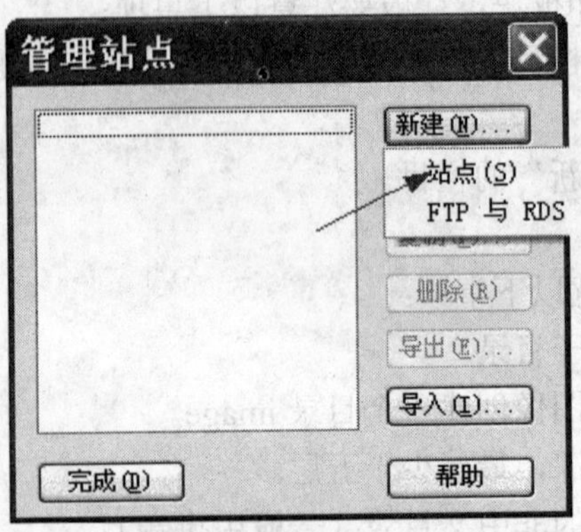

图 2-13 “管理站点”对话框

在打开的窗口上方有“基本”和“高级”两个标签，可以在站点向导和高级设置之间切换。下面选择“基本”标签，文本框中有个系统默认的名字（未命名站点 1），也可以为自己的网站命名，它在 Dreamweaver 8 中标识该站点，站点的 HTTP 地址（URL）是什么？在此栏中填入站点的地址，如http://127.0.0.1/xmweb/，如图 2-14 所示。

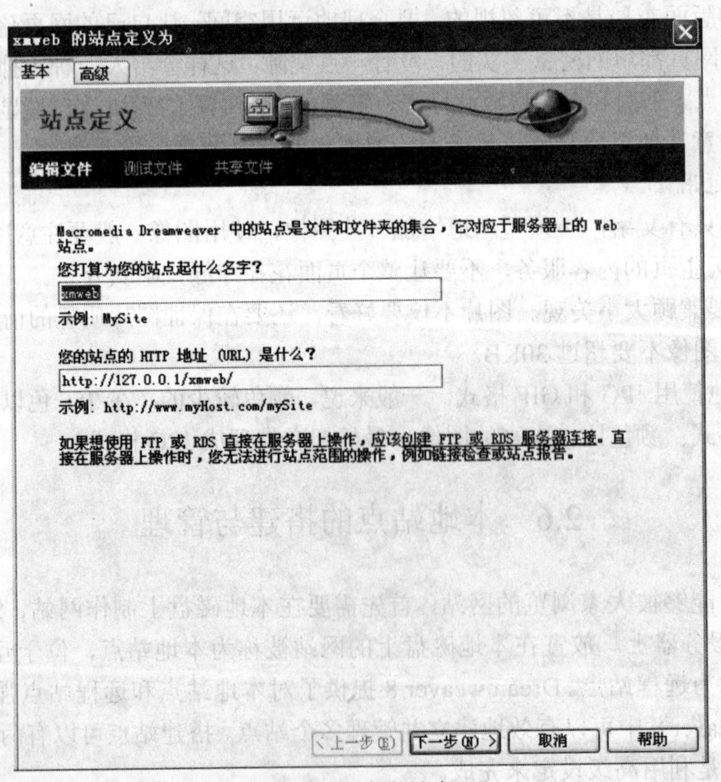

图 2-14 命名站点

（2）单击“下一步”按钮，出现如图 2-15 所示的对话框，询问是否要使用服务器技术。单击“否，我不想使用服务器技术”单选按钮，表示目前该站点是一个静态网站，没有动态网页。选择“是，我想使用服务器技术”单选按钮，则表示该站点是一个动态站点，需要使用服务器。我们现在建立的是一个静态页面，所以选择“否，我不想使用服务器技术”。

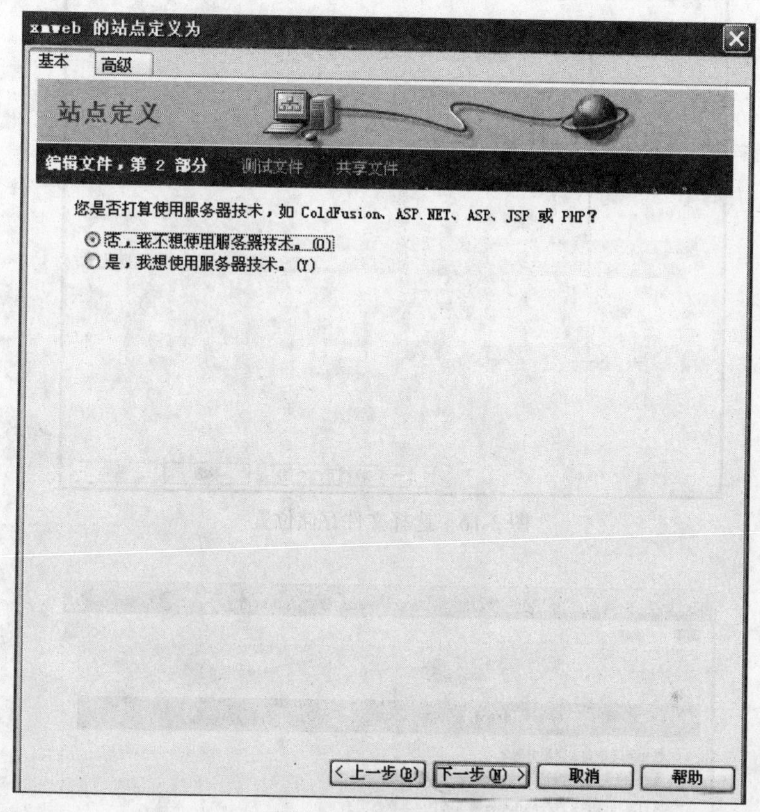

图 2-15　选择服务器

（3）单击“下一步”按钮，出现如图 2-16 所示的对话框，询问要如何使用文件，单击“编辑我的计算机上的本地副本，完成后再上传到服务器（推荐）”单选按钮。在“您将把文件存储在计算机上的什么位置？”文本框中，要求在本地磁盘上指定一个文件夹，Dreamweaver 8 将在其中存储站点文件的本地版本。单击该文本框旁边的按钮进行选择，在出现的“选择站点的本地根文件夹”对话框中选择根文件夹。

（4）如果还没有创建站点文件夹，可以单击“选择站点的本地根文件夹”对话框中的“文件夹创建”按钮创建一个。单击“确定”按钮，退出该对话框。这个新文件夹就是站点的本地根文件夹。

（5）单击“下一步”按钮，出现如图 2-17 所示的对话框，询问如何连接到远程服务器。如果不需要使用服务器技术，从下拉列表中选择“无”。如果要连接到远程服务器，可以选择“本地/网络”或者其他选项。然后在“你打算将您的文件存储在服务器上的是什么文件夹中”文本框中，指定一个文件夹，或单击其右侧的文件夹按钮，在“选择站点的远程根文件夹”的对话框中，选择根文件夹。

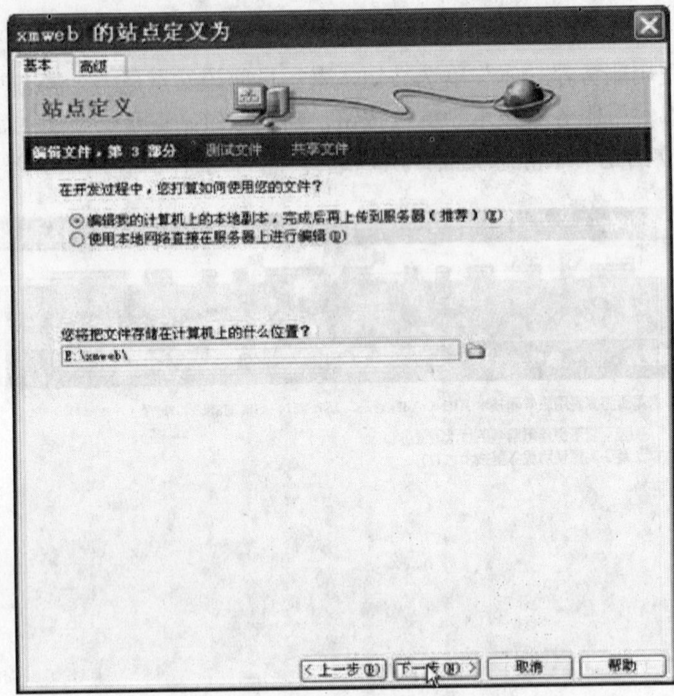

图 2-16　选择文件存储位置

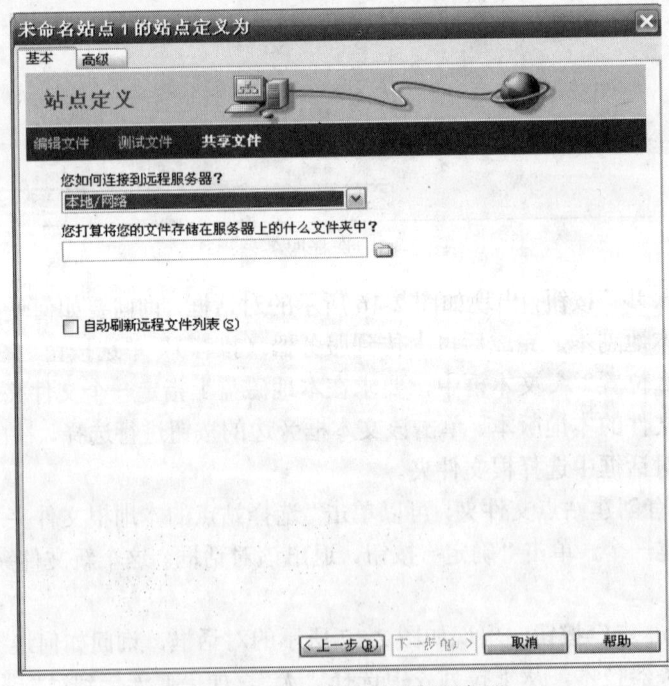

图 2-17　如何连接到远程服务器

（6）单击“下一步”按钮，出现如图 2-18 所示的对话框，询问“是否启用存回和取出文件以确保您和您的同事无法同时编辑一个文件?”。如果选择“是，启用存回和取出”选项会造成冲突，一般选择“否，不启用存回和取出”。

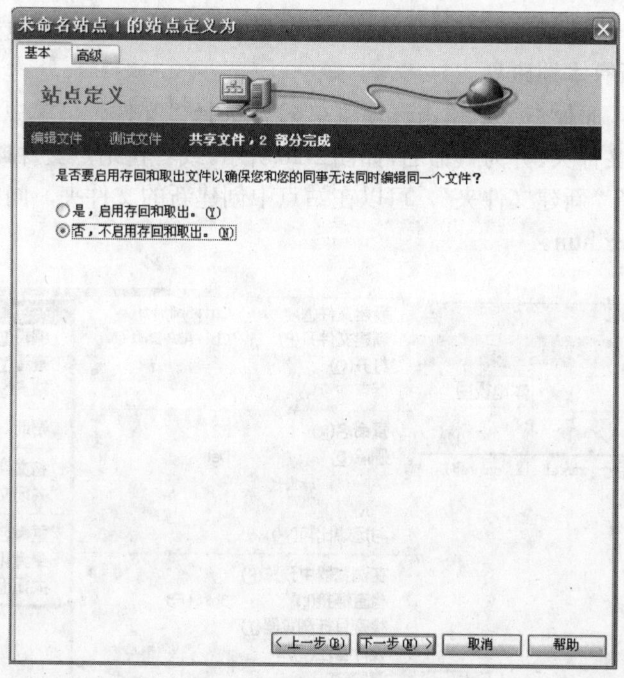

图 2-18　是否启用存回和取出文件

（7）单击“下一步”按钮，出现如图 2-19 所示的对话框，显示站点的设置概要，单击“完成”按钮。

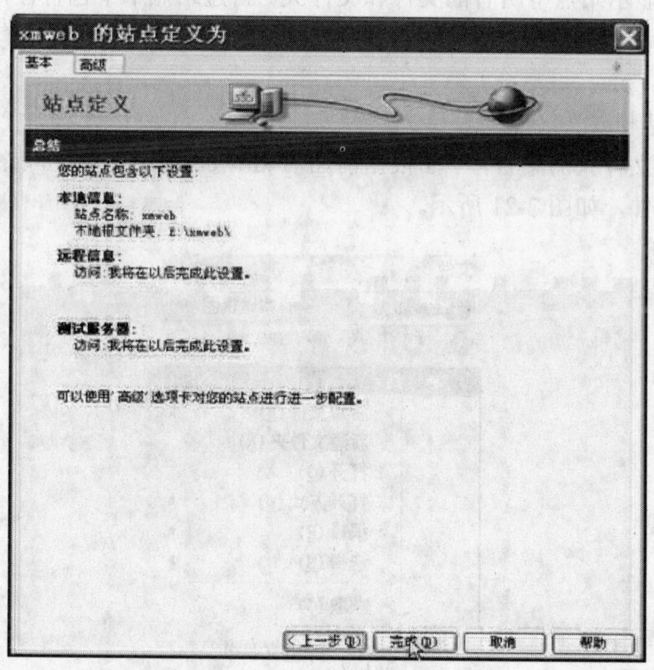

图 2-19　完成站点定义

（8）这时会出现一个提示框，说明 Dreamweaver 8 将创建站点缓存。站点缓存是 Dreamweaver 8 存储有关站点信息的一种方式，可以使站点操作速度更快。单击“确定”按钮，允许 Dreamweaver 8 创建站点缓存。“文件”面板显示当前站点的新本地根文件夹，同时显示一个图标允许查看所有本地磁盘。

（9）在“文件”面板右上角单击选项菜单，选择“文件”菜单中的“新建文件夹”命令，为站点创建新的文件夹，并为其命名，如图 2-20 所示。或者在站点文件夹上右击鼠标。选择“新建文件夹”，可以在站点中创建新的文件夹，同样可以为其命名，主页的名称通常为 index.htm。

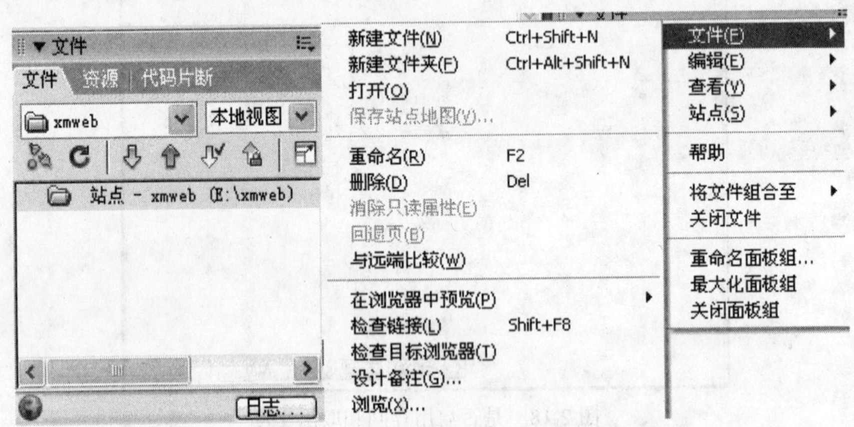

图 2-20 站点内新建文件夹

（10）用同样的方法可以设置其他文件夹及文件，应用是在站点状态下双击就可以打开。“文件”面板通常显示站点中所有的文件和文件夹。新建站点中不包含任何文件或文件夹，所有的文件和文件夹都需要新建。如果站点中存在文件时，就会扫描站点所有文件并在面板中列表显示。

2. 搭建站点结构

站点是文件与文件夹的集合，下面根据前面对 xmweb 网站的设计，来新建 xmweb 站点要设置的文件夹和文件，如图 2-21 所示。

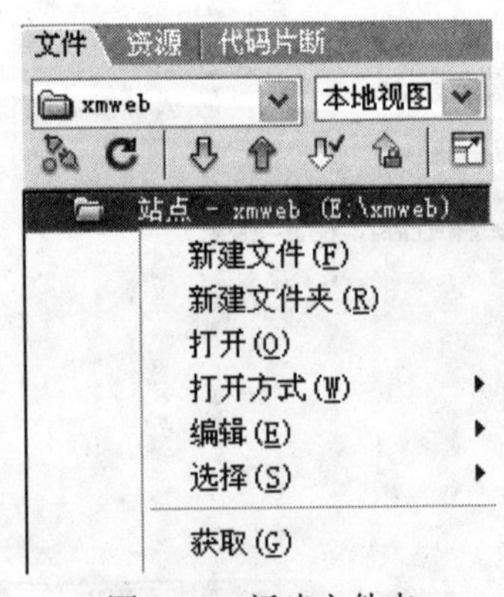

图 2-21 新建文件夹

新建文件夹，在文件面板的站点根目录下右击鼠标，从弹出菜单中选择“新建文件夹”项，然后给文件夹命名。这里新建八个文件夹，分别命名为 img、med、swf、txt、css、js、moan 和 fy。

创建页面，在文件面板的站点根目录下右击鼠标，从弹出菜单中选择“新建文件”项，然后给文件命名。首先要添加首页，我们把首页命名为 index.html，再分别新建 01.html、02.html、03.html、04.html 和 05.html，如图 2-22 所示。

3. 文件与文件夹的管理

对建立的文件和文件夹，可以进行移动、复制、重命名和删除等基本的管理操作。单击鼠标左键选中需要管理的文件或文件夹，然后右击鼠标，从弹出菜单中选“编辑”项，即可进行相关操作。

到此，我们完成了站点的创建，如图 2-23 所示。

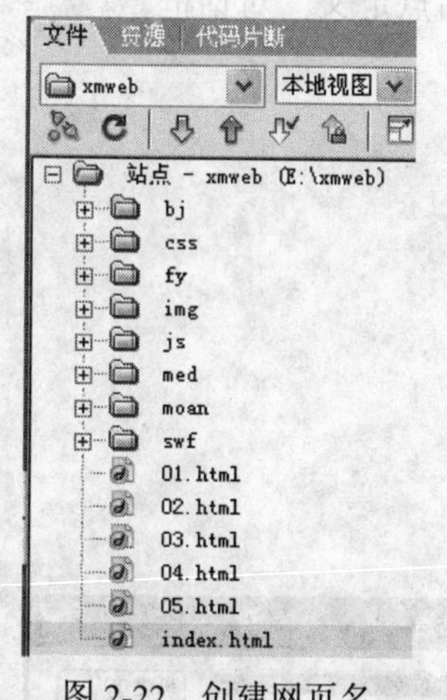

图 2-22　创建网页名

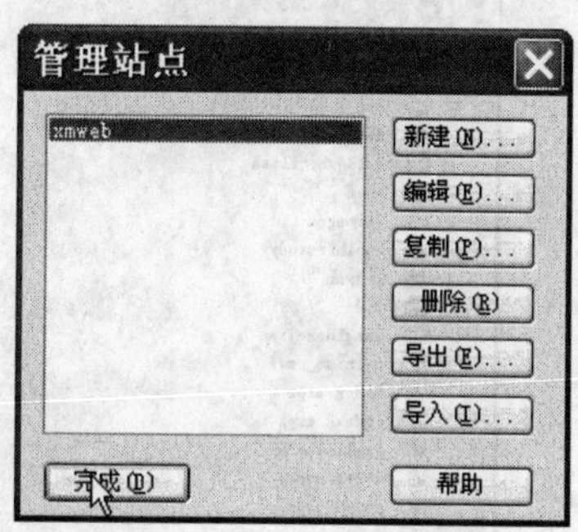

图 2-23　站点创建的完成

2.7　站点的发布

网站建好之后需要将做好的网页上传到服务器上，以便网站能够被其他人访问。Dreamweaver 8 集成了远程站点的管理工具，可以方便地管理本地站点与远程服务器中的文件。

2.7.1　获得 Web 服务器

获得 Web 服务器有多种途径，对于个人来讲，可以申请免费的个人主页空间。网易、搜狐等公司都提供这种服务，可以到相应的网站申请。免费的个人主页空间一般容量比较小，性能和安全性相对较弱，但对于学习性质的网站已经足够。

企业用户对性能、稳定性和空间大小等要求比较高，一般可以申请虚拟主机、租用服务器或者自建服务器。

虚拟主机与租用服务器都是由专业服务供应商提供的，区别在于前者由几个网站共用一个 Web 服务器，而后者是一个网站独占一个服务器。大部分的服务提供商还提供主机托管业务，其实质就是由个人或公司将配制好的主机放到这些公司的机房里，由他们提供网络接口及维护服务。

自建服务器的方式与主机托管类似，不同之处在于，除了自行设立服务器主机外还要租用专用线路和获得固定的公网 IP 地址。这种方式灵活性大，但比较麻烦。

服务器与主机的区别在于，服务器是软件，即服务程序，而主机是运行服务程序的计算机，硬件上服务器主机一般采用稳定性高、处理能力强的部件。

2.7.2 定义远程站点

获得 Web 服务器之后，就可将本地站点上传到服务器端。下面介绍如何定义本地站点的远程服务器信息。

（1）打开文件面板，单击站点列表，选择“管理站点”，如图 2-24 所示。

（2）弹出“管理站点”对话框，如图 2-25 所示，左边的列表框中列出了已经定义好的本地站点，选择目标站点，单击“编辑”按钮，弹出“站点定义”对话框。

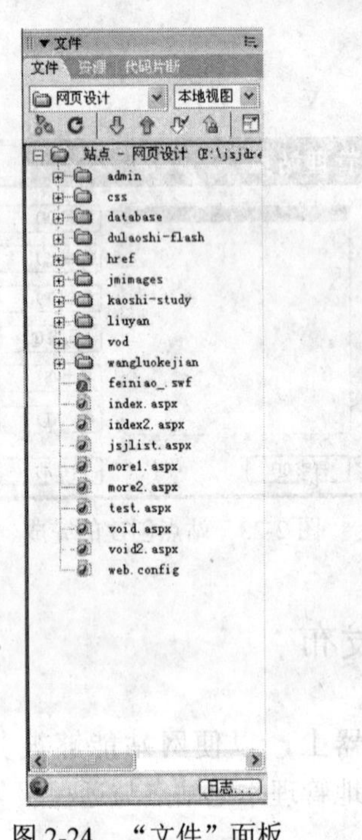

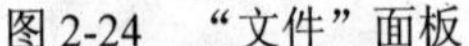

图 2-24 “文件”面板

图 2-25 “管理站点”对话框

（3）在对话框左边的分类列表中选择“远程信息”项，打开“远程信息”面板，选择远程信息的访问方式。大部分情况下，由于服务器并不在本地网络，比较常用的文件上传方式为 FTP，如图 2-26 所示。

（4）“远程信息”面板变为相应的 FTP 定义面板，如图 2-27 所示，其中：

“FTP 主机”文本框：设置 FTP 主机的域名，如 jsjdream.163.com；也可以直接输入 FTP 主机的 IP 地址，如 192.168.1.1。

“主机目录”文本框：设置远程站点的默认文件夹，一般可以留空。如果需要设置服务器，供应商将提供相应的信息。

“登录”文本框：设置 FTP 的登录账号。

“密码”文本框：设置 FTP 账号的登录密码。

注意：*FTP 主机、FTP 账号密码以及访问域名等信息在申请 Web 服务器之后由服务器供应商提供。*

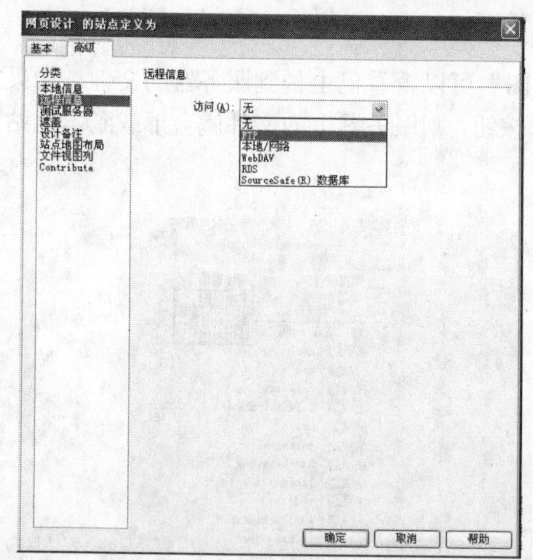

图 2-26　选择远程站点类型

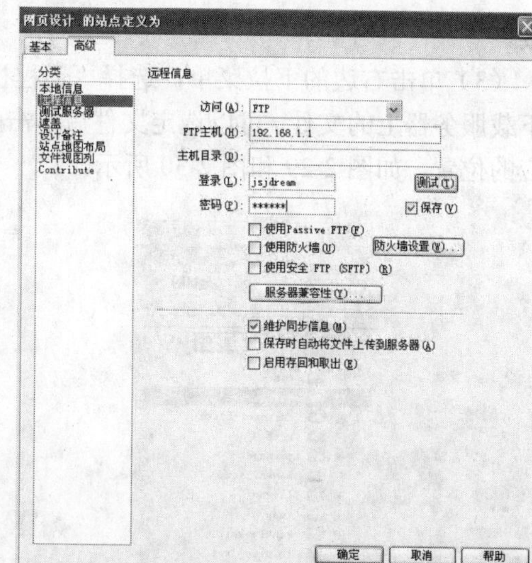

图 2-27　定义 FTP 服务器

（5）单击 测试(T) 按钮可以测试参数是否正确。单击“确定”按钮完成远程站点定义，退出站点管理对话框。

2.7.3　上传站点

站点定义完成后就可以将文件上传到设定的远程服务器上。方法如下：

（1）打开“文件”面板，如图 2-28 所示。

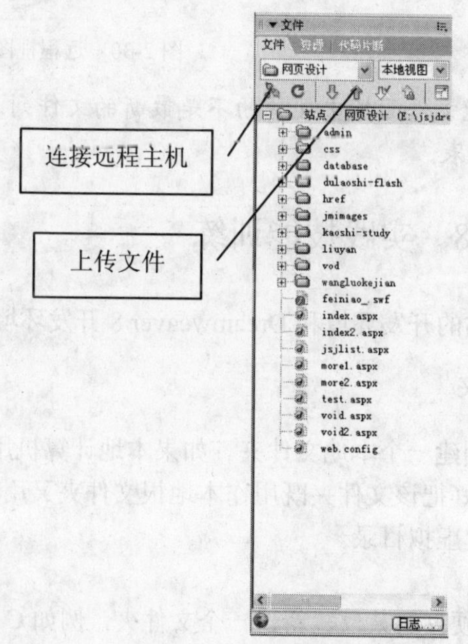

图 2-28　上传文件

（2）单击 按钮，Dreamweaver 8 则根据设置与 FTP 服务器通信。打开结果面板的“FTP 记录”可以看到活动记录。连接按钮变为已连接标志 。再单击一次 按钮，则与主机断开连接。

（3）单击右边的下拉菜单，选择“远程视图”可以查看已上传到服务器的文件。如果需要下载服务器上的文件，可以选定文件后单击按钮，则服务器上的文件就会下载到本地站点相应的位置，如图 2-29 和图 2-30 所示。

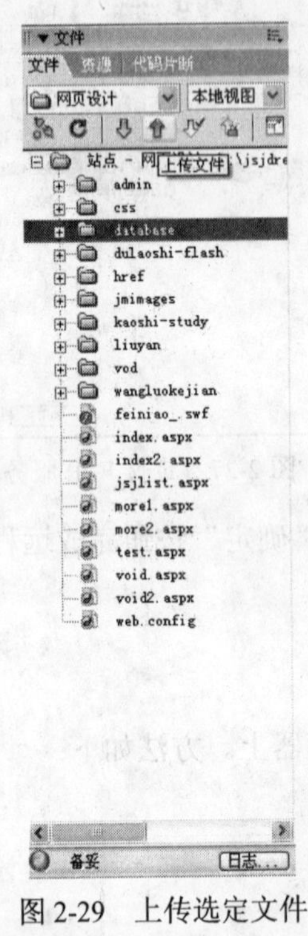

图 2-29 上传选定文件

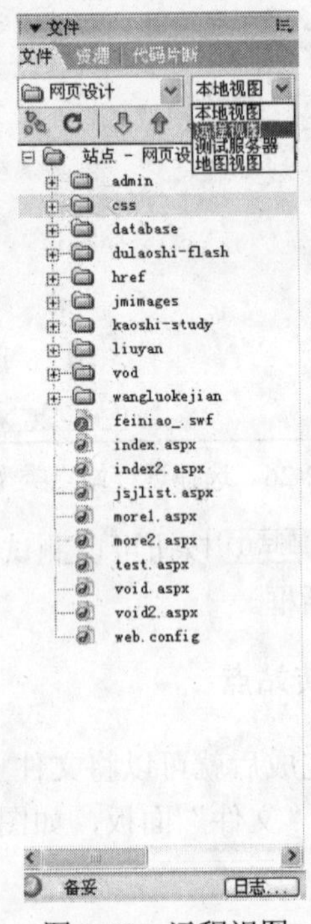

图 2-30 远程视图

注意：在一些特殊情况下，可能文件面板中反映的不是最新的文件列表，此时可以单击刷新按钮刷新文件面板中的文件列表。

2.8 实践技能训练

本节通过一个实例讲述构建网站的开发环境和 Dreamweaver 8 开发环境的方法

2.8.1 建立并设置本地根文件夹

开发网站需要在本地计算机上创建一个本地文件夹。如果本地计算机用来开发 Web 应用程序的同时，还要做测试服务器，最好把该文件夹既用作本地根文件夹又用作测试服务器文件夹。所以需要在新建的文件夹上指定虚拟目录。

操作步骤如下：

（1）新建本地文件夹。在本机硬盘的某位置新建一个文件夹，例如 C 盘根目录下，文件夹命名为 mysite，C:\myweb，如图 2-31 所示。

（2）右击相应的文件夹，从弹出的菜单中选择“共享”菜单项。

（3）这时会出现文件夹属性对话框，选择“Web 共享”选项卡，如图 2-32 所示。

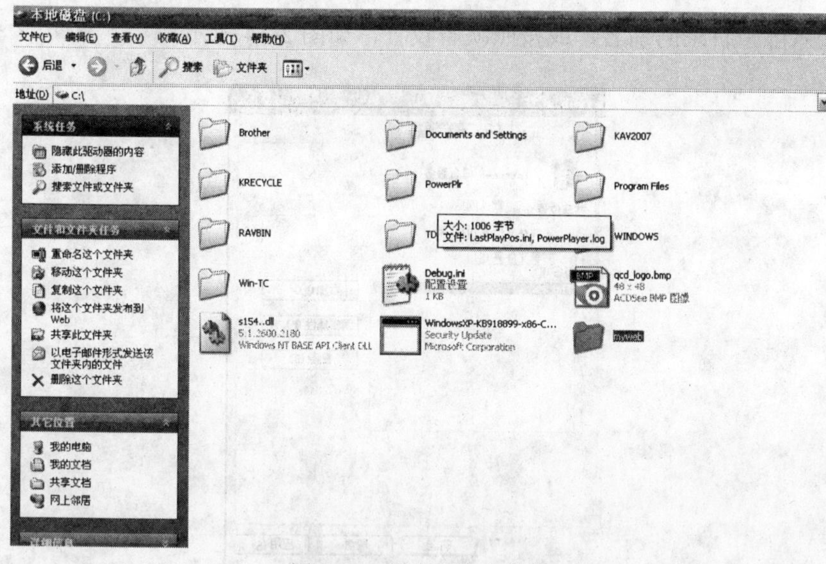

图 2-31　新建本地文件夹

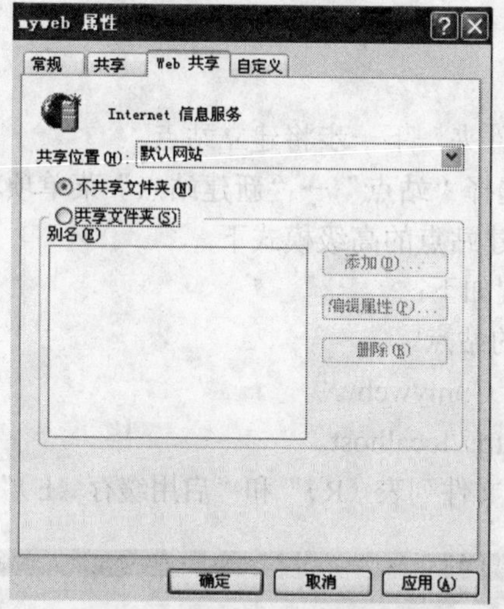

图 2-32　“Web 共享”选项卡

（4）单击“共享文件夹”单选按钮，出现“编辑别名”对话框，如图 2-33 所示。

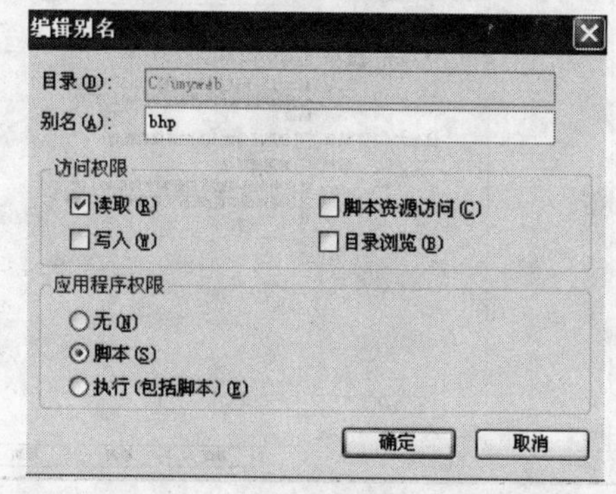

图 2-33　“编辑别名”对话框

（5）输入虚拟目录的别名，或按照缺省设置，如图 2-34 所示。

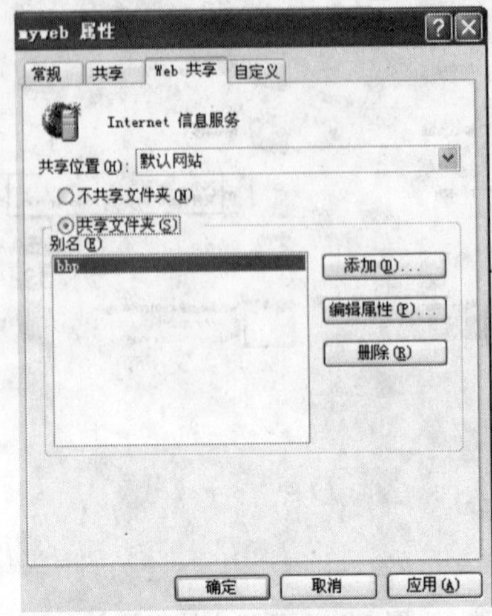

图 2-34　编辑别名

2.8.2　定义站点

建立并设置了本地根文件夹，下一步将建立站点。

（1）打开开发环境，选择“站点”→“新建站点”菜单项，打开站点定义对话框，单击“高级”选项卡，切换到创建站点的高级模式下。

（2）本地信息选项设置如下：

1）站点名称（N）：我的站点。

2）本地根文件夹（F）：C:\myweb\。

3）HTTP 地址（H）：http://localhost。

4）选中“自动刷新本地文件列表（R）”和“启用缓存（E）”两个复选框，如图 2-35 所示。

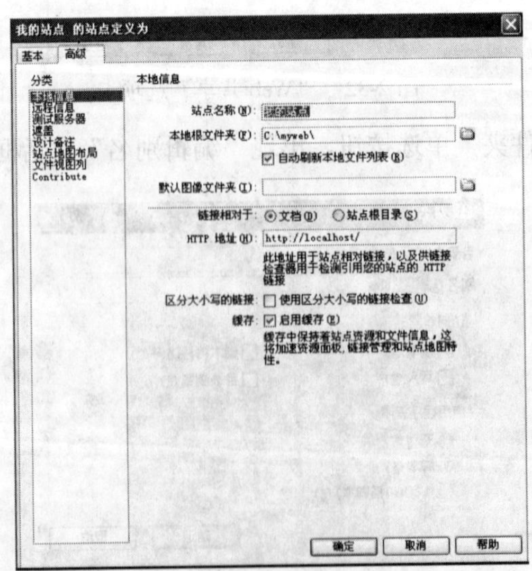

图 2-35　设置站点的本地信息

（3）单击“分类”列表中的“测试服务器”，如图 2-36 所示。

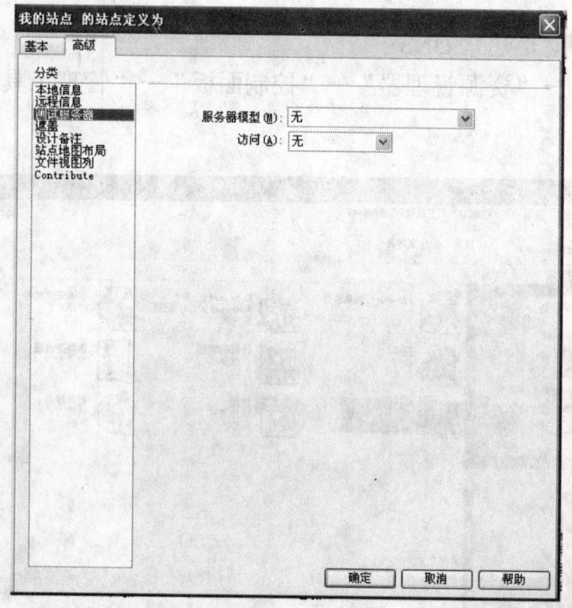

图 2-36　选择“测试服务器”

在服务器模型下拉列表中做如下设置：

（1）服务器模型（M）：ASP VBScript。

（2）访问（A）：本地/网络。

（3）测试服务器文件（R）：C:\mysite\。

（4）URL 前缀：http://localhost/mysite/。

（5）选中“自动刷新远程文件列表”复选框，如图 2-37 所示。

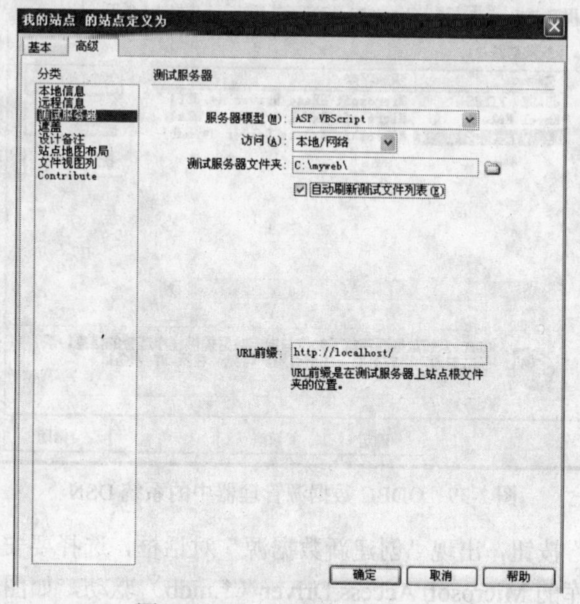

图 2-37　设置测试服务器信息

2.8.3 创建 ODBC 连接

创建 ODBC 连接，就是建立 DNS。

（1）单击“开始”→“资源管理器”→“控制面板”→“管理工具”→“数据源”命令，如图 2-38 所示。

图 2-38 控制面板中的 ODBC 数据源管理器图标

（2）启动 ODBC 数据源管理器（没有创建的要自己参考其他资料创建），单击 ODBC 数据源管理器中的“系统 DSN”标签，打开选项卡如图 2-39 所示。

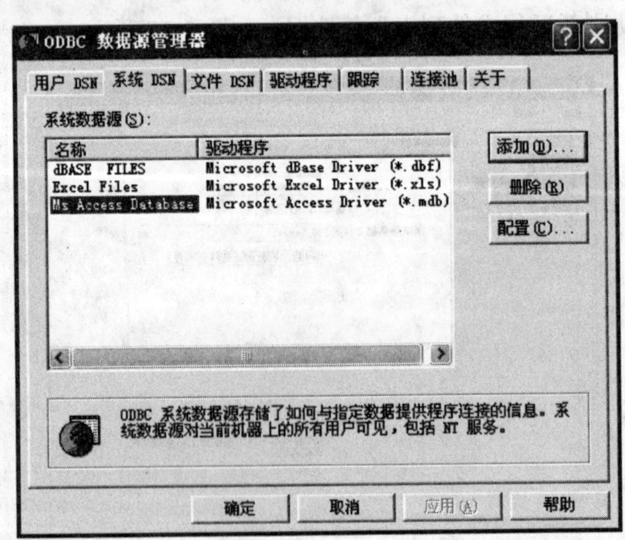

图 2-39 ODBC 数据源管理器中的系统 DSN

（3）单击“添加”按钮，出现“创建新数据源”对话框，选择要安装数据库的驱动程序。这里选择 Access 数据库的 Microsoft Access Driver（*.mdb）驱动，如图 2-40 所示。

图 2-40　“创建新数据源”对话框

（4）单击“完成”按钮将出现“ODBC Microsoft Access 安装”对话框，如图 2-41 所示。

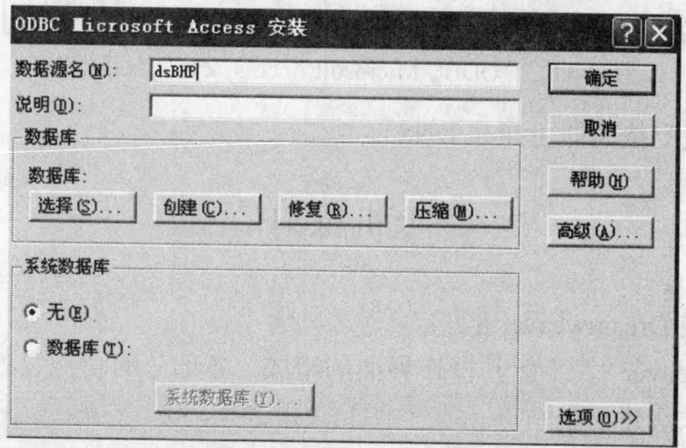

图 2-41　“ODBC Microsoft Access 安装”对话框

（5）在“数据源名”文本框中输入数据源的名称，一般该数据源的名称以 ds 开头，这样便于说明该名称是数据源名称，这里输入 dsBHP，在“描述”栏可以输入对该数据库的描述性语言，单击“选择”按钮，出现“选择数据库”对话框，选择提供数据的 Access 数据库。选择一个数据库，例如 c:\myweb 文件夹中的 dsBHP.mdb 数据库，如图 2-42 所示。

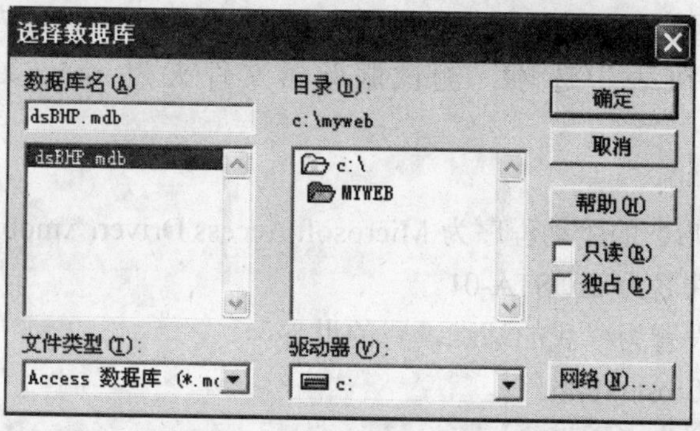

图 2-42　“选择数据库”对话框

（6）单击“确定”按钮，会出现一个对话框，对该对话框的设置如下：

1）数据源名：dsBHP。

2）说明：我的站点我的世界。

3）数据库：选择 C:\MYWEB\dsBHP.mdb。

4）系统数据库：无，如图 2-43 所示。

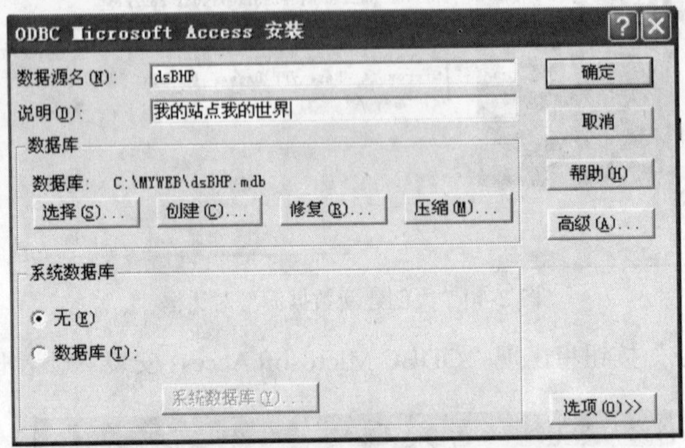

图 2-43 “ODBC Microsoft Access 安装”对话框

（7）单击“确定”按钮即可建立 DNS。

上机练习

1．在机器上安装 Dreamweaver 8。

2．打开 Dreamweaver 8，了解其操作界面的组成、各部分的功能及各个浮动面板的作用。

3．按下面的要求新建一个站点。

（1）建立并设置本地根文件夹。

1）新建本地根文件夹，命名为 root。

2）设置虚拟目录，将本地根文件夹设置为虚拟目录，别名为 root。

（2）定义站点。

1）设置站点的本地信息：站点的名称为“我的站点 2”，本地根文件夹指定为 root，启用“自动刷新本地文件列表”和“文件缓存”选项；HTTP 地址设置为http://localhost。

2）定义测试服务器信息：设置服务器模型为 ASP VBScript；访问方式为本地/网络；启用“自动刷新远程文件列表”选项，测试服务器文件夹为 root 文件夹；URL 前缀为 http://localhost/root。

（3）创建 DNS 连接：

1）设置“系统 DNS”的驱动程序为 Microsoft Access Driver(*.mdb)。

2）数据库的源文件名为 dsOSTA-01。

3）将数据库说明设置为“我的站点，我的世界”。

4）数据库指定为 C:osta.mdb。

5）系统数据库设置为“无”。

第 3 章　创建和编辑网页文档

在第 2 章中，我们已经搭建了一个站点。接下来就是制作一个个的网页了。本章将具体介绍网页制作的基础知识，包括文档的创建，文字、图片、动画和影像等元素的插入与编排。

3.1　创建一个新文档

在 Dreamweaver 8 中可以创建新的空白文档、创建以模板为基础的文档以及打开并编辑已经存在的文档。

3.1.1　创建新的空白文档

启动 Dreamweaver 8，在图 3-1 所示启动界面中的“创建新项目”组合框中选择合适的文件类型，即可直接进入文档窗口进行编辑。

图 3-1　Dreamweaver 8 的启动界面

也可选择主菜单中的“文件”→“新建”命令或按下 Ctrl+N 快捷键，系统弹出“新建文档”对话框，如图 3-2 所示。在对话框中选择“基本页”中的 HTML，然后单击“创建”按钮，在本地站点下新建一个空白静态网页。

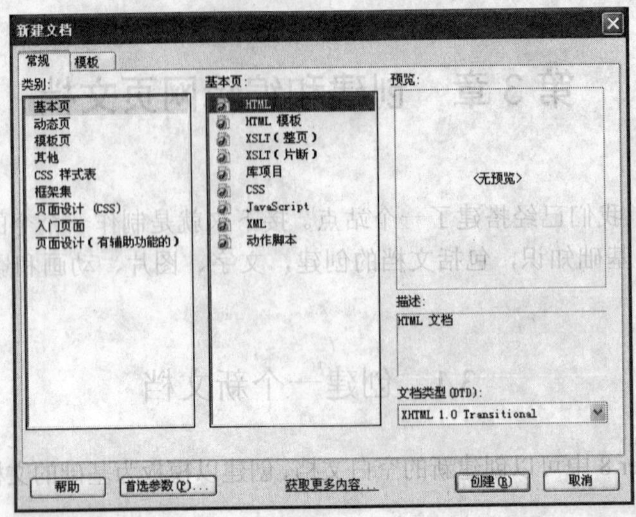

图 3-2 “新建文档”对话框

3.1.2 打开现有文档

在 Dreamweaver 8 中可以打开现有的 Web 页或基于文本的文档，即使这些文档不是用 Dreamweaver 8 创建的也可以将其打开，然后利用 Dreamweaver 8 在“设计”视图或“代码”视图中编辑该文档。

如果打开的文档是一个另存为 HTML 文档的 Microsoft Word 文件，则可使用“清理 Word 的 HTML”命令来清除 Word 插入到 HTML 文件中的无关标记标签。

打开现有文档有以下几种方法。

1. 在“文档”窗口中打开选择的文档

在“文档”窗口选择“文件”→“打开”菜单命令，弹出如图 3-3 所示的对话框，从中选择文档，单击“打开”按钮即可。

图 3-3 “打开”对话框

2. 导入 Word 文档

使用微软公司的 Word 软件制作 HTML 文件。在 Word 中进行编辑可以为 HTML 文件设置许多格式，但生成的代码较多。选择“文件”→“导入”→“Word 文档”菜单命令，弹出如图 3-4 所示的对话框，然后从中选择文档，单击“打开”按钮即可导入 Word 文档。

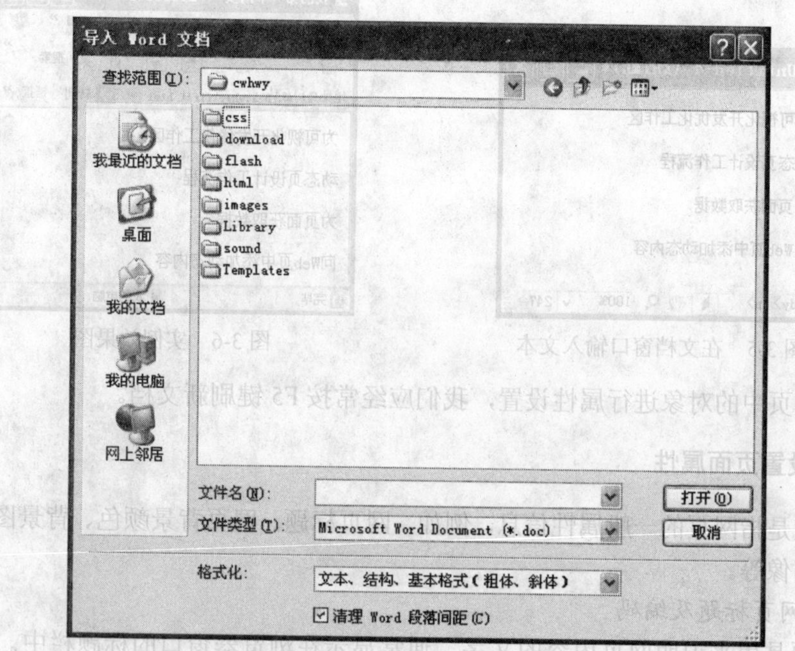

图 3-4　“导入 Word 文档”对话框

3. 在资源管理器中打开文档

在资源管理器中选中要打开的文档图标，右击鼠标，从弹出的快捷菜单中选择“使用 Dreamweaver 8 编辑”菜单项即可在 Dreamweaver 8 中打开该文档。

除此之外，Dreamweaver 8 还引入模板机制。在 Dreamweaver 8 中可以将已经制作好的页面另存为模板，然后可以使用这个模板来生成新的文档，并且可以设定模板中的一部分为可编辑区域，另外的部分是不可编辑区域，从而实现了将内容从设计方案中分离出来。同时，如果修改了模板，Dreamweaver 还可以自动把所使用的模板创建的文档进行相应的修改，这对网页设计师来说是梦寐以求的功能。

下面通过一个实例，了解在 Dreamweaver 8 中创建网页的基本步骤：

（1）新建网页文档。启动 Dreamweaver 8，选择主菜单中的“文件”→“新建命令”或按下 Ctrl+N 快捷键，系统弹出“新建文档”对话框。在对话框中可以选择新建网页的类型，如动态网页、静态网页、网页模板、CSS、JavaScript 等。我们选择“基本页”中的 HTML，然后单击“创建”按钮，在本地站点下新建一个空白静态网页。

（2）制作网页主体内容。在本例中，可以直接在网页文档窗口的光标处单击，再输入如图 3-5 所示的文本内容。

（3）保存并预览网页。在制作网页时，如果文档窗口标题栏文件名后有一个星号“*”，则表示当前文档没有保存，文档窗口标题栏中显示无标题文档 Untitled-4.HTML 字样，此时执行“文件”→“另存为”命令，在弹出的“另存为”对话框中，选择保存文件的类型，命名网页文件名，如 first.html，将网页保存到站点中。Dreamweaver 8 提供了多种保存格式，可以是 HTML 文件或其他的动态网页文件，这里选择 HTML 格式。

按 F12 键，可在浏览器中预览网页效果，本例效果如图 3-6 所示。

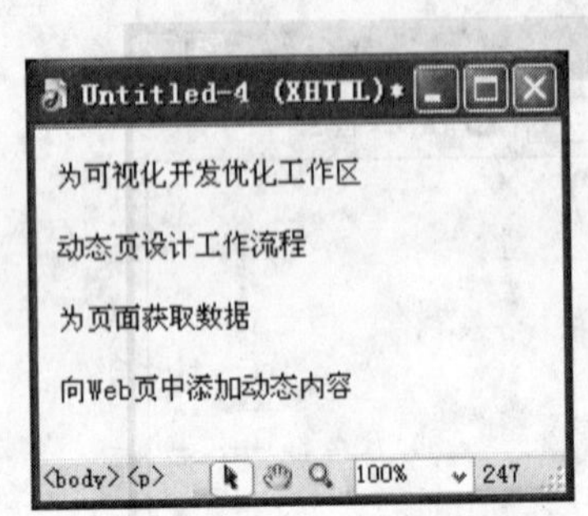

图 3-5 在文档窗口输入文本

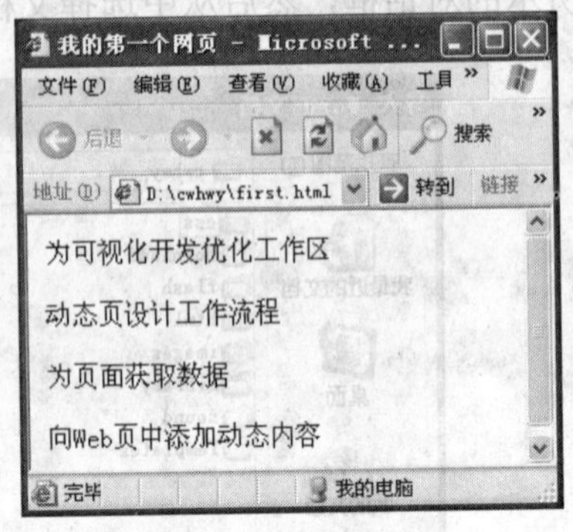

图 3-6 实例效果图

如果对网页中的对象进行属性设置，我们应经常按 F5 键刷新文档。

3.1.3 设置页面属性

页面属性是指网页的一般属性信息，例如，网页标题、网页背景颜色、背景图像、超链接颜色、跟踪图像等。

1. 设置网页标题及编码

网页标题是用来说明网页内容的文字，通常显示在浏览器窗口的标题栏中。每个网页都应有一个标题，而网页标题文字最好能够恰如其分地描述网页的内容。

设置网页标题的方法为：在文档窗口工具栏中的“标题”文本框中直接输入网页的标题文字；也可在文档窗口中选择“修改”菜单中的“页面属性”命令，或者按 Ctrl+J 快捷键，打开“页面属性”对话框，选择“标题/编码”分类，在右侧的“标题”文本框内设置网页的标题，如“我的第一个网页”；在“编码”下拉列表中选择“简体中文（GB2312）”设置网页使用的编码，如图 3-7 所示。

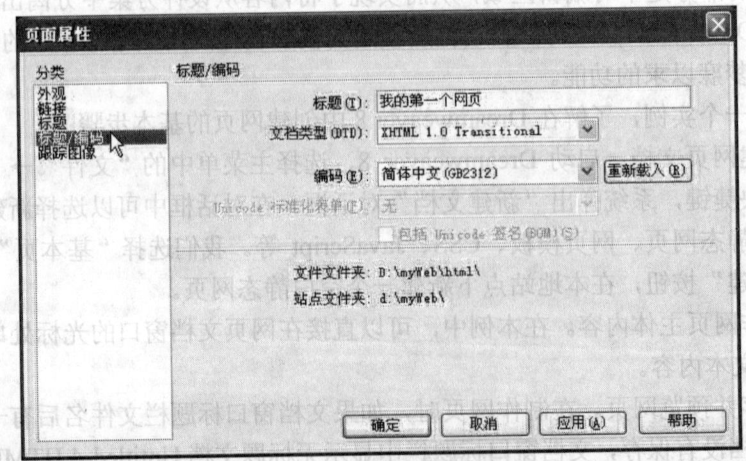

图 3-7 设置网页标题及编码

2. 设置网页其他属性

除前面介绍的方法外，还可以单击页面属性面板中的 页面属性... 按钮，弹出“页面属性”对话框设置页面其他属性。设置完成后单击“确定”按钮完成页面属性的设置。

（1）外观。主要设置网页基本页面布局选项，包括页面字体、大小、文本颜色、背景颜色、背景图像、左边距、右边距、上边距和下边距，如图3-8所示，对页面字体、大小、文本颜色、背景颜色、背景图像进行了设置，这些都是根据所制作网页的实际需要而选择性设置的。一般来说，在一个页面中，背景颜色和背景图像只设置其中的一个。

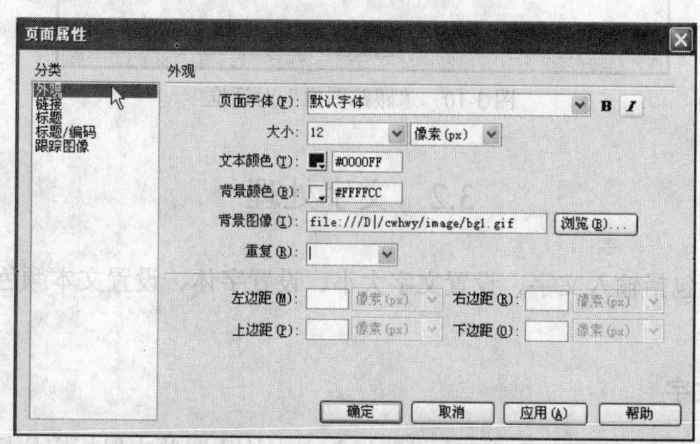

图3-8 设置网页外观属性

（2）链接。网页中的链接是以文字或图像作为基本链接对象的，然后对此链接对象指定一个要跳转的网页地址，当浏览者单击这些对象时，浏览器就跳转到指定的目标网页。

链接对话框主要用来设置网页中超链接的字体、字体大小、各种链接颜色、链接下划线的样式，在图3-9中就分别进行了设置。

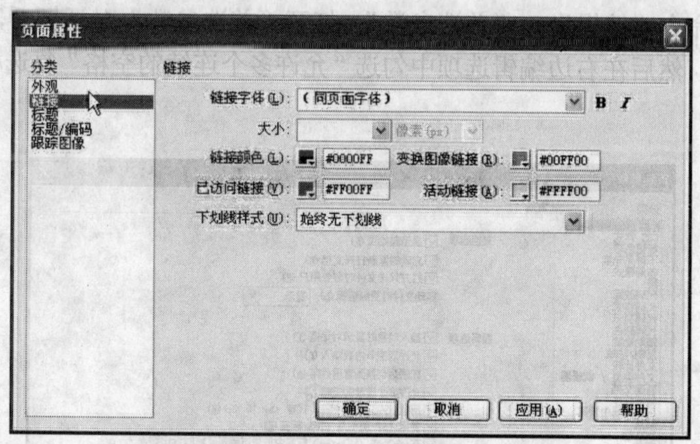

图3-9 设置页面链接属性

（3）跟踪图像。跟踪图像是放在“文档”窗口背景中的JPEG、GIF或PNG图像。在“跟踪图像”对话框中，可以隐藏图像、设置图像的不透明度和更改图像的位置，如图3-10所示。

如果用户需要跟踪图像的透明度，在“跟踪图像”对话框中拖动滑杆可设置跟踪图像在文档窗口中的透明度。

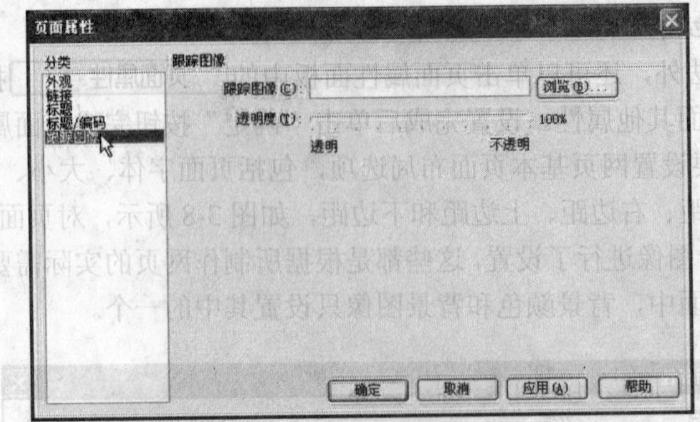

图 3-10 “跟踪图像”对话框

3.2 文字处理

文字处理主要包括输入文字、设置文字大小、设置字体、设置文本颜色、设置文本对齐方式等。

3.2.1 输入文字

（1）打开 Dreamweaver 8 之后，在需要插入文本的位置单击鼠标定位插入点输入文字。如果需要开始新的一段，按 Enter 键即可，对应的 HTML 标签是<p>；如果想换行显示一段内容，可以按 Shift+Enter 组合键，对应的 HTML 标签是
；如果输入的文字超出一行，输入的文本将自动换行。

（2）输入连续空格。在 Dreamweaver 8 中一般只能输入一个空格，若要输入连续空格，可以采用下面几种方法中的一种：

1）执行菜单命令“编辑”→“首选参数”，打开“首选参数”对话框后，选定“分类”栏中的“常规”选项，然后在右边编辑选项中勾选“允许多个连续的空格”复选框即可，如图 3-11 所示。

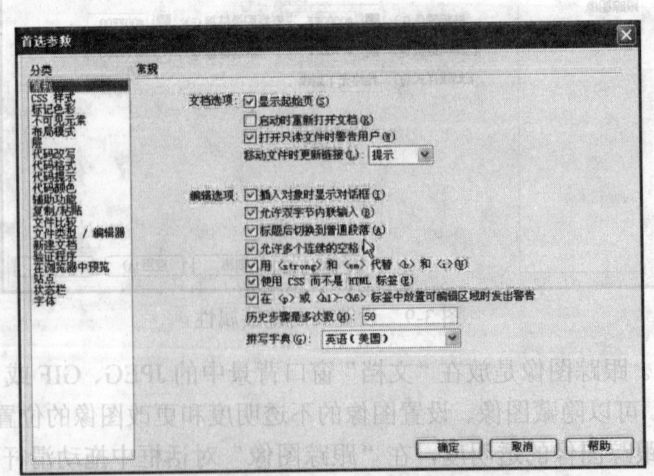

图 3-11 勾选“允许多个连续的空格”复选框

2）将光标定位到需要输入多个空格的位置，切换到代码视图即 HTML 源文档，连续输入多个“ ”，或者单击插入工具栏文本分类中的“字符”对象，弹出下拉菜单，选择“不换行空格”选项即可，如图 3-12 所示。

图 3-12　选择“不换行空格”选项

3）切换到中文输入法，设置为全角输入状态，然后在欲连续输入空格的位置按空格键。

（3）输入特殊字符。除了一般文本以外，如果需要在网页中插入特殊字符，例如注册商标符号®、版权符号©、英镑符号£等，应该首先定位光标，然后单击插入工具栏文本分类中的“字符”按钮旁的下拉按钮，弹出下拉菜单，如图 3-12 所示，然后选择相应选项，如在图 3-12 中选择“©版权”选项输入版权字符。

若在图 3-12 中找不到要输入的字符，可单击图 3-12 中的“其他字符”选项或执行菜单“插入”→“HTML”→“特殊字符”→“其他字符...”命令，均弹出如图 3-13 所示的对话框，然后在对话框中选择一个字符，再按“确定”按钮。

图 3-13　“插入其他字符”对话框

3.2.2　编辑文字

1. 设置文字标题与段落

设置文字标题与段落的方法基本相同，方法如下：

（1）将光标定位到应用段落样式或文本样式的文本中，或直接选取文本。

（2）单击属性面板中的格式选择框，在弹出的下拉列表中选择“段落”或“标题”，如图 3-14 所示，选择“标题 1”。

图 3-14　选择“标题 1”选项

切换到代码视图，我们就会发现，字符属性面板的“格式”列表框中的“段落”、“标题 1”、“标题 2”、“标题 3”、“标题 4”、“标题 5”、“标题 6”和“预先格式化的”等选项，分别对应 HTML 语言中的<p>、<h1>、<h2>、<h3>、<h4>、<h5>、<h6>和<pre>标记。

2. 设置文字字体及大小

（1）设置字体。选中文本，单击属性面板上的“字体”选择框，在弹出的下拉列表中选择需要的字体。如果没有需要的字体，则从下拉列表中单击“编辑字体列表”，打开“编辑字体列表”对话框添加需要的字体。添加时，在“可用字体”列表中选择要添加的字体，单击≪按钮，将选择的字体添加到“字体列表”中，如图 3-15 所示添加了“华文新魏”字体。如果要建立可替换的字体，可添加多个字体后再按“确定”按钮。重复这个过程，直到完成添加为止。

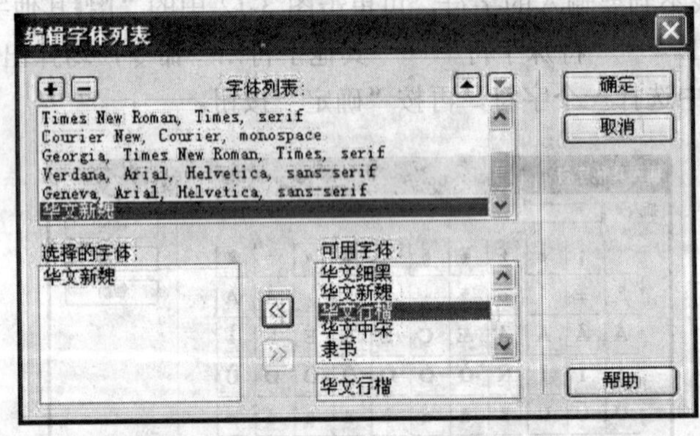

图 3-15　“编辑字体列表”对话框

（2）设置字号。选中文本，单击属性面板上“大小”选择框，打开下拉列表，从中选择合适的字体大小。

3. 设置文本颜色

选中文本，单击属性面板上的文本颜色按钮■，弹出一个常用颜色的选择窗口，从中选择需要的颜色即可。这时，在文本颜色按钮旁的文本框里出现所选颜色的十六进制 RGB 值（该值通常以#rrggbb 的形式出现，其中，rr 表示红色值，gg 表示绿色值，bb 表示蓝色值，这些数值都是十六进制的）。如果用户熟悉所用颜色的 16 位 RGB 值，可在文本框里直接输入，然后按回车键即可。

如果选择窗口中的颜色不是我们所需要的，可以单击窗口右上角的“系统颜色拾取器”按钮◉，在打开的“颜色”对话框中选择文本颜色，再单击“确定”按钮，如图 3-16 所示。

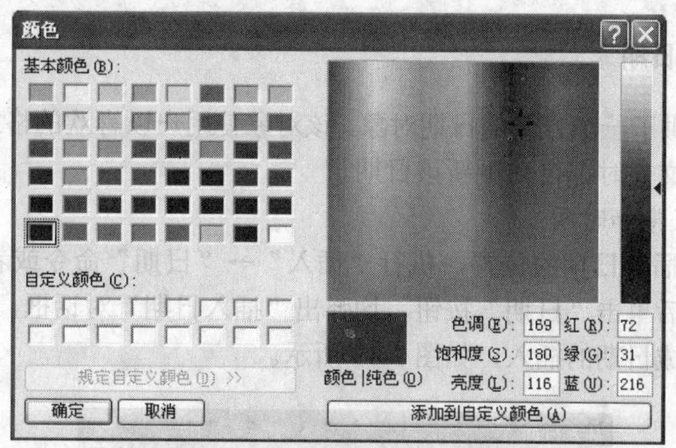

图 3-16　设置自定义颜色

4. 设置文本对齐方式

选中要进行对齐的文本或将光标置于要设置文本对齐方式的文本块中，单击属性面板上的对齐方式按钮即可。按钮从左到右的对齐方式分别是“左对齐”，“居中对齐”，“右对齐”和“两端对齐”。

在 Dreamweaver 8 中，对文字进行复制、粘贴、移动、删除及设置字体字形（粗体、斜体、下划线）等与其他文字处理软件如 Microsoft Word 操作方法基本相同。

3.2.3　插入水平线

水平线对于组织信息很有用。在页面上，可以使用一条或多条水平线以可视方式分隔文本和对象。

1. 插入水平线

将光标移到要插入水平线的位置，执行菜单“插入”→HTML→“水平线”命令或者在“插入”栏中，选择 HTML，然后单击“水平线”按钮，插入一条默认宽度和粗细的水平线。

2. 修改水平线

选定插入的水平线，打开属性面板，设置水平线的高度、宽度、对齐方式以及是否有阴影等属性，如图 3-17 所示。

图 3-17　水平线的属性面板

3. 设置水平线的颜色

选中水平线，然后单击属性面板中的快速标签编辑器按钮，打开编辑标签窗口，输入代码，如将水平线设为红色，输入代码：color="red"，如图 3-18 所示。

图 3-18　设置水平线颜色

3.2.4 插入更新日期

Dreamweaver 提供了一个方便的日期对象，该对象使用户以喜欢的格式插入当前日期，还可以选择在每次保存文件时都自动更新该日期。

1. 插入日期、星期和时间

将插入点移到要插入日期的位置，执行“插入”→“日期”命令或者在“插入”栏中，选择“常用”类，然后单击“日期”按钮，均弹出“插入日期”对话框，选择一种日期格式，单击“确定”按钮完成日期的插入，如图 3-19 所示。

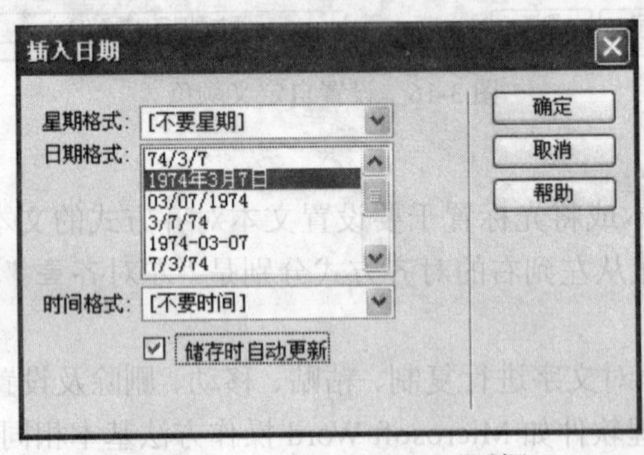

图 3-19 “插入日期”对话框

若要插入星期或时间，则在“插入日期”对话框中选择一种星期格式或时间格式。若插入日期时不插入星期或时间，则在对话框的星期格式或时间格式中分别选择“不要星期”或“不要时间”。

2. 插入更新日期

如果希望插入的日期能够随着时间的变化而自动更新，则在图 3-19 所示的“插入日期”对话框中勾选“储存时自动更新”复选框。

3. 修改日期

要修改网页中已插入的日期，有两种方法：

（1）若没有勾选“储存时自动更新”，则直接手动修改日期。

（2）若勾选了“储存时自动更新”，则选中日期后在属性面板中单击[编辑日期格式]按钮，同样弹出“插入日期”对话框，在其中编辑修改日期格式。

3.3 图像处理

在 Web 上常用的图像格式包括以下三种：GIF、JPEG 和 PNG。本节主要介绍网页中图像的基本操作。

3.3.1 插入图像

在 Dreamweaver 中插入图像的基本方法是：

（1）将光标置于要插入图像的位置，在插入工具栏的“常用”类中单击“图像”按钮或选择“插入”菜单中的“图像”命令，打开“选择图像源文件”对话框，如图 3-20 所示。

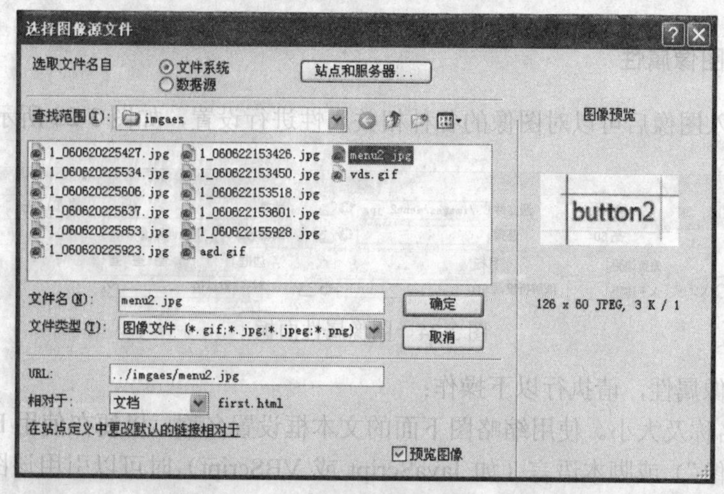

图 3-20　“选择图像源文件”对话框

（2）在对话框中显示有图像文件名、文件类型和图像源的路径 URL（每个网页都有唯一的地址，称作统一资源定位器即 URL）。我们选取存放在站点中的图像文件，然后单击“确定”按钮将显示“图像标签辅助功能属性”对话框，如图 3-21 所示，在“替换文本”和“详细说明”文本框中输入内容，单击“确定”按钮，即可将图片插入到指定区域。

（3）如果所选择的图像文件不在用户设定的当前站点，则将打开 Macromedia Dreamweaver 对话框，如图 3-22 所示。提示是否将图像文件复制到根文件夹，单击“是”按钮，然后打开“复制文件为”对话框，定位到站点中用于存放图像文件的文件夹 images，如图 3-23 所示，最后单击“保存”按钮即可。

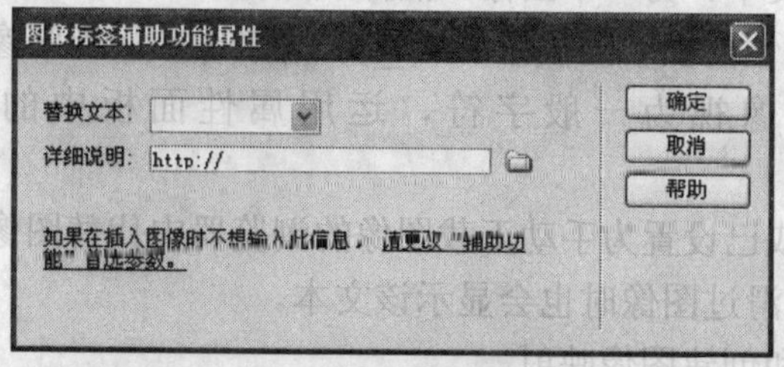

图 3-21　“图像标签辅助功能属性”对话框

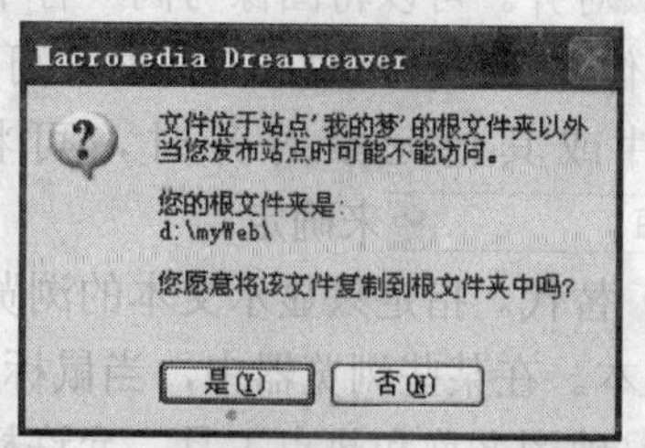

图 3-22　确认复制文件到根文件夹

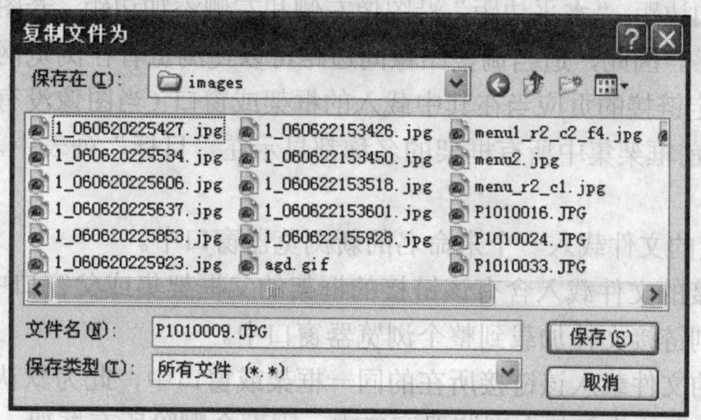

图 3-23　“复制文件为”对话框

3.3.2　设置图像属性

在网页中插入图像后可以对图像的各种相关属性进行设置，如图 3-24 所示。

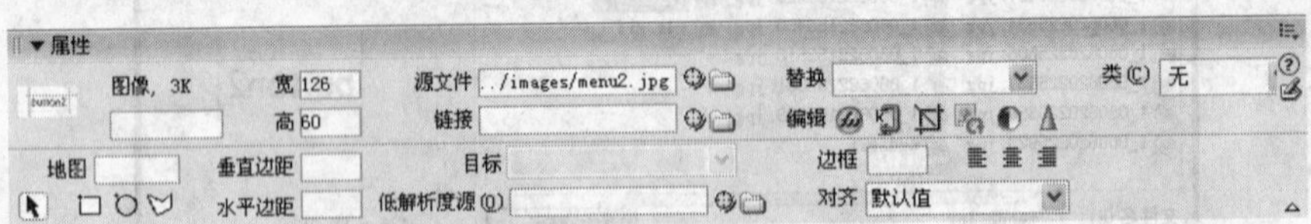

图 3-24　图像属性面板

若要设置图像属性，请执行以下操作：

（1）图像名称及大小。使用缩略图下面的文本框设置名称，以便在使用 Dreamweaver 行为（如“交换图像”）或脚本语言（如 JavaScript 或 VBScript）时可以引用该图像。而缩略图右侧标明了所插入图像的大小，如图 3-24 所示“图像，3K”。

（2）宽和高。以像素为单位指定图像的宽度和高度。当你在页中插入图像时，Dreamweaver 自动用图像的原始尺寸更新这些文本框。

在“宽”和“高”文本框中输入新值，实现图像大小改变，但却与图像的实际宽度和高度不相符，若要恢复图像原始值，可单击“宽”和“高”文本框右侧的“恢复图像到原始大小”按钮重设大小。

（3）源文件。指定图像的源文件。单击文件夹图标以浏览到源文件，或者直接输入路径。

（4）链接。指定图像的超级链接。将“指向文件”图标拖到“站点”面板中的某个文件，或单击文件夹图标浏览到站点上的某个文档，或手动输入 URL。

（5）对齐。可以将图像与同一行中的文本、另一个图像、插件或其他元素对齐。

当图像与图像在网页中对齐时，可由属性面板中的按钮、、来确定，当图像与文本、插件或其他元素对齐时，可将图像视为一般字符，运用属性面板中的列表对齐 默认值来确定。

（6）替代。指定只显示文本的浏览器或已设置为手动下载图像的浏览器中代替图像显示的替代文本。在某些浏览器中，当鼠标指针滑过图像时也会显示该文本。

（7）地图名称和热点工具。允许标注和创建图像映射。

（8）垂直边距和水平边距。沿图像的边缘添加边距（以像素为单位）。“垂直边距”沿图像的顶部和底部添加边距。“水平边距”沿图像左侧和右侧添加边距。若图像和文字贴得太近，容易使人产生压迫感。因此，适当调整图像间边距可以使浏览者在浏览网页时更加舒适。

（9）目标。指定链接的页应当在其中载入的框架或窗口（当图像没有链接到其他文件时，此选项不可用）。当前框架集中所有框架的名称都显示在“目标”列表中。也可选用下列保留目标名：

_blank。将链接的文件载入一个未命名的新浏览器窗口中。

_parent。将链接的文件载入含有该链接的框架的父框架集或父窗口中。如果包含链接的框架不是嵌套的，则链接文件加载到整个浏览器窗口中。

_self。将链接的文件载入该链接所在的同一框架或窗口中，此为默认值。

_top。将链接的文件载入整个浏览器窗口中，因而会删除所有框架。

（10）低解析度源。指定在载入主图像之前应该载入的图像。

（11）边框:以像素为单位的图像边框的宽度。默认无边框。

（12）编辑。启动在“外部编辑器”首选参数中指定的图像编辑器并打开选定的图像。

（13）优化。打开“优化”对话框，使用 Fireworks 优化图像。

（14）裁剪。修剪图像大小，删除不需要的区域。

（15）重新取样。对已调整大小的图像重新取样，提高图片在新形状下的品质。

（16）亮度和对比度。调整图像的亮度和对比度设置。

（17）锐化。调整图像的清晰度。

3.3.3　插入图像占位符

在网页的页面布局中，有时个别图像的制作还没有完成，而我们又想看到整体效果，就可以依据这个图像的大小在页面中设置大小相同的图像占位符来代替从而实现布局。当图像制作完成，直接删除图像占位符，然后以图像代之。

在 Dreamweaver 中插入图像占位符的基本操作：

（1）将光标置于要插入图像占位符的位置，在插入工具栏的“常用”分类中选择“图像占位符”按钮或选择“插入”→“图像对象”→“图像占位符”命令，打开“图像占位符”对话框，如图 3-25 所示。

图 3-25　“图像占位符”对话框

（2）在对话框中进行设置（本例设置如图 3-25 所示）：

1）在“名称”文本框中，输入要作为图像占位符的标签文字显示的文本。名称可有可无，但名称必须以字母开头，且只能包含字母和数字；不允许使用空格和高位 ASCII 字符。

2）在“宽度”和“高度”文本框中，以像素为单位输入数字以设置图像大小。

3）为图像占位符选择一种颜色，可以使用颜色选择器或直接输入颜色的十六进制值（如#FF0000）或输入网页安全色名称（如 red）。

4）在“替代文本”中，为使用只显示文本的浏览器的访问者输入描述该图像的文本。

（3）单击“确定”按钮。网页文档中即会出现图像占位符。

3.3.4　插入鼠标经过图像

鼠标经过图像指当访问者移动鼠标，使鼠标指针经过图像时，图像变为另一幅图像；而鼠标指针离开时，图像又恢复为原始图像。这种效果通常用于导航条、图像互动等。它由两幅图像组成，一是首次载入时显示的图像即原始图像，二是鼠标经过后翻转的图像即鼠标经过图像。在创建鼠标经过图像时应使用相同大小的两幅图像；如果这两个图像大小不同，

Dreamweaver 将自动调整第二个图像的大小以匹配第一个图像的属性。

在 Dreamweaver 中插入鼠标经过图像的方法是：

（1）将光标置于要插入鼠标经过图像的位置，在插入工具栏的“常用”分类中选择“鼠标经过图像”按钮或选择“插入”菜单中的“图像对象”中的“鼠标经过图像”命令，打开“插入鼠标经过图像”对话框，如图 3-26 所示。

图 3-26 “插入鼠标经过图像”对话框

（2）设置对话框选项：

1）在“图像名称”文本框中，输入鼠标经过图像的名称，如图 3-26 所示。

2）在“原始图像”文本框中，单击“浏览”按钮选择在载入网页时显示的图像，或在文本框中输入图像文件的路径。

3）在“鼠标经过图像”文本框中，单击“浏览”按钮选择在鼠标指针滑过原始图像时显示的图像，或在文本框中输入图像文件的路径。

提示：如果希望图像预先载入浏览器的缓存中，以便用户将鼠标指针滑过图像时不发生延迟，请选择“预先载入图像”选项。

4）在“替换文本”文本框中，输入浏览器中显示的描述该图像的替代文本。

5）在“按下时，前往的 URL”文本框中，单击“浏览”按钮选择文件，或者输入在用户单击鼠标经过图像时要打开的文件的路径。

提示：如果不为图像设置链接，Dreamweaver 将在 HTML 源代码中插入一个空链接(#)，该链接上将附加鼠标经过图像行为。如果删除该空链接，鼠标经过图像将不再起作用。

（3）单击“确定”按钮完成设置，按 F12 键可预览效果。

3.4 超级链接

超级链接（又称超链接、链接）是组成网站的基本元素，它将千千万万个网页组织成一个个网站，而千千万万个网站通过它组成了风靡全球的 WWW，浏览者只需轻轻单击一下鼠标，就可访问相关内容，因此可以说超链接就是 Web 的灵魂。

一个完整的超级链接包括链接载体（如文字和图像等）、链接标志和链接目标。

3.4.1 超级链接的概念

超级链接是指从一个网页指向一个目标的连接关系，即在 Web 页面中插入的指向其他文档的引用。目标可以是一个另外的网页，也可以是一张图片、一个文件、一个程序等。链接可以将任何类型的资源转换为链接，但最常用的链接类型是文本链接。可以在站点创建过程的任何阶段创建超级链接。

超级链接的外观多种多样，可以是导航按钮、文本、图片，无论是哪一种格式，只要用鼠标单击链接对象，即可跳转到指定的目标网页。当鼠标指向链接载体时，链接载体会发生一些变化，如鼠标指向文字载体，文字的字体、字号、颜色等会发生改变，有的带有下划线。

1. 超链接的分类

根据超级链接目标文件的不同，可以分为页面超链接、锚点超链接和电子邮件超链接等；根据超级链接单击对象的不同，超级链接可分为文字超链接、图像超链接和图像映射等。

2. 路径

创建超链接必须先了解链接与被链接载体的路径。在一个网站中，路径通常有三种表示方式：绝对路径、根目录相对路径和文档目录相对路径。

（1）绝对路径。绝对路径提供所链接文档的完整 URL，包括所使用的协议（Web 页通常使用 http://）。例如，http://www.macromedia.com/support/dreamweaver/contents.html 就是一个绝对路径。必须使用绝对路径才能链接到其他服务器上的文档。尽管对本地链接（即到同一站点内文档的链接）也可使用绝对路径链接，但不建议采用这种方式，因为一旦将此站点移动到其他域，则所有本地绝对路径链接都将断开。对本地链接使用相对路径还能在站点内移动文件时，提供更大的灵活性。

（2）根目录相对路径。根目录相对路径提供从站点根文件夹到被链接文档经过的路径。站点上所有公开的文件都存放在站点的根目录下。站点根目录相对路径以“/”开始，表示站点根文件夹。例如，/support/tips.html 是文件（tips.html）的站点根目录相对路径，该文件位于站点根文件夹的 support 子文件夹中。在某些 Web 站点中，需要经常在不同文件夹之间移动 HTML 文件，在这种情况下，站点根目录相对路径通常是指定链接的最佳方法。移动含有根目录相对链接的文档时，不需要更改这些链接。

（3）文档目录相对路径。文档目录相对路径是指以当前文档所在位置为起点到被链接文档所经过的路径，这种方式适合于创建本地链接。文档相对路径的基本思想是省略掉对于当前文档和所链接文档都相同的绝对 URL 部分，而只提供不同的路径部分。

3.4.2　创建超级链接

Dreamweaver 提供多种创建超链接的方法，可创建到文档、图像、多媒体文件或可下载软件的链接。可建立到文档内任意位置的文本或图像（包括标题、列表、表、层或框架中的文本或图像）的链接。

1. 创建到其他文档或文件的超级链接

Dreamweaver 使用文档目录相对路径创建指向站点中其他网页的链接。还可以使用根目录相对路径创建新链接。如果在保存文件之前创建文档相对路径，Dreamweaver 将临时使用以 file://开头的绝对路径，直至该文件被保存；当保存文件时，Dreamweaver 将 file://路径转换为相对路径。创建从图像、对象或文本到其他文档或文件（如图形、影片、PDF 或声音文件）的超级链接主要有以下几种方法：

（1）使用属性面板。使用属性面板（又称属性检查器）创建超级链接的方法如下：

1）在文档窗口的“设计”视图中选择文本或图像。

2）执行“窗口”→“属性”菜单命令，打开属性面板，然后执行下列操作之一：

- 单击“链接”文本框右侧的文件夹图标，选择一个被链接的文件，如图3-27所示。

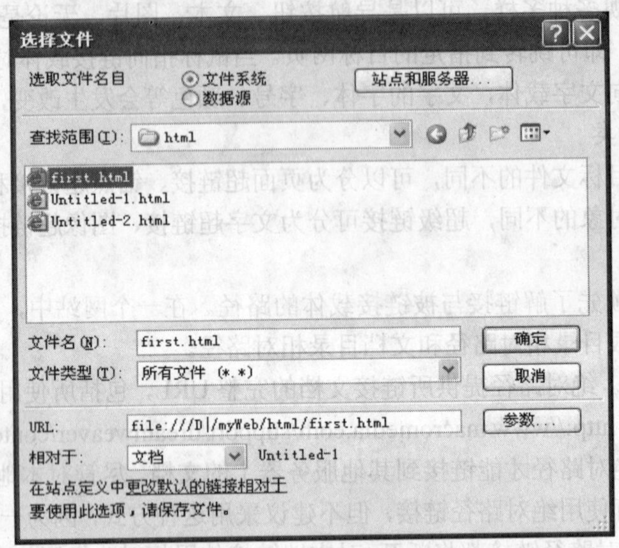

图3-27　“选择文件”对话框

在URL文本框中显示了被链接文档的路径。选择对话框中的“相对于”弹出菜单，指示该路径是文档相对路径还是根目录相对路径，所选择的路径类型只适用于本链接。

- 直接在“链接”文本框中输入文档的路径和文件名。

若要链接到站点内的文档，可输入文档目录相对路径或站点根目录相对路径。若要链接到站点外的文档，则输入包含协议（如http://）的绝对路径。此种方法可用于输入尚未创建的文件链接。

提示：对于文档相对路径，则省略对于当前文档和所链接文档都相同的绝对URL部分。如果要链接的目标文件与当前文档位于同一文件夹中，则只输入文件名；如果位于子文件夹中，则依次输入子文件夹名称、正斜杠（/）、文件名；如果位于父文件夹中，则在文件名前添加../（其中“..”表示“文件夹层次结构中向上提升一级”）。

3）从“目标”弹出菜单中，选择文档打开的位置。若要使所链接的文档出现在当前窗口或框架以外的其他位置，可从属性检查器的“目标”弹出菜单中选择_blank、_parent、_self或_top中的一个选项。

（2）使用“指向文件”图标。使用“指向文件”图标创建超级链接的操作如下：

1）选择文本或图像。

2）拖动属性检查器中“链接”文本框右侧的“指向文件”图标，指向另一个打开的文档、已打开文档中的可见锚记或者指向“文件”面板中的一个文档，如图3-28所示创建一个由图像文件car3.jpg到“文件”面板中的10.html的超级链接。

3）释放鼠标按钮，“链接”文本框将更新，以显示所创建的超链接。

提示：只有当“文档”窗口中的文档未最大化时，才能链接到打开的文档。如果指向打开的文档，则在进行选择时，该文档移至屏幕的最前面。

图 3-28　使用“指向文件”图标创建超级链接

2. 使用站点地图

通过站点地图创建超级链接的操作方法如下：

（1）执行菜单“窗口”→“站点”命令或按 F8 键打开文件面板，如图 3-29 所示，然后单击面板上的“展开以显示本地和远端站点”按钮，展开文件面板，然后按下“站点地图”图标，选择“地图和文件”，这时将同时显示“站点文件”和“站点地图”视图，如图 3-30 所示。

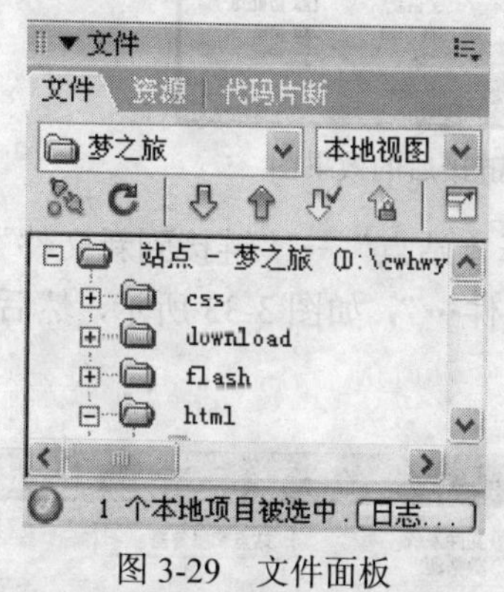

图 3-29　文件面板

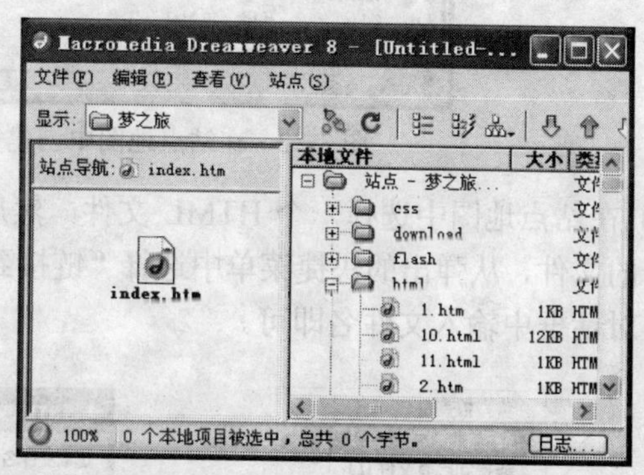

图 3-30　index.htm 未与其他文件建立链接

（2）在站点地图右窗口中选择一个文件并设为首页文件，如 index.htm，然后选中左窗口中的 index.htm 文件，其旁边将出现“指向文件”图标。

（3）拖动“指向文件”图标，指向站点地图中另一个文件，或者指向“站点文件”视图（站点地图右窗口）中某个待链接的本地文件（本例为 3.html）上，如图 3-31 所示，然后释放鼠标，在左窗口中立即出现创建的链接关系。用同样的方法，可以创建左窗口中的文件与左、右窗口中的文件之间的链接关系，最后的效果如图 3-32 所示。

还可以通过下面的方法在站点地图中创建超链接：

1）在站点地图中选择一个 HTML 文件，然后执行菜单“站点”→“链接到已有文件”，或者右击选择的文件，从弹出的快捷菜单中选择“链接到已有文件”，如图 3-33 所示，均弹出如图 3-31 所示的对话框，在对话框中选择文件即可。

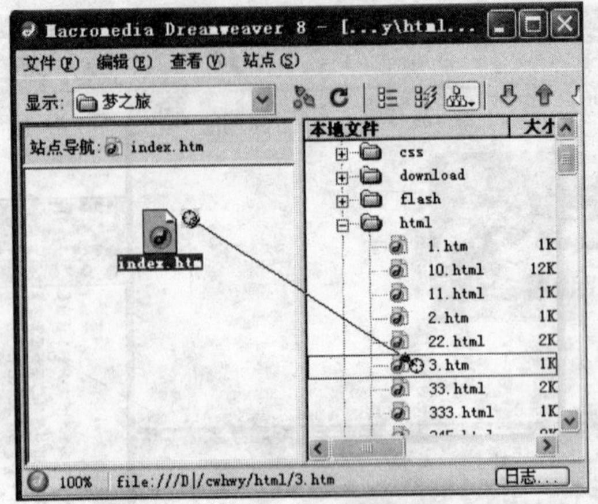

图 3-31 在站点地图中创建超链接

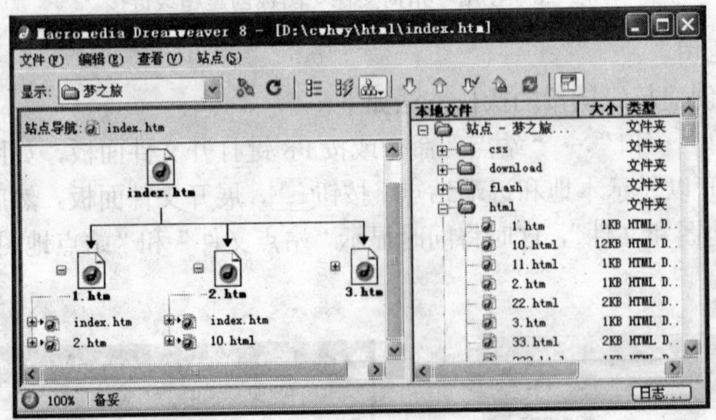

图 3-32 在站点地图中创建多个超链接后的效果图

2）在站点地图中选择一个 HTML 文件，然后选择“站点”→“链接到新文件”，或者右击选择的文件，从弹出的快捷菜单中选择“链接到新文件…”，如图 3-33 所示，然后弹出对话框并在对话框中输入文件名即可。

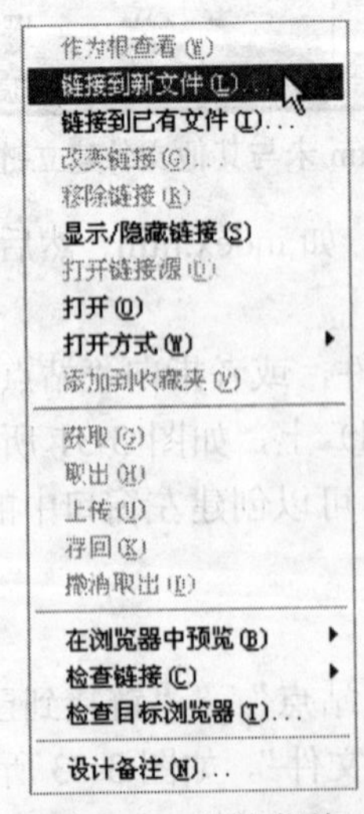

图 3-33 快捷菜单

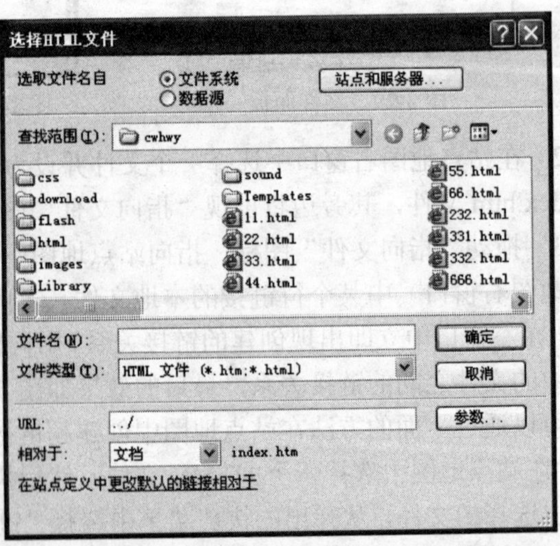

图 3-34 “选择 HTML 文件“对话框

提示：在图3-32所示的左窗口，链接结构图标左边有一个符号⊞，表示此文件中已创建链接，点击符号⊞，将展开此文件链接结构，如图3-32所示的1.htm和2.htm。

在站点地图上对网页文件每创建一个超链接，都会在其页面文档上自动出现一个超链接文字样。

（4）使用“超级链接”命令。使用“超级链接”命令添加超级链接的操作方法：

1）将插入点放在文档中希望出现超级链接的位置。

2）选择菜单命令“插入”→“超级链接”或在“插入”工具栏的“常用”类别中，单击“超级链接”按钮，出现如图3-35所示的“超级链接”对话框。

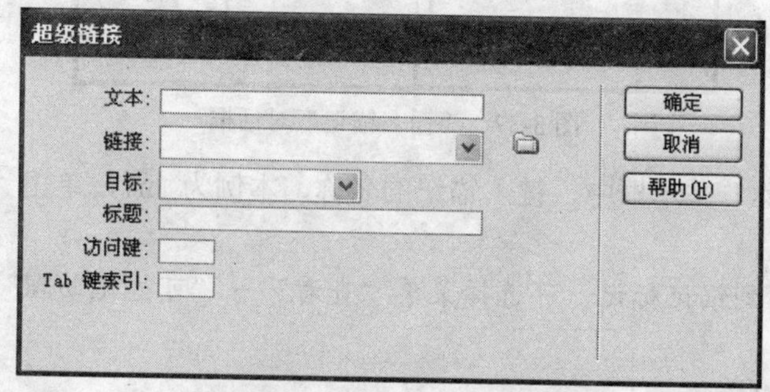

图3-35　“超级链接”对话框

3）设置对话框。在“文本”文本框中，输入要在文档中作为超级链接显示的文本。在“链接”文本框中，输入要链接到的文件的名称，或者单击文件夹图标以通过浏览选择该文件。在“目标”弹出菜单中选择一个窗口，在该窗口中，该文件应在“目标”文本框中打开。在“Tab键索引”文本框中，输入Tab键顺序的编号。在“标题”文本框中，输入超级链接的标题。在“访问键”文本框中，输入键盘等价键（一个字母）以便在浏览器中选择该超级链接。

4）单击“确定”按钮。

3. 创建到文档内特定位置的超级链接

创建到文档内部的特定位置的超级链接就是创建命名锚记链接。通过在文档的特定主题处或顶部放置命名锚记（又称锚点），创建到这些命名锚记的链接，就可以让浏览者快速地浏览网页。

创建到命名锚记链接的过程分为两步：第一步是创建命名锚记，第二步是创建到该命名锚记的链接。图3-36为创建的锚点链接效果。

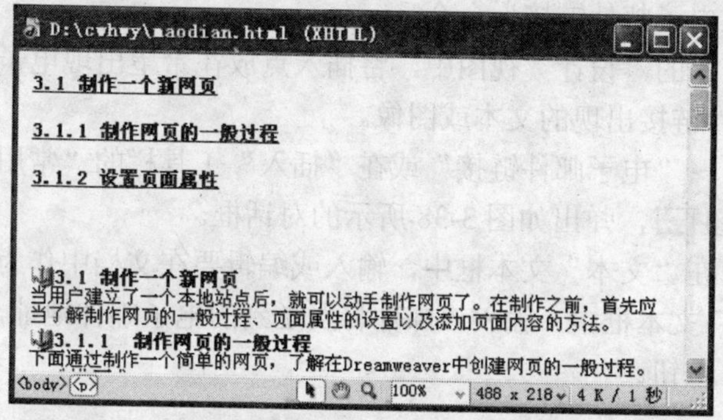

图3-36　锚点链接效果

（1）创建命名锚点。

1）在“文档”窗口的“设计”视图中，将插入点放在需要命名锚点的地方，如图 3-36 中正文部分的“3.1 制作一个新网页”。

2）选择菜单“插入”→“命名锚记”命令或按下 Ctrl+Alt+A 或在“插入”工具栏的“常用”类别中，单击“命名锚记”按钮，出现如图 3-37 所示的“命名锚记”对话框。

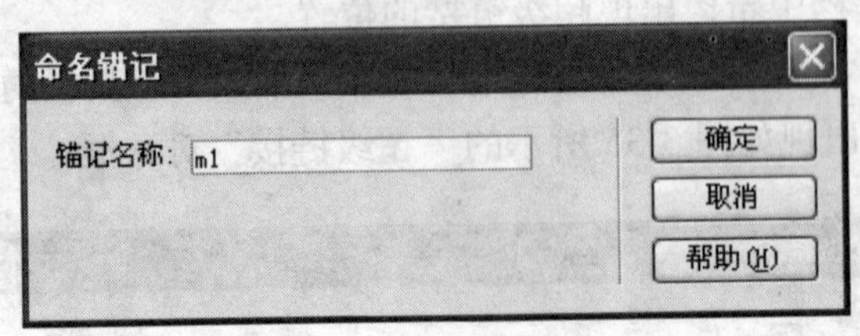

图 3-37 “命名锚记”对话框

3）在“锚记名称”文本框中，键入锚记的名称，本例为 m1，单击“确定”按钮。锚记标记在插入点处出现。

提示：如果看不到锚记标记，可选择菜单“查看”→“可视化助理”→“不可见元素”命令。

（2）链接到命名锚点。

1）在“文档”窗口的“设计”视图中，选择要创建链接的文本或图像，如在图 3-36 中选中网页顶部的“3.1 制作一个新网页”文字部分。

2）在属性检查器的“链接”文本框中，输入一个＃符号和锚点名称。如本例为 #m1。若要链接到同一文件夹内其他文档中的名为 top 的锚点，则输入 filename.html#top。请注意锚记名称区分大小写。还可以采用以下两种方法链接到命名锚点：

方法 1：单击属性检查器中“链接”文本框右侧的“指向文件”图标，然后将其拖到要链接到的锚点上。

方法 2：在“文档”窗口中，按住 Shift 键进行拖动，从所选文本或图像拖动到要链接到的锚点。

说明：锚点可以是同一文档中的也可以是其他打开文档中的。

4. 创建电子邮件链接

单击电子邮件链接时，该链接打开一个新的空白信息窗口。在电子邮件消息窗口中，“收件人”文本框自动更新为显示电子邮件链接中指定的地址。

（1）使用“插入电子邮件链接”命令。

1）在“文档”窗口的“设计”视图中，将插入点放在希望出现电子邮件链接的位置，或者选择要作为电子邮件链接出现的文本或图像。

2）选择“插入”→“电子邮件链接”或在“插入”工具栏的“常用”类别中，单击“插入电子邮件链接”按钮，弹出如图 3-38 所示的对话框。

3）设置对话框。在“文本”文本框中，输入或编辑要在文档中作为电子邮件链接出现的文本，在“电子邮件”文本框中，输入该邮件将发送到的电子邮件地址，如图 3-38 所示。

4）单击“确定”按钮。

图 3-38　“电子邮件链接”对话框

（2）使用属性检查器。

1）在“文档”窗口的“设计”视图中选择文本或图像。

2）在属性检查器的“链接”文本框中，输入 mailto:，后面跟电子邮件地址。在冒号和电子邮件地址之间不能输入任何空格。如输入mailto:wangjun666@163.com。

3.4.3　管理超级链接

为避免站点中出现断链接，可以激活链接管理，使 Dreamweaver 在你作出更改后自动更新链接。也可以使用站点的可视化表示形式来修改链接，或者通过一次更改将所有链接更新到一个特定的文件中。

1. 自动更新链接

每当在本地站点内移动或重命名文档时，Dreamweaver 可自动更新指向该文档的链接。当将整个站点（或其中完全独立的部分）存储在本地硬盘上时，此项功能最适用。为了加快更新过程，Dreamweaver 可创建一个缓存文件，用以存储有关本地文件夹中所有链接的信息。在添加、更改或删除指向本地站点的文件的链接时，该缓存文件以可见的方式进行更新。

（1）在 Dreamweaver 中启用链接管理。

1）选择“编辑”→“首选参数”，显示如图 3-39 所示的“首选参数”对话框。

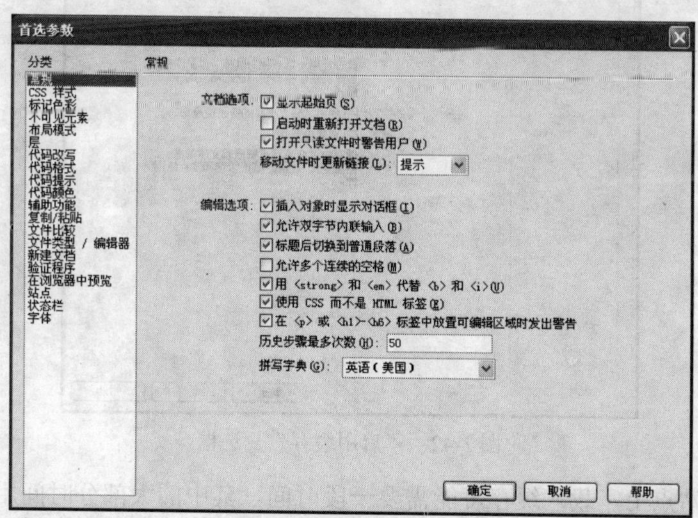

图 3-39　“首选参数”对话框

2）从左侧的“分类”列表中选择“常规”，在“文档选项”部分，从“移动文件时更新链接”下拉列表中选择“总是”或者“提示”。若选择“总是”，则每当移动或重命名选定文档时，Dreamweaver 将自动更新指向该文档的所有链接。如果选择“提示”，Dreamweaver 将显示“更新文件”对话框，如图 3-40 所示，列出此更改影响到的所有文件。单击“更新”按钮可更新这些文件中的链接，而单击“不更新”将保留原文件不变。

（2）为站点创建缓存文件。

1）选择“站点”→“管理站点”菜单命令，出现如图 3-41 所示的“管理站点”对话框。

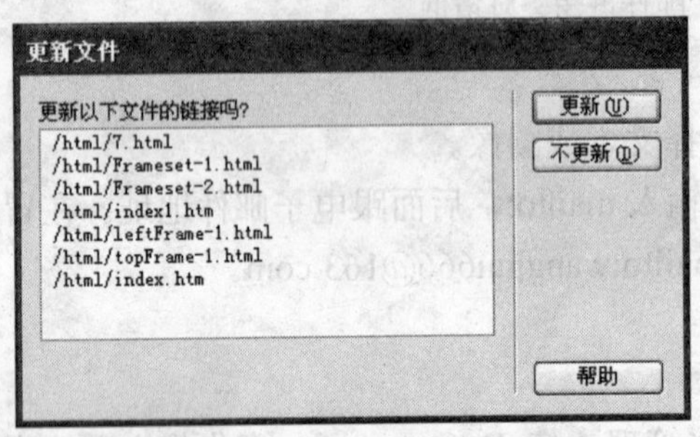

图 3-40 “更新文件”对话框

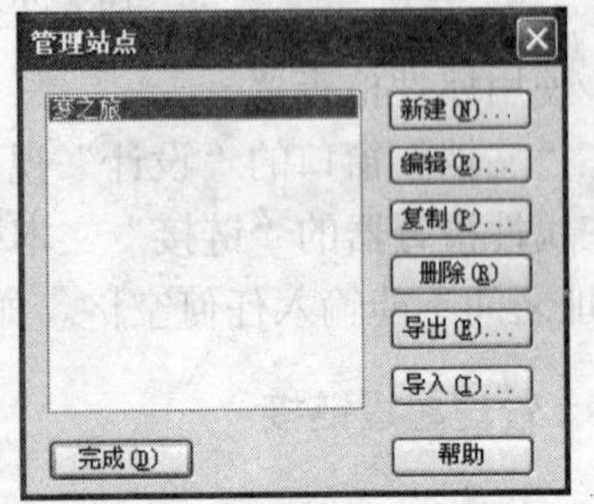

图 3-41 “管理站点”对话框

2）选择一个站点，然后单击“编辑”命令，出现“站点定义”对话框。

3）单击“高级”选项卡，从左侧的“分类”列表中选择“本地信息”，显示“本地信息”选项。在“本地信息”类别中，选中“启用缓存”复选框。如图 3-42 所示。

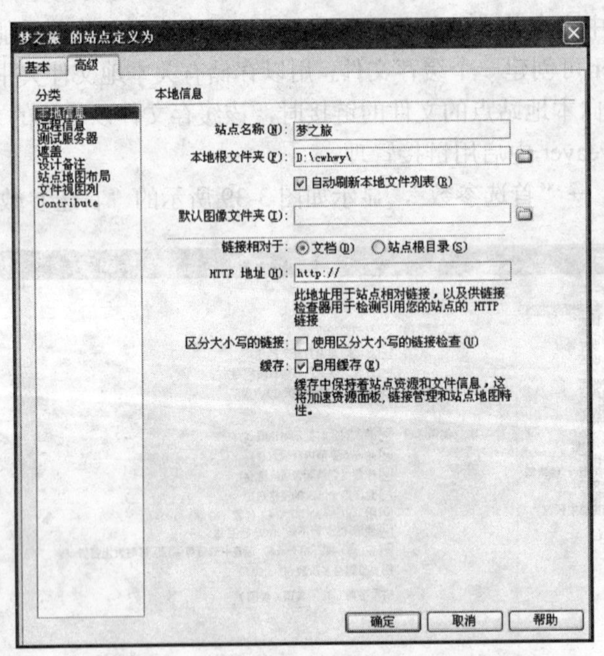

图 3-42 “启用缓存”复选框

在较大型的站点上，载入缓存可能需要一段时间，其中的大部分时间用于将本地站点上文件的时间戳与缓存中记录的时间戳进行比较，以确定缓存是否过期。

（3）重新创建站点缓存。在“文件”面板中，单击按钮，在弹出菜单中选择“站点”→“重建站点缓存”命令，或者执行菜单“站点”→“高级”→“重建站点缓存”命令，重新创建站点缓存。

2. 在站点地图中修改链接

在站点地图中通过添加、更改和删除链接来修改站点的结构。Dreamweaver 会自动更新站点地图以显示对站点所做的更改。

（1）更改链接。

1）在站点地图中，选择要更改的链接所指向的页面，然后选择菜单“站点”→“改变链接”命令或者右击，弹出快捷菜单，如图 3-43 所示，然后选择“改变链接”。

2）通过浏览找到希望链接指向的文件，或者输入 URL。

（2）移除链接。

1）在站点地图中选择页面。

2）选择“站点”→“移除链接”菜单命令或右击，弹出快捷菜单，如图 3-44 所示，然后选择“移除链接”。

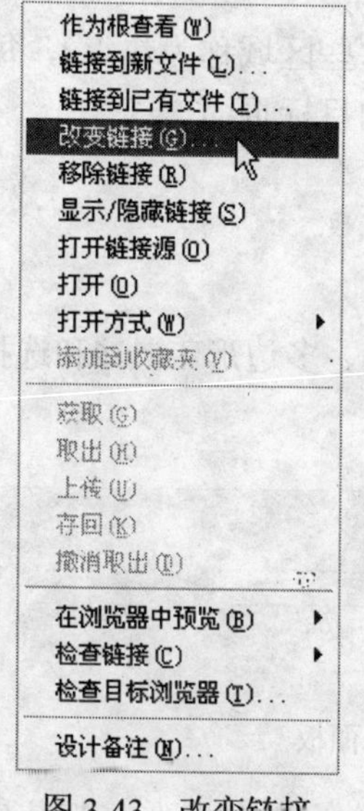

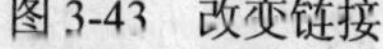

图 3-43　改变链接

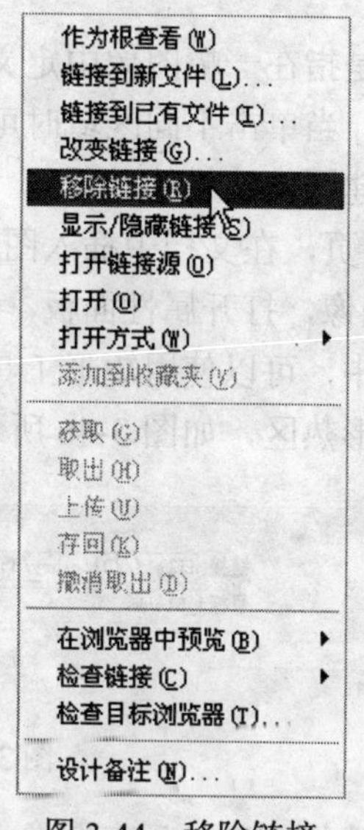

图 3-44　移除链接

移除链接不会删除网页文件，只是从指向该链接的页面上的 HTML 源代码中删除该接代码，即删除链接关系。

3. 在整个站点范围内更改链接

除了每当移动或重命名文件时让 Dreamweaver 自动更新链接外，还可以手动更改所有链接（包括电子邮件链接、FTP 链接、空链接和脚本链接），以指向其他位置。

在整个站点范围内更改链接的基本操作是：

（1）在“文件”面板的“本地视图”中选择一个文件。但若更改的是电子邮件链接、FTP 链接、空链接或脚本链接，则不需要选择文件。

（2）选择“站点”→“改变站点范围内的链接”菜单命令，出现图 3-45 所示的“更改整个站点链接”对话框。

（3）设置对话框。在“更改所有的链接”文本框旁，单击文件夹图标，然后通过浏览选择要更改链接的文件。

在“变成新链接”文本框旁边，单击文件夹图标，选择要链接到的新文件。

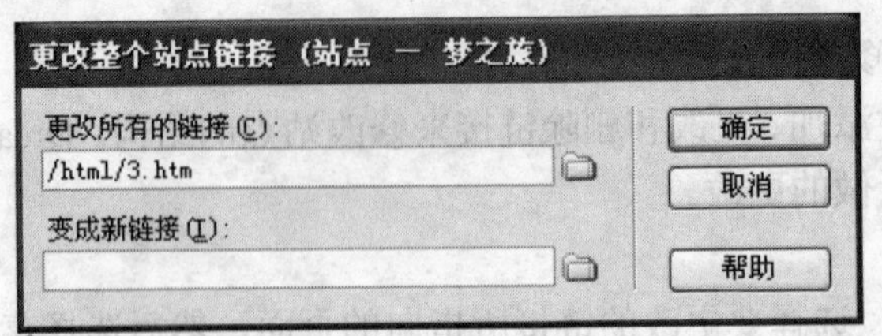

图 3-45　“更改整个站点链接”对话框

提示：如果更改的是电子邮件链接、FTP 链接、空链接或脚本链接，则直接输入链接的完整文本。例如，若要更新指向旧地址的所有电子邮件链接，可在“更改所有的链接”文本框中输入mailto:jeuser@isp.com，然后在“变成新链接”文本框中输入mailto:jeuser-interface@isp.com。

（4）单击“确定”按钮。

3.4.4　图像映射

图像映射就是指在一幅图像中定义若干个区域（这些区域称为热点），每个区域中指定一个不同的超链接，当单击不同区域时可以跳转到相应的目标页面。

下面介绍创建图像映射的过程。

（1）新建网页，在文档中插入图像。

（2）选择图像，打开属性面板，设置图像热区。

在属性面板中，可以使用矩形工具、圆形工具、多边形工具和选择工具来创建矩形、圆形和多这形热区，如图 3-46 所示，方法如下：

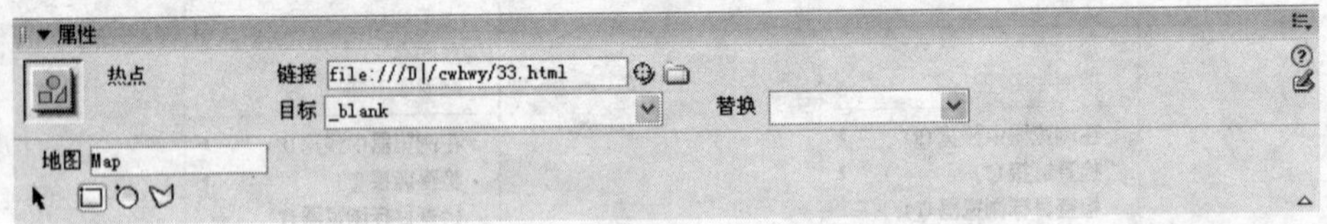

图 3-46　图像映射属性面板

矩形工具：选择此工具后在图像上移动鼠标，鼠标变成“+”形，按住鼠标左键在图像上拖动可绘制一个矩形区域，此区域就是热区。

圆形工具：使用方法与矩形工具相同，用于绘制圆形热区。

多边形工具：使用方法与矩形工具相同，用于绘制多边形热区。

选择工具：选定热区后，使用此工具可以拖动热区边缘的控制柄调整热区的大小，也可以拖动鼠标指针移动热区图形，改变热区位置。

（3）一个热区绘制完毕后，在属性面板的“链接”文本框中输入链接地址，如 33.html，链接目标设置为“_blank”。这样设置可以使链接页面在一个新的窗口中打开，在“替换”选择框中可以输入显示图像的说明文字。

使用同样的方法可以制作其他热区的链接，然后再设置链接属性，从而制作一个完整的图像映射。

3.4.5　导航条

导航条一般位于页面的上方或左方。一个网站的不同页面使用同一导航条，通过统一导航条的方法可以实现网站风格的统一，同时也方便了浏览者在不同页面间的跳转。导航条通常为在站点上的页面和文件之间移动提供了一条简捷的途径。

导航条由图像或图像组组成，这些图像的显示内容随用户操作而变化。导航条项目最多呈现四种图像状态：

（1）初始状态：用户尚未单击或尚未与此项目交互时所显示的图像。

（2）滑过状态：指鼠标指针滑过初始图像时所显示的图像。

（3）按下状态：指项目被单击后所显示的图像。

（4）按下时鼠标经过状态：指在项目被单击后，鼠标指针滑过“按下”图像时，所显示的图像。

在导航条中不必包含这四种状态的图像，可以只选择其中的 1～2 个状态，如“初始”和“按下”这两种状态。

1. 创建导航条

在创建导航条之前，要求先为各个导航项目的几个状态创建一组图像，然后按以下方法创建导航条：

（1）执行菜单“插入”→“图像对象”→“导航条”命令或在“插入”栏的“常用”类别中，单击“图像”列表选择“插入导航条”按钮，出现“插入导航条”对话框，如图 3-47 所示。

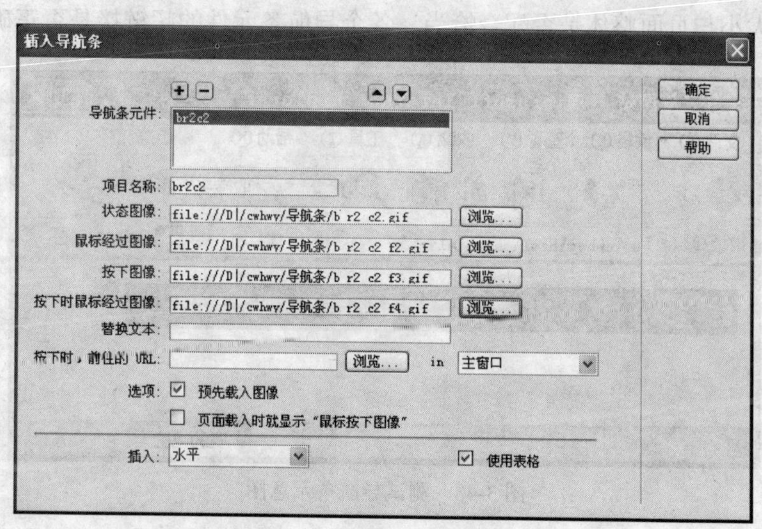

图 3-47　“插入导航条”对话框

（2）在对话框中设置导航条选项（本例设置如图 3-47 所示）。

1）在“项目名称”文本框中，输入导航条项目的名称（例如 br2c2）。

2）在“状态图像”文本框中，单击“浏览”按钮以选择最初将显示的图像。此文本框为必须项，其他图像状态选项为可选项。

3）在“鼠标经过图像”文本框中，单击“浏览”按钮，选择当一般图像显示时如果用户鼠标指针滑过项目所显示的图像。

4）在“按下图像”文本框中，单击“浏览”按钮，选择用户单击项目后显示的图像。

5）在“按下时鼠标经过图像”文本框中，单击“浏览”按钮，选择当用户将鼠标指针滑过按下图像时所显示的图像。

6）在“替换文本”文本框中，输入项目的描述性名称。

7）在“按下时，前往的 URL”文本框中，单击“浏览”按钮，选择要打开的链接文件，然后从弹出菜单中选择打开文件的位置。选择“主窗口”则在同一窗口中打开文件。如果导航条在框架集中，则选择要在其中打开文件的框架。

8）选择“预先载入图像”，可在载入页面时预先下载图像。如果未选择此选项，在用户将鼠标指针滑过图像时可能会出现延迟。

9）选择“页面载入时就显示‘鼠标按下图像’”，可在显示页面时，以“按下”状态显示所选项目，而不是以默认的“初始”状态显示。

10）在“插入”列表中，可选择在文档中是垂直插入还是水平插入导航条项目。

11）选中“使用表格”复选框，将以表的形式插入导航条项目。

12）单击加号（+）按钮向导航条添加另一个项目，单击加号（-）按钮向导航条删除一个项目。

（3）完成导航条项目的添加及定义后，单击“确定”按钮。

2. 测试与修改导航条

当导航条创建完毕并对 HTML 文档保存后，可按 F12 键对导航条进行预览测试，如图 3-48 就是一个导航条测试示意图。测试时主要检查导航条中各图像在鼠标单击前和单击后是否合适、图像大小与页面整体是否配合恰当、各个导航条元件的超链接是否正确等。

图 3-48 测试导航条示意图

如果测试不满意，可以使用“修改导航条”命令向导航条添加图像，或从导航条中删除图像。此命令用于更改图像或图像组、更改单击项目时所打开的文件、选择在不同的窗口或框架中打开文件以及重新排序图像等。修改导航条的基本操作是：

（1）选中导航条。

（2）选择菜单“修改”→“导航条”命令，出现如图 3-49 所示的“修改导航条”对话框。

（3）在“导航条项目”列表中，选择要修改的项目。

（4）按需要进行更改，包括添加或删除。

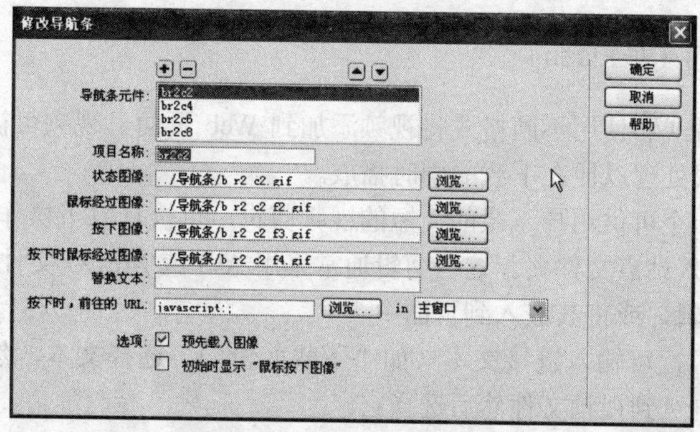

图 3-49 “修改导航条”对话框

3.5 使用多媒体对象

Macromedia Dreamweaver 8 可以快速便捷地向 Web 站点添加多媒体对象，如 Flash 和 Shockwave 影片、QuickTime、AVI、Java Applet、Active X 控件以及各种格式的音频文件，从而使制作出的网页有声有色。目前使用的音频和视频文件格式包括：

（1）音频。主要包含 Wav、Midi、MP3、Aif 和 Ra 等文件格式。

（2）视频。主要有 Real Media、Windows Media、QuickTime 三种视频文件，其中 Real Media 和 Windows Media 格式在国内使用最广。

3.5.1 插入和编辑多媒体对象

可以在 Dreamweaver 文档中插入 Flash SWF 文件或对象、QuickTime 或 Shockwave 影片、Java Applet、ActiveX 控件或者其他音频或视频对象。在页面中插入媒体对象的基本操作如下：

（1）将插入点放在“文档”窗口中希望插入该对象的位置。

（2）在“插入”工具栏的“常用”类别中单击“媒体”按钮，再选择要插入的媒体对象按钮；或者从“插入”→“媒体”菜单中选择适当的媒体对象，如插件，弹出“选择文件”对话框，如图 3-50 所示，然后从中选择源文件，单击“确定”按钮。

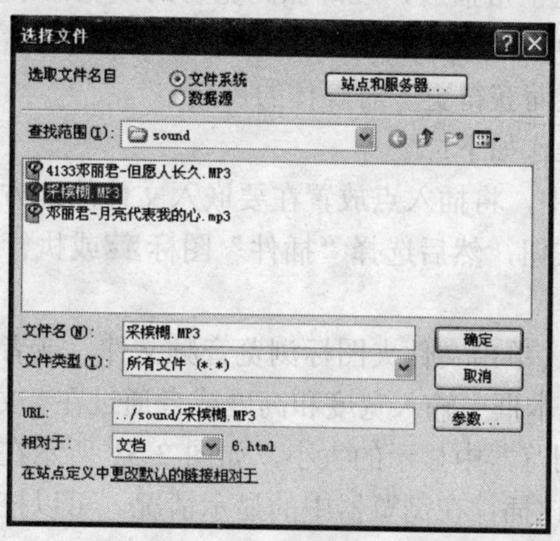

图 3-50 “选择文件”对话框

3.5.2 添加视频（非 Flash）

可以通过不同方式和使用不同格式将视频添加到 Web 页面。视频可被下载给用户，或者可以对视频进行流式处理以便在下载的同时播放。

在页面中包含一个可供用户下载的简短的视频剪辑，可执行以下操作：

（1）将剪辑放入站点文件夹。这些剪辑通常采用 AVI 或 MPEG 文件格式。

（2）链接到剪辑，或将其嵌入到页面中。

若要链接到剪辑，可输入链接文本（如“下载剪辑”），选择文本，然后在属性检查器中单击文件夹图标。浏览到视频文件然后选择它。

提示：用户必须下载辅助应用程序才能查看常见的流式处理格式，如 Real Media、QuickTime 和 Windows Media。

3.5.3 向页面添加声音

可以向 Web 页添加声音。有多种不同类型的声音文件和格式，例如.wav、.midi 和.mp3。在添加声音前，需要考虑以下一些因素：添加声音的目的、听众类型、文件大小、声音品质和不同浏览器中的差异。

1．链接到音频文件

链接到音频文件是将声音添加到 Web 页面的一种简单而有效的方法。这种集成声音文件的方法可以使访问者能够选择他们是否要收听该文件，并且使文件可用于最广范围的观众。若要创建指向某一音频文件的链接，请执行以下操作：

（1）选择你要用作指向音频文件的链接的文本或图像。

（2）在属性检查器中，单击文件夹图标以浏览音频文件，或者在“链接”文本框中输入文件的路径和名称。

2．嵌入声音文件

嵌入音频将声音直接并入页面中，但只有在访问你站点的访问者具有所选声音文件的适当插件后，声音才可以播放。如果希望将声音用作背景音乐，或如果希望控制音量、播放器在页面上的外观或者声音文件的开始点和结束点，则可以嵌入声音文件。

要使嵌入的音频文件能正常播放，应确保浏览者的浏览器中安装有播放相应格式文件的插件（例如 Real Media 或 QuickTime 插件和 Windows Media），然后才能通过嵌入方式将声音与视频直接插入页面中，从而获得更多对媒体的控制。

嵌入音频文件的基本操作如下：

（1）在“设计”视图中，将插入点放置在要嵌入文件的地方，然后在“插入”栏的“常用”类别中单击“媒体”按钮，然后选择“插件”图标或执行“插入”→“媒体”→“插件”菜单命令。

（2）在属性检查器中，单击文件夹图标浏览音频文件，或者在“链接”文本框中输入文件的路径和名称，然后在文本框中输入宽度和高度或者通过在“文档”窗口中调整插件占位符的大小来确定音频控件在浏览器中显示的大小，如图 3-51 所示在音频属性面板中设置音频链接及宽高值，图 3-52 则为该插件在浏览器中的显示情况，可以控制音量和声音文件在播放器中是否播放等。

图 3-51　插入音频文件后的属性面板

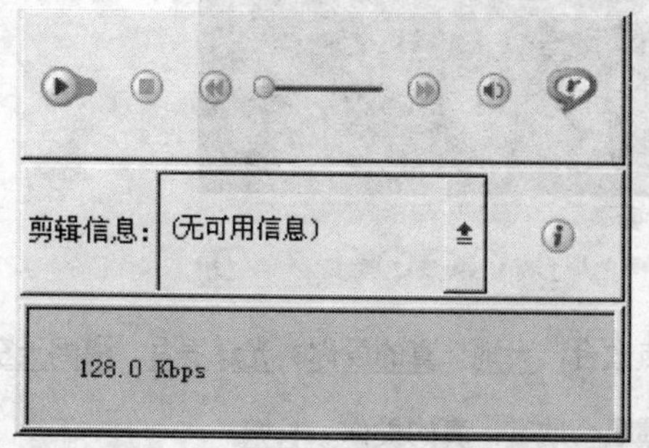

图 3-52　插件在浏览器中显示情况

本章思考与练习

1．设置网页的配色方案，然后在文档窗口中输入主页内容，包括文字与图像等。

2．设计一个包含不同字体、不同字体颜色及效果的基本网页。

3．在页面上部插入当前日期，在底部插入红蓝两条水平条。

4．在网页中插入图片，制作鼠标经过图像时的效果图。

5．在页面中插入图像有哪些方法？图像占位符的作用是什么？

6．给出超链接的几种形式。

7．超级链接的相对路径和绝对路径有什么区别，各自适合在什么情况下使用？

8．创建一个 E-mail 链接到自己的信箱，在浏览器中通过单击链接启动相关程序发送电子邮件。

9．在网上下载中国地图，然后制作各省或自治区的图像映射，分别链接到各省或自治区的政府网站。

10．在本地站点中制作几个页面，其中包含表格、图像、文字、水平线、背景图像等网页元素。

上机练习

1．参考本章实例，确定一个网页的主体和内容，制作一个包含下列知识点的简单网页。

（1）插入基本的页面元素包括文本、图像、水平线和日期对象，并对文本设置字符格式和段落格式，对图像进行适当的调整。

（2）对页面的可视化属性进行设置，如网页的标题、背景图像及页面的左边距和上边距。

2．创建锚点连接。以网页内容的小标题作为链接。当在浏览器中预览该页面时，单击页面的某个小标题，便会跳转到该页面相应的文章处。在文章末尾设置返回到首页的按钮，当单击该按钮时，可以返回到首页处。

3．制作一个点歌台，界面如下：

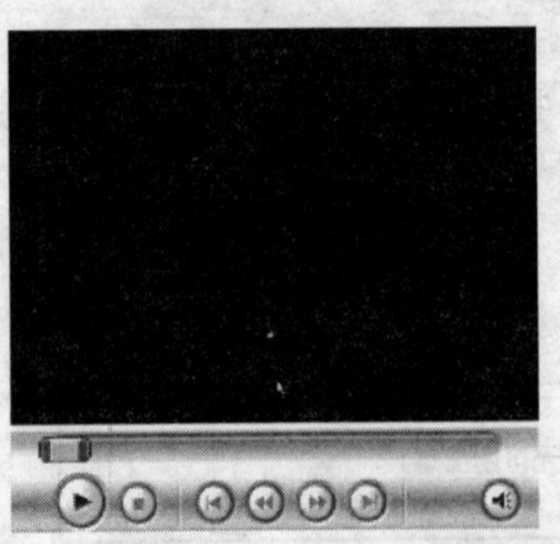

点歌台：大地 真的爱你 光辉岁月 海阔天空

演唱会欣赏：真的爱你 长城

第 4 章　表格布局的使用

表格是网页中常用的信息展示方式，是页面布局极为有用的设计工具。大部分网站中的主页是用表格来布局的。表格可以控制文本和图形在页面上出现的位置。在设计页面时，往往要利用表格来定位页面元素，通过设置表格和单元格的属性，可实现对页面元素的准确定位，合理地利用表格来布局页面，有利于协调页面结构的平衡。创建好表格后，可以在表格中输入文字、插入图像、修改表格属性和嵌套表格等。

4.1　插入表格

在 Dreamweaver 中插入表格的方法如下：

（1）将光标定位到要插入表格的位置。

（2）执行“插入”→“表格”命令或单击“常用”面板上的表格按钮或单击“布局”面板上的表格按钮，打开“表格”对话框，如图 4-1 所示。

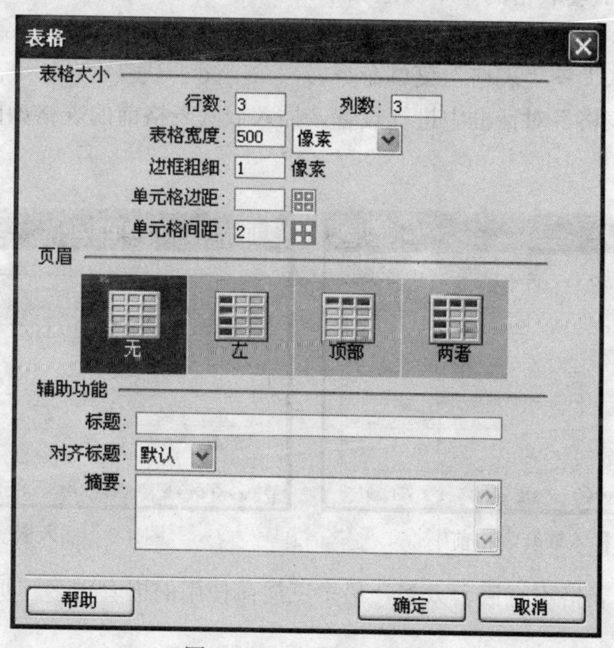

图 4-1　“表格”对话框

（3）在“行数”文本框中输入表格的行数；在“列数”文本框中输入表格的列数；在“表格宽度”文本框中输入表格在网页中的宽度（可用像素和百分数表示）；在“边框粗细”框中输入表格边框的宽度，值为 0 时，表格线将隐藏起来；在“页眉”中指定表格标题的位置，一般选择“无”。

（4）单击“确定”按钮，即可在光标位置插入一个表格。

4.2 输入表格内容

在表格中可以插入文字，也可以插入图片。在表格中直接输入文本时，当输入文本的长度超过单元格宽度时，单元格会自动扩展增宽。

使用方向键，可在不同的单元格之间进行切换。按 Tab 键可移到下一个单元格，按 Shift+Tab 键可将光标移到前一个单元格。在最后一个单元格中按 Tab 键，会自动添行。

也可以选择“文件”→“导入”→“表格式数据”菜单命令或选择“插入”→“表格对象”→“导入表格式数据”菜单命令将在另一个应用程序（如 Microsoft Excel）中创建并以分隔文本的格式（其中的项以制表符、逗号、冒号、分号或其他分隔符隔开）保存的表格式数据导入到 Dreamweaver 中并设置为表格的格式。

4.3 嵌套表格

嵌套表格是将新表格插入到当前表格的某一单元格中。可以像对其他表格一样对嵌套表格进行格式设置；但是，其宽度由它所在单元格的宽度决定。

在表格单元格中嵌套表格的基本做法如下：

（1）单击现有表格中的一个单元格。

（2）执行“插入”→“表格”菜单命令。

（3）在“插入表格”对话框中进行设置，插入嵌套表格前的表格如图 4-2 所示，插入后如图 4-3 所示。

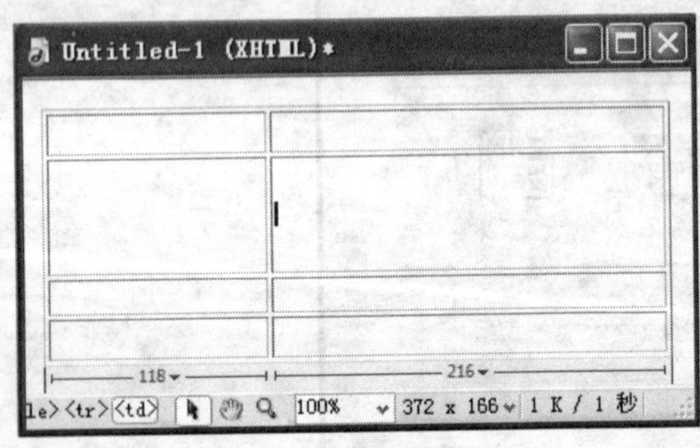

图 4-2 插入嵌套表格前

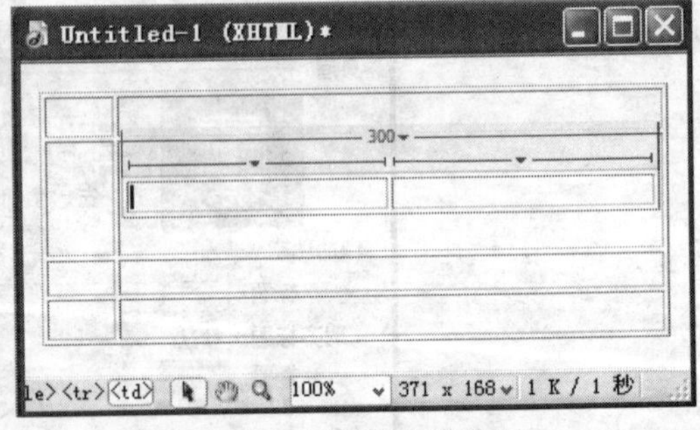

图 4-3 插入嵌套表格后

需要注意的是，表格不宜嵌套太多，最多三层；使用的嵌套越多，页面的浏览速度越慢。

4.4 设置表格属性

可以通过表格属性面板来查看、设置和修改表格属性。表格属性设置主要有两个方面：一是设置整个表格属性，二是设置表格中单元格的属性。

在属性设置时要注意其优先顺序：单元格属性设置优先于行属性设置，行属性设置优先于表格整体属性设置。

1. 设置表格属性

插入表格后，单击文档窗口左下角的<table>标记，选择整个表格，出现如图 4-4 所示的表格属性面板。

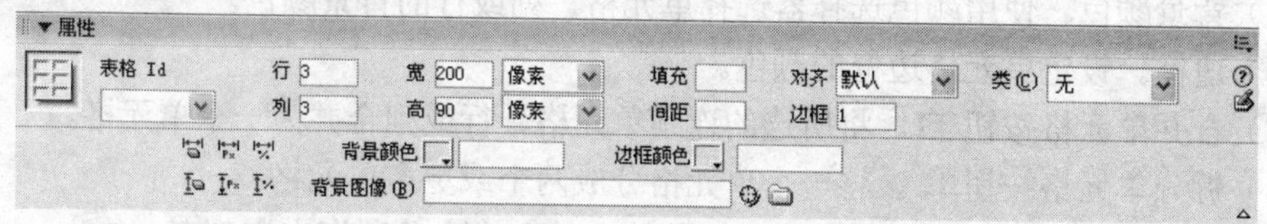

图 4-4　表格属性面板

可以在表格属性面板中设置以下选项：

（1）表格 Id。表格的唯一标识。

（2）行和列。表格中行和列的数目。

（3）宽和高。以像素为单位或按占浏览器窗口宽度的百分比计算的表格宽度和高度。通常不设置表格的高度。

（4）间距。相邻表格单元格之间的像素数。填充则指单元格内部的空间。

（5）对齐。表格对齐方式，一般有四个选项：默认、左对齐、右对齐、居中对齐。

（6）边框。指定表格边框的宽度（以像素为单位）。默认为 1，若不显示边框，则设为 0。

（7）清除列宽和清除行高按钮。从表格中删除所有明确指定的行高或列宽。

（8）将表格宽度转换成像素和将表格高度转换成像素按钮。将表格中每列的当前宽度或高度设置为以像素为单位，同时也将整个表格的宽度设置为以像素为单位。

（9）将表格宽度转换成百分比，将表格高度转换成百分比按钮。将表格中每列的当前宽度或高度设置按占“文档”窗口宽度的百分比表示，同时也将整个表格的宽度设置为按占“文档”窗口宽度百分比表示。

（10）背景颜色。指定表格的背景颜色。

（11）边框颜色。指定表格边框的颜色。

（12）背景图像。指定表格的背景图像。

2. 设置单元格属性

单击文档窗口左下角的<td>标记或单击某一单元格后，出现如图 4-5 所示单元格的属性面板。

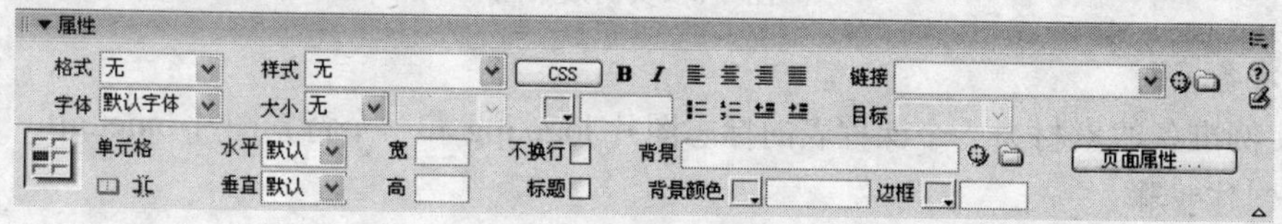

图 4-5　单元格的属性面板

在单元格属性面板中可以进行如下设置：

（1）水平。设定单元格、行或列内容的水平对齐方式。有左对齐、右对齐、居中对齐三个选项。默认对齐方式：常规单元格左对齐，标题单元格居中对齐。

（2）垂直。设定单元格、行或列内容的垂直对齐方式。有顶端、中间、底部或基线对齐四个选项，默认居中对齐。

（3）宽和高。以像素为单位或按占整个表格宽度或高度百分比计算的所选单元格的宽度和高度。默认情况下，以最宽的图像或最长的行作为宽度。

（4）背景。设定单元格、列或行的背景图像文件名。

（5）背景颜色。使用颜色选择器选择单元格、列或行的背景颜色。

（6）边框。设定单元格边框的颜色。

（7）合并单元格按钮。将所选的连续单元格、行或列合并为一个单元格。

（8）拆分单元格按钮。将一个单元格分成两个或更多单元格。

（9）不换行。若勾选，则防止换行，使给定单元格中的所有文本都在一行上。

（10）标题。可以将所选的单元格格式设置为表格标题单元格。

3. 查看和设置表格或表格元素的属性

查看和设置表格或行、列、单元格等表格元素属性的基本操作是：

（1）选择表格、单元格、行或列。

（2）在属性面板中，单击右下角的展开箭头▽，查看所有属性。

（3）根据需要更改相关属性。

4.5 实践技能训练——表格制作实例

建立表格以后，可以在表格单元格中添加文本、图像以及任意可以内嵌在网页中的元素。

1. 设计目标

在上面插入表格的基础上，制作一个课程表，效果如图 4-6 所示。

课程表

	星期一	星期二	星期三	星期四	星期五
上午	数据库	高等数学	网页设计	高等数学	英语
	网页设计	图形处理	数据库	英语	图形处理
下午		体育	C语言	C语言	
			VB		VB
晚上	自习	自习	自习	自习	自习

图 4-6 实例效果图

2. 准备素材

本实例准备的素材为一个课程表的标志图片 logo.jpg 和一个背景图片 bjnet.gif。

3. 制作步骤

（1）新建网页，插入表格。启动 Dreamweaver，执行“插入”→“表格”菜单命令，创建一个 6 行 6 列的表格，设置表格宽度为 600 像素，边框粗细为 1 个像素。再新建一个用于存储图像的文件夹 image，将后面用到的两幅图像复制到 image 文件夹中。

（2）保存网页。此时网页没有被保存，命名网页文件名为 kcb1.htm，将网页保存到站点中。

（3）设置表格背景图像。选中整个表格，设置居中对齐，单击属性面板中“背景”文本框后的浏览按钮，定位背景图像为 image 文件夹下的 bjnet.gif 文件，效果如图 4-7 所示。

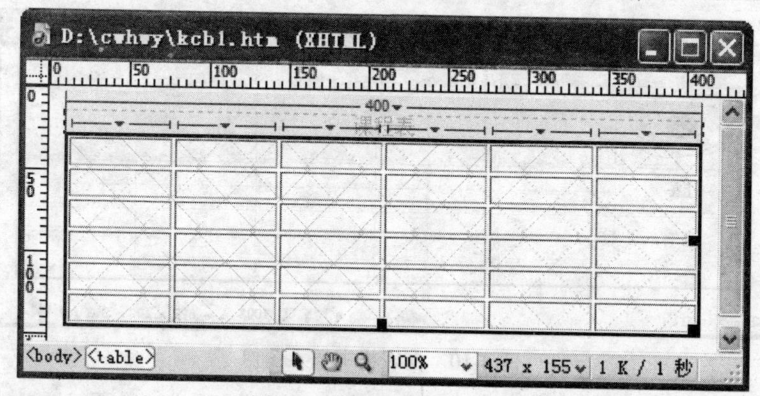

图 4-7　设置表格背景图像

（4）设置单元格属性。在输入课程表内容之前，最好先将各个单元格的宽度固定下来，这样可以防止单元格变形。选择所有单元格，在属性面板中将宽度设置为 100 像素。单元格内的对齐方式为水平和垂直方向均为“居中对齐”，如图 4-8 所示。

图 4-8　设置单元格属性

（5）合并单元格。同时选中第二、三行第一列的单元格，单击属性面板中的“合并单元格”按钮，将这两个单元格合并为一个单元格，并且输入“上午”。再同时将第四、五行第一列的两个单元格合并为一个单元格，并且输入“下午”，结果如图 4-9 所示。

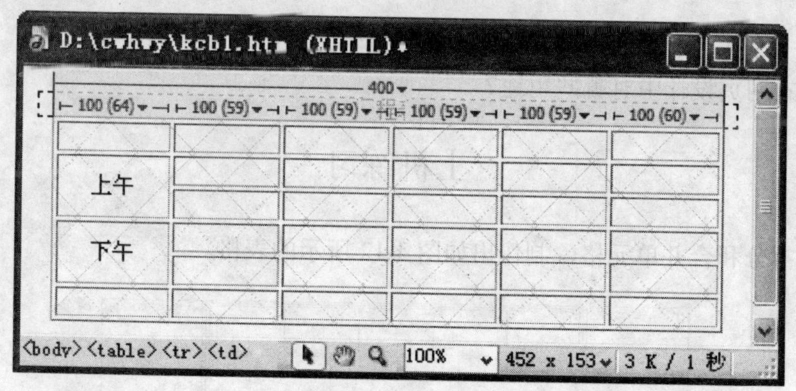

图 4-9　合并单元格

（6）插入标志图像。将光标定位于表格左上角，单击插入图像按钮，选择 image 文件夹下的 logo.jpg 文件，效果如图 4-10 所示。

（7）输入表格各单元格内容。将光标分别定位于表格中各单元格上，然后分别输入课表内容，如图 4-11 所示。

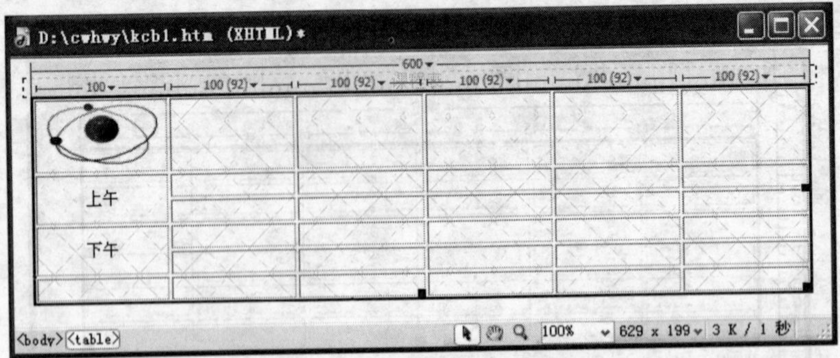

图 4-10　在表格中插入图像

D:\cwhwy\kcb1.htm (XHTML)

课程表

	星期一	星期二	星期三	星期四	星期五
上午	数据库	高等数学	网页设计	高等数学	英语
	网页设计	图形处理	数据库	英语	图形处理
下午		体育	C语言	C语言	
			VB		VB
晚上	自习	自习	自习	自习	自习

<body> 100% 629 x 198 3 K / 1 秒

图 4-11　输入单元格内容

（8）保存并预览网页。执行“文件”→“保存全部”命令，将站点内的所有页面全部保存。按 F12 键预览验证网页。

本章思考与练习

1．建立一个 4 行 3 列的表格，并修改相关属性，理解各属性的意义。
2．表格在网页设计中有哪些用途？

上机练习

1．通过拆分和合并单元格，制作出如图 4-12 所示的表格。

图 4-12　拆分和合并单元格

2．用表格设计一个某大学二级学院的主页。

3．利用所学表格知识，制作并美化班级课程表。

4．模拟 hao123.com 网站，采用表格进行如图 4-13 所示布局。

<table>
<tr><th colspan="5">hao123名站导航</th></tr>
<tr><td>新 浪
百度搜索
163邮箱
深圳之窗
上海热线
中华英才网
联众世界
淘 宝
阿里巴巴
当当网上商城
eBay易趣购物</td><td>搜 狐
Google搜索
21CN
凤 凰 网
广州视窗
武汉热线
金 融 界
百度空间
世纪前线
12530彩铃
手机铃声下载</td><td>网 易
中央电视台
新浪邮箱
新 华 网
卓越网上购物
中 彩 网
1元抢拍购物
湖南卫视
MP3 搜索
中国万网
商机在线创业</td><td>腾讯QQ
MSN中国
雅虎邮箱
人 民 网
中 华 网
中 国 人
驱动之家
携程旅行网
焦点房产
招商银行
QQ163音乐网</td><td>TOM
中国移动
中国政府网
中国新闻网
太平洋电脑网
中国同学录
瑞星杀毒
51个人空间
手机世界
工商银行
赶集同城生活</td></tr>
<tr><td colspan="5">找语伴练口语　热门手机图铃　折扣机票酒店　明星档案　MTV欣赏　限时在线杀毒　当当特价图书</td></tr>
<tr><th colspan="5">hao123实用酷站精选</th></tr>
</table>

图 4-13　表格布局效果

第 5 章　使用 CSS 样式表修饰页面

经常上网的人都会有这样的经验，将浏览器的显示字体变大或变小，网页中的文字也会随着发生变化。虽然有时会给浏览者带来帮助，但是也会对网页的布局产生影响，网页的版面会变得参差不齐。但是如果使用 CSS，网页中的文本始终不随之发生变化，总是保持原有的外观，现代网页制作离不开 CSS 技术，采用 CSS 技术，可以有效地对页面布局、字体、背景和其他效果实现更加精确的控制。用 CSS 不仅可以制作令浏览者赏心悦目的网页，还能给网页添加许多特效。创建 CSS 样式表的过程，就是对各种 CSS 属性的设置过程，所以了解和掌握 CSS 属性设置非常重要。

5.1　CSS 概述

CSS（Cascading Style Sheets，层叠样式表）是一种制作网页的新技术，已经成为网页设计必不可少的工具之一。目前，Internet Explorer 4.0、Netscape Navigator 4.0 或更高版本的浏览器都能正确显示带有 CSS 样式的网页，使用 CSS 样式不仅可以轻松地让网页中的对象产生动态效果，同时还简化了 HTML 中各种烦琐的标签，使得各标签的属性更具有一般性和通用性。CSS 样式甚至超越了 Web 页面本身的显示功能，将样式扩展到多媒体上，可显示出令人难以抗拒的强大魅力。简言之，应用 CSS 样式可以使网页锦上添花。

CSS 样式的主要功能如下。

（1）可以更加灵活地控制网页中文字的字体、大小、颜色等属性。

（2）可以精确地控制网页中各个元素的位置。

（3）简化代码，提高下载速度。

（4）可以和脚本语言相结合，从而使网页中的元素实现动态效果。

（5）代码兼容性更好。

5.2　CSS 的类型

HTML 语言提供的网页排版功能是极其有限的，例如，对文字的设定，在 HTML 语言中只有七种字号。而使用 CSS 设定字体，几乎可以选择任意大小的字号。随着网页语言的发展，使用 CSS 进行网页排版逐渐成为主流。Dreamweaver 中集成了强大的 CSS 控制功能，从文字、段落到背景和图像，CSS 的主要功能都在 Dreamweaver 中得到了很好的体现。

5.2.1　标签样式

HTML 语言属于标签语言，很多标签都是成对出现的。对于 HTML 标签的样式定义被称为标签样式。这里的标签可以包括 ERROR[Basic syntax error]in:<taERROR [Basic syntax error] in:ble>、ERROR[Basic syntax error]in: <tdERROR[Basic syntax error] in: >、ERROR[Basic syntax error]in: <trERROR[Basic syntax error] in: >等。因为这些标签是成对出现的，所以成对的标签之间的对象就会应用 CSS 样式。而有些 HTML 标签，如
标签，不是成对出现的，就不能设定样式。

例如，链接符号 a 引号的样式即是标签样式。如下：

```
a { color :#000099 ;font-size:9pt;text-decoration:none }
```

标签 a 的样式包括颜色（color）、字号（font-size）、文字的修饰（text-decoration），网页之中所有的链接文字（因为链接文字两端都会有 ERROR[Basic syntax error]in:< aERROR[Basic syntax error] in: >ERROR[Basic syntax error]in: </ERROR[Basic syntax error] in:a >标签）都会应用标签样式中定义的外观。

链接文字取消下划线就是通过定义<a>标签实现的，代码为"text-decoration:none"。

标签样式的缺点是不具有选择性，如果定义了某个 HTML 标签，网页上该标签之内的对象都会应用。

5.2.2　CSS 选择器

CSS 选择器是一种特殊类型的样式，Dreamweaver 中提供的有四种 CSS 选择器，分别为：a:link、a:active、a:visited、a:hover。

Dreamweaver 中的 CSS 选择器都是针对链接文字设定属性。a:link 设定正常状态下链接文字的样式。a:active 设定鼠标单击时链接的外观。a:visited 设定访问过的链接外观。a:hover 设定鼠标放置在链接文字之上时文字的外观，其中最后一种 a:hover 最为常用。例如，

```
a:hover { color :# ff6600 ;font-family:"宋体";text-decoration:underline; }
a:visited {font-family:"宋体"; color :# 339900 ;text-decoration:none; }
```

CSS 选择器对特定标签中的文字在特定情况下的外观作出了设定，和标签样式一样，网页中所有的链接文字在特定情况下都会显示出 CSS 选择器定义的外观。

5.2.3　自定义样式

标签样式和 CSS 选择器的缺点是不够灵活，网页中的 HTML 标签内的对象，只要定义了标签样式外观都会发生变化。

自定义样式比标签样式和 CSS 选择器更加灵活，在网页中可以选择应用自定义样式的范围。

自定义的样式首先要命名。命名的方式很特别，以一个英文的句号开始，然后是英文的名字，这里不能使用中文名。例如，

```
.bg{background-imag:url(../images/bg.gif);}
```

其中 background-imag:url(../images/bg.gif)设定的是背景图像的路径。

设定了自定义样式之后，另一个问题是在网页中选择应用范围。方法是在应用自定义样式的 HTML 标签中添加 class=" "，引号之内为使用自定义样式的名字。例如，

```
ERROR[Basic syntax error] in: <body leftmargin= ERROR[Basic syntax error] in: "0" topmargin="0" class="0">
```

class="0"说明网页的主体应用了设定背景图像的自定义样式。

5.3 创建样式

无论是哪一种类型的样式，创建要经过以下的步骤。

（1）定义样式类型。包括在网页内部创建样式文件和建立单独样式文件；定义样式类型；命名或者选择标签。

（2）设定样式外观。主要指对样式外观的设定，包括文字、段落、背景、边框、列表等内容。

（3）应用样式。对于标签样式和 CSS 选择器，样式是自动应用于网页的，但对于自定义的样式，则需要特别设定应用的范围。

在菜单栏中选择“窗口”→“CSS 样式”命令，打开 CSS 样式面板，如图 5-1 所示。

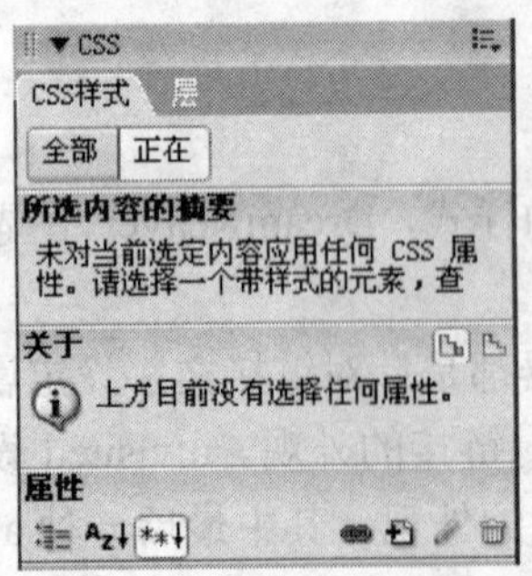

图 5-1 CSS 样式面板

下面分别介绍三种类型样式的创建。

5.3.1 创建标签样式

假设现在要去除网页上所有链接的下划线，就需要定义<a>标签的样式，按照上面提到的三个步骤，创建方法如下。

（1）准备工作。在任何一个有文本链接的网页上都可以进行下面的操作。

（2）定义样式类型。打开 CSS 样式面板，单击“新建 CSS 规则”按钮，弹出“新建 CSS 规则”对话框，如图 5-2 所示。

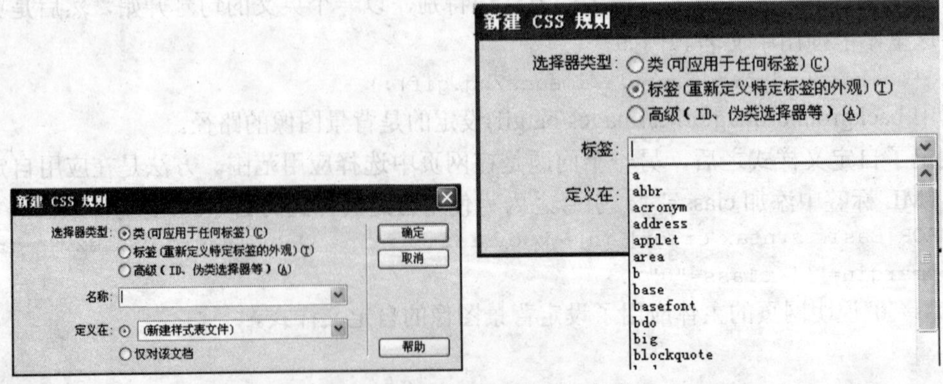

图 5-2 “新建 CSS 规则”对话框

"定义在"设定 CSS 样式定义的位置。CSS 样式可以定义在 HTML 文档内部，也可以制作单独的 CSS 文件，然后导入到 HTML 文档内部。制作单独的样式表文件将在后面介绍，这里选择"仅对该文档"。

在"选择器类型"中选择"标签"，定义了"类型"后，"标签"项变为下拉列表，按照字母顺序列出全部的 HTML 标签，这里选择<a>标签。

（3）设定样式外观。新建样式之后，单击"确定"按钮，会弹出"CSS 规则定义"对话框。该对话框包括若干子面板，这里只对"类型"子面板进行设置，如图 5-3 所示。

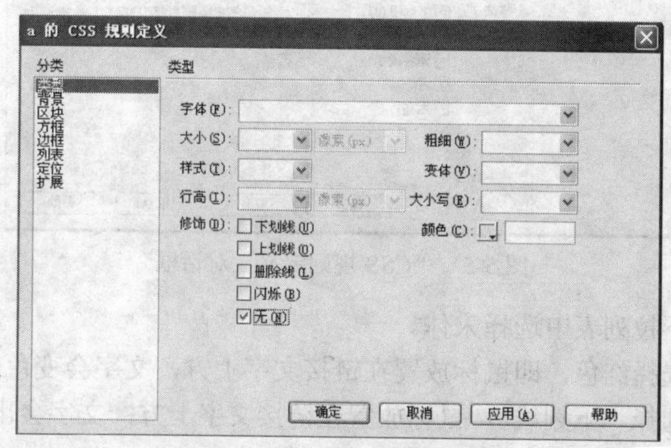

图 5-3　"CSS 规则定义"对话框

如果希望去掉链接的下划线，请在"修饰"处选择"无"，意思是没有下划线修饰。单击"应用"按钮可以即时地查看网页上的效果，单击"确定"按钮。

（4）应用样式。标签样式是自动应用的，网页上所有链接文字的下划线都消失了，不需要定义应用范围。

（5）编辑。如果想修改刚建立的标签样式，如何操作呢？单击 CSS 样式面板右上角的扩展按钮，在弹出的菜单中选择"编辑"，即可修改样式。

5.3.2　创建 CSS 选择器

链接的下划线取消了，现在要添加链接响应鼠标的功能，如鼠标放在链接上方时，链接文本改变颜色，同时出现下划线。具体操作如下：

（1）准备工作。有文本链接的网页都可以进行。

（2）定义样式类型。单击 CSS 样式面板上的"新建 CSS 规则"按钮，弹出"新建 CSS 规则"对话框。在"选择器"下拉列表中选择 a:hover，并将 CSS 样式建立在文档内部，选择"仅对该文档"，如图 5-4 所示。

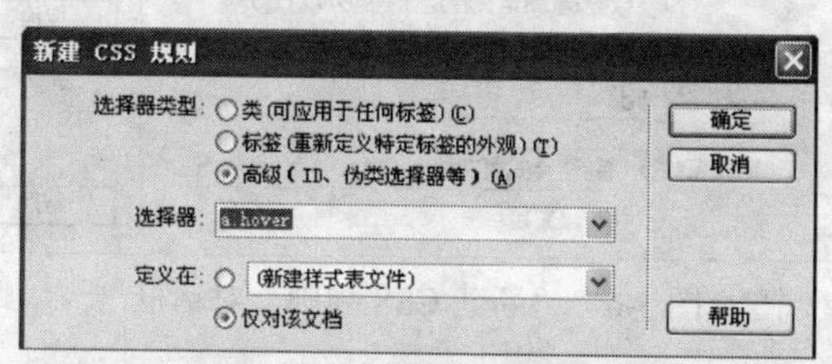

图 5-4　"新建 CSS 规则"对话框

（3）设定样式外观。单击“确定”按钮，打开 CSS 规则定义对话框，在“分类”列表中选择“类型”，其设置如图 5-5 所示。

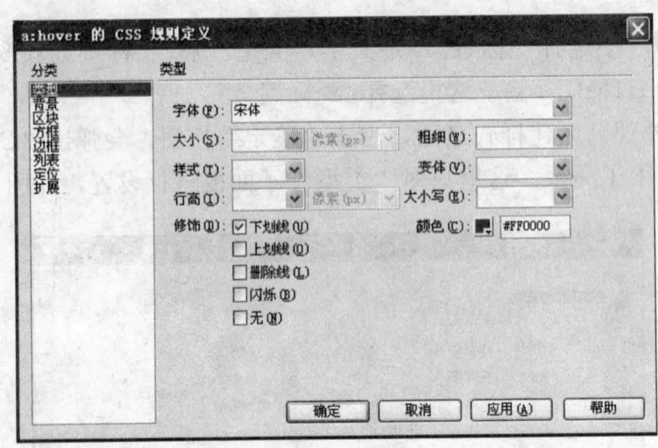

图 5-5　“CSS 规则定义”对话框

1）在“字体”下拉列表中选择宋体。

2）在“颜色”选择红色，即鼠标放置在链接文字上方，文字会变色。

3）在“修饰”选择“下划线”，鼠标放置在链接文字上方，文字会出现下划线。

设定完成后，单击“确定”按钮。

（4）应用样式。CSS 选择器是自动应用的，不需要定义应用范围。在 IE 浏览器中预览网页，当鼠标放在链接文字上方时就会改变颜色，同时加下划线。

如果要修改 CSS 选择器的设置，可以单击样式面板右上角的扩展按钮，在弹出菜单中选择“编辑”，打开“CSS 规则定义”对话框，可以重新对该样式进行修改。

5.3.3　创建自定义样式

在这里使用自定义样式给网页添加背景颜色。与上面不同的是，自定义样式需要设定应用样式的范围。

（1）准备工作。在无背景颜色或背景图像的网页上都可以用来做这个例子，可以选择“修改”→“页面属性”命令查看网页是否有背景图像或背景颜色。如果有，请删除。

（2）定义样式的类型。单击 CSS 样式面板上的“新建 CSS 规则”按钮，弹出“新建 CSS 规则”对话框，如图 5-6 所示。

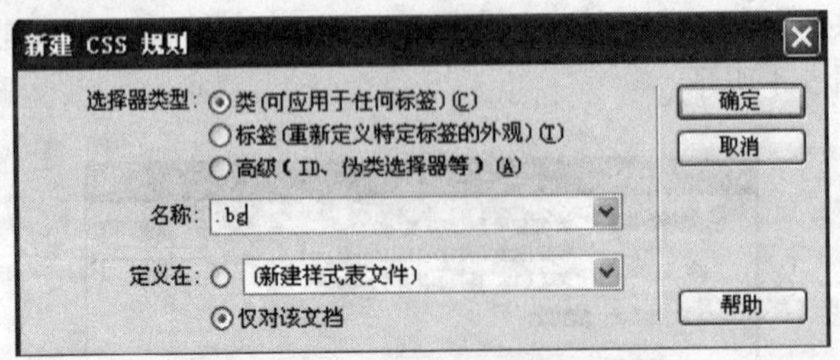

图 5-6　“新建 CSS 规则”对话框

在“选择器类型”中选择“类”。将“名称”命名为“.bg”，“定义在”选择“仅对该文档”。

（3）设定样式外观。单击“确定”按钮，弹出“CSS 规则定义”对话框，在“分类”列表中选择“背景”设置，如图 5-7 所示。

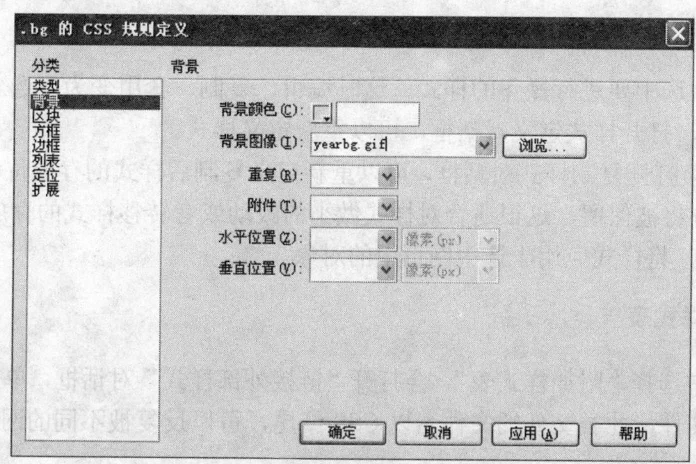

图 5-7　设置背景样式

在“背景图像”文本框中填写背景图像的路径，或者单击“浏览”按钮，打开浏览窗口，找到背景图像的位置。

设定完毕后，单击“确定”按钮，因为是自定义样式，所以在样式面板上可以看到背景样式。

（4）应用样式。选定状态栏上的 HTML 标签选择应用区域，单击样式面板上的样式，将样式应用在选定的 HTML 标签上。

5.4　样式的其他操作

单击 CSS 样式面板右上方的扩展按钮，其下拉菜单如图 5-8 所示。CSS 的相关操作主要是通过这个菜单上的项目来实现的。

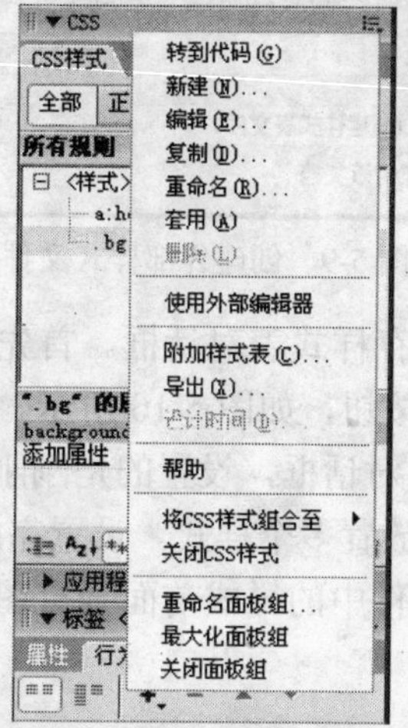

图 5-8　样式面板的扩展菜单

在面板上有分隔线，第一条分隔线上面是对单个样式的操作项目，第一条分隔线下面是对网页中所有样式的控制。

5.4.1 编辑单个样式

在样式面板中选中要进行操作的样式，这时编辑、复制、套用变为可选。

选择“编辑”，打开样式定义对话框，可以重新定义样式。

选择“复制”，打开复制样式对话框，可以重新定义复制后样式的存放位置、类型、名称。但样式外观的设置将被保留，这很适合对样式做小的改动或者转移样式的存放位置。

选择“套用”，将样式应用于选中网页中的对象。

5.4.2 编辑样式表

在下拉菜单中选择“附加样式表”，会打开“链接外部样式”对话框，单击“浏览”按钮，选择外部的样式文件，此类文件的文件名以 CSS 结尾，可以反复被不同的网页使用。

5.4.3 外部样式

将站点中应用的样式统一制定成单独的样式表文件，每次创建网页的样式时只需要导入该文件，根据需要从中选择应用的样式即可。这样操作既可以保持网页外观的一致性，又可以极大地简化设置过程（实际只需要设置一次，以后无须设置）。因而成为专业网站普遍使用的设计方法。

1. 创建外部样式

在网页编辑窗口下，打开 CSS 样式面板。单击样式面板上的“新建 CSS 规则”按钮，弹出“新建 CSS 规则”对话框，注意“定义在”选项选择“新建样式表文件”，如图 5-9 所示。

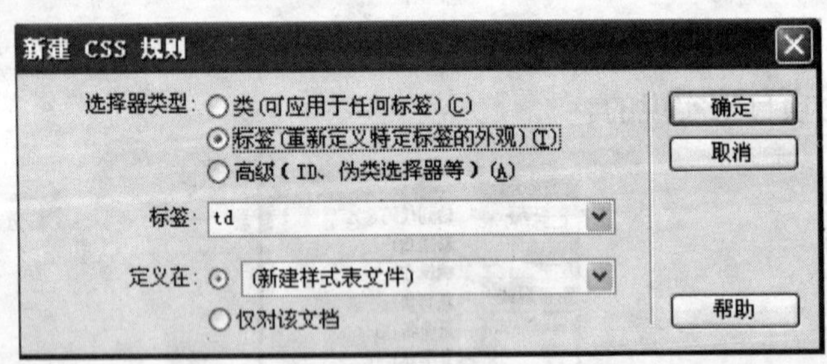

图 5-9 创建外部样式文件

单击“确定”按钮后，弹出保存样式表对话框。首先给外部样式表命名，然后选择保存的路径，设置完成后单击“保存”按钮，如图 5-10 所示。

接着会弹出“CSS 规则定义”对话框，设置的是刚刚建立的样式，而非整个外部样式表文件，一个外部样式表文件中可以放置多个样式。设置完成后单击“确定”按钮。

在样式面板上，外部样式表文件中的样式前面会有图标，回到站点管理器，可以看到以“.CSS”结尾的样式表文件。

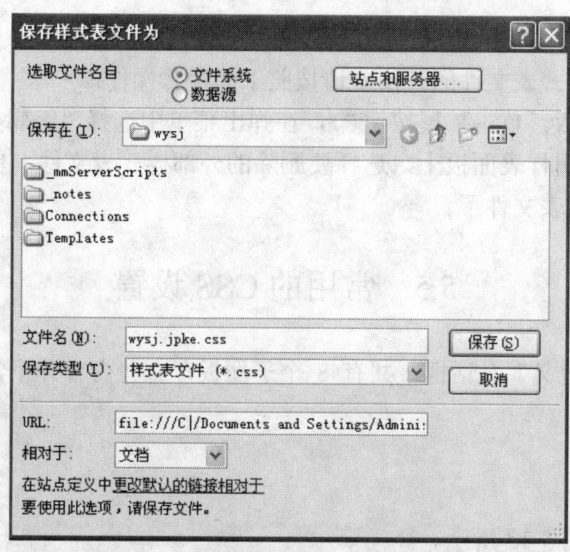

图 5-10　“保存样式表文件为”对话框

2. 导出外部样式

如果当前网页上已经创建了若干样式，可以将这些样式导出成为独立的样式表文件，具体操作如下：

（1）在网页编辑窗口下，打开样式面板的扩展菜单，选择“导出”。

（2）弹出对话框，设定保存的路径和外部样式表文件的文件名，然后单击“保存”按钮，在站点管理器中，打开这个导出的样式文件，会发现它包含有原来网页中的所有样式。这些样式就可以应用于其他的网页了。

（3）链接外部样式。创建、编辑外部样式表文件之后，就要将外部样式表文件中的样式导入到网页中。可以使用 Dreamweaver 附加样式表的功能，具体操作步骤如下：

1）在网页编辑窗口下，打开样式面板，单击“附加样式表”按钮。

2）弹出“链接外部样式表”对话框，如图 5-11 所示。

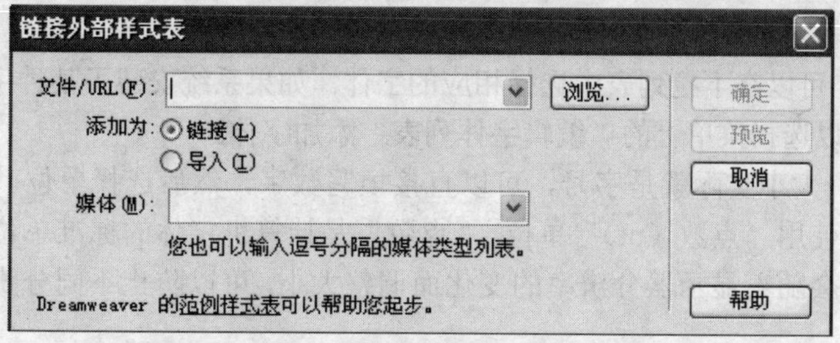

图 5-11　“链接外部样式表”对话框

其中对话框中各种选项如下：

①“文件/URL”设置外部样式表文件的路径，可以直接单击“浏览”按钮选择样式表文件。

②“添加为”要选择“链接”，这是 IE 和 Netscape 两种浏览器都支持的导入方式。“导入”只有 Netscape 浏览器支持。

设定后单击“确定”按钮。

如果要删除外部样式表文件的链接，请按照下面步骤操作：

（1）打开样式面板，单击扩展按钮，在弹出菜单中选择“编辑样式表”。

（2）在弹出的编辑样表面板上，选择要删除的外部样式表文件，单击“删除”按钮，即可删除链接的外部样式表文件了。

5.5 常用的 CSS 设置

打开“CSS 规则定义”对话框，共有 8 个子面板，有些内容并不常用，这里将重点介绍一些常用的设置。

5.5.1 类型设置

类型设置面板如图 5-12 所示。

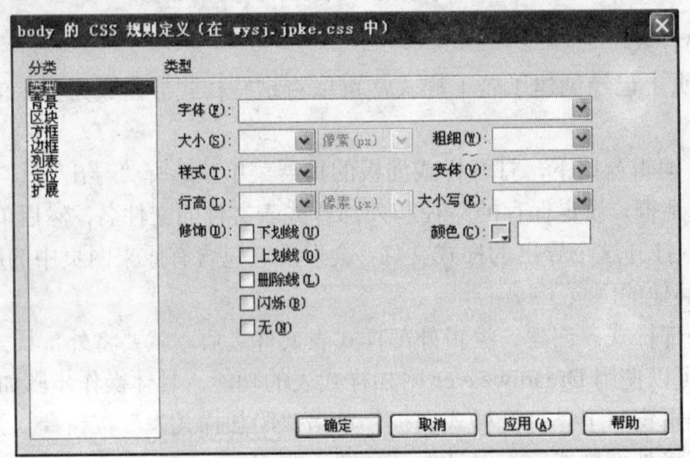

图 5-12 “CSS 规则定义”对话框

文字属性面板的设置方法如下。

（1）字体。可以在下拉列表中选择相应的字体。如果系统安装了某种字体，但在下拉列表中找不到，可以选择菜单上的“编辑字体列表”添加字体。

（2）大小。大小实际就是字号，可以直接填写数字，然后选择单位。有很多单位供选择，但这里推荐使用“点数（pt）”单位。“点数”是计算机字体的标准单位，这一单位的好处是设置的字号会随着显示器分辨率的变化而调整大小，可以防止不同分辨率显示器中字体大小不一致。

如果使用点数作单位，推荐正文文字大小为 9。如果仔细观察，会发现设置为该字号的文字和软件界面上的文字字号大小是一样的。10.5pt、12pt 也是常用的正文文字字号值。还有其他的单位，如像素、英寸、厘米和毫米等，但都没有“点数”常用。

除了设置具体数字大小之外，还有相对大小的设置。但相对大小的设置方法在网页制作中很少用到。网页设计是一件既需要艺术，又需要精确的工作，使用相对大小的设置缺乏准确性。

（3）样式。设置文字的外观，包括正常、斜体和偏斜体。有的字体本身设置了斜体的外观，有些字体则没有设置斜体的外观。对于前者，应采用斜体；对于后者，应采用偏斜体。

（4）行高。这项设置在实际制作中很常用。设置行高，可以选择“正常”，为计算机自动调整行高，也可以使用数值和单位结合的形式。需要注意的是，单位应该和文字大小的单位一致。行高的数值是包括字号数值在内的。例如，文字设置为 9 pt 高，如果要创建一倍行距，则行高应该为 18pt。

（5）修饰。几个复选框如下。

1）下划线。文字添加下划线。

2）上划线。文字添加上划线。

3）删除线。文字添加文字删除线。

4）闪烁。文字添加闪烁效果，只有在 Netscape 浏览器下才能显示这一效果。

5）无。没有任何修饰。如果想去掉链接文字的下划线，就选中此项。

（6）粗细。可以选择文字笔划的相对粗细，也可以选择具体的数值，在实际制作中不常用。

（7）变体。在英文中，大写字母的字号一般比较大，采用“变体”中的“小型大写字母”设置，可以缩小大写字母。

（8）大小写。可以将每句话的第一个字母大写，选择“首字母大写”，可以将全部字母变化为“大写”或“小写”，但 IE 浏览器不支持这一效果。

（9）颜色。设置文字的颜色。

5.5.2　背景颜色

背景设置面板如图 5-13 所示。

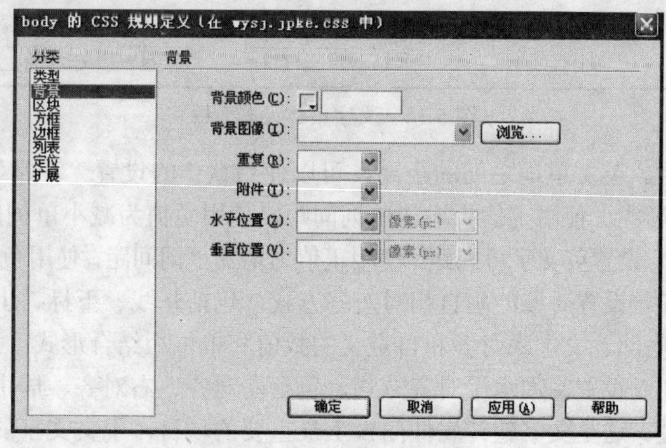

图 5-13　背景设置面板

在 HTML 语言中，背景只能使用单一的色彩或利用图像水平和垂直方向平铺。使用 CSS 之后，有了更加灵活的设置。

（1）背景颜色。选择固定色作为背景。

（2）背景图像。直接填写背景图像的路径，或者单击“浏览”按钮找到背景图像的位置。

（3）重复。在使用图像作背景时，可以使用此项设置背景图像的重复方式。包括“不重复”、“重复”、“横向重复”和“纵向重复”。

（4）附件。选择图像作为背景时，可以设置图像是否跟随网页一起滚动。可以选择“滚动”或者“固定”，Netscape 浏览器不支持固定的背景图片。

（5）水平位置。设置水平方向上的位置。可以使“左对齐”、“右对齐”和“居中”，还可以设置数值与单位结合标示位置的方式。使用数值和单位标示位置时，比较常用像素单位。注意都是以网页编辑窗口左上角顶点为原点来测量位置。可以通过选择“查看”→“标尺”→“显示”命令显示标尺，计算背景图像的位置。

（6）垂直位置。可以选择“顶部”、“底部”和“居中”，还可以设置数值与单位结合标示位置的方式。使用数值和单位标示位置时，常用像素为单位。注意都是以网页编辑窗口左上角顶点为原点来测量位置。

5.5.3 文字整体设置

文字整体设置面板如图 5-14 所示。

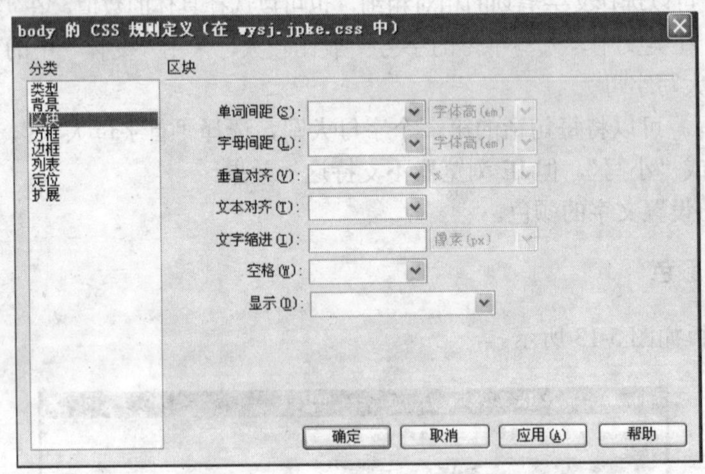

图 5-14 文字整体设置面板

（1）单词间距。英文单词之间的距离，可以使用默认的设置“正常”，也可以设置为数值和单位相结合的形式。使用正值为增加单词间距，使用负值为减小单词间距。

（2）字母间距。设置英文字母间距，使用正值为增加单词间距，使用负值为减小单词间距。

（3）垂直对齐。设置对象的垂直相对对齐方式，包括基线、下标、上标、顶部、文本顶对齐、中线对齐、底部、文本底对齐和自定义的数值和单位相结合形式。

（4）文本对齐。设置文本水平对齐方式，包括左对齐、右对齐、居中和两端对齐。

（5）文字缩进。这是文字整体属性面板上最重要的项目，中文文字的首行缩进就是由它来实现。首先填写具体的数值，然后选择单位。文字缩进和字号设置要保持统一，如果字号为 9pt，想创建两个中文文字的缩进效果，文字缩进 9 应该为 18pt。

（6）空格。对源代码文字空格的控制。

- 选择“正常”：忽略源代码文字之间的所有空格。
- 选择“保留”：将保留源代码中所有的空格形式，包括由空格键、Tab 键、Enter 键创建的空格。如果写一首诗，用普通方法很难保留诗的结构，这时可以使用“保留”，保留所有的空格形式。

- 选择“不换行”：设置文字不自动换行。

5.5.4　边框的设置

边框设置面板可以给对象添加边框，设置边框的颜色、粗细和样式，如图 5-15 所示。

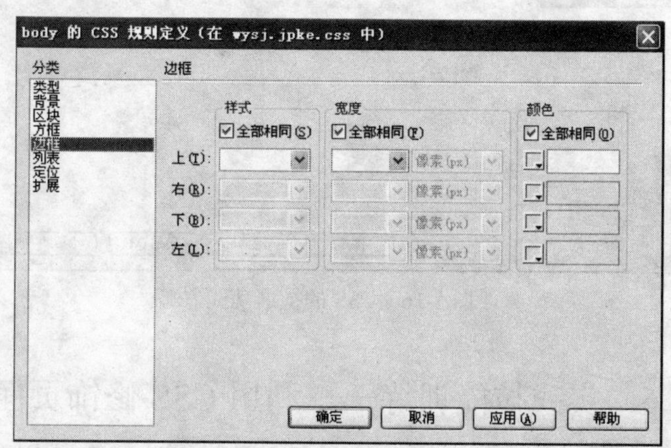

图 5-15　边框设置面板

边框面板的设置如下。

（1）样式。设置边框的样式，包括无、虚线、点划线、双线、槽状、凹陷和凸出。如果选中“全部相同”则只需要设置“上”的样式，其他方向样式与“上”相同。

（2）宽度。设置四个方向边框的宽度。如果选中“全部相同”则只需要设置“上”的样式，其他方向样式与“上”相同。可以选择相对值：粗、中、细；也可以设置边框的宽度值和单位。

（3）颜色。设置对应边框的颜色。如果选中“全部相同”则只需要设置“上”的样式，其他方向样式与“上”相同。

5.5.5　扩展设置

CSS 样式还可以实现一些扩展功能，这些功能集中在“扩展”子面板上，如图 5-16 所示，这个面板主要包括三种效果：分页、光标和滤镜。

（1）分页。指通过样式来为网页添加分页符号，但是目前没有任何浏览器支持此功能，这里不作介绍。

（2）光标。通过样式改变鼠标的形状，鼠标放在被此项设置修饰的区域上时，形状会发生改变。具体的形状包括：

Hand（手）、crosshair（交叉十字）、text（文本选择符号）、wait（Windows 的沙漏形状）Default（默认的鼠标形状）、help（带问号的鼠标）、e-resize（向东的箭头）、ne-resize（指向东北方的箭头）、n-resize（向北的箭头）、nw-resize（指向西北的箭头）、w-resize（向西的箭头）、sw-resize（向西南的箭头）、s-resize（向南的箭头）、se-resize（向东南的箭头）和 auto（正常鼠标）。

（3）滤镜。使用 CSS 语言实现的滤镜效果。如果设计者会使用图形软件，就尽量不要使用这些效果。这些效果对图形的改变较小，浏览器支持不好，很多效果显示不出来，设置较为烦琐，又无法实现可视化编辑。

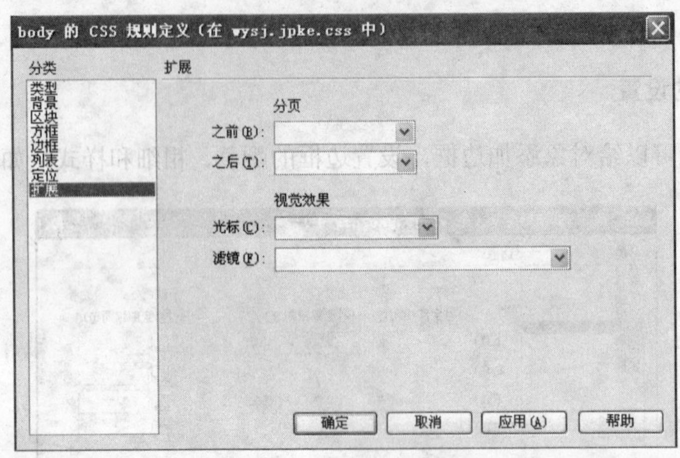

图 5-16　CSS 的扩展功能

5.6　实践技能训练——利用 CSS 修饰页面

本章主要讲述了 CSS 相关的基本概念和语法、CSS 的属性设置、应用 CSS 美化网页，下面将通过两个实例来讲述利用 CSS 美化网页。

5.6.1　利用 CSS 固定字体大小

利用 CSS 可以固定字体大小，使网页中的文本始终不随浏览器改变而发生变化，总是保持着原有的大小。具体操作步骤如下：

（1）打开 wysisc/05.A 文档，在“CSS 样式”面板中右击鼠标，在弹出的菜单中选择“新建”选项，如图 5-17 所示。

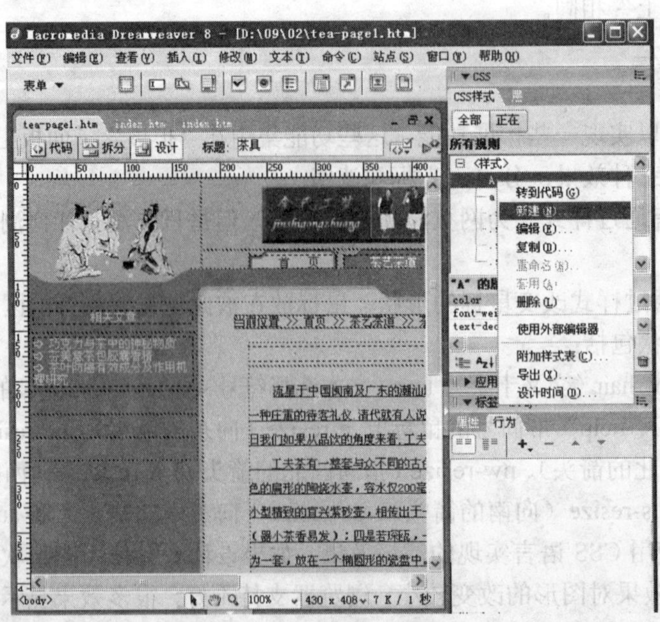

图 5-17　选择“新建”选项

（2）如图 5-18 所示，在“新建 CSS 样式”对话框中，在“名称”下拉菜单中选择.stylel，在“选择器类型”中选择“类”，在“定义在”选项中选择“仅对该文档”。

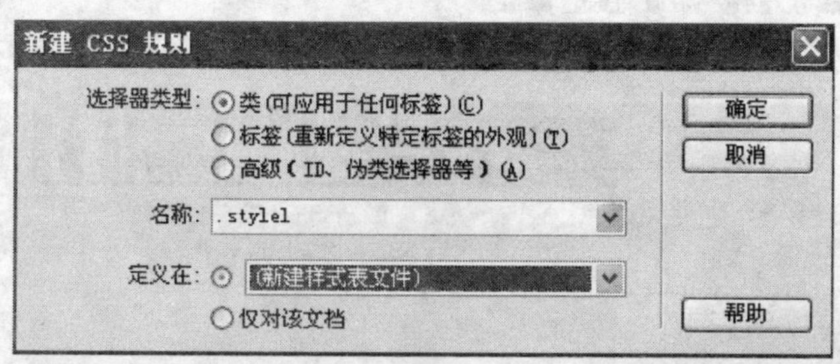

图 5-18　“新建 CSS 样式”对话框

（3）单击“确定”按钮，弹出“.stylel 的 CSS 规则定义”对话框，选择分类中的“类型”选项，“字体”选择宋体，“大小”选择 12 像素，“样式”选择正常，“行高”设置为 200%，“颜色”设置为“#292931”，如图 5-19 所示。

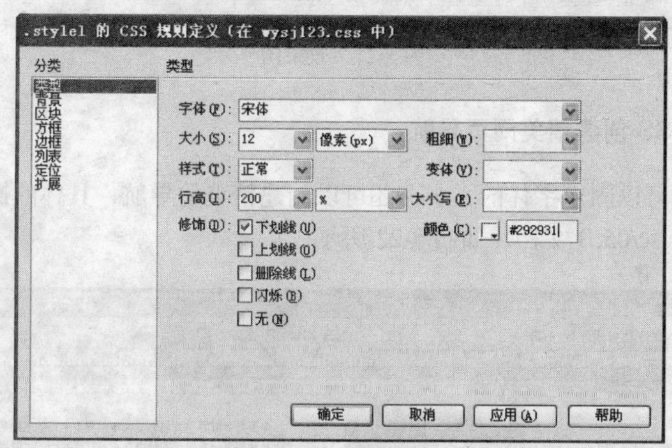

图 5-19　“.stylel 的 CSS 规则定义”对话框

（4）单击“确定”按钮，在文档中选中正文内容，然后在属性面板中的“样式”文本框中选择新建的 stylel，如图 5-20 所示。

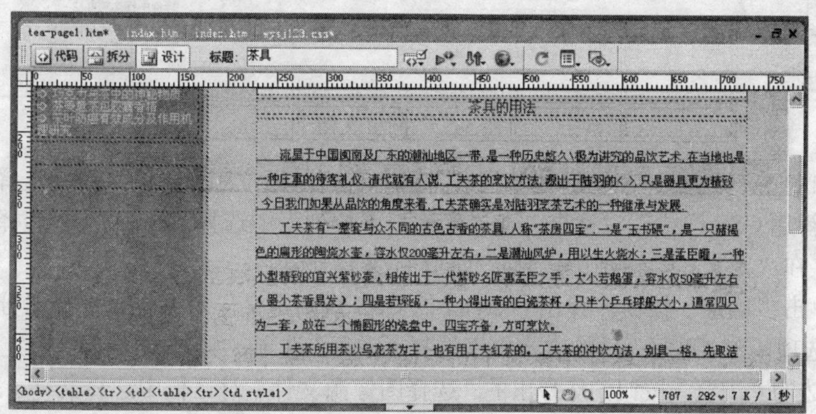

图 5-20　应用 CSS 样式后

（5）按 F12 键可以看到浏览器中的效果，如图 5-21 所示。

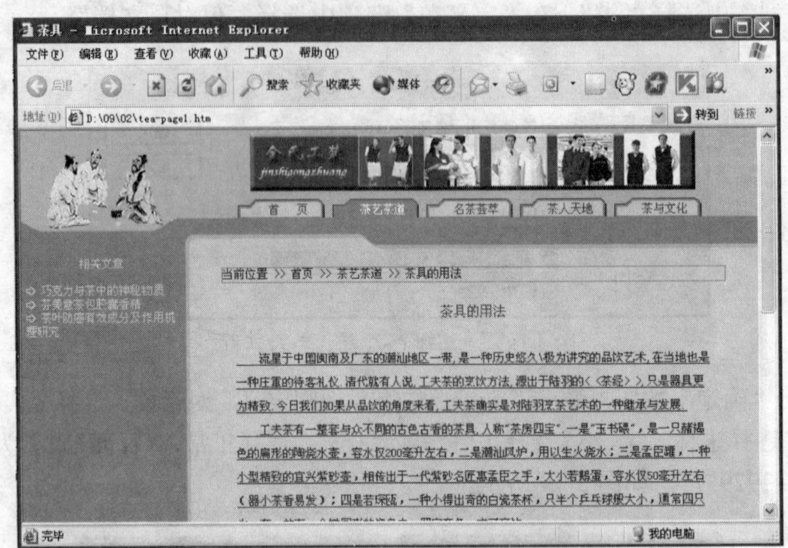

图 5-21 效果图

5.6.2 利用 CSS 创建精美网页导航

利用 CSS 不仅可以固定字体的大小，还可以创建精美的导航，具体的操作步骤如下。

（1）打开 wysjsc/05.B 文档，如图 5-22 所示。

图 5-22 网页文档

（2）如图 5-23 所示，在“CSS 样式”面板中右击鼠标，在弹出的菜单中选择“新建”命令，弹出“新建 CSS 样式”对话框，在“名称”下拉列表中选择.stylel，在“选择器类型”中选择“类”，在“定义在”选项中选择“仅对该文档”选项。

（3）单击“确定”按钮，弹出“.stylel 的 CSS 规则定义”对话框，选择“分类”列表中的“背景”选项，在“重复”后的文本框中选择“重复”选项，“附件”选择“固定”，单击“背景图像”右边的“浏览”按钮，从弹出的“选择图像源文件”对话框中选择文件，单击“确定”按钮，如图 5-24 所示。

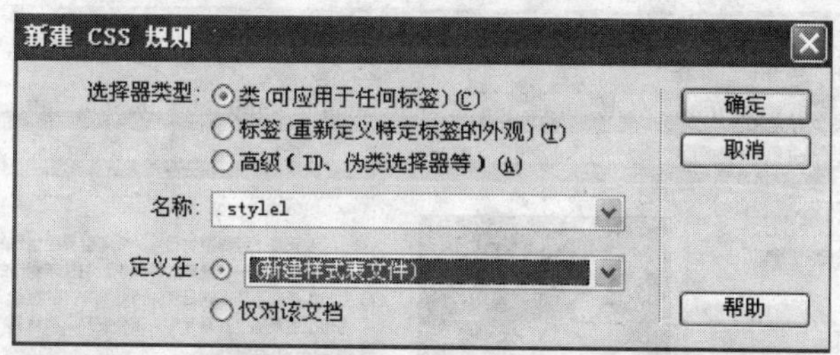

图 5-23　“新建 CSS 样式”对话框

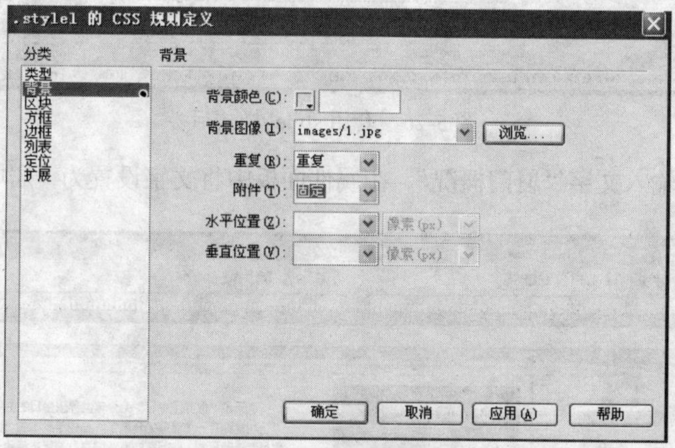

图 5-24　“.stylel 的 CSS 规则定义”对话框

（4）单击“确定”按钮，在“CSS 样式”面板中就会出现新建的 stylel，将光标置于网页文档左边第 1 行的单元格中，选择新建的 stylel 样式，右击鼠标，在弹出的菜单中选择“套用”选项，如图 5-25 所示。

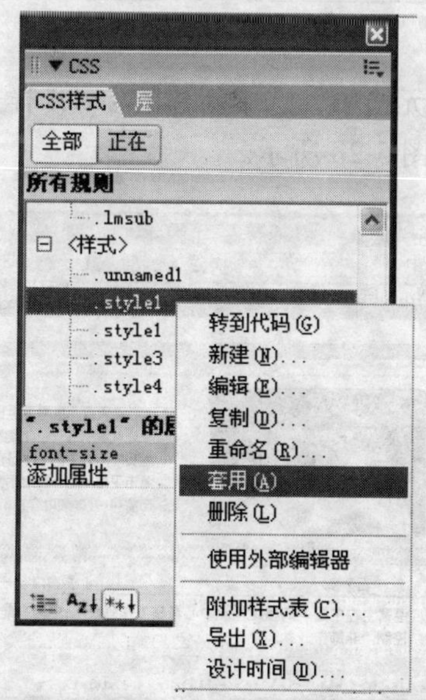

图 5-25　选择套用

（5）套用 CSS 后第 1 行单元格，如图 5-26 所示。

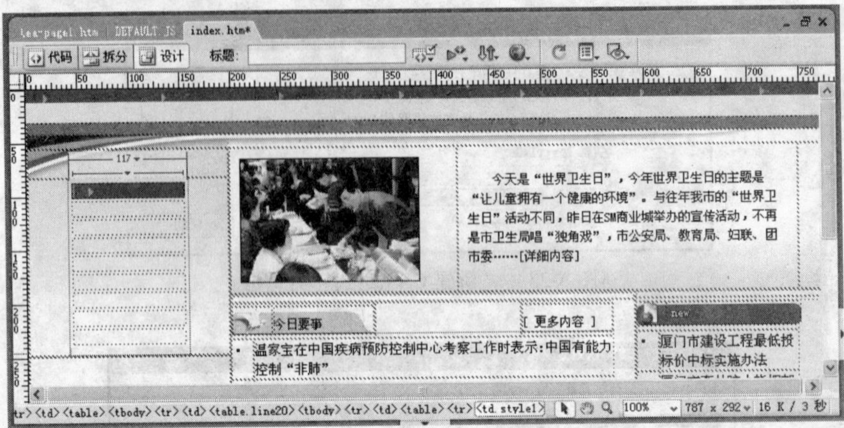

图 5-26 套用 stylel 样式后

（6）在表格中输入文字“厦门概况”，在属性面板中将文字设置为“居中”，如图 5-27 所示。

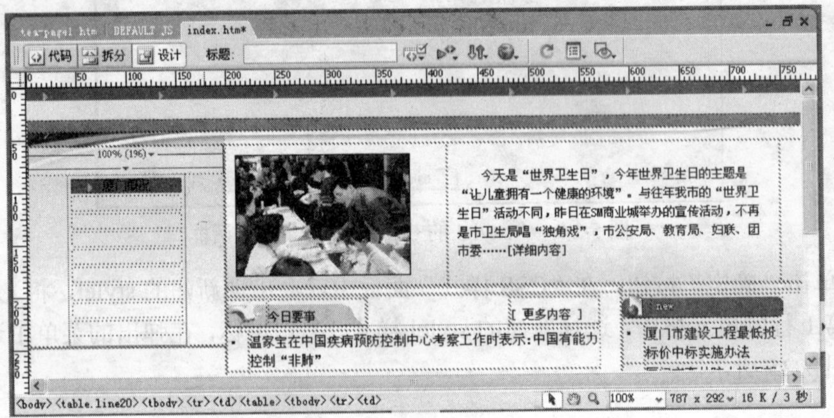

图 5-27 输入文字后

（7）将光标置于第 2 行单元格中，选中新建的 stylel 样式，右击鼠标，在弹出的菜单中选择“套用”，套用后的效果如图 5-28 所示。

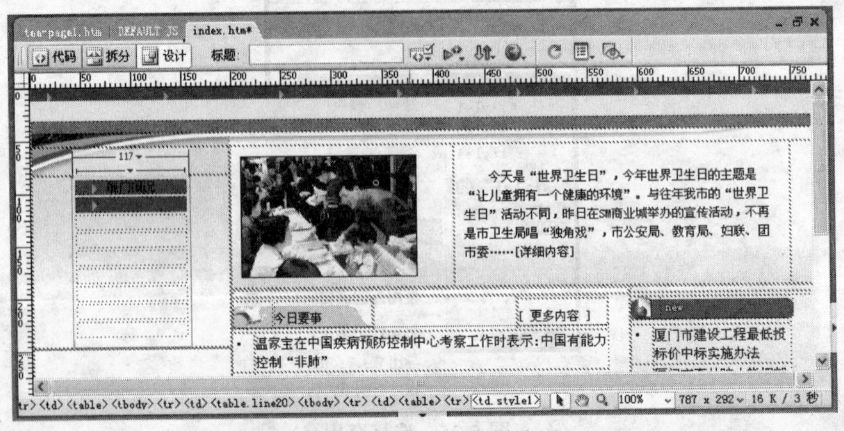

图 5-28 套用 stylel 样式后

（8）在第 2 行中输入“经济特区”，在属性面板中将文字设置为“居中”，如图 5-29 所示。

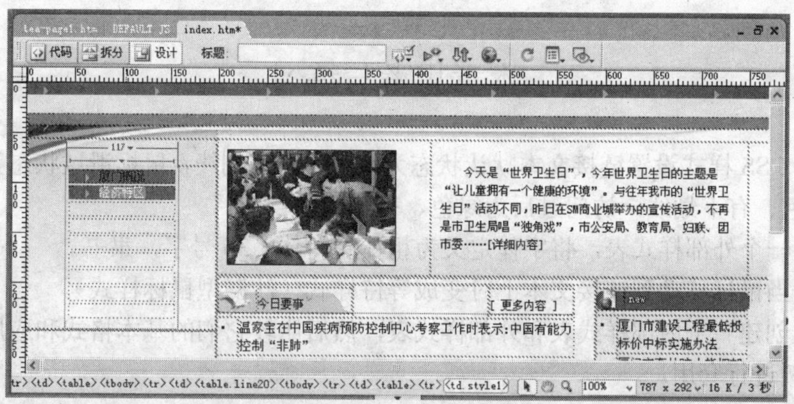

图 5-29　输入文字

（9）用同样的方法可以在下面的表格中应用定义的 CSS 样式，然后输入相应的文字，并设置其参数，如图 5-30 所示。

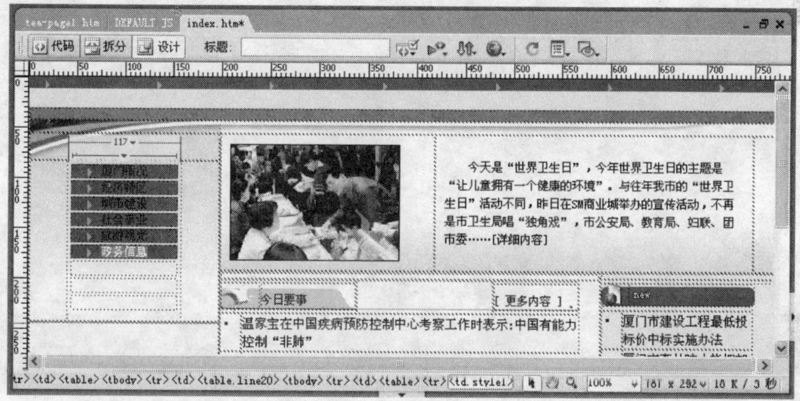

图 5-30　输入文字

（10）按 F12 键可以看到浏览器中的效果，如图 5-31 所示。

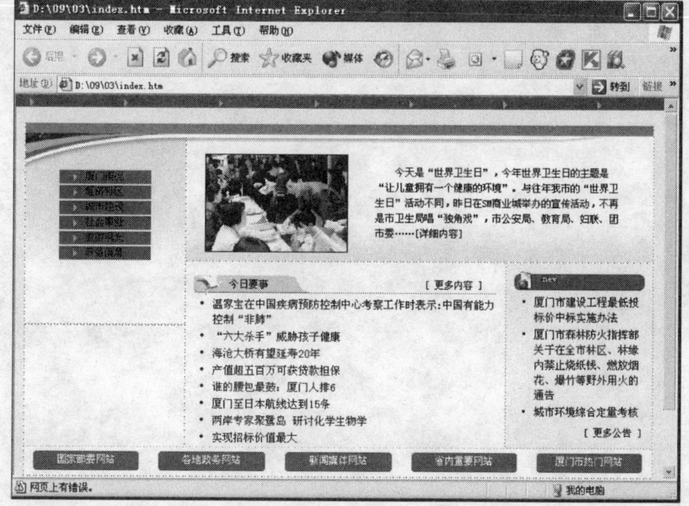

图 5-31　效果图

本章思考与练习

1．使用 CSS 样式设置链接文本默认状态为红色、无下划线，鼠标滑过状态为黑色，激活链接时为蓝色、有下划线，访问过后为绿色、有删除线。

2．创建一个外部样式表，将字体定义为粗体和斜体，36 号字，隶书。

3．设置当鼠标移动到链接文本上时变成等待样式（沙漏型鼠标样式）。

4．分别创建一个内部样式表和外部样式表，然后比较它们的基本格式和应用范围，并以一至两个实例进行套用。

第 6 章　页面布局、层、行为和时间轴的使用

网页布局是网页设计的一个重要组成部分，在布局模式中使用表格和布局单元格可以对网页进行排版，利用布局表格的嵌套可以设计复杂的版面，除此之外还可以使用层来布局版面。

6.1　版式

设计一个网页，先要规划好版式，常用的版式为分栏式结构，比如二分栏、三分栏、四分栏等，搜狐网就是一个三分栏结构，如图 6-1 所示。

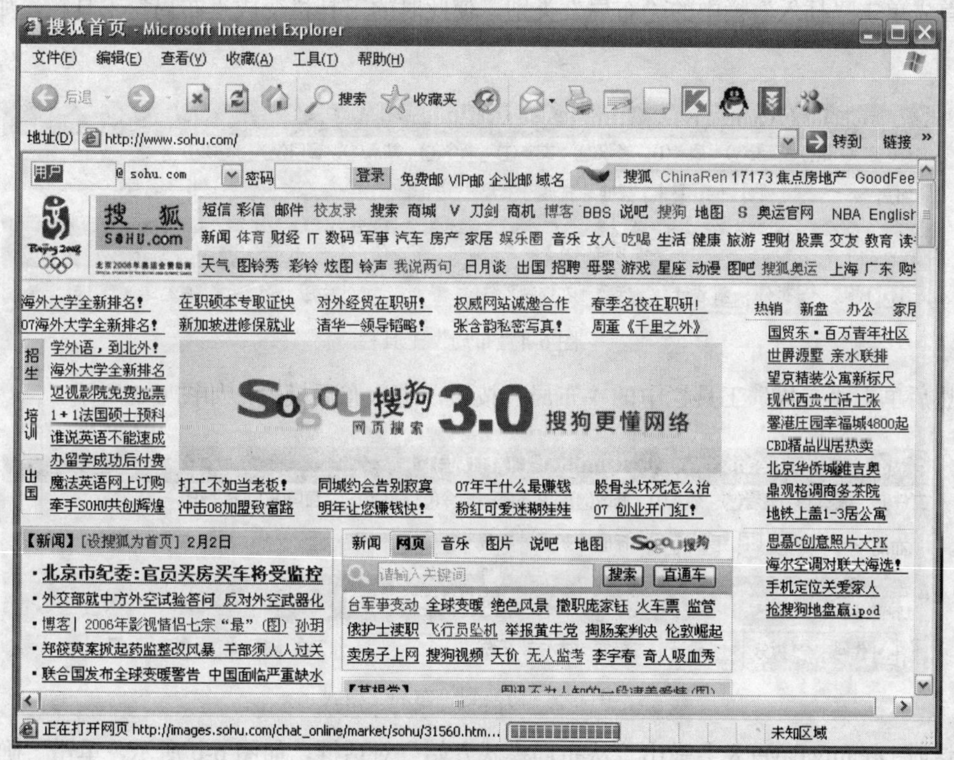

图 6-1　搜狐网版式

把搜狐网版式简化一下，如图 6-2 所示，这是一个典型三分栏结构，第一行分两列，左边单元格放置 Logo 图片。右边单元格放入导航菜单，由于栏目比较多，所以分成三行排放，第二行为网页的主题部分，分为三栏，左边一栏为特色栏目导航，右边两栏分别放置不同的网页内容，最下面一行放置版权信息。

湖北省精品课程《网页设计与制作》就是一个典型的二分栏结构，如图 6-3 所示，Dreamweaver 8 提供了丰富的布局模式，下面利用 Dreamweaver 8 提供的布局模式进行网页布局。

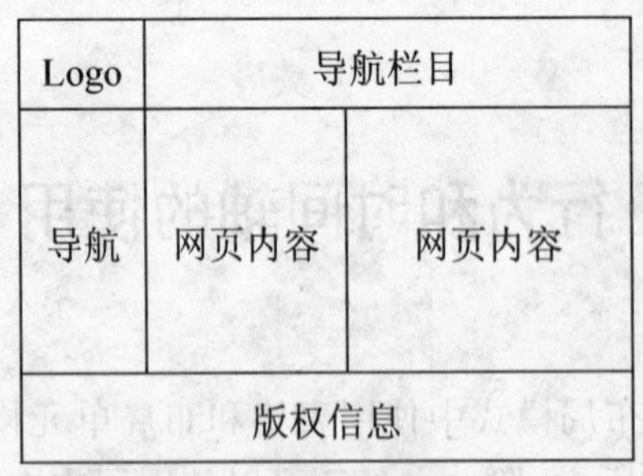

图 6-2 网易网三分栏版式结构

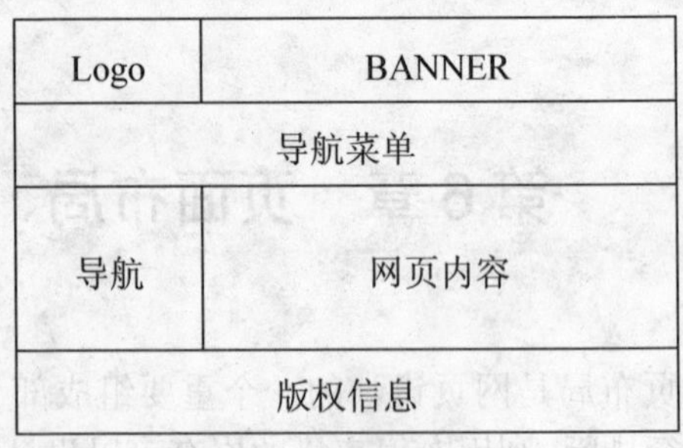

图 6-3 二分栏版式结构

6.2 布局

6.2.1 布局表格的绘制

首先单击“插入”栏中的“布局”类别，使此时的工具栏变成“布局”工具栏，如图 6-4 所示。

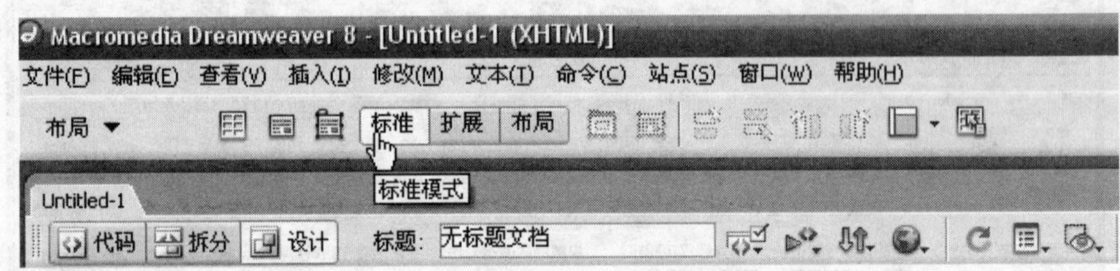

图 6-4“布局”工具栏

然后单击“布局”工具栏中的“布局”按钮，进入布局模式，如图 6-5 所示。

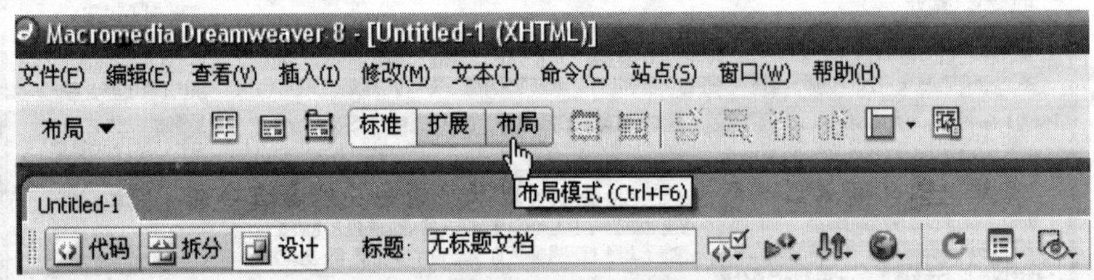

图 6-5 切换到“布局”模式

这时 Dreamweaver 8 会弹出“从布局模式开始”对话框，如图 6-6 所示，单击“确定”按钮就进入了布局模式。也可以选择“不要再显示此消息”复选框，让这个对话框在下次切换时不再出现。进入“布局”模式后，就可以在网页上布局单元格和表格了。

单击“布局表格”按钮，这时鼠标会变成十字形状，拖曳鼠标就能绘制一个布局表格了。通过拖动鼠标绘制布局表格的大小较难控制，可以通过查看状态栏中的信息了解所绘制布局表格的大小，如图 6-7 所示。

也可以在布局表格的“属性”面板中精确布局表格的宽和高，例如，可以把所绘制布局表格的“宽”修改为 750 像素，“高”修改为 120 像素，如图 6-8 所示。

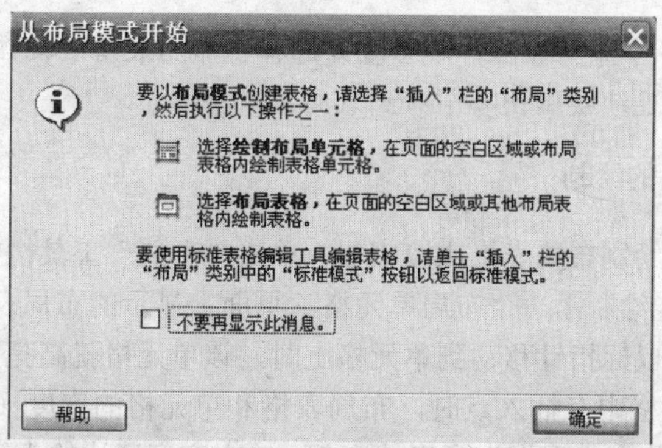

图 6-6　“从布局模式开始”对话框

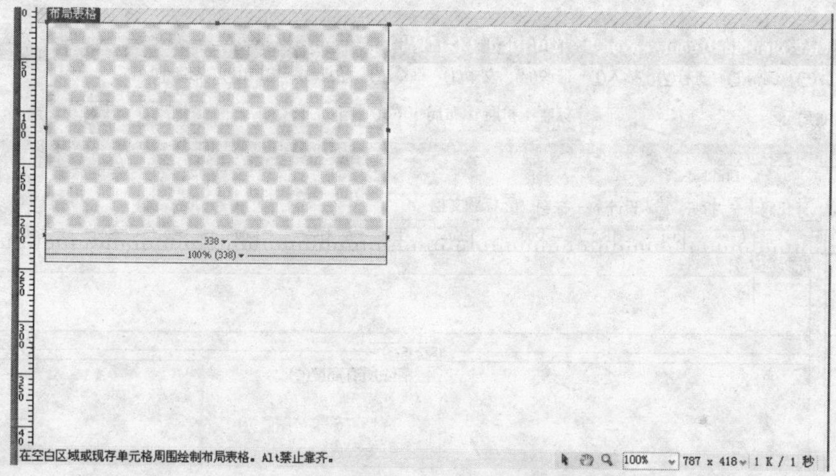

图 6-7　在状态栏中查看布局表格的大小

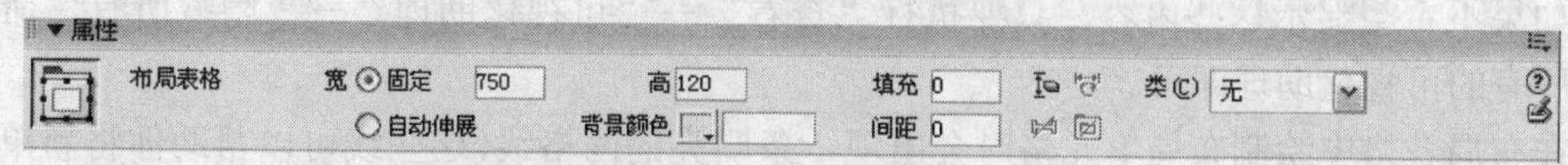

图 6-8　布局表格属性的设置

修改完后，布局表格的宽度就会调整为 750 像素，高调整为 120 像素，如图 6-9 所示。

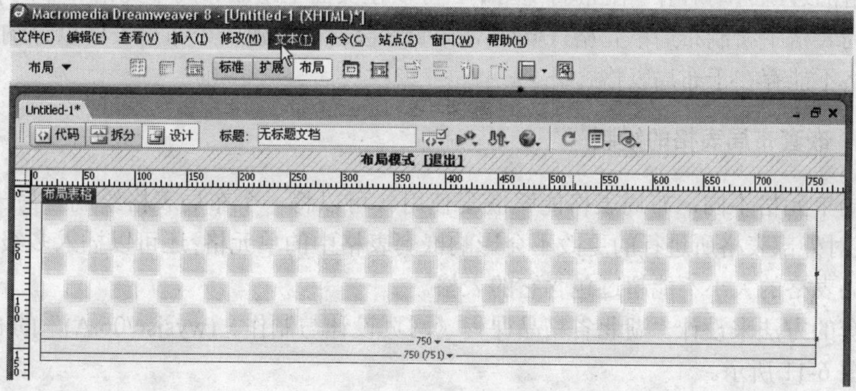

图 6-9　修改后的布局表格

注意：如果要绘制多个布局表格，不必重复选择“布局表格”按钮，只要在绘制布局表格时按住 Ctrl 键，便可以连续绘制出多个布局表格。

6.2.2　布局单元格的绘制

绘制布局单元格与绘制布局表格比较相似。单击“布局”工具栏中的“绘制布局单元格”按钮，拖动鼠标就能绘制出一个布局单元格。页面上显示的布局表格外框为绿色，而布局单元格外框为蓝色，当鼠标指针移动到单元格上时，该单元格就高亮显示。

当选定了表格或表格中有插入点时，布局表格和单元格的宽度（以像素为单位，或按占页宽度的百分比表示）将会出现在该表格的底部。单击宽度旁边的小箭头，可以显示与表格和列相关的一些常用操作命令，如图 6-10 所示。

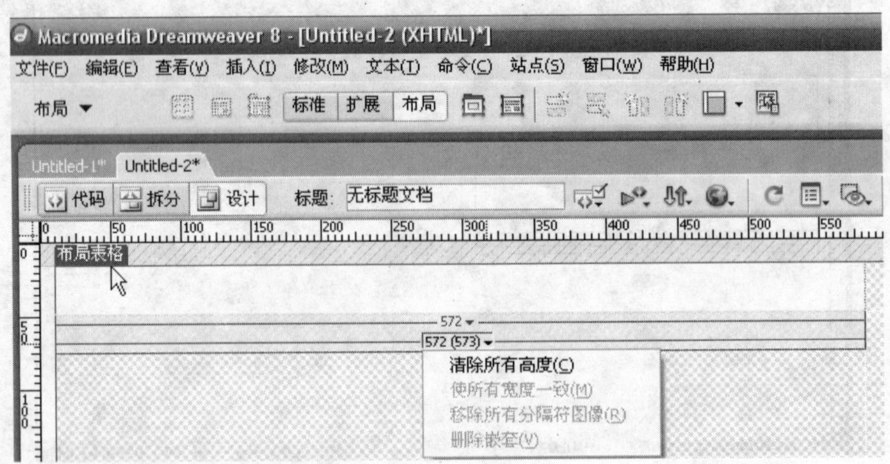

图 6-10　布局表格和布局单元格的可视化助理

如果不希望显示这些内容，只要执行“查看”→“可视化助理”→“隐藏所有”命令，关闭所有的可视化助理即可。

在布局表格中绘制布局单元格时会出现一条明亮的网格线，这些线可以帮助你将新单元格和以前的单元格对齐。Dreamweaver 8 会将新单元格的边缘与旁边现有单元格的边框自动靠齐（布局单元格不能重叠），如果绘制的单元格靠近包含它的布局表格的边缘，单元格的边缘也会与该表格的边缘自动对齐。在布局视图中，可以在页面上绘制布局单元格和布局表格。如果没有在布局表格中绘制布局单元格，Dreamweaver 8 会自动创建一个布局表格以容纳该单元格。布局单元格不能存在于布局表格之外。.

6.2.3　嵌套布局表格的绘制

与布局单元格不同，布局表格能够嵌套使用。可以将一个布局表格绘制在另一个布局表格中，而且对外部表格所进行的更改不会影响嵌套表格中的单元格；还可以插入多级嵌套表格，但嵌套布局表格的大小不能超过包含它的表格。

用嵌套的方法来设计“湖北省精品课程《网页设计与制作》(wysjsc/06.A)”的布局，最后的效果如图 6-11 所示。

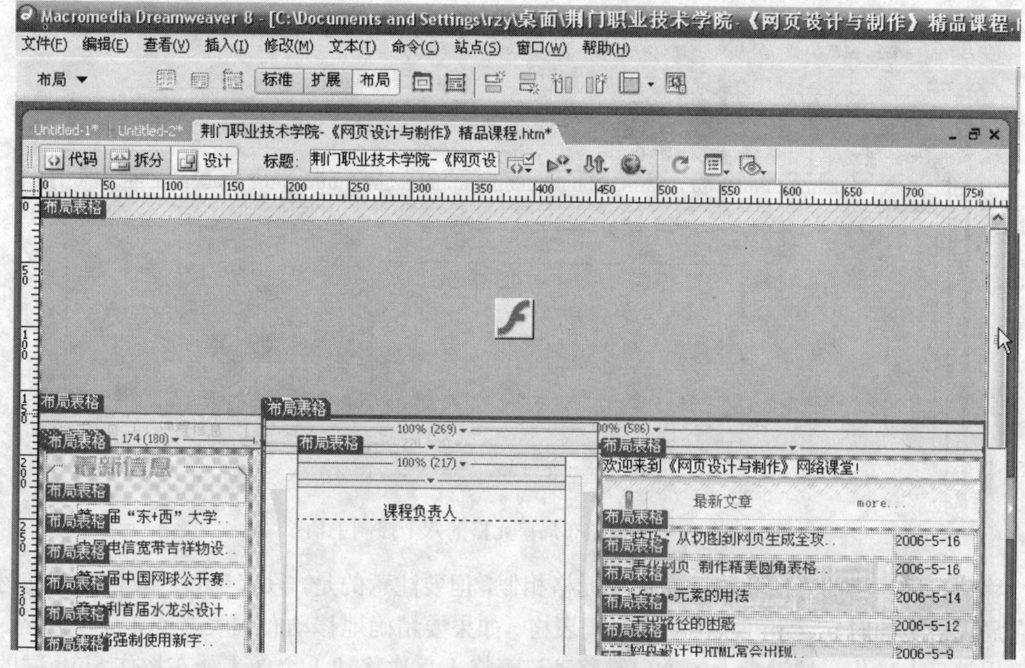

图 6-11　“湖北省精品课程《网页设计与制作》”的整体布局

为了达到这样的制作效果，可以把上面的布局分为六部分分别操作。

第一部分为第一行布局表格，放置一个图片，即本网页的主题“荆门职业技术学院精品课程申报《网页设计与制作》”的一个图片。

第二部分为第二行布局表格，用来放置导航栏目。

第三部分为第三行布局表格，用来分隔导航栏目和下面的网页内容。

第四部分为第四行布局表格，这部分比较复杂一些，要在一个大的布局表格中嵌套布局表格，分别用来放置课程负责人的信息资料、与网站有关信息、导航与右侧分栏的分隔以及放置右侧网页的内容等。

第五部分为第五行布局表格，用来放置“电子课件”链接。

第六部分为第六行布局单元格，用来放置版权信息。

6.2.4　布局单元格和表格的调整

为了调整网页的局部，我们需要对布局单元格和嵌套布局表格进行移动并调整它们的大小，但不能使它们重叠。

（1）移动布局单元格。选择要移动的布局单元格，可以单击该单元格的边缘，或者在按住 Ctrl 键的同时单击该单元格中的任何位置，选中后，则该单元格周围会出现选择控制手柄。然后将该单元格拖曳到另一个位置。

（2）调整布局单元格的大小。可以先选择单元格，然后拖动选择控制手柄来调整单元格的大小。在调整布局单元格时，可以任意选择布局单元格的八个控制手柄（如图 6-12 所示）分别做不同方向的调整，调整过程中单元格边缘会自动与其他单元格边缘靠齐，最外面的布局表格只能调整大小而不能移动。

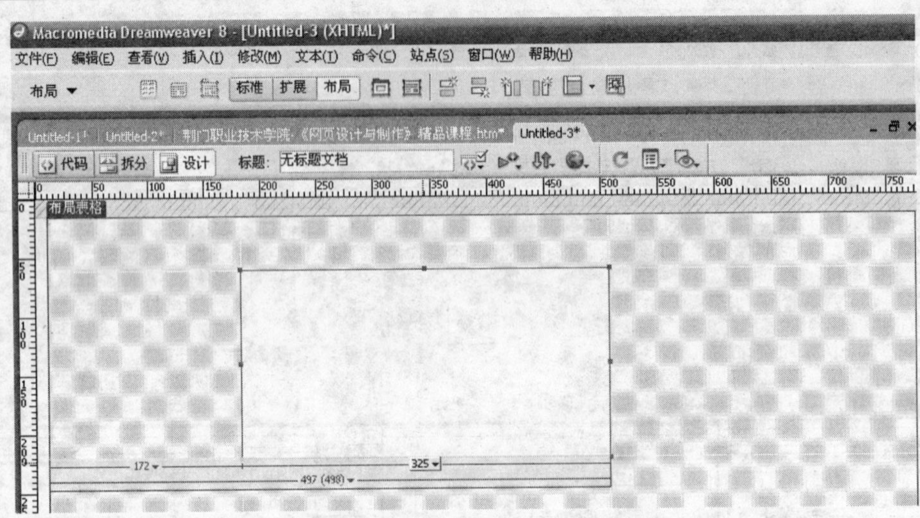

图 6-12　调整布局单元格的八个控制手柄

移动布局表格的方法和移动布局单元格相似，但要注意的是，只有当布局表格嵌套在另一个布局表格中的时候，才可以移动该布局表格。如果要精确地移动布局表格或布局单元格，还可以用键盘来操作。按键盘上的方向键移动该表格，每次移动 1 个像素。在按住 Shift 键的同时按方向键移动该表格，每次移动 10 个像素。在用鼠标进行操作时为了防止移动时边缘靠齐，可以在按住 Alt 键的同时调整或移动该布局表格或布局单元格。

6.3　利用层精确定位网页元素

如果读者觉得利用表格定位网页元素太难掌握，不妨尝试利用层，层的好处是可以放置在页面的任何位置。层是一种页面元素，可以包含文本、图像和其他的 HTML 文档，可以使页面上的元素进行重叠和复杂布局。把页面元素放入层中，可以控制哪个显示在前面，哪个显示在后面，哪个显示，哪个隐藏。配合时间轴的使用，可同时移动一个或多个层，轻松制作出动态效果。Dreamweaver 8 可以方便地在页面上创建层，并精确地定位层，可以对层进行选择、移动、调整大小和对齐等操作。层主要有如下功能：

（1）有了层以后可以将元素置于层中，因为层可以重叠，所以就可以产生许多重叠效果

（2）可以利用层来精确定位网页元素。它可以包含文本、图像甚至其他层，凡是 HTML 文件可包含的元素均可包含在层中。

（3）层还有非常特殊的功能，就是通过应用时间轴可以使其移动和变换。这样在层中放置一些图片或文本，就能够实现动画效果。

（4）层可以转换成表格，为不支持层的浏览器提供解决方法。

（5）层可以显示和隐藏，应用这一功能可以实现网页导航中的下拉菜单。

在 HTML 中，层的描述如下所示。

```
<div  id="layerl" style="position:absolute; left:162px; top:247px;
width:168px; height:94px; z.index:1"></div>
```

层一般放置在<div>标签中，但它也可以使用<span>标签，只是在跨浏览器的情况下<div>标签有更好的兼容性，虽然 IE 和 Netscape 都支持这两个标签。

图层就像含有文字或图形等元素的胶片，一张张按顺序叠放在一起，组合起来形成页面的最终效果。层是网页的一个区域，在一个网页中可以有多个图层同时存在，各图层可以重叠，还可以决定每个图层是否可见，同时也可以自定义图层之间的各种层次关系。掌握了图层技术之后，就可以给网页提供强大的页面控制能力。

6.3.1　层的创建

Dreamweaver 8 可以方便地在页面上创建层，并精确地定位层的位置。创建层有如下方法。

1．使用插入菜单

打开文档 wysjsc/06.01，将光标置于网页文件中，选择“插入”→“布局对象”→“层”命令，就可以在文档中插入层，如图 6-13 所示。

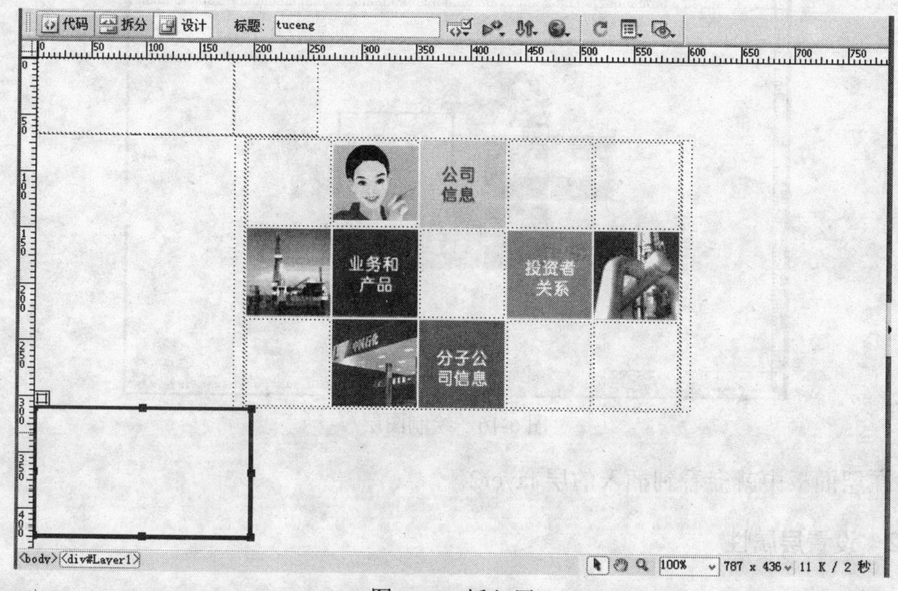

图 6-13　插入层

可以在网页中插入一个定义大小的层，默认状态下“宽”是 200px。“高”是 115px，它的大小是可以调整的。

选择“窗口”→“层”命令，打开“层”面板，在“层”面板中就会看到插入的 layer1，如图 6-14 所示。

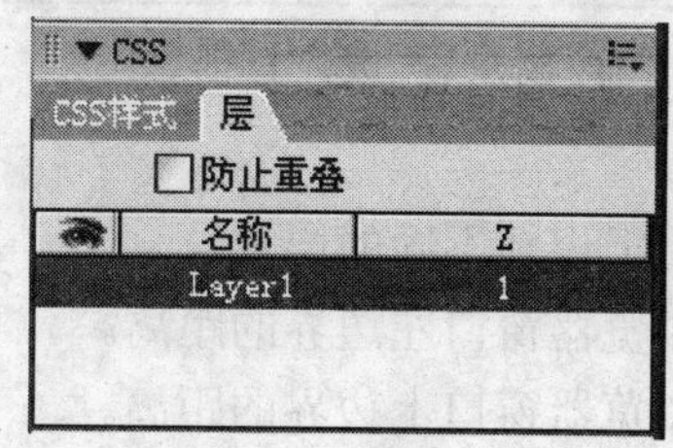

图 6-14　“层”面板

当勾选防止重叠选项后，可以在现有层的前面创建层，在现有层上移动层或调整层的大小，或者将某个层嵌套在现有的层中。

2. 使用插入栏

选择“布局”插入栏中的“绘制层”图标按钮，如图 6-15 所示。

图 6-15 绘制层

当鼠标在文档区域中变成十字指针后，按住鼠标左键拖动鼠标，出现一个矩形框，调整大小和位置后，松开鼠标，“层”就绘制好了，如图 6-16 所示。

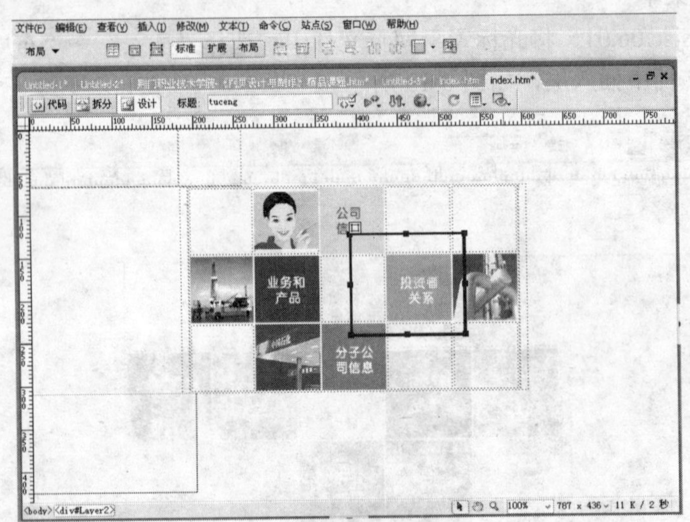

图 6-16 绘制图层

此时在层面板中就会看到插入的层 layer2。

6.3.2 设置层属性

选择一个层后，对应的属性面板如图 6-17 所示。

图 6-17 层属性面板

层属性面板主要有以下参数。

（1）层编号。层的名称，用于识别不同的层。

（2）左。层的左边界距离浏览器窗口左边界的距离。

（3）上。层的上边界距离浏览器窗口上边界的距离。

（4）宽。层的宽。

（5）高。层的高度。

（6）Z 轴。层的 Z 轴顺序。

（7）背景图像。层的背景图。

（8）可见性。层的显示状态，包括 default、inherit、visible 和 hidden 四个选项。

（9）背景颜色。层的背景颜色。

（10）剪辑。用来指定哪一部分是可见的，输出的数值是距离层四个边界的距离。

（11）溢出。如果层里面的文字太多或图像太大，层的大小不足以全部显示的时候，有以下选项。

1）visible 超出的部分照样显示。

2）hidden 超出的部分隐藏。

3）scroll 不管是否超出，都显示滚动条。

4）auto 有超出时才出现滚动条。

6.3.3　层的基本操作

利用层可以精确定位网页元素，下面将通过一个实例讲述如何选择层、设置层的背景颜色、改变层的可见性等基本操作。

（1）在网页文档中选中 layer1，在属性面板中将"左"、"上"、"宽"、"高"分别设置为 93px、150px、81px、158px，调整后如图 6-18 所示。

图 6-18　设置图层

选择层有如下方法：

1）单击文档窗口左上角的层标签来选定。

2）将光标置于层内，然后在文档窗口左下角的标签中选择<div>标签。

3）单击层的边框线。

4）单击层面板上的名称。

5）如果要选定两个以上的层，只要按住 Shift 键，然后逐个单击层手柄，就可以将多个层同时选定。

（2）单击选中 layer1，在属性面板中从“背景颜色”中选择相应的颜色，如图 6-19 所示。

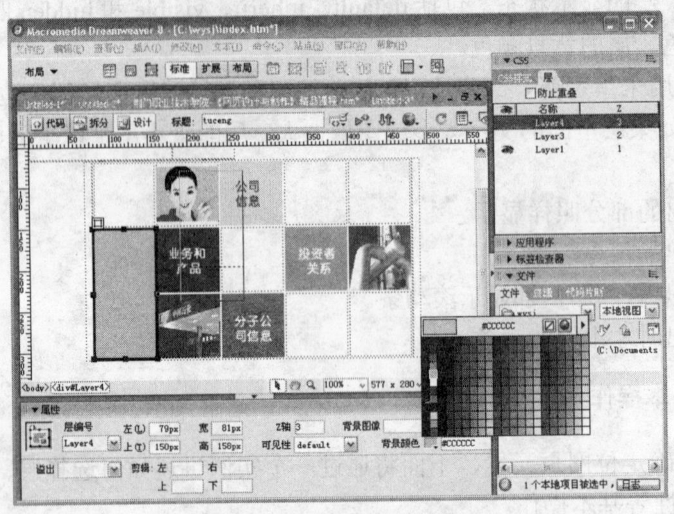

图 6-19　设置背景颜色

（3）在属性面板中“可见性”选择 hidden 选项，如图 6-20 所示。

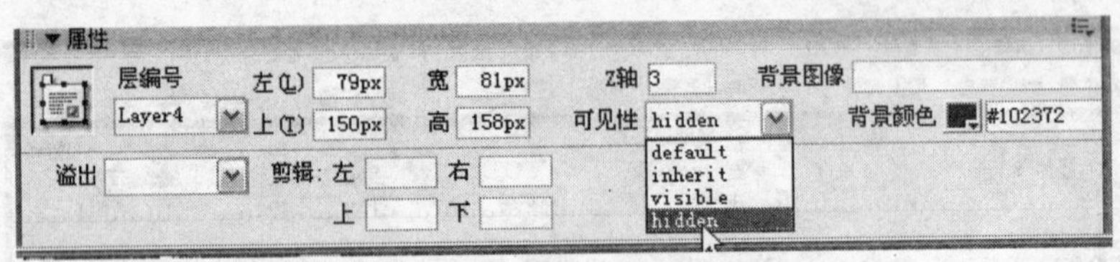

图 6-20　设置可见性

（4）选择“窗口”→“层”命令，打开层面板，在层 layer1 前面双击，出现图标，如图 6-21 所示。表示隐藏层，表示显示层，在眼睛的下方单击一次可以隐藏该图层。

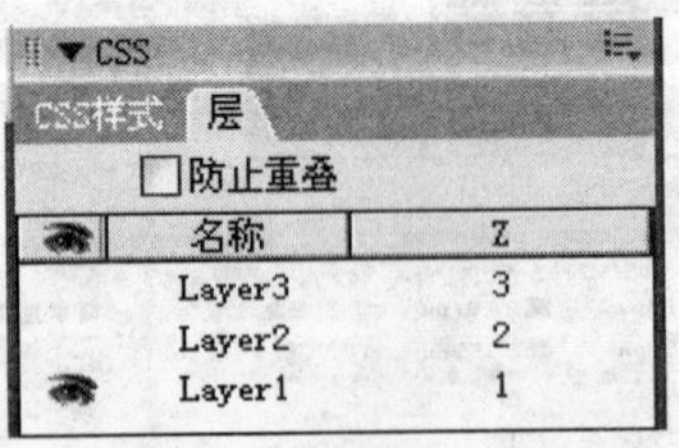

图 6-21　层面板

6.3.4　应用层排版

虽然通过层定位网页元素比表格方便很多，但由于受到浏览器版本的限制，不是所有的浏览器都支持层，只有 IE 4.0 以上的版本才能支持，Dreamweaver 8 提供了层和表格相互转换功能，可以最大程度方便网页设计，同时兼顾低版本浏览器的访问者。

1．将层转换为表格

一般先使用层将元素精确定位，然后再将层转换为表格，具体操作如下。

（1）在网页文档中单击选中 layer1，选择“修改”→“转换”→“层到表格”命令，弹出“转换层为表格”对话框，如图 6-22 所示。

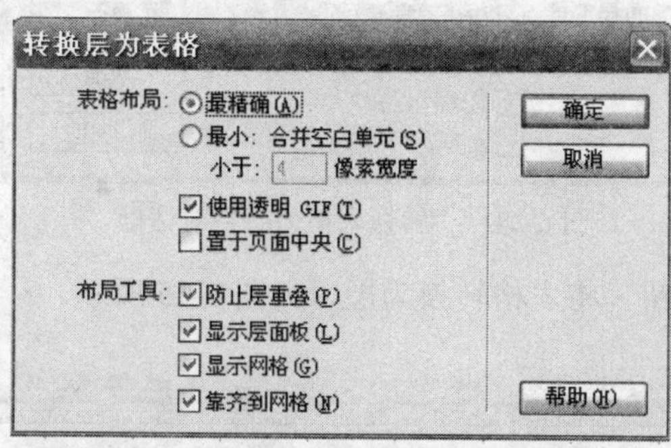

图 6-22　“转换层为表格”对话框

“转换层为表格”对话框主要有以下参数。

1）最精确。以精确的方式转换，为每一层建立一个单元格，并且开始创建所有附加单元格，以保证各单元格之间的距离。

2）最小。以最小的方式转换，去掉宽度和高度小于指定像素数目的空单元格。

3）使用透明 GIF。用来定义是否使用透明 GIF 图像。

4）置于页面中央。选择该项，转换的表格将在页面的中央居中对齐，否则将左对齐。

5）防止层重叠。该选项一般要选择，如果有层发生重叠，将无法进行转换工作。

6）显示层面板、显示网格、靠齐到网格这三个选项可根据需要勾选。

（2）单击“确定”按钮，层转换为表格后的效果如图 6-23 所示。

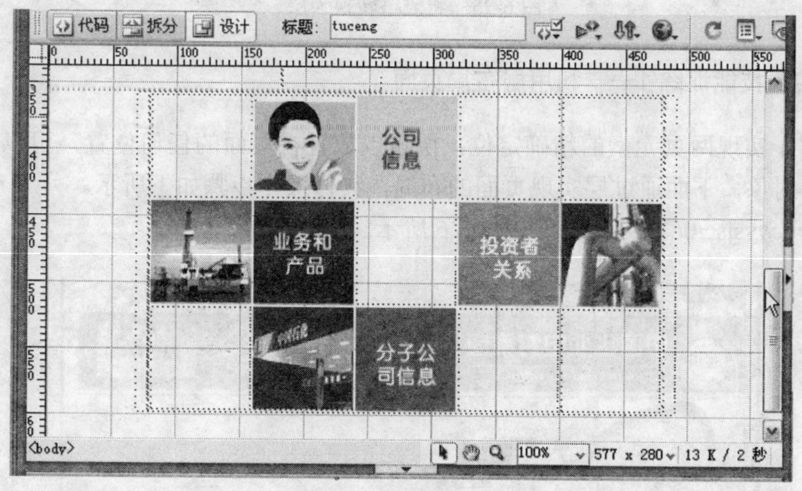

图 6-23　层转换为表格

2. 将表格转换为层

如果要改变网页中各元素的布局，使表格灵活性受到一定的限制，最灵活的方法就是将元素置于层内，然后通过移动层来灵活改变网页的布局，这可能就需要将表格转换为层，具体步骤如下所示。

（1）在上例的基础上，选中转换后的表格，选择“修改”→“转换”→“表格到层”命令，弹出“转换表格为层”对话框，如图 6-24 所示。

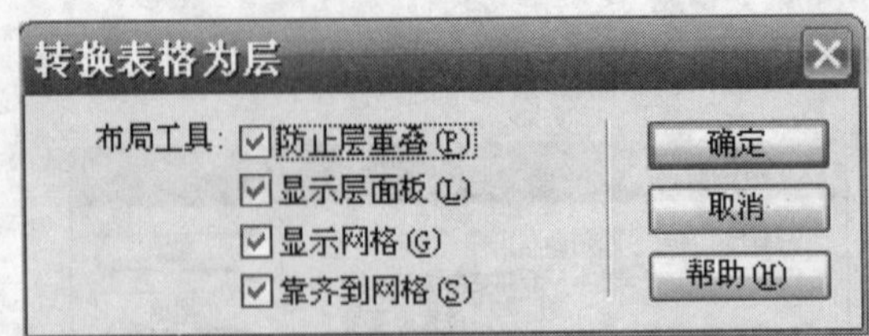

图 6-24 “转换表格为层”对话框

（2）单击“确定”按钮，将表格转换为层，如图 6-25 所示。

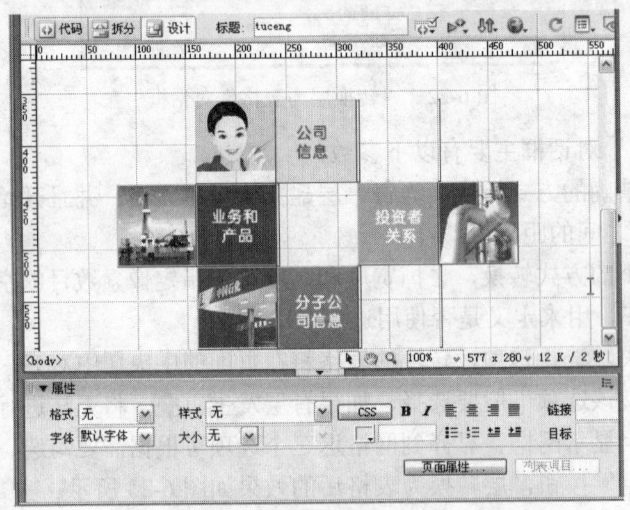

图 6-25 将表格转换为层

6.3.5 实践技能训练 1——利用层布局页面

层经常用于实现网页元素的精确定位，层可以放置在页面的任何位置，可以在层里放置文本、图像等对象，下面通过层实现页面的布局，具体操作步骤如下所示。

（1）打开 wysjsc/06.02 文档，如图 6-26 所示。

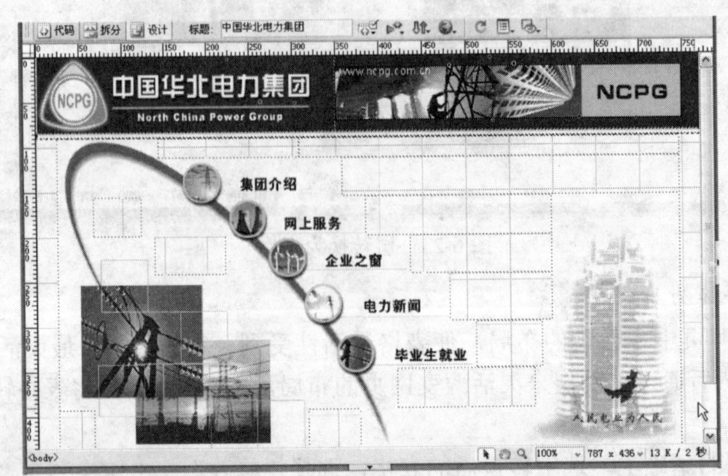

图 6-26 打开网页

（2）将光标置于页面中，选择“插入”→“布局对象”→“层”命令，即可在网页中插入层，如图 6-27 所示。

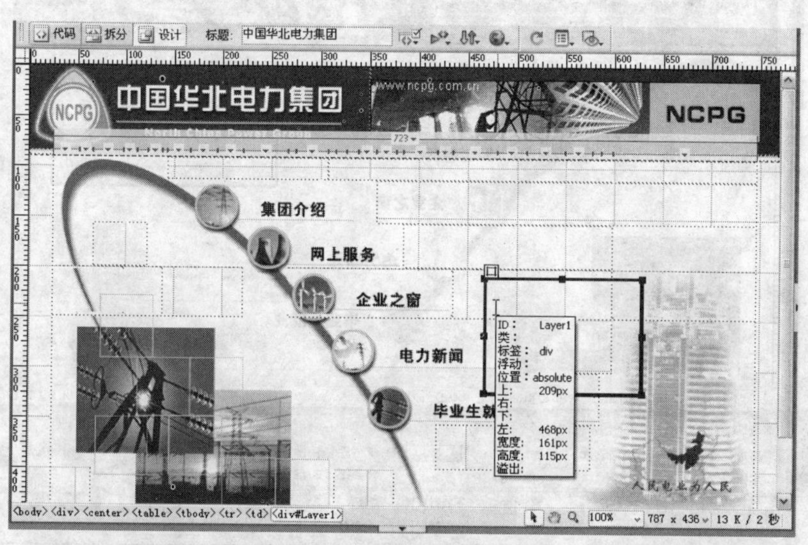

图 6-27　插入层

（3）单击选中 layer1，在层面板属性中具体设置如下：“左”、“上”、“宽”、“高”分别设置为 478px、102px、217px、115px，调整后如图 6-28 所示。

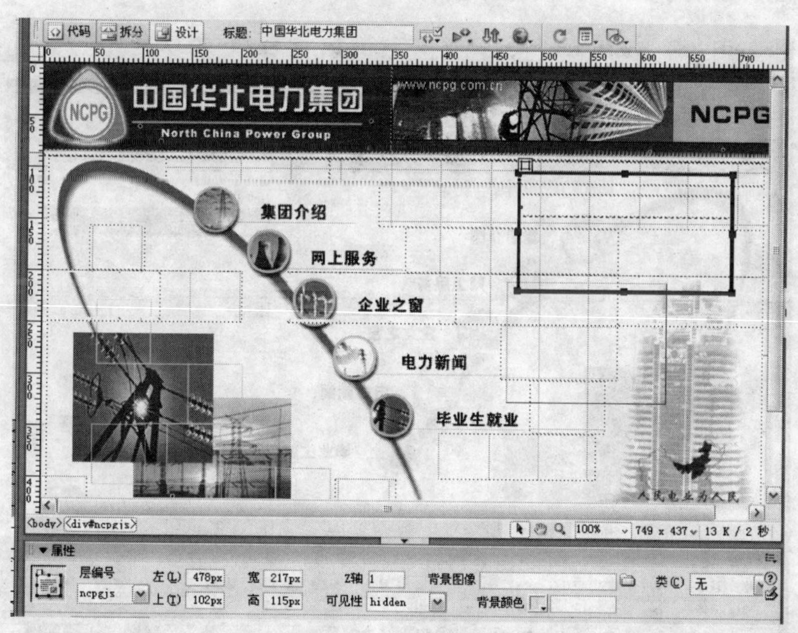

图 6-28　设置各参数

（4）将光标置于层 layer1，选择“插入”→“表格”命令，弹出“表格”对话框，在对话框中将“行数”设置为 1，“列数”设置为 1，“表格宽度”设置为 90%，“边框粗细”设置为 0，“单元格边距”设置为 0，“单元格间距”设置为 0，单击“确定”按钮，在属性面板中将“对齐”设置为“居中对齐”，如图 6-29 所示。

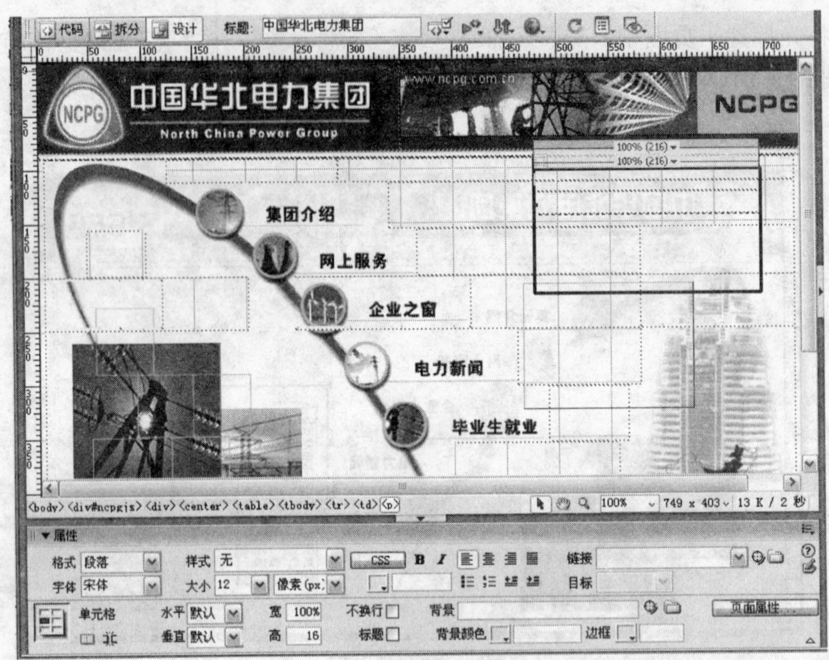

图 6-29 插入表格

（5）在表格中输入相应的文字，在属性面板中将“样式”设置为 style1，“大小”设置为 12 像素，如图 6-30 所示。

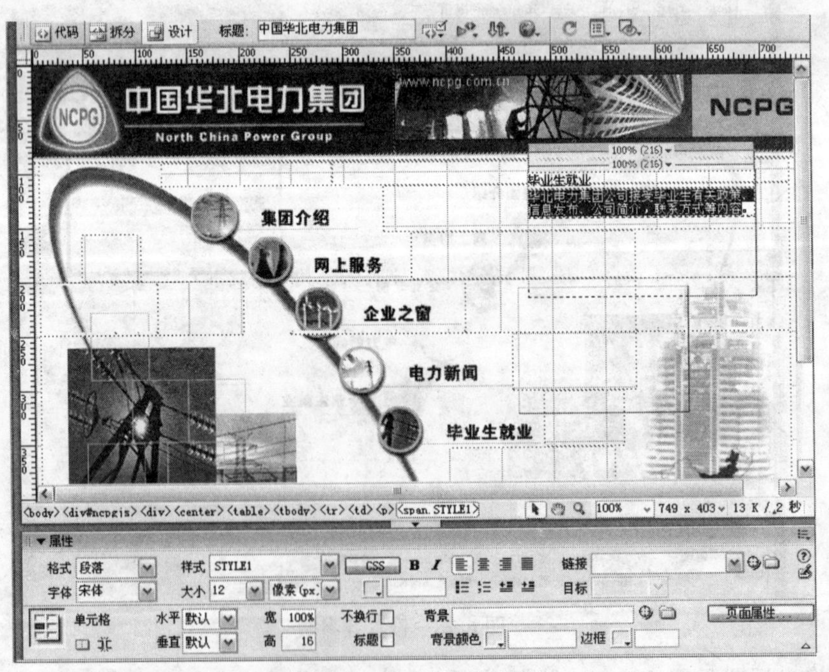

图 6-30 输入相应的文字

（6）选择“集团介绍”图像，在属性面板中选择“矩形热点”工具，在文字“集团介绍”上面绘制热点，然后在“链接”文本框中输入 layer1，如图 6-31 所示。

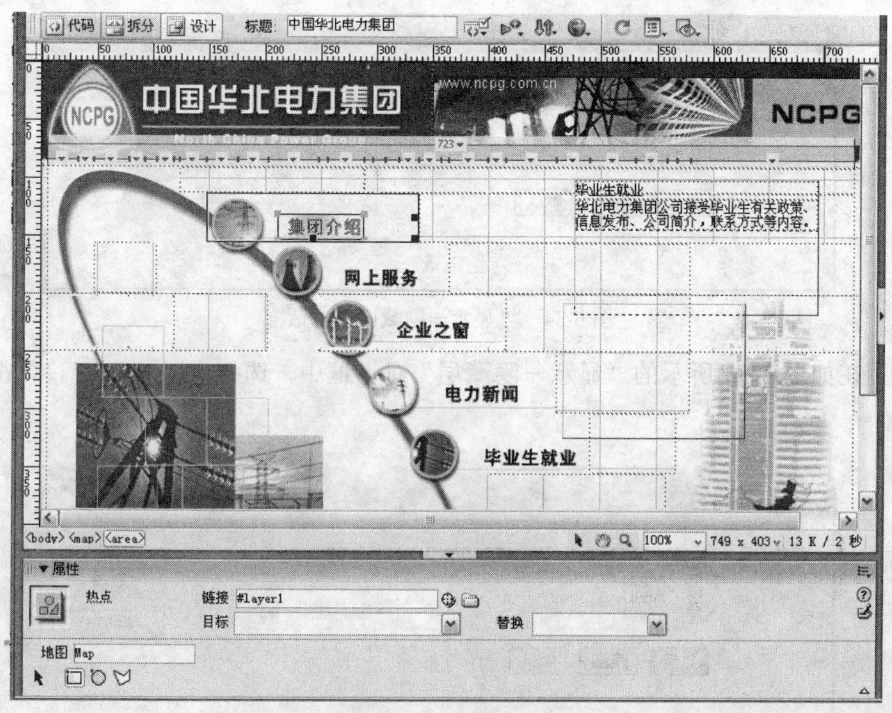

图 6-31　创建超链接

（7）选择“窗口”→“行为”命令，打开行为面板，如图 6-32 所示。

（8）在“行为”面板中单击“添加”按钮图标+，在弹出的菜单中选择“显示－隐藏层”如图 6-33 所示，弹出如图 6-34 所示的“显示－隐藏层”对话框。

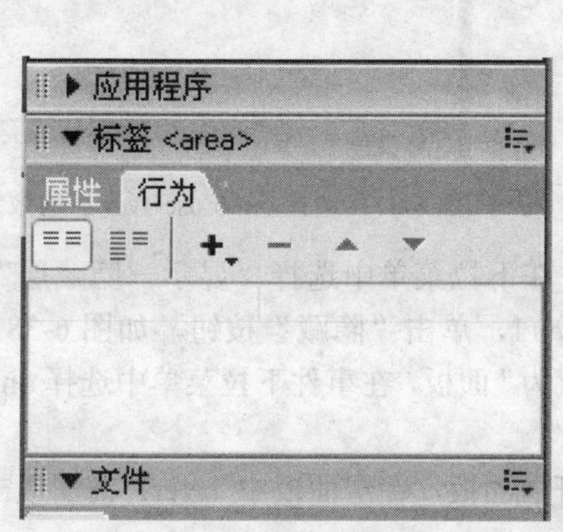

图 6-32　行为面板

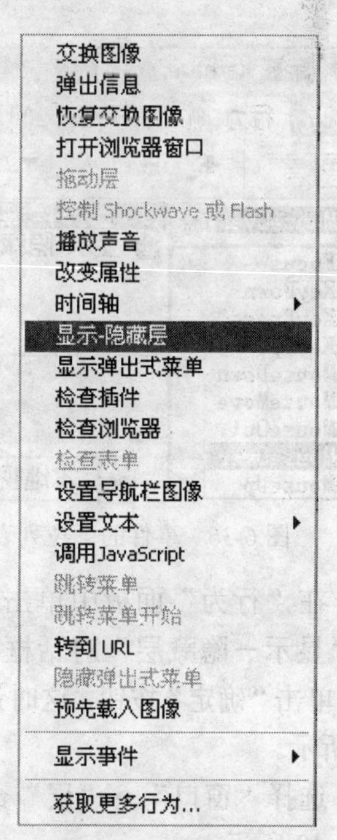

图 6-33　弹出菜单

图 6-34 “显示－隐藏层”对话框

（9）在如图 6-35 所示的“显示－隐藏层”对话框中，选择“层 layer1”，单击“显示”按钮。

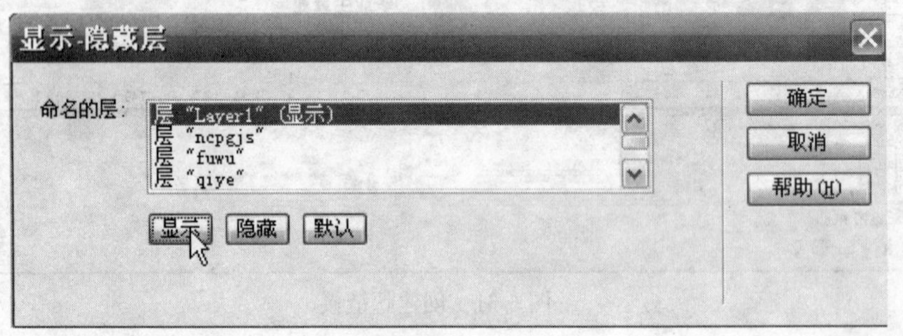

图 6-35 选择“显示”

（10）单击“确定”按钮，这时返回到“行为”面板，单击 onFocus 选择旁边的按钮，出现如图 6-36 所示的下拉列表，选择 onMouseOver 后的“行为”面板如图 6-37 所示。

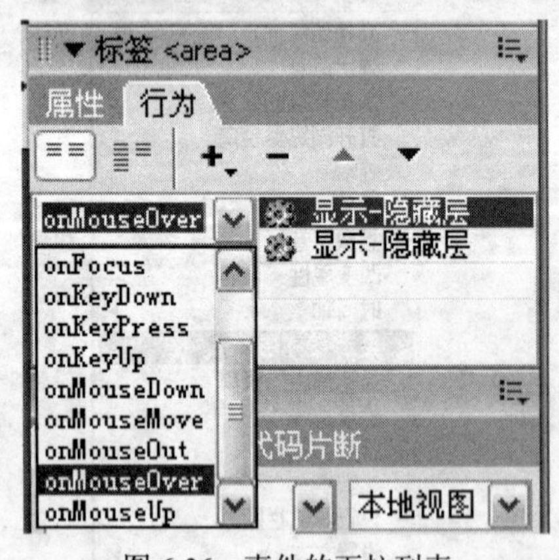

图 6-36 事件的下拉列表

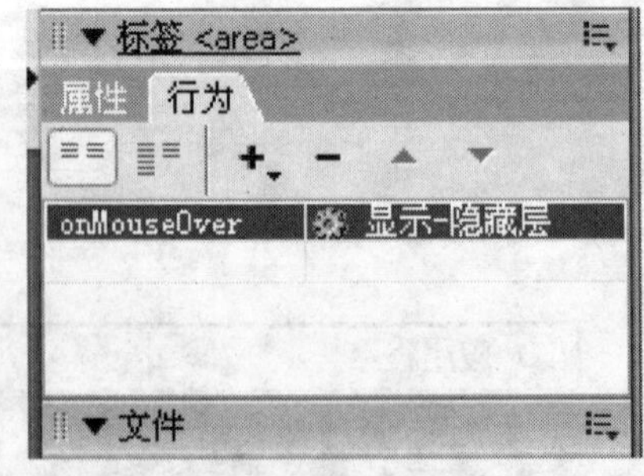

图 6-37 选择 onMouseOver 后的效果

（11）在“行为”面板中单击图标，在下拉菜单中选择“显示－隐藏层”选项，这时会弹出“显示－隐藏层”对话框，选择 layer1，单击“隐藏”按钮，如图 6-38 所示。

（12）单击“确定”按钮，这时返回到“行为”面板，在事件下拉菜单中选择 onMouseOut，如图 6-39 所示。

（13）选择“窗口”→“层”命令，打开层面板，在层面板中 layer1 前面双击出现图标，如图 6-40 所示。

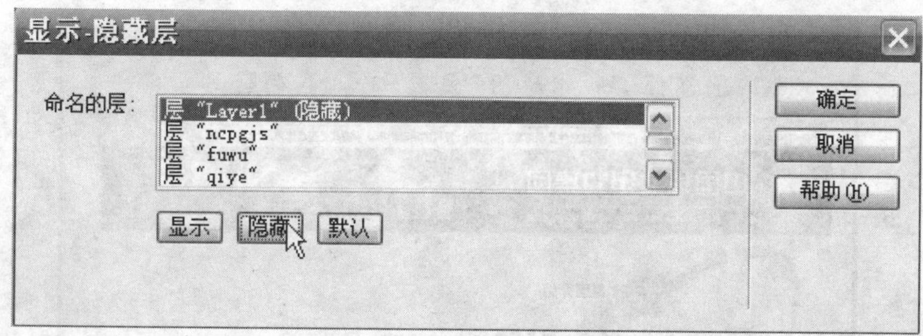

图 6-38　选择“隐藏”

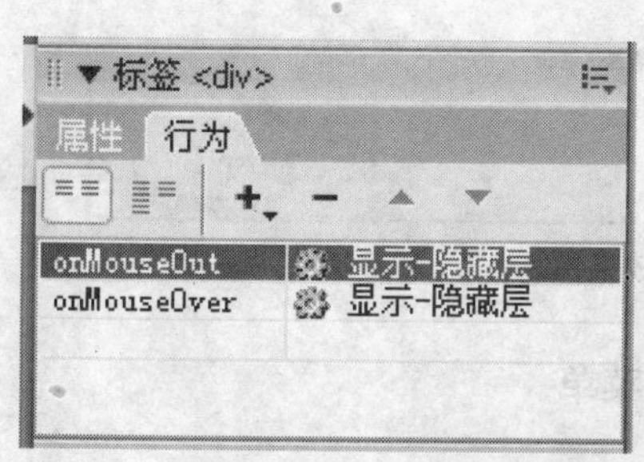

图 6-39　选择 onMouseOut 后的效果

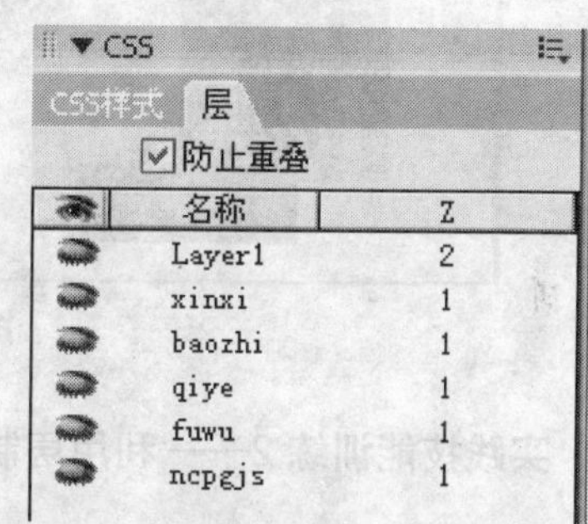

图 6-40　层面板

（14）用同样的方法再插入四个图层，图层的大小和位置同层 layer1 设置一样，并输入相应的文字说明。然后在相应的图像上绘制热点，并选择相应的行为，如图 6-41 所示。

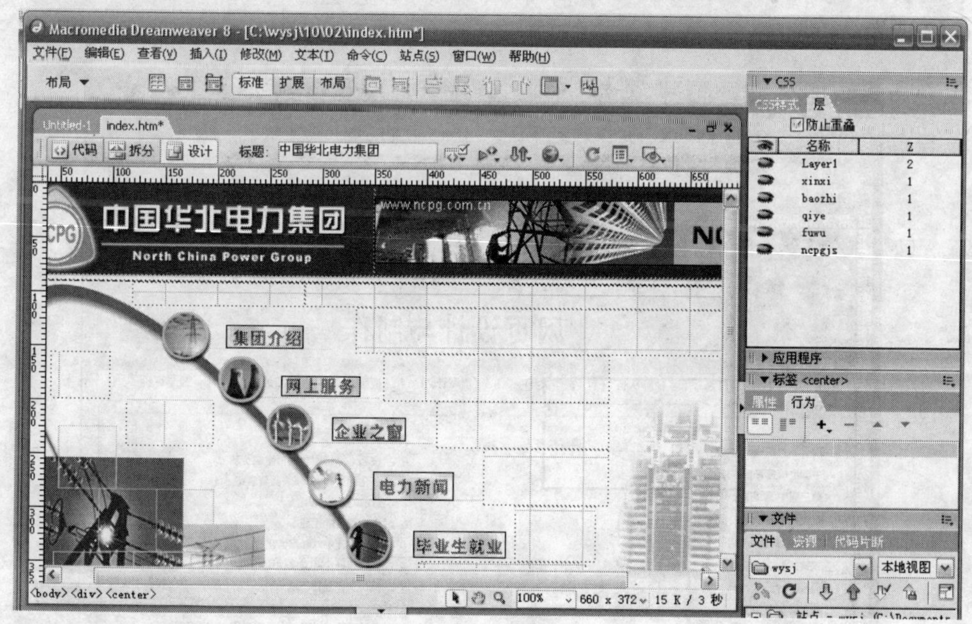

图 6-41　设置图层

（15）按 F12 键可以看到浏览器中的效果，如图 6-42 所示。

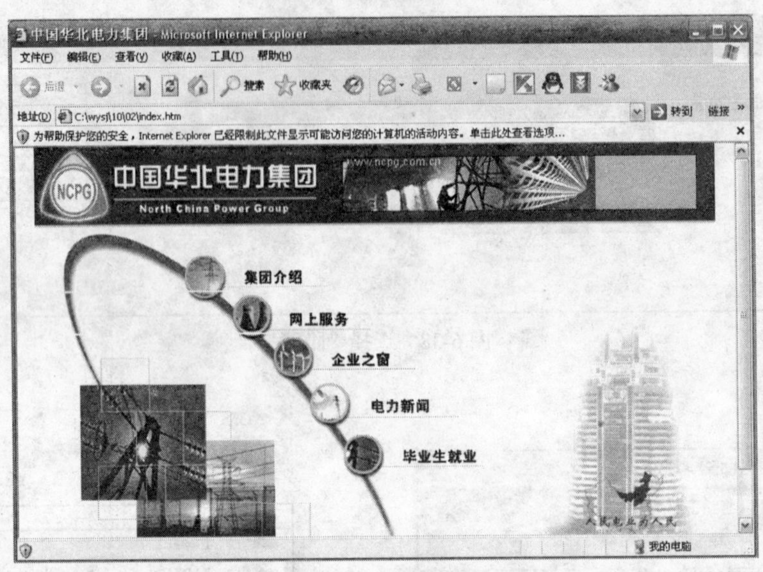

图 6-42 效果图

6.3.6 实践技能训练 2——利用层制作下拉菜单

下拉菜单是网页中最常见效果之一，下拉菜单不仅节省了网页排版的空间，使网页布局简洁有序，而且一个新颖美观的下拉菜单为网页增色不少，Dreamweaver 8 提供了制作下拉菜单最常用的工具，方法简单，可以最大限度地随心打造菜单样式。下拉菜单制作的具体过程如下。

（1）打开 wysjsc/06.A 文档，选择“插入”→“布局对象”→“层”命令，插入层 layer1，如图 6-43 所示。

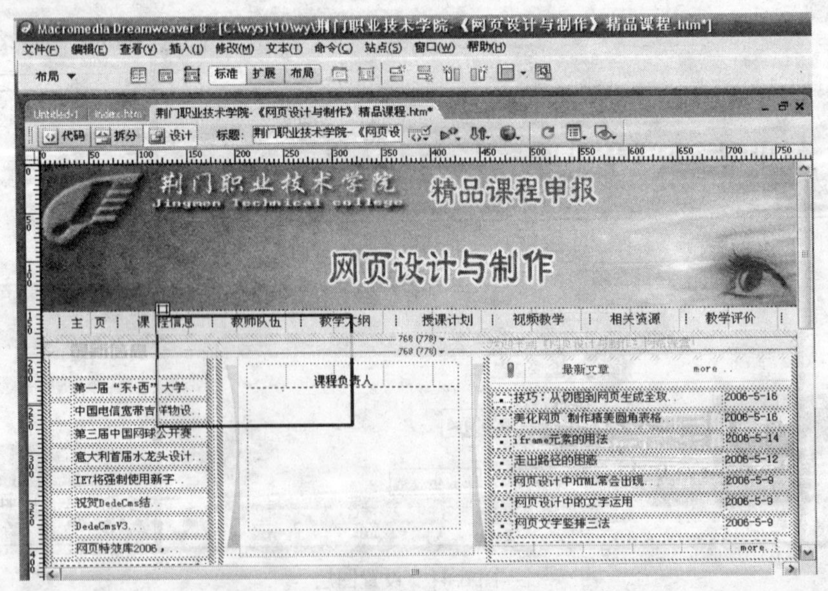

图 6-43 插入层

（2）选中层 layer1，在属性面板中设置各参数，在“左”、“上”、“宽”、“高”的文本框中输入 100px、171px、50px、51px，背景颜色为“#00FFFF”，如图 6-44 所示。

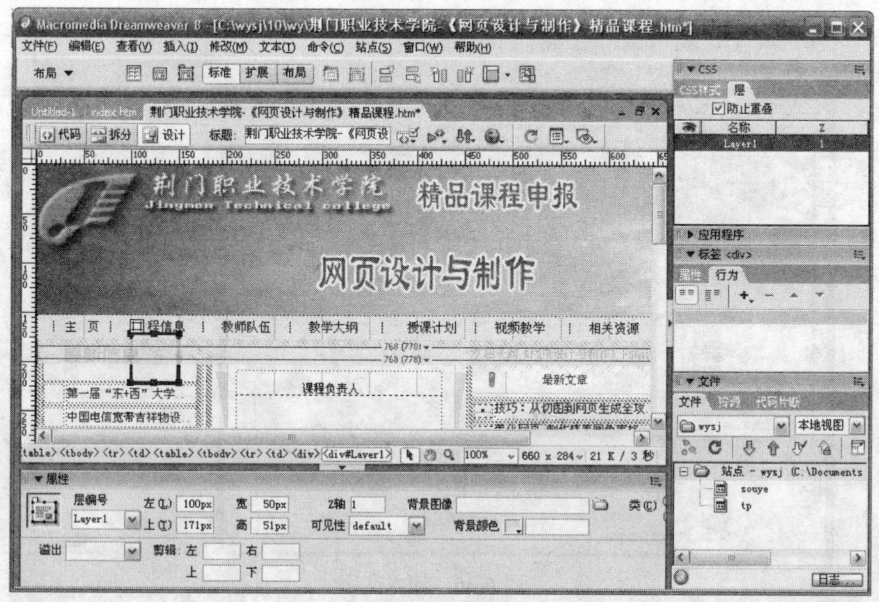

图 6-44　设置属性

（3）选择“插入”→“表格”命令，在弹出的“表格”对话框中将“行数”设置为 5，“列数”设置为 1，表格的“间距”和“填充”设置为 2，并把“对齐”设置为“居中对齐”，如图 6-45 所示。

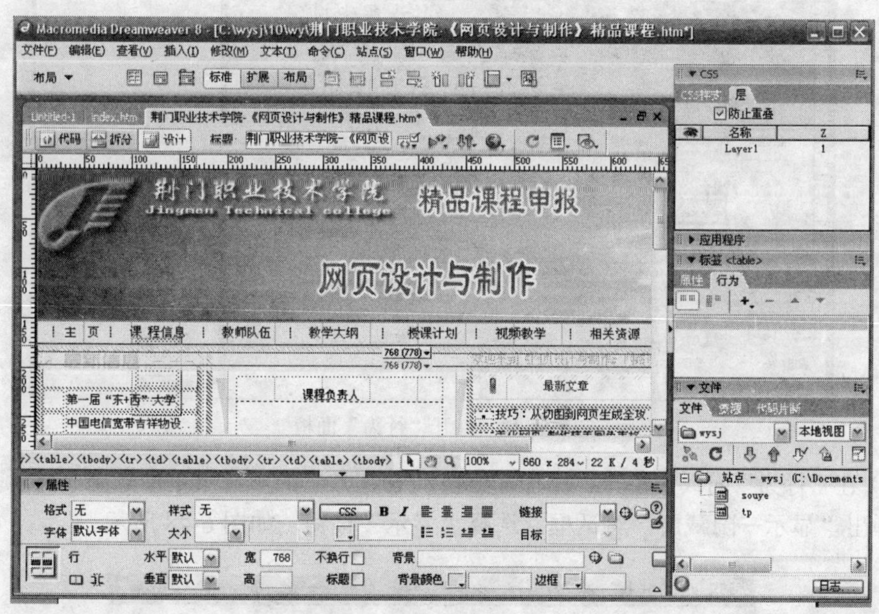

图 6-45　插入表格

（4）在单元格中分别输入相应的导航文字，在属性面板中将“样式”设置为 style2，“大小”设置为 9，如图 6-46 所示。

（5）按住 Ctrl 键，单击图像“课程信息”，然后选择“窗口”→“行为”命令，打开“行为”面板，如图 6-47 所示。

图 6-46 输入文字

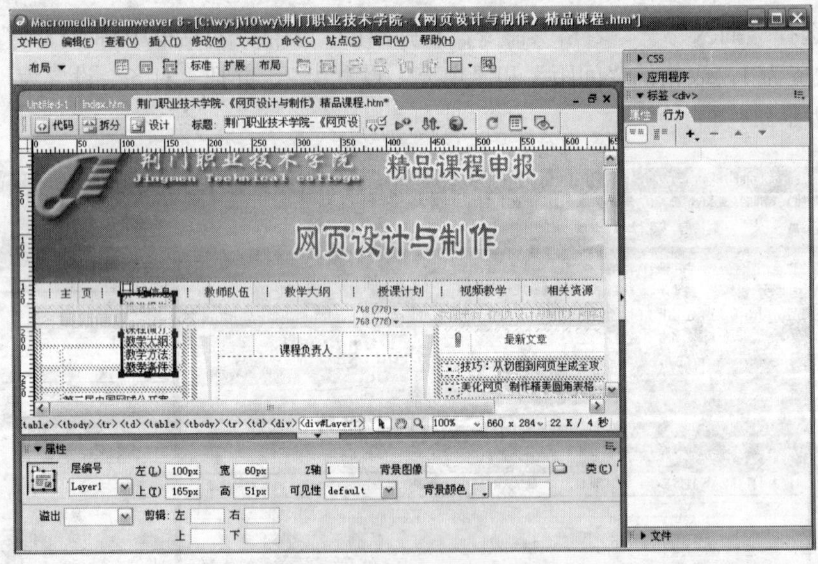

图 6-47 打开“行为”面板

（6）在“行为”面板中单击“添加”按钮+，在弹出的下拉菜单中选择“显示－隐藏层”选项，弹出“显示－隐藏层”对话框。选择“显示”按钮，如图 6-48 所示。

图 6-48 在“显示－隐藏层”对话框中选择“显示”按钮

（7）单击“确定”按钮返回到“行为”面板，在事件的下拉菜单中选择 onMouseOver 选项，如图 6-49 所示。

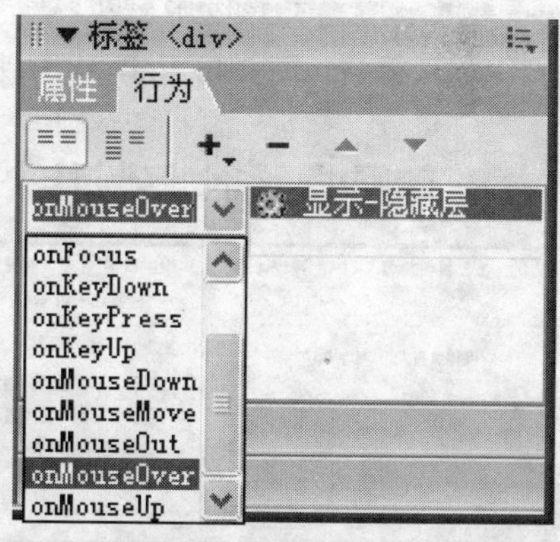

图 6-49　选择行为

（8）在“行为”面板中单击“添加”按钮+，在弹出的下拉菜单中选择“显示－隐藏层”选项，弹出的“显示－隐藏层”对话框，选择层 layer1，单击“隐藏”按钮如图 6-50 所示。

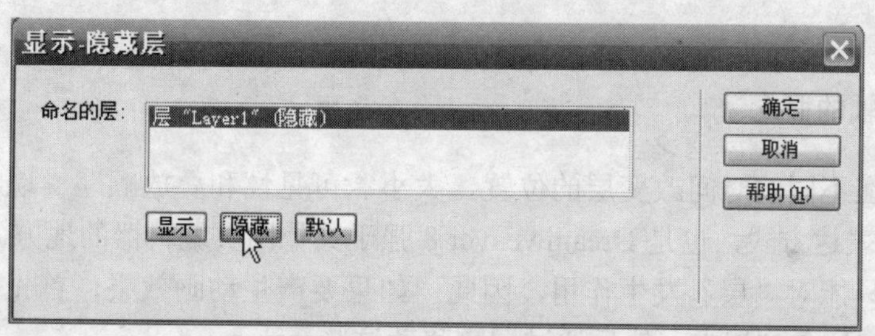

图 6-50　选择“隐藏”按钮

（9）单击“确定”按钮，返回到“行为”面板，在事件的下拉菜单中选择 onMouseOut，如图 6-51 所示。

（10）选择“窗口”→“层”命令，打开“层”面板，在层面板中的 layer1 前面双击出现图标，如图 6-52 所示。

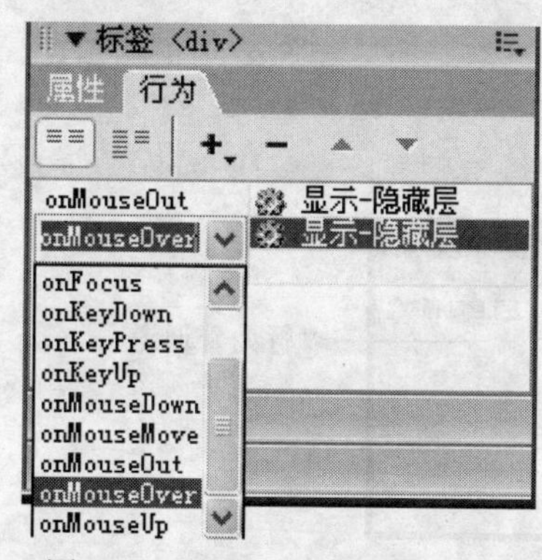

图 6-51　选择 onMouseOut 事件

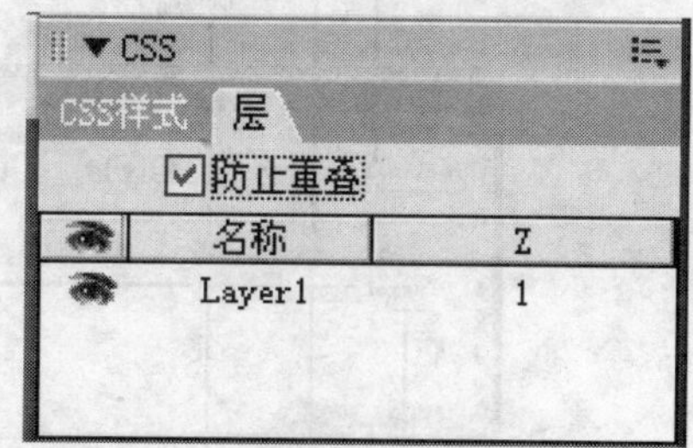

图 6-52　“层”面板

（11）按 F12 键可以看到浏览器中的效果，如图 6-53 所示。

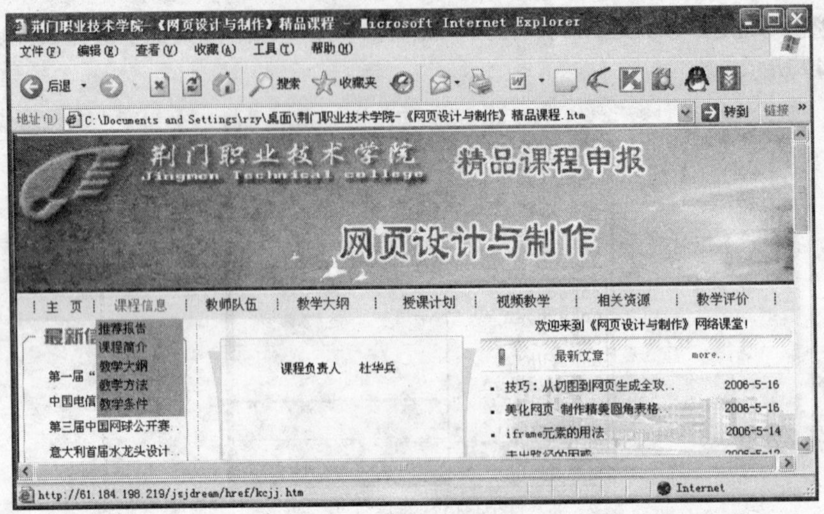

图 6-53 下拉菜单的效果

6.4 时间轴的应用

6.4.1 时间轴的概念

时间轴通过在不同的时间改变层的位置、大小、可见性和叠放顺序实现动画效果。这就是动态 HTML 的表达方式，也是 Dreamweaver 8 强于其他网页编辑器的地方。

“时间轴”只能对“层”发生作用，因此，如果要产生动画效果，首先要创建层，再将图像、文本等内容插入到层中，然后通过层来移动这些元素。

在 Dreamweaver 8 中提供了时间轴的功能，它是将动态的 DHTM 功能转换为类似动画编辑的时间轴概念，可以非常方便地设定对象在页面中的运动。

1. “时间轴”面板

“时间轴”描述了层和图像属性随时间变化的情况。使用 Alt+F9 快捷键或选择“窗口”→“时间轴”，就可以打开“时间轴”面板，如图 6-54 所示。

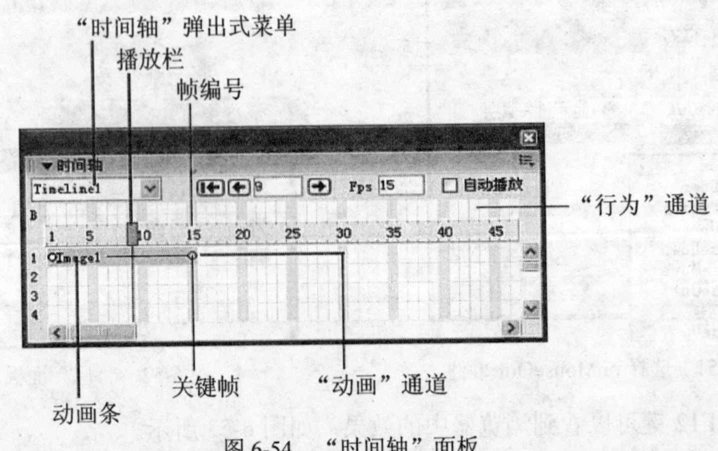

图 6-54 “时间轴”面板

在时间轴面板中：

（1）“时间轴”弹出式菜单：指定当前在“时间轴”面板中显示文档的哪些时间轴。

（2）播放栏。显示当前在“文档”窗口中显示时间轴的哪一帧。

（3）帧编号。指示帧的序号。“后退”和“播放”按钮之间的数字是当前帧编号。您可以通过设置帧的总数和每秒帧数（fps）来控制动画的持续时间。每秒 15 帧这一默认设置是比较适当的平均速率，可用于 Windows 和 Macintosh 系统上运行的大多数浏览器。

在这里特别要注意：较快的速率可能不会提高性能。浏览器始终会播放动画的每一帧，即使它们无法达到指定的帧速率。如果帧速率超过浏览器可以支持的速率，则将被忽略。

（4）上下文菜单。包含各种与时间轴相关的命令。

（5）“行为”通道。应该在时间轴中特定帧处执行的行为通道。

（6）动画条。显示每个对象动画的持续时间。一行可以包含表示不同对象的多个条。不同的条无法控制同一帧中的同一对象。

（7）关键帧。动画条中已经为对象指定属性（如位置）的帧。Dreamweaver 8 会计算关键帧之间帧的中间值。小圆标记表示关键帧。

（8）“动画”通道。显示用于制作层和图像动画的条。

下面是用于查看动画播放的选项，如图 6-55 所示。

图 6-55　查看动画播放的选项

时间轴犹如一个舞台，不同时间、不同演员共同组成一个完整的演出。通过前面的讲解可以发现，利用时间轴技术，可以轻松制作最简单的位移动画，在行为的辅助下，可以制作多个时间轴交互，甚至相互影响的动画。

1）Timeline1。时间轴选择框，如果你在网页中使用了多个时间轴，就可以在选择框中进行选择，并可以在动画中进行自动切换。

2）。后退至起点：将播放栏移至时间轴中的第一帧。

3）。后退：将播放栏向左移动一帧。单击“后退”并按住鼠标可向后播放时间轴。

1 。当前帧序号。

4）播放。将播放栏向右移动一帧。单击“播放”并按住鼠标可向前播放时间轴。

5）自动播放。使时间轴于当前页在浏览器中加载时自动播放。“自动播放”将一个行为附加到页的 body 标签，该行为在页加载时执行“播放时间轴”操作。

6）循环。使当前时间轴网页在浏览器中打开时无限地循环。“循环”在动画的最后一帧之后将“转到时间轴帧”行为插入到“行为”通道中。在“行为”通道中双击该行为的标记可编辑此行为的参数并更改循环的次数。

2. 创建时间轴动画

最常见的时间轴动画都涉及到沿着一条轨迹移动层。时间轴只能移动层。若要使图像或文本移动，请使用“插入”栏上的“绘制层”按钮创建一个层，然后在该层中插入图像、文本或其他任何类型的内容。

创建时间轴动画执行以下操作：

（1）将光标置于页面中，选择“插入”菜单中的“层”，插入一个网页图层，将层移至它在动画开始时应处于的位置。

（2）将光标置于刚才插入的层中，单击“常用”面板中的图片图标，插入一张图片，如图 6-56 所示。

图 6-56　插入层 Layer2 与图像

（3）执行“窗口”→“时间轴”命令，打开时间轴面板，如图 6-57 所示。

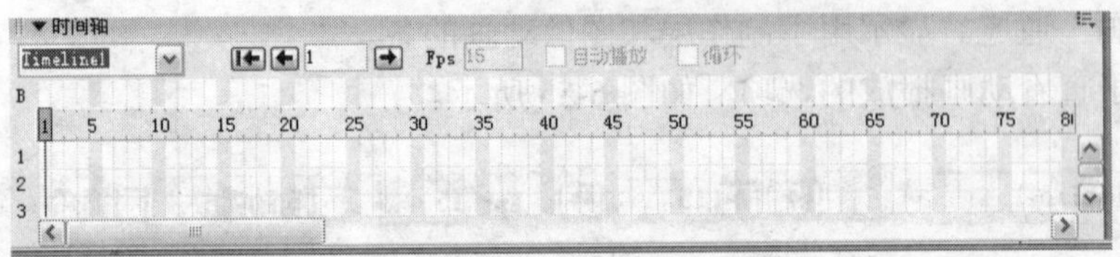

图 6-57　时间轴面板

（4）选中页面上创建的层，用鼠标按住层左上角的选择柄，将层拖放到时间轴的第 1 帧，如图 6-58 所示，这时 Dreamweaver 8 自动创建一个长度为 15 帧的动画。

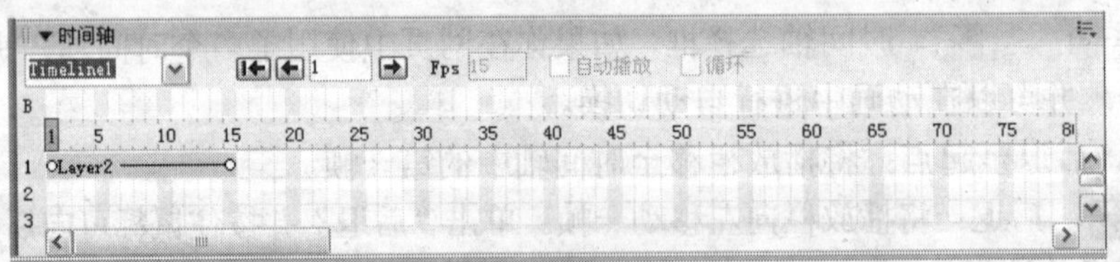

图 6-58　设置 15 帧的动画

（5）选中时间轴上的第 1 帧，将页面中的层拖到页面的左下角，这样当动画开始的时候（即从第 1 帧开始），图片的动画将从左下角出现。

（6）选中时间轴的第 15 帧，按住鼠标左键，拖动该帧到第 50 帧，这样时间轴延长到 50 帧，如图 6-59 所示。

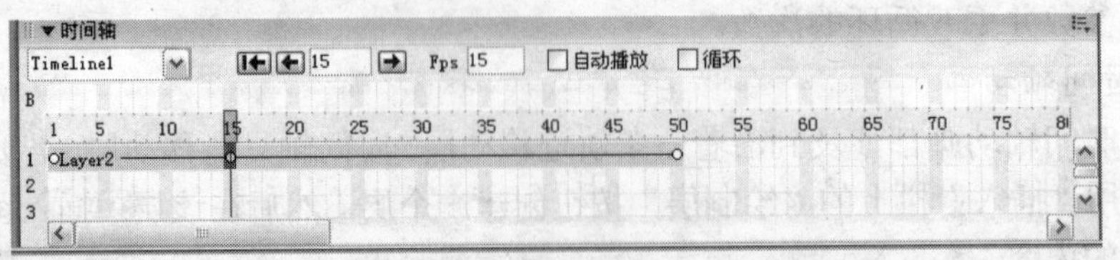

图 6-59　延长时间轴到第 50 帧

（7）选中时间轴的第 15 帧，右击鼠标，从弹出的菜单中选择“增加关键帧”，此时第 15

帧出现了一个小圆点图样，如图 6-59 所示，表示当前帧为关键帧。

（8）在保证时间轴第 15 帧被选中的情况下，拖动页面中的层到相应的位置，如图 6-60 所示。这时从 1 到 15 帧的运动轨迹就显示出来了。

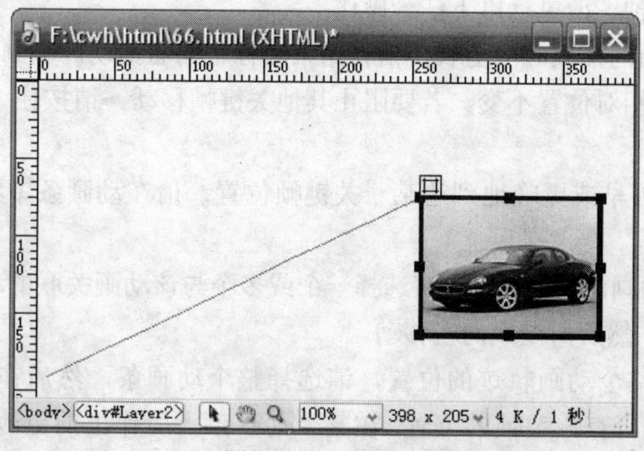

图 6-60　运动轨迹

（9）选中时间轴的第 25、50 帧，重复上面两步的操作，完成后，1～50 帧的运动轨迹，如图 6-61 所示。

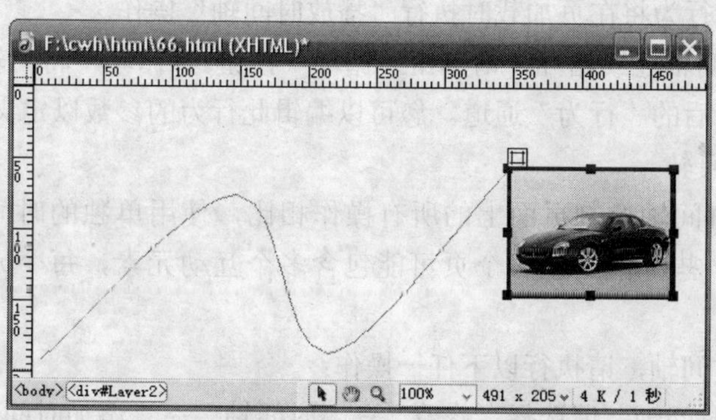

图 6-61　设置运动轨迹

（10）创建动画运动轨迹后，接着设置时间轴，在时间轴面板中，Fps 一栏表示时间播放的速率，默认为 15 帧/秒，这里保持默认值即可。选中面板上的“自动播放”项，出现如图 6-62 所示的提示窗口，提示 Dreamweaver 8 添加了一个时间轴行为。当载入页面的时候，时间轴将自动播放，单击“确定”按钮。

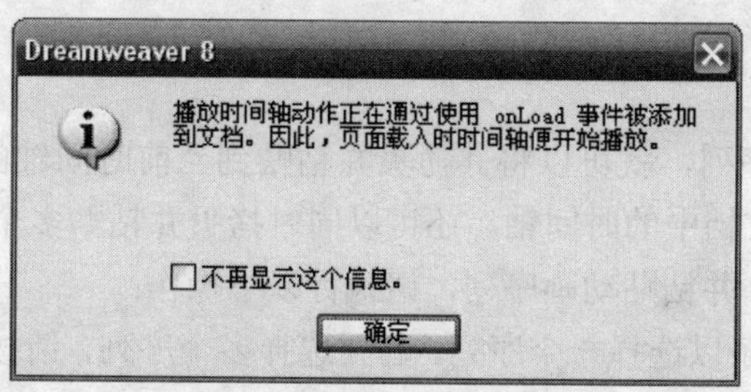

图 6-62　添加“自动播放”行为

（11）最后保存页面按 F12 键可以看到我们设置的动画效果。

3. 修改时间轴

定义完时间轴的基本组成部分后，可以进行一些更改，如添加和删除帧、更改动画开始时间等。要修改时间轴，请执行以下任一操作：

（1）若要使动画的播放时间更长，请将结束帧标记向右拖动。动画中的所有关键帧都会移动，以保持它们的相对位置不变。若要阻止其他关键帧移动，请按住 Ctrl 键并拖动结束帧标记。

（2）若要使层更早或更晚地到达某一关键帧位置，请在动画条中将关键帧向左或向右移动。

（3）若要更改动画的开始时间，请选择一个或多个与该动画关联的动画条（按 Shift 可一次选择多个动画条），然后向左或向右移动。

（4）若要移动整个动画轨迹的位置，请选择整个动画条，然后在页面上拖动该对象。Dreamweaver 会调整所有关键帧的位置。在整个动画条上所作出的更改将更改所有关键帧。

（5）若要在时间轴上添加或删除帧，请选择"修改"→"时间轴"→"添加帧"或"修改"→"时间轴"→"删除帧"。

若要使时间轴网页在浏览器中打开时自动播放，请单击"自动播放"。"自动播放"会向页附加一个行为，该行为将在页加载时执行"播放时间轴"操作。

（6）若要使时间轴连续循环，请单击"循环"按钮。"循环"将"转到时间轴帧"操作插入到动画最后一帧后的"行为"通道。您可以编辑此行为的参数以定义循环的次数。

4. 使用多个时间轴

与尝试用一个时间轴控制页面上的所有操作相比，使用单独的时间轴来控制页的各个离散部分会更容易一些。例如，一个页可能包含多个互动元素，每个元素都触发不同的时间轴。

若要管理多个时间轴，请执行以下任一操作：

（1）若要新建时间轴，请选择"修改"→"时间轴"→"添加时间轴"。

（2）若要删除选定的时间轴，请选择"修改"→"时间轴"→"删除时间轴"。这将永久删除选定时间轴中的所有动画。

（3）若要重命名选定时间轴，请选择"修改"→"时间轴"→"重命名时间轴"，或者在"时间轴"面板的"时间轴"弹出菜单中输入新的名称。

（4）若要在"时间轴"面板中查看另一个时间轴，请从"时间轴"面板的"时间轴"弹出菜单中选择一个新的时间轴。

5. 拷贝和粘贴动画

一旦有喜爱的动画序列，就可以将其拷贝并粘贴到当前时间轴的另一区域、同一文档中的另一时间轴或者另一文档中的时间轴。还可以同时拷贝并粘贴多个序列。

若要剪切（或拷贝）并粘贴动画序列，请执行以下操作：

（1）单击一个动画条以选择一个序列。若要选择多个序列，请按住 Shift 键并单击多个动画条；若要选择所有序列，请按 Ctrl+A 键（Windows）或 Command+A 键（Macintosh）。

（2）拷贝或剪切选定内容。

（3）执行下列操作之一：

1）将播放栏移至当前时间轴中的另一处。

2）从“时间轴”弹出菜单中选择另一个时间轴。

3）打开另一个文档或创建一个新文档，然后在“时间轴”面板中单击。

（4）将选定内容粘贴到时间轴中。同一对象的动画条不能重叠，因为一个层不能同时处于两个位置（一个图像也不能同时具有两个不同的源）。如果您所粘贴的动画条与同一对象的另一动画条重叠，Dreamweaver 会自动将选定内容移至第一个不重叠的帧。

在将动画序列粘贴到另一文档时，应牢记两条原则：

1）如果您拷贝层的动画序列且新文档包含同名的层，Dreamweaver 会将动画属性应用于新文档中的现有层。

2）如果您拷贝层的动画序列且新文档不包含同名的层，Dreamweaver 会将层和它的内容随动画序列一起从初始文档中拷贝下来。若要将粘贴的动画序列应用于新文档中的另一个层，请从上下文菜单中选择“更改对象”并从弹出式菜单中选择第二个层的名称。如果需要，删除所粘贴的层。

6. 将动画序列应用于另一对象

为了节约时间，可以只创建一次动画序列，然后将其应用于文档中剩余的每个层。若要将现有动画序列应用于其他对象，请执行以下操作：

（1）在“时间轴”面板中，选择动画序列并将其拷贝。

（2）单击“时间轴”面板的任意一帧，然后在该帧处粘贴动画序列。

（3）右击（Windows）或按住 Control 键并单击（Macintosh）粘贴的动画序列，然后从上下文菜单中选择“更改对象”。

（4）在出现的对话框中，从弹出菜单中选择另一对象并单击“确定”按钮。

对于要遵循同一动画序列的其他所有对象，重复第 2 步到第 4 步。

创建动画序列后，也可以改变关于制作哪一个层的动画的决定；只需执行上面的第 3 步和第 4 步即可（不必进行拷贝或粘贴）。

7. 重命名时间轴

可以重命名时间轴。若要重命名当前在“时间轴”面板中显示的时间轴，请执行以下操作：

（1）选择“修改”→“时间轴”→“重命名时间轴”。

（2）在“重命名时间轴”对话框中输入新的名称。

如果文档包含“播放时间轴”行为操作（例如，如果它包含访问者必须单击才能启动时间轴的按钮），则必须编辑该行为以反映新的时间轴名称。

8. 时间轴动画小技巧

通过以下方法可以提高动画的性能并使动画更易于创建：

（1）显示和隐藏层，而不是更改多图像动画的源文件。由于新的图像必须进行下载，所以切换图像的源文件会降低动画的速度。如果所有图像都在动画运行前在隐藏层中同时下载，将不会出现明显的停顿，并且不会缺少图像。

（2）扩展动画条以创建更顺畅的动作。如果动画断断续续并且图像在不同位置之间跳动，请拖动该层动画条的结束帧，使动作延伸到更多的帧。通过延长动画条，可以在运动的开始点和结束点之间创建更多的数据点，同时也会使对象更为缓慢地移动。请尝试增加每秒帧数（fps）以提高速度，但应注意在普通系统上运行的大多数浏览器都不能支持超过 15fps 的动画速度。请在不同的系统上用不同的浏览器对动画进行测试，以找到最佳的设置。

（3）不要制作大型位图的动画。制作大型图像的动画会导致动画速度减慢。相反，应创建合成图像，并移动图像中较小的部分。例如，可以通过仅制作汽车轮胎的动画来显示汽车的运动。

（4）创建简单的动画。不要创建对当前浏览器要求过高的动画。即使在系统或 Internet 性能降低时，浏览器始终会播放时间轴动画中的每一帧。

6.4.2 使用时间轴改变图像属性

除了可以利用时间轴移动层制作动画以外，还可以用时间轴在不同的关键帧改变图像的源文件、层的属性，制作动画效果。下面以一实例说明使用时间轴改变图像属性的制作过程：

（1）新建网页。在本地站点下新建一个空白网页文档并保存为 picture1-html。

（2）插入第一幅图像。设置网页对齐方式为居中对齐，执行“插入”→“图像”命令，在“选择图像源文件”对话框中，选择第一幅图像 car1.jpg，将图像插入到页面中。

（3）选取插入的图像，然后将其拖到时间轴面板。

（4）改变动画帧数。用鼠标拖动动画条右端结束关键帧标记，将第 15 帧拖动到第 30 帧，改变动画长度。

（5）添加关键帧并设置关键帧的图像来源。打开属性面板，按住 Ctrl 键，单击动画条的第 10 帧，添加一个关键帧。单击属性面板中源文件右边的按钮，在“选择图像源文件”对话框中，选择第二幅图像 car2.jpg，如图 6-63 所示。

图 6-63 图像源文件为 car2.jpg 时的属性面板

然后，在动画条的第 20 帧添加关键帧，在属性面板中定位并选择第三幅图像 car3.jpg，这时时间轴面板如图 6-64 所示。

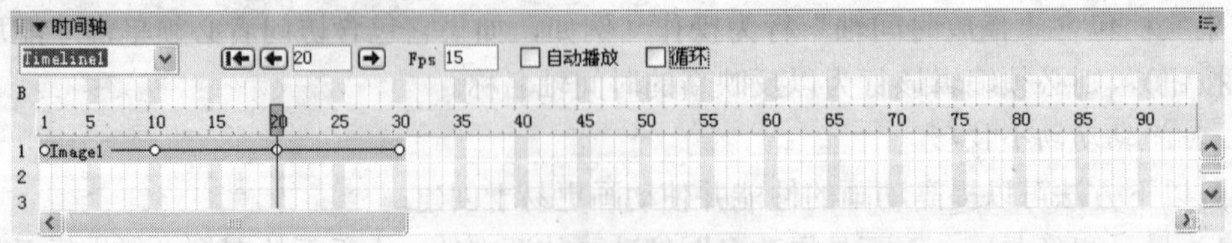

图 6-64 在第 20 帧添加关键帧后的时间轴面板

（6）预览网页。选中自动播放和循环复选框，按 F12 键预览网页可以看到出现三个小汽车图像交替的动画效果（三个小汽车图像要求大小一致），如图 6-65 所示。

图 6-65　实例效果图

6.4.3　使用时间轴改变图层属性

在时间轴中除了可以移动层之外，还可以改变层的可见性、大小以及叠放次序等。

（1）选择一个包含图像或文字，然后拖到时间轴中。

（2）在时间轴面板中选择一个已存在的关键帧或建立一个关键帧。

（3）在“属性”面板中的“显示”下拉列表中选择层的显示属性为 visible。为达到动态效果而改变层的属性，可以设置层的可见性，还可以改变层的大小等属性。

（4）再选择另一个已存在的关键帧或建立一个关键帧，然后在“属性”面板中选择层的显示属性为 hidden。

（5）选中自动播放和循环复选框，按 F12 键预览可以看到间隔一段时间层就循环出现和消失的动画效果。

6.4.4　实践技能训练——层与时间轴动画制作综合实例

1. 设计目标

制作一个小天使沿直线运动、简单曲线运动和任意路径运动的时间轴动画。

2. 准备素材

本实例使用的素材是一个会飞舞的小天使图像 daisy.gif，大小为 96×80 像素。

3. 制作步骤

（1）新建网页。启动 Dreamweaver，在本地站点下新建一个空白网页文档和一个用于存储图像的文件夹 image，提前将用到的小天使图像复制到 image 文件夹中。

（2）保存网页。保存网页，命名文件名为 timeline.html，将网页保存在站点中。

（3）插入图层。插入一个图层，命名为 daisy，在层中插入小天使的图像 daisy.gif，并调整层的大小和位置，使之与图像大小一致，如图 6-66 所示。

图 6-66　插入图层与图像

（4）创建直线运动的时间轴动画。

1）打开时间轴面板，选中创建的层，将层拖动到时间轴面板的帧控制区中，从而将层添加到时间轴中，如图 6-67 所示。

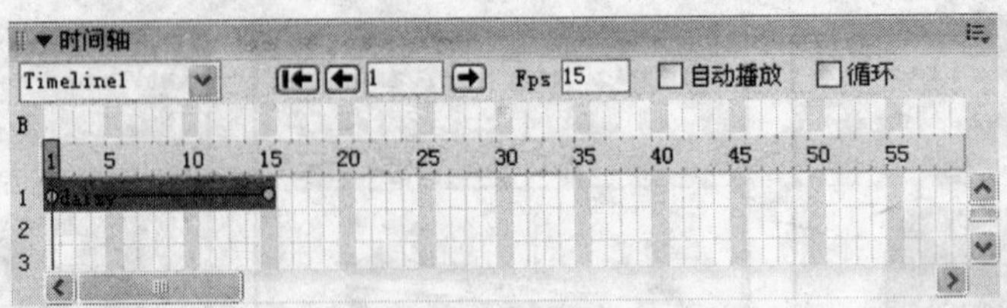

图 6-67 将层拖到时间轴面板

2）选中第 1 帧为起始关键帧，起始关键帧变为蓝色，拖动层到动画的起始位置，如图 6-68 所示。

3）选中第 15 帧为结束关键帧，结束关键帧变为蓝色，拖动层到动画的结束位置，如图 6-69 所示。

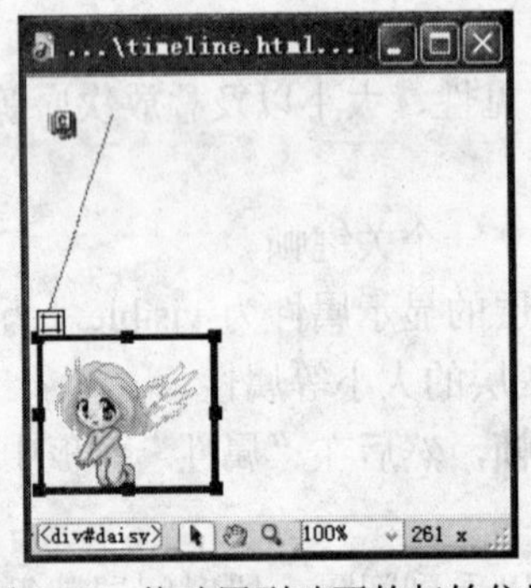

图 6-68 拖动层到动画的起始位置

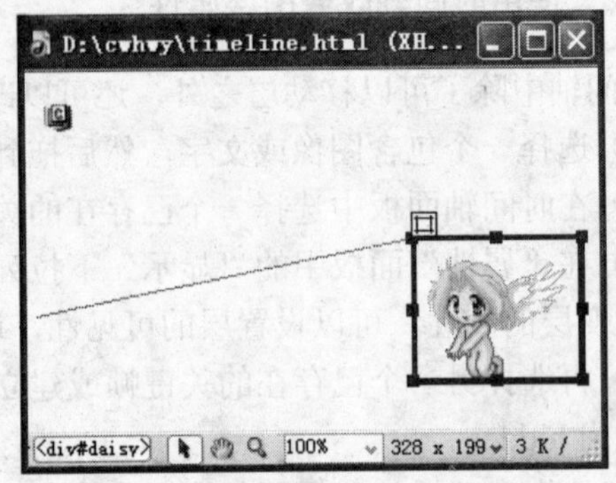

图 6-69 拖动层到动画的结束位置

4）选中自动播放和循环复选框，按 F12 键在浏览器中预览可看到小天使沿着一条直线运动的循环播放效果，如图 6-70 所示。

（5）创建简单曲线运动的时间轴动画。如果希望层做简单曲线运动，可在时间轴中选择任意一帧，例如第 8 帧，右击鼠标，在弹出的快捷菜单中选择“增加关键帧”命令，如图 6-71 所示，然后将层拖动到所需的位置，形成曲线的运动路径，如图 6-72 所示。

图 6-70 小天使沿直线运动的预览效果

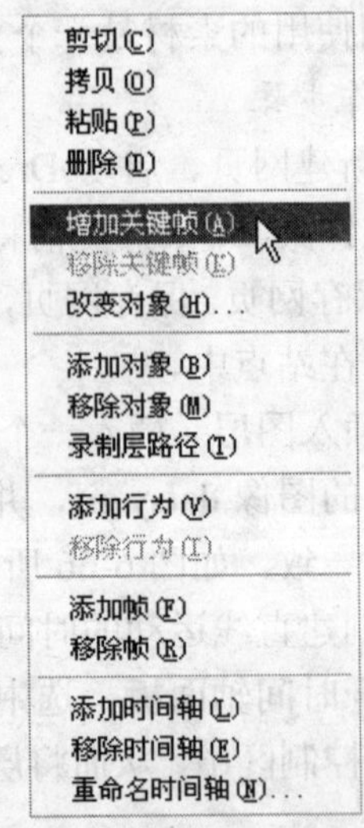

图 6-71 “增加关键帧”命令

然后选中自动播放和循环复选框，按 F12 键在浏览器中预览可看到小天使沿着一条曲线运动的循环播放效果。

（6）通过拖动路径创建任意曲线运动的时间轴动画。要创建复杂的曲线运动，可以使用记录拖动路径的方法。这比在关键帧上改变运动轨迹更为方便。

1）录制层路径。选择插入的层 daisy，执行“修改”→“时间轴”→“录制层路径”命令，按需要的曲线轨迹拖动层，可以看到在拖动过程中产生一条运动的曲线轨迹，到达结束点后松开鼠标，完整的运动轨迹线如图 6-73 所示。

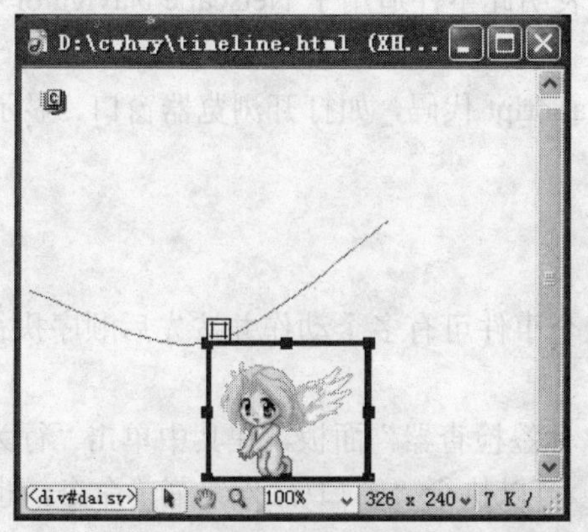

图 6-72　拖动第 8 帧的层形成的曲线运动路径

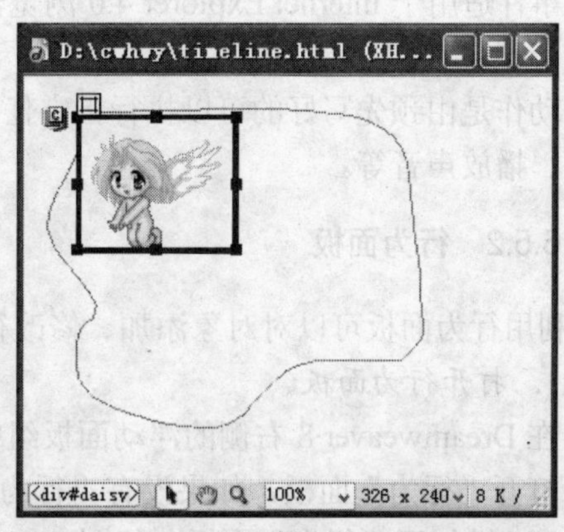

图 6-73　录制层路径形成的曲线运动路径

在拖动的时候应当注意的是，必须保持鼠标下边的“+”始终出现，“+”表示图层录制的过程，否则创建的时间轴动画无效。

录制层路径结束后，时间轴面板中增加了一条时间线，包含了在录制过程中自动插入的关键帧，动画的总帧数为 75 帧，如图 6-74 所示。

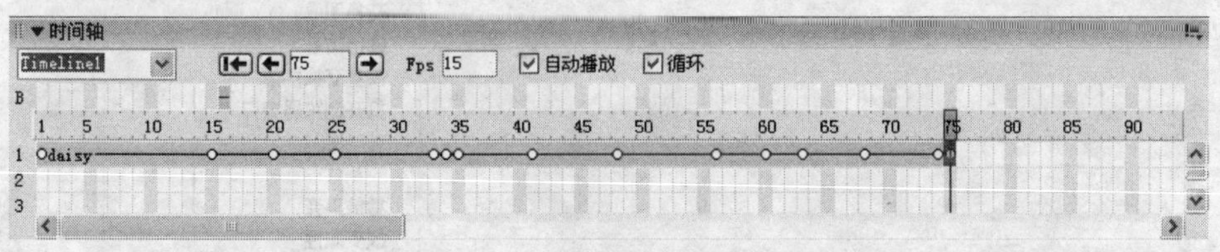

图 6-74　录制层路径后的时间轴面板

2）选中自动播放和循环复选框，按 F12 键在浏览器中预览，可看到小天使沿着一条任意曲线运动的循环播放效果。

6.5　行为

6.5.1　行为概念

行为（Behavior）指某个事件发生时浏览器执行的动作，其实质是在 Dreamweaver 8 中预置的 JavaScript 程序，由事件（event）和对应动作（actions）组成。它能实现用户与网页间的交互，通过某个动作来触发某项事件。如当用户在页面中将鼠标移动并单击某一个链接后，载入了一幅图像，这就产生了两个事件 onMouseOver 和 onClick，同时触发了一个动作，载入图像。

事件是由浏览器为每个页面元素定义的，通常浏览器都会提供一组事件，如 onMouseOver、onMouseOut 和 onClick 等，事件总是与动作相关联。当访问者与网页进行交互时，浏览器生成事件，但并非所有的事件都是交互的，如设置网页每 10 秒自动重新载入。

根据所选对象和在“显示事件”子菜单中指定的浏览器的不同，显示在“事件”下拉列表框中的事件将有所不同。Internet Explorer 和 Netscape Navigator 是当今主流浏览器。IE4 表明此事件适用于 Internet Explorer 4.0 浏览器，NE4 表明此事件适用于 Netscape Navigator 4.0 浏览器。

动作是由预先写好的可以执行指定任务的 JavaScript 代码，如打开浏览器窗口、显示或隐藏层、播放声音等。

6.5.2 行为面板

利用行为面板可以对对象添加、修改行为。一个事件可有多个动作并按先后顺序执行。

1. 打开行为面板

在 Dreamweaver 8 右侧的浮动面板组中打开“标签检查器”面板，在其中单击“行为”选项卡打开“行为”面板，如果没有“行为”面板，可以执行“窗口/行为”菜单命令，也可按 Shift+F4 键打开“行为”面板，如图 6-75 所示。

2. 行为菜单

单击行为面板中的 +. 按钮所弹出的菜单，称为行为菜单，如图 6-76 所示。该菜单主要有弹出信息、打开浏览器窗口、交换图像、拖动层、显示弹出式菜单、设置文本、显示—隐藏层、检查表单、控制 Shockwave 或 Flash、播放声音、转到 URL 等命令。

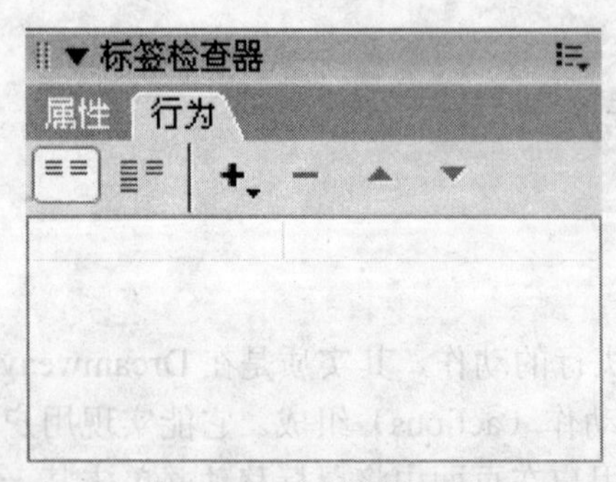

图 6-75 “行为”面板

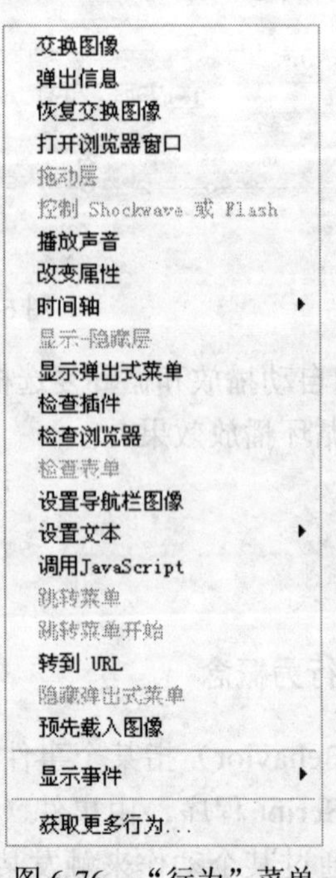

图 6-76 “行为”菜单

3. 设置行为面板选项

（1）显示设置事件 。仅显示附加到当前文档的那些事件。每个类别的事件都包含在一个可折叠的列表中，可以单击类别名称旁边的加号/减号按钮展开或折叠该列表。“显示设置事件”是默认的视图。

（2）显示所有事件 。按字母降序显示给定类别的所有事件。

（3）添加动作（+）。这是一个弹出菜单，其中包含可以附加到当前所选对象的动作。当从该列表中选择一个动作时，将出现一个对话框，可以在该对话框中指定该动作的参数。如果所有动作都灰显，则没有所选对象可以生成的事件。

（4）删除（–）。从行为列表中删除所选的事件和动作。

（5）上下箭头按钮。将特定事件的所选动作在行为列表中向上或向下移动，但只在相同事件多个动作时才会显示。给定事件的动作是以特定的顺序执行的。可以为特定的事件使用上下箭头按钮更改动作的顺序。对于不能在列表中上下移动的动作，箭头按钮将被禁用。

6.5.3　行为基本操作

1. 添加行为

在不同类型的浏览器中可以根据需要将行为附加到整个文档、链接、图像、表单对象或任何其他的 HTML 元素中。向页面添加行为，需要遵循三个基本操作步骤：

（1）选择添加行为的对象。

（2）在行为面板上单击 +. 按钮并从“动作”弹出菜单中选择一个动作。

（3）调整事件。

在添加行为时，要注意以下几点：

（1）一个行为可由多个事件产生，一个事件也可以产生多个行为；要注意修改事件与动作的搭配。

（2）行为为对象所加，使用时必须先选择对象，然后添加行为。

（3）常见行为与事件的多少与浏览器版本和选中的对象有关。如要使用行为，首先要注意选择浏览器类型，一般使用 IE 4.0 以上类型，其次要注意选中对象。

2. 修改行为

（1）选择一个已添加行为的对象。

（2）按 Shift+F4 键打开“行为”面板，在其“动作”列表中双击要修改的行为动作或将其选择并按 Enter 键，也可右击鼠标，在弹出的快捷菜单中选择“编辑行为”命令，在打开的对话框中进行修改，然后单击“确定”按钮。

3. 删除行为

（1）在“行为”面板中选择要删除的行为。

（2）单击 – 按钮或在行为上右击鼠标，在弹出的快捷菜单中选择“删除行为”命令，还可以直接按 Delete 键即可。

4. 选择事件

事件是一个弹出菜单，如图 6-77 所示，其中包含可以触发该动作的所有事件。根据所选对象的不同，显示的事件也有所不同。如果未显示预期的事件，请确保选择了正确的对象或 HTML 标记（若要选择特定的标记，请使用“文档”窗口底部左侧的标记选择器）。

图 6-77　在行为面板中选择事件

选择事件时可在行为面板中单击事件下拉列表图标，然后进行选择，如图 6-77 所示。

5. 调整顺序

通过行为面板上的向上或向下箭头按钮。

6. 获取更多的行为

Dreamweaver 8 自带的行为比较少，如果想获取更多的行为可以从 Macromedia 公司和其他第三方的开发网站下载。在“行为”下拉列表中选择“获取更多的行为”选项，则会打开 Macromedia 公司官方网站提供的行为下载页面。

6.5.4　常见行为与事件

下面以一实例说明常见行为与事件设置的一般方法以及对一个对象添加多个行为或一个事件引起多个动作的设置方法。

（1）新建文档，然后插入小汽车图像，水平居中对齐，保存文档为 sample3.html。

（2）选择对象。单击选定小汽车图像或单击文档窗口左下角标记选择器中的<img>标记。

（3）添加“弹出信息”行为。在行为面板上单击 +. 按钮并从弹出菜单中选择“弹出信息”，出现“弹出信息”对话框，在对话框的“消息”文本框中输入自定义的信息，然后单击“确定”，如图 6-78 所示。

图 6-78　设定弹出信息内容

（4）调整事件。在行为面板中选择事件为 onLoad，代表页面载入时发生。

（5）添加“转到 URL”行为。

重复从“行为”菜单中选择“转到 URL”，出现“转到 URL”对话框，在对话框的 URL 栏中直接输入欲转到的 URL 或单击“浏览”按钮选定，然后单击“确定”按钮，如图 6-79 所示。

图 6-79　“转到 URL”对话框

重复第 4 步，选择事件为 onClick，表示单击对象（图像）时发生，这时的行为面板如图 6-80 所示。

按 F12 键预览可在页面上首先出现如图 6-81 所示的弹出信息，在弹出信息中单击“确定”按钮，再单击小汽车图像，将由 sample3.html 转到 sample4.html，看到另外两辆小汽车图。

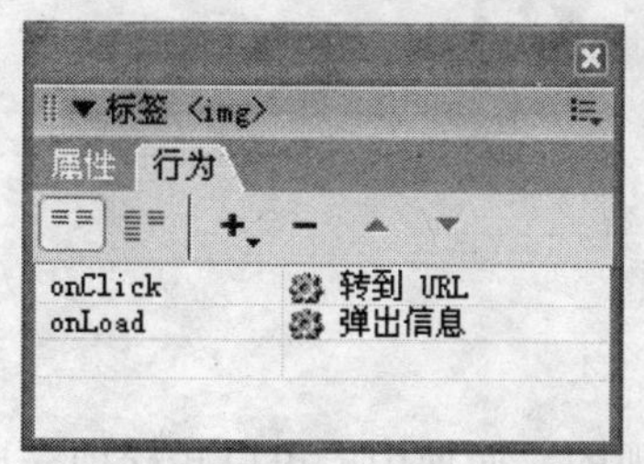

图 6-80　添加行为后的行为面板

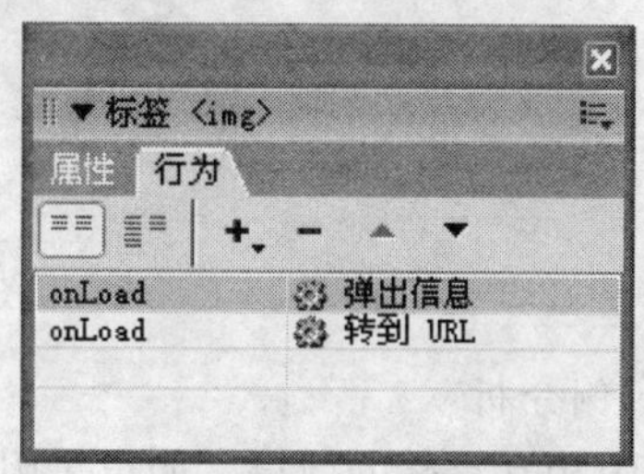

图 6-81　调整事件后的行为面板

（6）调整事件，使同一事件引起多个动作。

将（5）的“转到 URL”行为事件调整为 onLoad，则按 F12 键预览时在页面上将首先出现如图 6-82 所示的弹出信息，在弹出信息中单击“确定”按钮，不需要单击小汽车图像，页面将自动由 sample3.html 转到 sample4.html，看到另外两辆小汽车图。

图 6-82　“弹出信息”示意图

这是因为两个行为的事件均为 onLoad，弹出信息在事件列表的前面，该行为先执行。若要改变这种执行顺序，可以先选定，然后按行为面板上的向上或向下箭头来实现。

6.5.5 层、时间轴与行为综合运用实例制作

本节介绍一个将层、时间轴与行为相结合的综合运用实例。

1. 设计目标

在页面中循环出现“我”、“们”、“立”、“志”、“成”、“才”六个字的动画效果，而这些动画效果只有在单击或移动文字时才会产生。页面的中间依次动态显示重叠的“立”、“志”、“成”、“才”四个字，页面两端分别显示时隐时现的“我”、“们”两个字，其中左边字“我”在第3字“成”出现时显示，右边字“们”在第4字“才”出现时显示，实例效果如右图6-83所示。

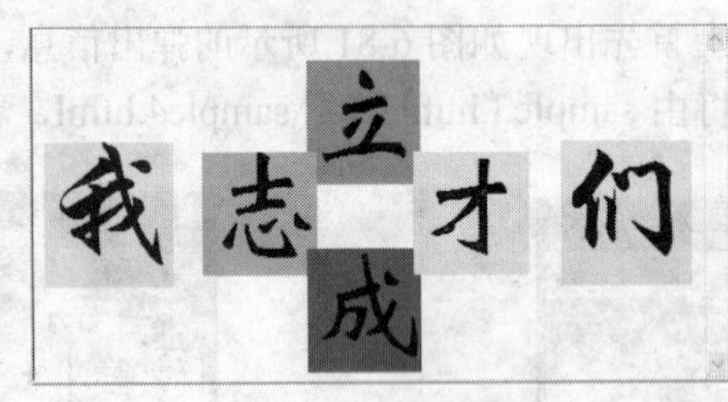

图6-83 实例效果图

2. 实例分析

本例中相互重叠的效果，如果采用表格是无法实现的，而使用层可以轻松地完成。

整个页面由中间的四个层和两端的两个层组成。中间的四个层通过为层添加背景、定位、改变层的叠放次序以及在层中插入文字实现层的重叠效果；两端的两个层通过在层中插入文字和定位来实现。

页面中的动画效果可以采用层与时间轴相结合来予以实现。四个字依次出现，可以设定好它们在时间轴中的顺序，两端的两个层时隐时现的效果可以通过在时间轴上相应的关键帧设置层的相关属性来实现。

而动画效果的产生与控制可以用行为来实现。

3. 制作步骤

层部分的制作步骤如下：

（1）新建空白网页，然后保存为sample5.html。

（2）执行菜单“插入”→“布局对象”→“层”命令或直接单击“插入”栏的“布局”模式中的“绘制层”按钮，插入四个层Layer1、Layer2、Layer3、Layer4，分别激活层并输入立、志、成、才四字，再选中所有层，统一设定相同的大小（宽41px，高44px）和相同的样式（层内文字的对齐方式设为居中对齐，字体为“华文新魏”，大小80像素），这时的层属性面板如图6-84所示。

图6-84 层属性面板

（3）分别给四字设定不同的背景颜色。

（4）移动四个层到合适的位置，然后将 Layer1 和 Layer3 左对齐，将 Layer2 和 Layer4 对齐上沿，并拖动相应层改变叠放顺序，使层 Layer4 在最上边显示，层 Layer1 在最下边显示，如图 6-85 所示。这时层面板中的四个层和 Z 轴的顺序编号如图 6-86 所示。

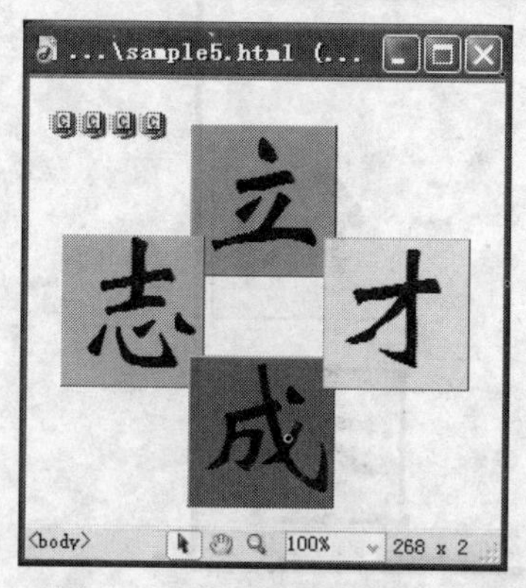

图 6-85　对齐、叠放四个层

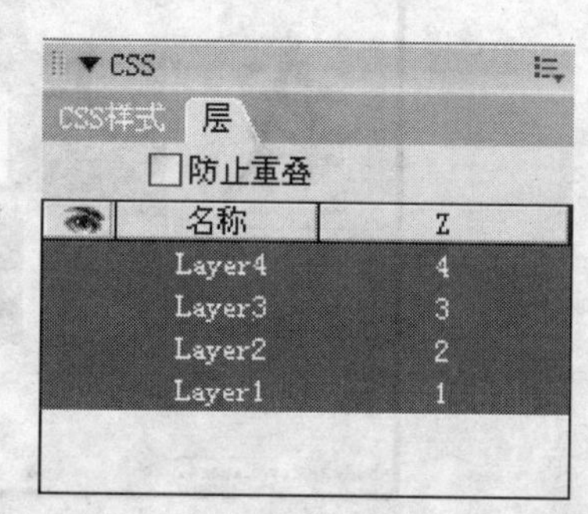

图 6-86　层面板

（5）在四字左右两侧分别插入两个层 Layer5 和 Layer6，在两层内分别输入文字“我”、“们”，在属性面板中设定相同的属性：背景色为#c0f0ff，宽 45px，高 45px，字体为“华文行楷”，大小 90px，文本颜色为#0000FF。再将两层内文字居中对齐和两层对齐上沿，最后调整 Layer5 和 Layer6 与前四个层的位置，效果如图 6-87 所示。

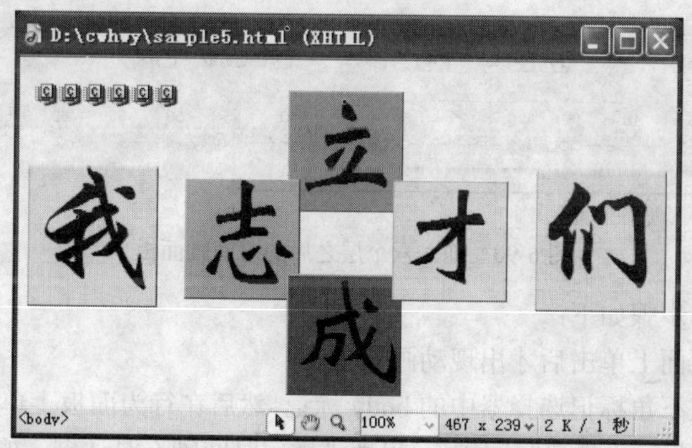

图 6-87　添加至六个层后的效果

动画部分的制作步骤如下：

（6）将前四字所在的层分别拖入时间轴第 1 行，依次排列，共 60 帧，如图 6-88 所示。

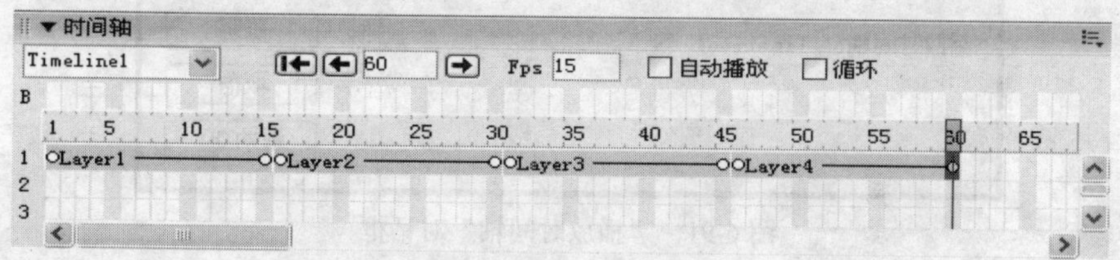

图 6-88　拖入前四层后的时间轴

（7）单击第 1 帧，拖动 layer1 层移动一定的距离，再分别单击图 6-88 中的第 16、31、46 帧，拖动 layer2 层、layer3 层和 layer4 层移动一定的距离，图 6-89 所示为在第 46 帧拖动 layer4 层后的效果。

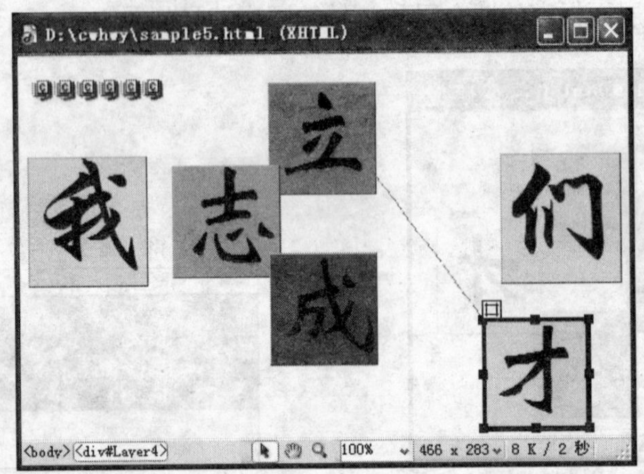

图 6-89　在第 46 帧拖动 layer4 层后的效果

（8）将 layer5 层拖入时间轴的第 2 行，占 1～30 帧。然后在层属性面板中将第 1 帧的可见性设为 hidden，第 30 帧设为 visible。

（9）将第 6 层拖入时间轴的第 3 行，占 1～45 帧。然后在层属性面板中将第 1 帧的可见性设为 hidden，第 45 帧设为 visible，这时的时间轴如图 6-90 所示。

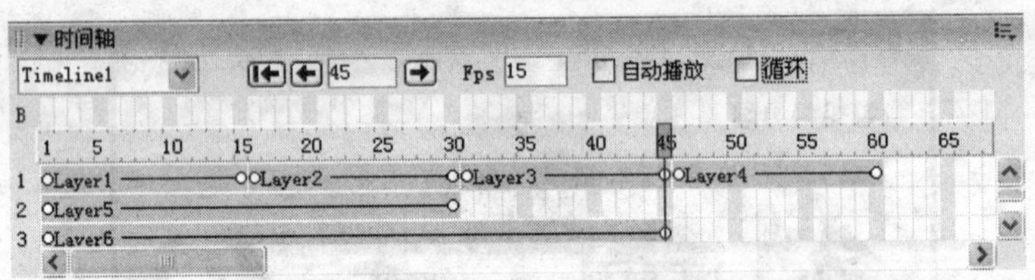

图 6-90　拖入六个层之后的时间轴面板

行为部分的制作步骤如下：

（10）制作在页面上单击后才出现动画效果。

单击文档窗口左下角标记选择器中的 body 标记，然后在行为面板上单击 +. 按钮并从弹出菜单中选择“时间轴”→“播放时间轴”，出现“播放时间轴”对话框，如图 6-91 所示，然后单击“确定”按钮。

图 6-91　“播放时间轴”对话框

在行为面板中调整事件为 onClick 事件，然后勾选时间轴面板上的“循环”复选框，按 F12

键预览即可看到当单击文字后循环出现“我”、“们”、“立”、“志”、“成”、“才”六个字。

若在行为面板中调整事件为 onMouseOver 事件，然后勾选时间轴面板上的“循环”复选框，按 F12 键预览则可看到当鼠标移动文字时循环出现“我”、“们”、“立”、“志”、“成”、“才”六个字。

本章思考与练习

1．在 Dreamweaver 8 中，层有哪些用途？

2．在 Dreamweaver 8 中，如果要统一页面内容的样式，可以采用哪些技术？

3．使用图层制作一个图像相互叠放效果的页面。

4．使用图层和行为对网页中的对象（如文字或图像）制作一个弹出菜单。

5．使用时间轴和图层制作一个图像在网页中循环绕行的效果。

6．使用时间轴制作一个循环切换画面的广告页面。

7．制作一个页面或打开一个已有的页面，利用行为制作动态网页效果。要求：在打开页面时，在状态栏显示“欢迎光临我的网页”，同时弹出“公告”信息。

8．在文档中创建一个大小为 400×300 的层，将其位置设置为左 120px、上 160px，然后将层的背景颜色设置成红色。

9．在文档中创建一个表格，然后将该表格转换为层，最后再转换成表格。

10．做一个时间轴动画，要求在文档中插入一个小汽车的图像，当浏览者把鼠标移到小汽车上时，小汽车按指定路线作曲线循环运动。

11．利用层与时间轴创建一个网页动画，并设置当播放三次后自动停止。

12．在网页中插入一个图像，当鼠标移到图像上时，跳转到另一个页面。

第 7 章　利用框架布局页面

框架是设计网页时经常用到的一种布局技术，利用框架可以将浏览器的窗口随意地分成多个窗口，在每个子窗口中可以显示不同的网页文档。由于与各种文档之间可以毫无关联，所以这些子窗口有各自独立的背景、滚动条和标题等。通过这些不同的 HTML 文档之间恰当地设置超链接，就可以在浏览器窗口中呈现出有动有静的奇妙效果。

7.1　框架与框架集的概念

如图 7-1 所示就是使用框架技术制作的网页效果。

图 7-1　利用框架制作的网页效果

框架集是 HTML 文件，它定义一组框架的布局和属性，包括框架的数目、框架的大小和位置以及每个框架中初始显示的页面地址。框架集文件只是向浏览器提供如何显示一组框架以及这些框架中应该显示哪些文档的有关信息。

7.2　创建框架

在 Dreamweaver 8 中有两种创建框架集的方法，用户既可以自己设计框架集，也可以从 Dreamweaver 8 预定义的框架集中选择。如果选择预定义的框架集，那么 Dreamweaver 中将自动设置创建布局所需的所有框架集和框架，它是迅速创建基于框架布局的最简单方法。

1. 自定义框架

（1）新建一个网页文档，单击“插入”→“框架页”，根据子菜单中的相应命令或者单击布局面板中需要预定义的框架结构图标创建框架。

（2）将鼠标移到文档窗口的边界线上，当鼠标变成双向箭头时拖动鼠标至相应位置，即可创建一条边框线，如图 7-2 所示，拖出竖直边框线。

（3）按下 Alt 键，拖动一个框架的边框线，可以对框架进行垂直或水平划分。

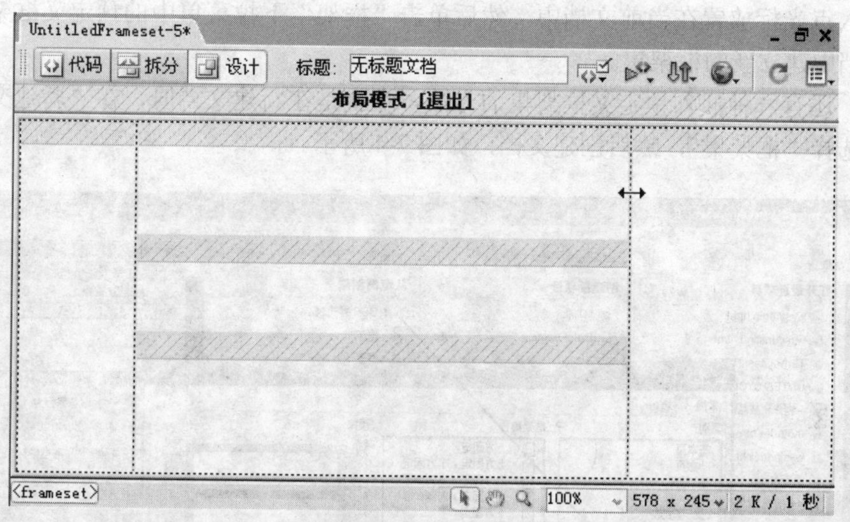

图 7-2　拖出竖直边框线

使用“修改”→“框架页”下拉菜单中的四个命令，可以不断地对框架进行分割，如果觉得这样做还不够，可以使用鼠标直接在整个页面的框架上拖曳，以得到自己满意的效果。同样，拖曳左边框或者上边框可以左右或上下分割网页。当然，如果对一次建立的框架不满意，还可以使用鼠标拖曳分割框架的边框，进一步调整其位置，直到满意为止。

2. 直接插入预定义框架

为了方便操作，在“插入”面板中的“布局”标签中有框架对象，选择单击“插入”→“布局”，单击“框架” 按钮就可以打开如图 7-3 所示的下拉菜单，Dreamweaver 8 提供 13 种框架。创作者可以根据需要直接插入已经定义好的框架，而不需手工操作那么麻烦。

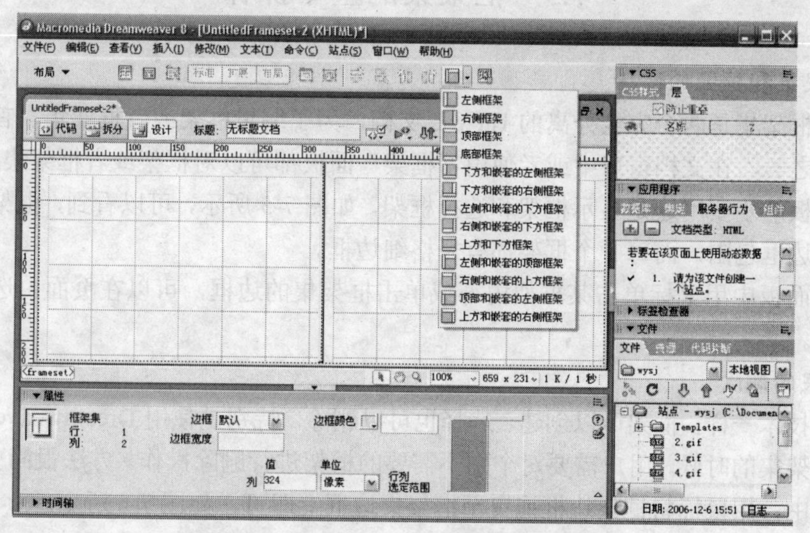

图 7-3　打开的一个预定义框架的面板

从图中可以看到，每一个预定义的框架集都是一个缩略图，可以方便地查看预制框架的结构，每一个框架集缩略图上都有一个淡蓝色的区域，它表示当前页面或者框架，而其余白色的区域则表示新生成的框架。

将插入点光标放置在当前文档中，然后单击“框架”下拉菜单中的预定义框架集，即可在当前文档中建立新的框架集。

此外，还有一种插入预定义框架集的方法，那就是在新建文档时，在“新建文档”对话框中直接选择“框架集”，然后创建文档，如图 7-4 所示。

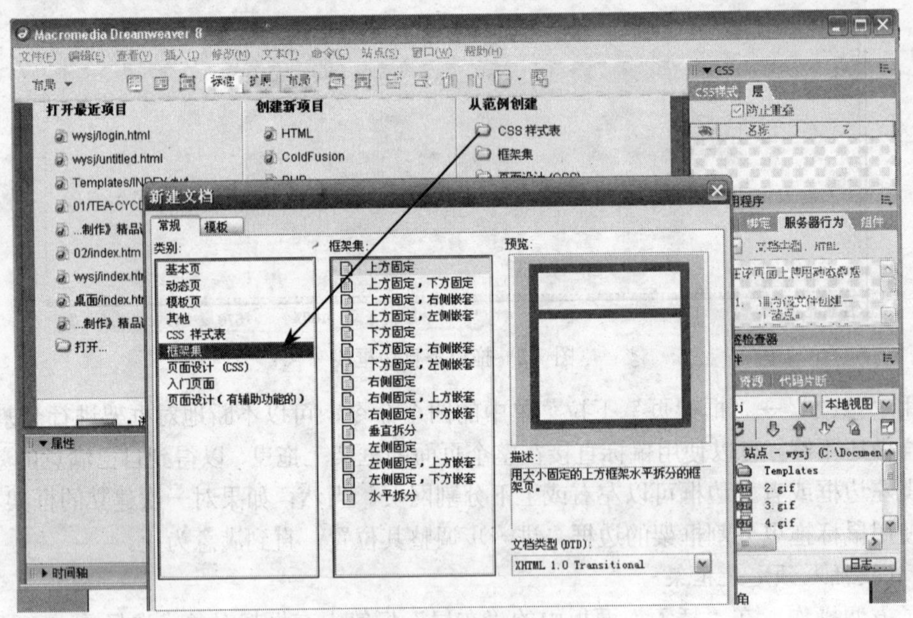

图 7-4　新建框架集文档

7.3　框架集的基本操作

1. 框架集和框架的选择

框架和框架集是两个完全分离的 HTML 文档，为了编辑框架或者框架集，首先要做的就是选中两者之一。在文档窗口中或者使用“框架”面板都可以对框架或者框架集进行选择。

框架面板的主要用途是显示框架和选择框架，如图 7-5 所示，可以看到，框架集都有一个较粗的立体边框包围，而每一个框架都有一格细边框。

在框架面板中用鼠标单击某框架内部或单击框架集的边框，可以在页面内选中对应的框架或框架集。

2. 框架的删除

和其他技术一样，框架可以创建、选择也可以删除。特别是使用 Dreamweaver 8 默认提供的预定义框架集的时候，用户需要对个别不需要的框架进行删除操作。方法很简单，只要在页面编辑窗口中，用鼠标将框架边框拖曳至框架集边框上即可，如图 7-6 所示。

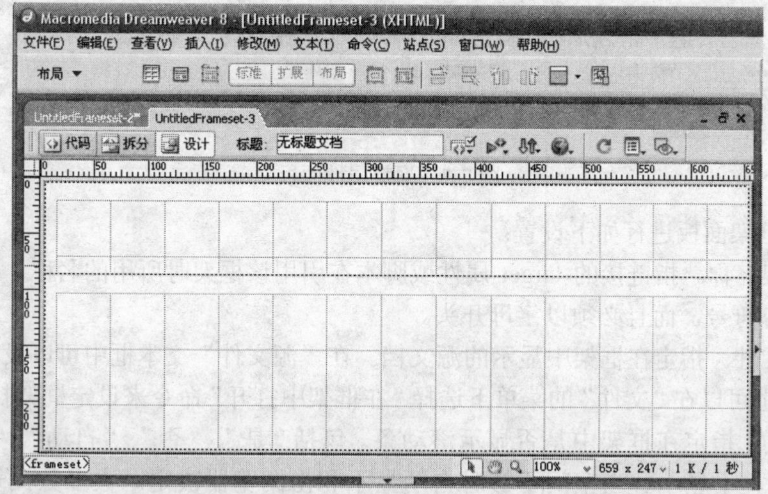

图 7-5　“框架”面板

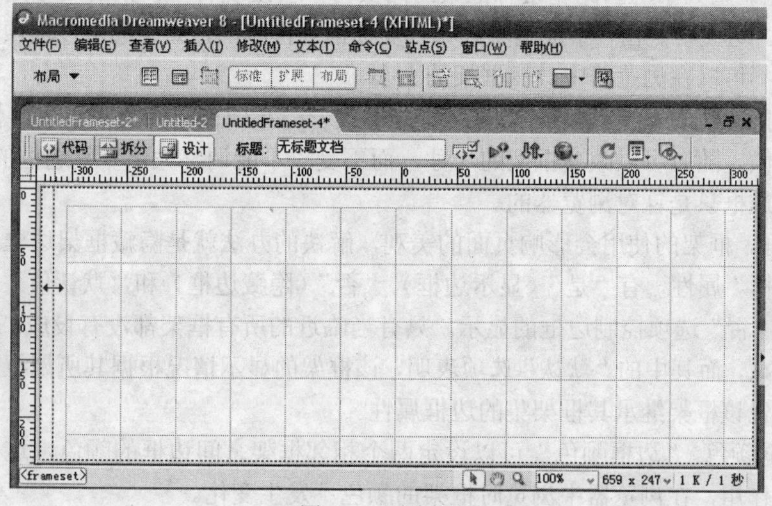

图 7-6　删除框架

3. 框架和框架集的保存

因框架网页包含多个网页文件，因此要对每一个框架的文档进行保存。

（1）保存框架文件：要保存其中一个独立的框架文件，可以先单击该框架内部，然后执行菜单“文件”→“保存”命令。

（2）保存框架集：若只保存框架集，可执行菜单“文件”→“保存框架页”或“文件”→“框架页另存为”即可。

7.4　设置框架集与框架的属性

1. 设置框架属性

选中框架，打开框架属性面板，如图 7-7 所示，使用此属性面板可以命名一个框架并设置边框和边距。

图 7-7 框架属性面板

可以使用框架面板进行如下设置：

（1）框架名称。指链接的 target 属性或脚本在引用该框架时所用的名称。名称中不能使用“.”、“-”等符号，而且必须以字母开头。

（2）源文件。指定在框架中显示的源文档。在“源文件”文本框中可以设置该框架打开的文件名称，也可以在“文件”的菜单下选择“在框架中打开”命令来设定框架打开的源文件。

（3）滚动。指定在框架中是否显示滚动条。包括“是”、“否”、“自动”、“默认”四项，分别表示显示、不显示、当空间不够时自动显示和由浏览器决定。大多数浏览器都默认为“自动”。

（4）不能调整大小。当浏览带有框架的网页时，会发现有些框架的尺寸是可以改变的，而有些不可以。这主要是由“不能调整大小”复选框来控制的，如果选中该选项，那么在浏览该网页时，就不可以在浏览器中改变框架的大小。

请注意不能在浏览器中改变框架的尺寸并不代表在文档窗口中也不可以，恰恰相反，在编辑网页的时候，随时可以改变框架的尺寸，而不受“不能调整大小”复选框的影响，“不能调整大小”复选框只是针对浏览器的。

（5）边框。框架的使用会影响页面的美观，解决的办法就是隐藏框架边框。每一个框架都有一个“边框”属性，有“是”（显示边框）、“否”（隐藏边框）和“默认值”三个选项。其中的“是”或“否”选项控制边框的显示。只有当临近的所有框架都没有设成“否”时，这条边框才会被隐藏，而其中的“默认”选项表明，该框架的显示情况根据其所属框架集的设置而确定，也就是说该框架继承其框架集的边框属性。

（6）边框颜色。“边框颜色”可以设定两个相邻框架之间边框的颜色，这个颜色只是在编辑网页时起作用，在浏览器中浏览时框架的颜色不发生变化。

（7）框架的边距。每个页面在页面属性窗口中都有页边距的设置，框架与页面一样，也存在着框架的边距。在框架属性面板的最下方的“边界宽度”和“边界高度”两个文本框可以设置框架边距，如果将数值设置为 0，表示页面内容将紧贴框架的边界。

2. 设置框架集属性

选中框架集，打开框架集属性面板，如图 7-8 所示，显示了该框架集的行数和列数，可以进行以下设置：

（1）边框。确定在浏览器中查看文档时在框架周围是否应显示边框。要显示边框，则选择“是”；要使浏览器不显示边框，则选择“否”。要允许浏览器确定如何显示边框，则选择“默认值”。

（2）边框宽度。指定框架集中所有边框的宽度。

（3）边框颜色。设置边框的颜色。

（4）行列选定范围。用于设置选定框架集各行和各列的框架大小，可以单击“行列选择范围”区域左侧或顶部的选项卡，然后在“值”文本框中输入高度或宽度，其单位可以是像素、百分比或相对。

1）像素。以像素设置列宽度和行高度。

2）百分比。当前框架行（或列）占所属框架高度（或宽度）的百分数。

3）相对。当前框架行（或列）相对于其他行（或列）所占的比例。

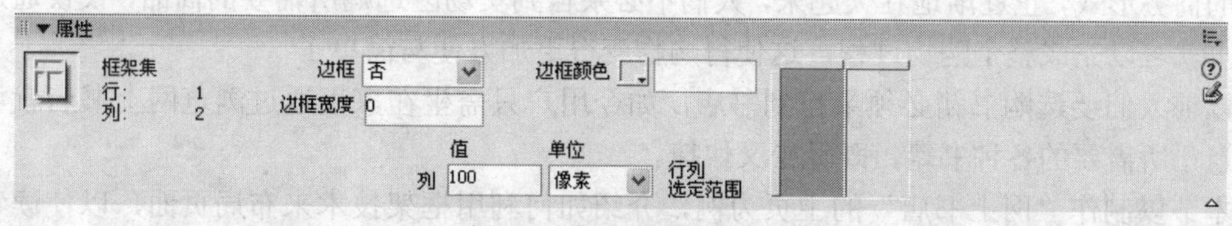

图 7-8　框架集属性面板

7.5　在框架中使用链接

使用框架的一个重要目的就是要在不同的框架中显示不同的页面，下面介绍通过链接为框架制定显示的页面。

每一个链接都有一个“目标”属性，设置不同的“目标”属性可以使链接的页面在不同的框架和窗口中显示。在 Dreamweaver 8 中，可以使用链接功能使一个框架中的内容进行改变。操作步骤如下：

（1）选定框架中的文本或对象。

（2）在属性面板的“链接”文本框中输入链接的文件名，或单击“链接”右端的文件夹图标，打开对话框选择链接文件。

（3）在“目标”下拉列表中选择一个目标框架名完成链接，如图 7-9 所示，标签的各项功能含义如下：

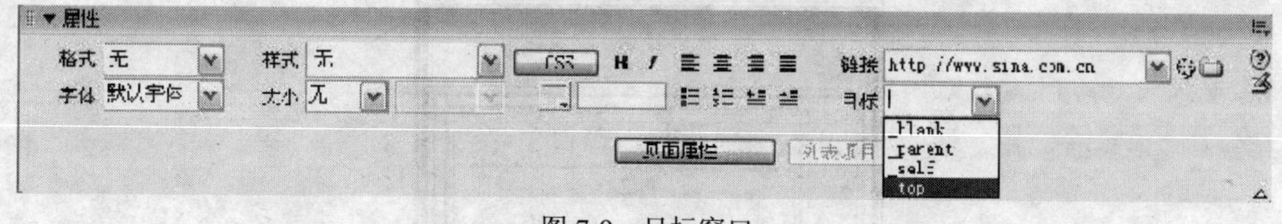

图 7-9　目标窗口

1）_blank。在新的浏览器窗口中打开链接文档，同时保持当前窗口不变。

2）_parent。在显示链接框架的父框架集中打开链接的文档，同时替换整个框架集。

3）_self。在当前框架中打开链接，同时替换该框架的内容。

4）_top。在当前浏览器窗口中打开该链接的文档，同时替换掉整个框架集。

5）mainFrame。在框架集的主框架中打开链接的文档，同时替换掉主框架中原来所显示的文档。

6）leftFrame。在框架集的左框架中打开链接的文档，同时替换掉左框架中原来显示的内容。

7）topFrame。在框架集的上框架中打开链接的文档，同时替换掉上框架中原来显示的文档。如果在框架集中还定义了其他的框架，那么在此还会显示出其他框架的名称。

7.6 实践技能训练——制作“网上书店”的主页

随着互联网的普及，网络正在潜移默化地改变着人们的生活习惯。电子商务已作为一种新型的商务形式，正逐渐地壮大起来，人们不必亲自到卖场区选购所需要的商品，仅仅通过浏览网页就可以完成整个购物过程，这使得购物变得更加方便与简单了。

以前人们要选购书籍必须亲自到书店，如今用户只需坐在家里通过浏览网上书店就可以买到自己所需要的各种书籍，既轻松又快捷。

本节以制作“网上书店”的主页为例，介绍如何利用框架技术来布局页面，以使读者能够更好地理解和掌握本章所学的知识和操作。

本实例的制作过程分为五个部分，即框架集的制作、标题区的制作、导航区的制作，图书检索区的制作以及主框架内容区的制作。

1. 制作框架集

（1）在 Dreamweaver 8 中打开一个空白的 HTML 文档，单击“查看”→“可视化助理”→“框架边框”菜单项，在“文档”窗口中将显示框架的边框。

（2）单击“插入”栏中的“布局”选项卡，在布局对象中单击“框架”按钮，从弹出的下拉子菜单中选择“顶部和嵌套左侧框架”选项，在“文档”窗口中插入一个框架集。

（3）将光标置于主框架 mainFrame 中，按住 Alt 键单击选中该主框架，此时框架的四周会出现短虚线，表明该框架已被选中。单击框架按钮，从弹出的子菜单中选择“顶部框架”选项，将主框架进一步拆分成两个框架。

（4）单击“窗口”→“框架”菜单项，打开“框架”面板，然后单击“框架”面板中的框架集边框选中整个框架集，如图 7-10 所示。

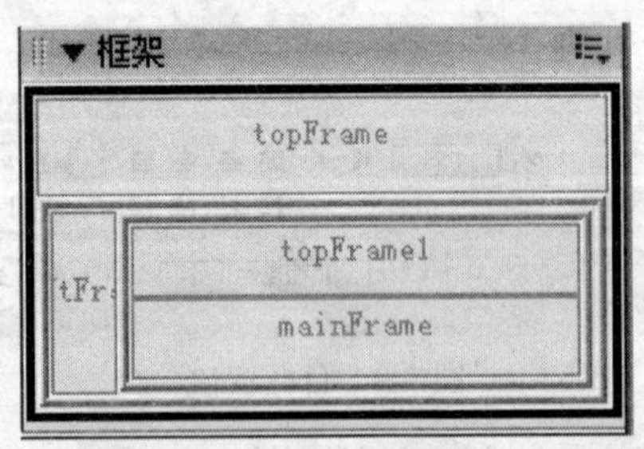

图 7-10 选中框架集

（5）单击“属性”面板右侧显示框中的上部分框架，在“行”文本框中输入 95，从“单位”下拉列表中选择“像素”选项，设置该框架的宽度为 95 像素；然后的“边框”下拉列表中选择“否”，将该框架的边框设置为不显示，设置完成后的“属性”面板如图 7-11 所示。

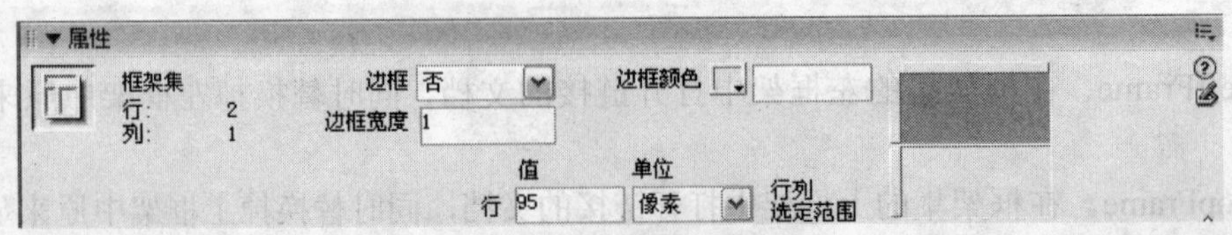

图 7-11 设置框架属性一

（6）单击“属性”面板右侧显示框的下部分，在“行”文本框中输入 1，从“单位”下拉列表中选择“相对”选项，将该框架的宽度设置为相对形式，其中“行”文本框中的数值也可以填入其他的数值，此处的数值对该框架的宽度不起控制作用，此时的“属性”面板如图 7-12 所示。

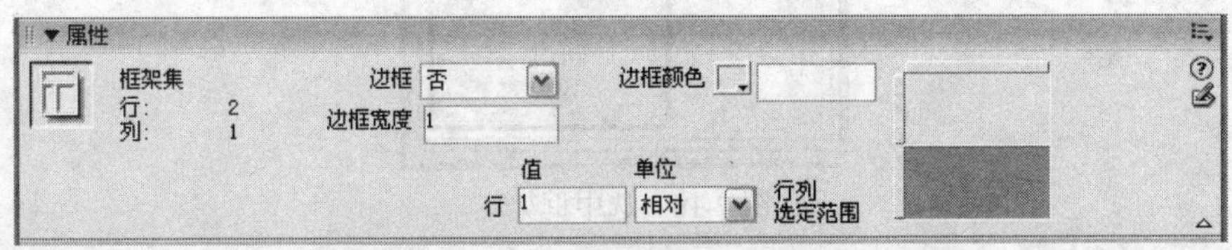

图 7-12　设置框架属性二

（7）单击“框架”面板中的框架集边框选中该框架集，如图 7-13 所示。

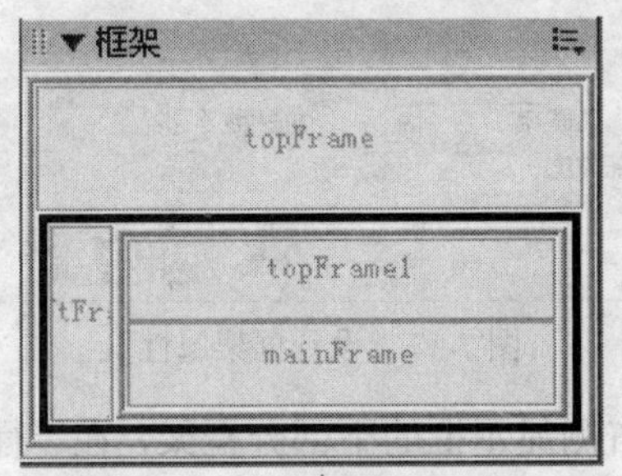

图 7-13　选中框架集

（8）单击“属性”面板右侧显示框中的左部分框架，在“行”文本框中输入 240，从“单位”下拉列表中选择“像素”选项，设置该框架的宽度为 240 像素；然后在“边框”下拉列表中选择“否”，将该框架的边框设置为不显示。设置完成后的“属性”面板如图 7-14 所示。

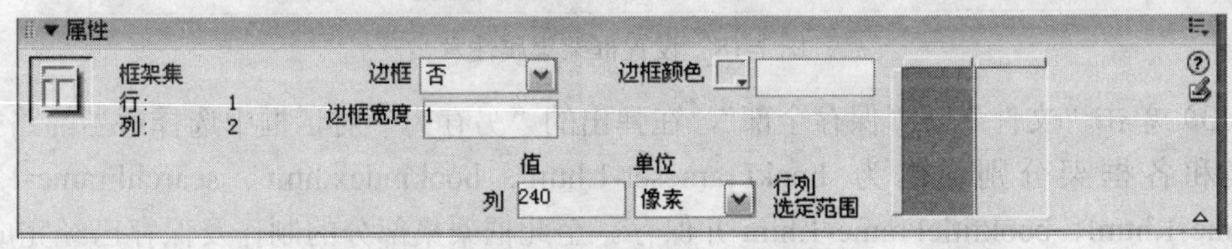

图 7-14　设置框架集属性三

（9）单击“属性”面板右侧显示中的右部分框架，在“行”文本框中输入 1，从“单位”下拉列表中选择“相对”选项，将该框架的宽度设置为相对形式，然后将边框设置为不显示，此时的“属性”面板如图 7-15 所示。

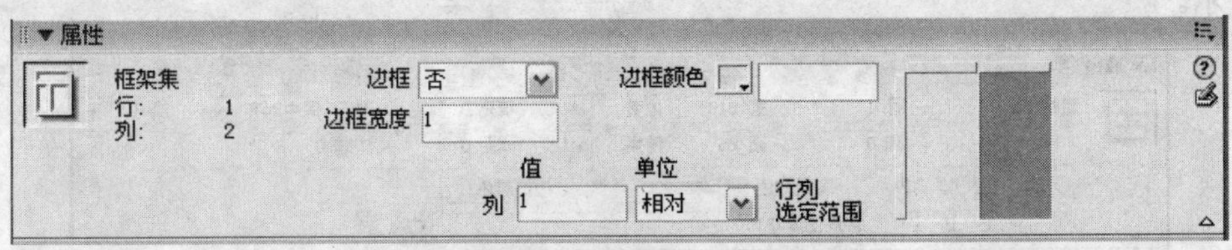

图 7-15　设置框架集属性四

（10）单击“框架”面板中的框架集边框选中该边框集，如图 7-16 所示。

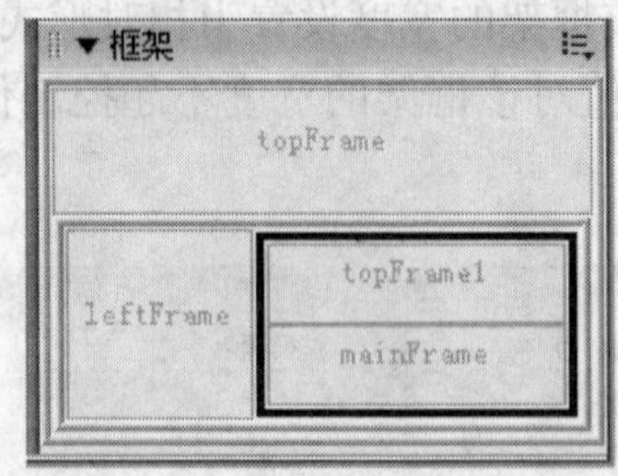

图 7-16 选中框架集

（11）单击“属性”面板右侧显示框的上部分框架，在“行”文本框中输入 46，在下拉列表中选择“像素”选项，设置该框架的宽度为 46 像素，然后将框架的边框设置为不显示，此时的“属性”面板如图 7-17 所示。

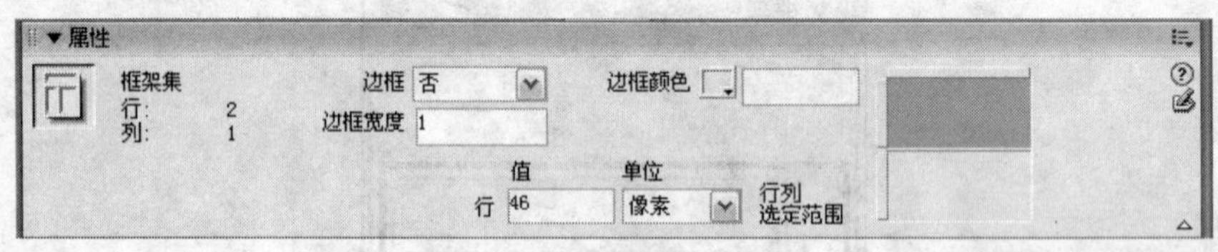

图 7-17 设置框架属性五

（12）单击“属性”面板右侧显示框的下部分框架，在“行”文本框中输入 1，从“单位”下拉列表中选择“相对”选项，将该框架的宽度设置为相对形式，然后将边框设置为不显示，此时的“属性”面板如图 7-18 所示。

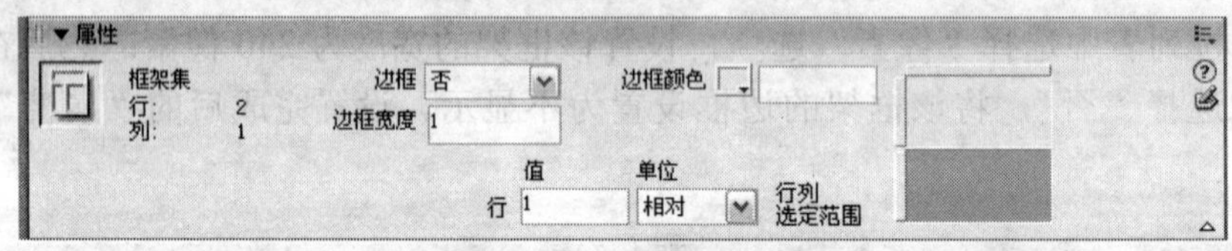

图 7-18 设置框架集属性六

（13）单击“文件”→“保存全部”，在弹出的“另存为”对话框中选择适当的路径，将框架集和各框架分别命名为 bookFrameset-1.htm、bookindex.htm、searchFrame-1.htm、naviFrame-1.html、booktitleFrame-1.htm 并保存。至此框架集部分的制作及保存已经完成。

2. 制作标题区

（1）在“文件”面板中双击文件 booktitleFrame-1.htm，在“文档”窗口中打开该文件。

（2）单击“插入”栏中的“表格”按钮，在文档中输入一个 1 行 3 列的表格。选中整张表格，在“属性”面板中设置其宽度、高度、边框、对齐方式以及背景颜色等属性，如图 7-19 所示。

图 7-19 设置表格属性

（3）将光标置于左侧单元格内，输入文字“开卷有益”。选中该文字内容，在“属性”面板中设置其字体样式、字体大小、颜色以及对齐方式等属性，如图 7-20 所示。

图 7-20　设置单元格属性

（4）将光标置于左侧单元格内，按住 Ctrl 键并单击选中该单元格。单击“属性”面板中的“背景”文本框右侧的文件夹按钮，从弹出的“选择图像源文件”对话框中选择图像源文件 wysjsc/07/159.jpg，然后单击“确定”按钮即可，如图 7-21 所示。

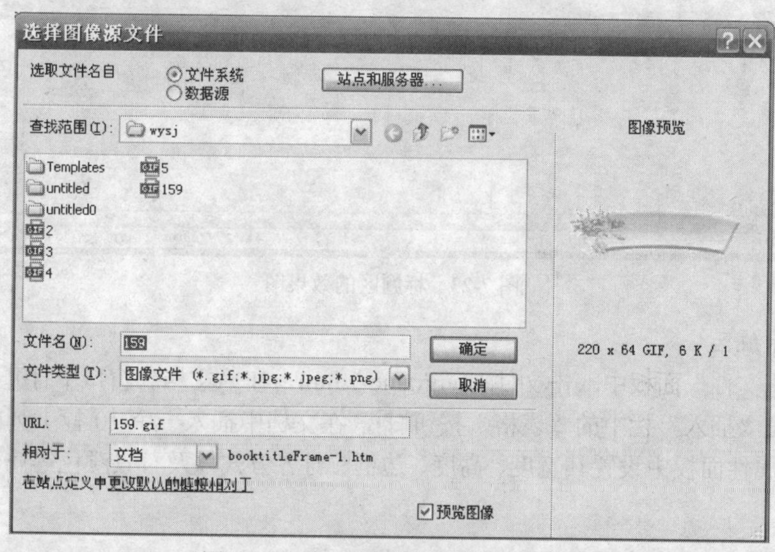

图 7-21　“选择图像源文件”对话框

（5）调整该单元格的宽度和高度至适当大小，使之刚好容纳所插入的背景图像。

（6）将光标置于中间单元格内，输入文字“清风书苑”。选中该文字内容，在“属性”面板中设置其字体样式、大小、颜色以及对齐方式等属性，并调整该单元格的宽度为 507 像素，此时的“属性”面板如图 7-22 所示。

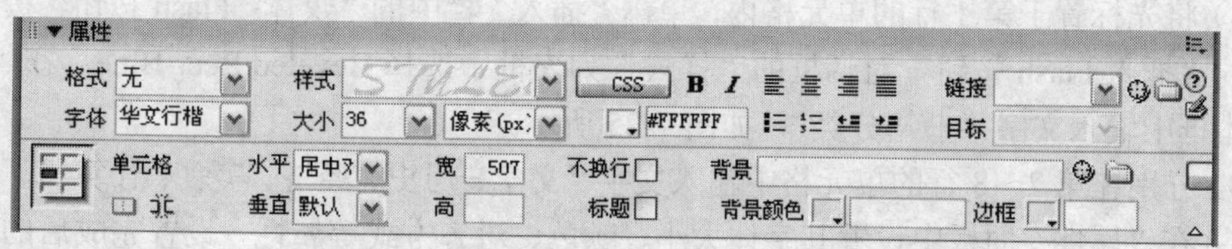

图 7-22　设置文本属性

（7）将光标置于右侧的单元格内，单击“插入”栏中的“图像”按钮，从弹出的“选择图像源文件”对话框中选择文件 wysjsc/07/02.jpg。

（8）将光标置于“文档”窗口中，单击“属性”面板中的 页面属性... 列表项目... 按钮，在弹出的“页面属性”对话框中的“外观”选项卡中设置该文档的背景颜色值为“#CCCCCC”。

（9）单击“文件”→“保存”保存该文档。

至此，标题区的制作全部完成，效果如图 7-23 所示。

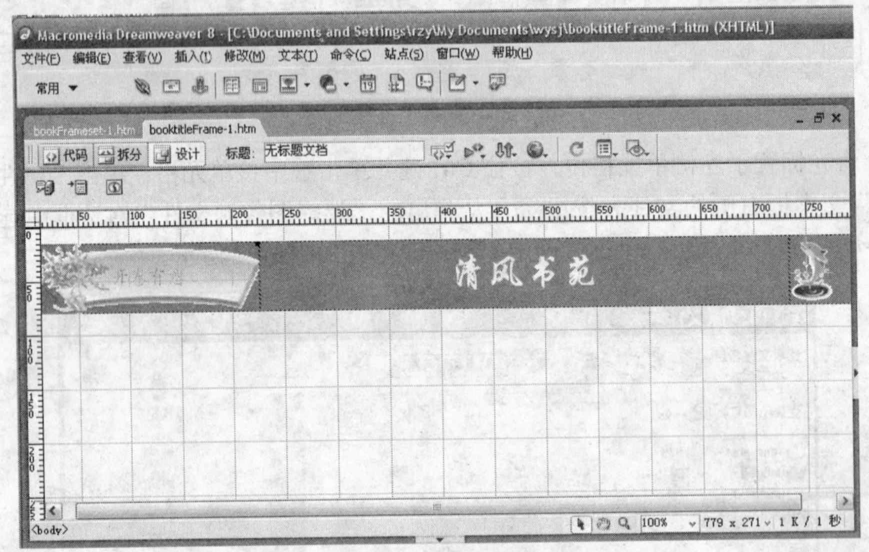

图 7-23　标题区的效果图

3. 制作导航区

（1）在“文件”面板中双击文件 naviFrame-1.htm，在“文档”窗口中打开该文件。

（2）单击“插入”栏中的“表格”按钮，在文档中插入一个 10 行 1 列的表格。选中整张表格，在属性面板中设置其宽度、高度、边框、对齐方式以及背景颜色等属性，如图 7-24 所示。

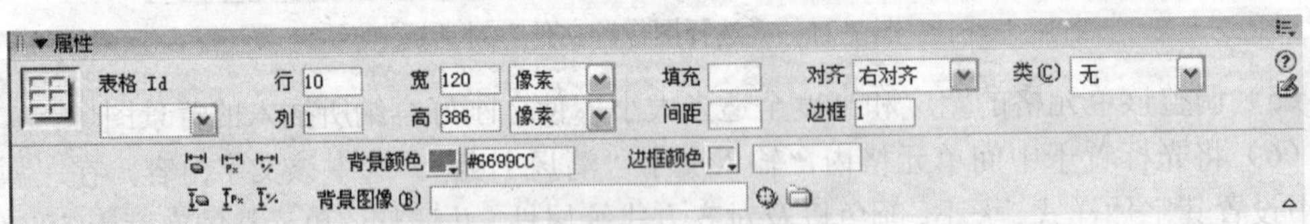

图 7-24　设置表格属性

（3）将光标置于第 1 行的单元格内，单击“插入”栏中的“媒体：Flash 按钮”按钮，从弹出的“插入 Flash 按钮”对话框的“样式”列表框中选择 Beveled Rect-Blue，在“按钮文本”文本框中输入文字“书籍分类”，如图 7-25 所示。

（4）分别在第 2～8 行的单元格中输入文字“文学、历史、经济、美食、计算机、工具书、艺术”，并在“属性”面板中设置其字体大小、颜色、对齐方式等属性，设置完成后的“属性”面板如图 7-26 所示。

（5）将光标置于第 9 行的单元格内，单击“插入”栏中的“媒体：Flash 按钮”按钮，从弹出的“插入 Flash 按钮”对话框的“样式”列表框中选择 Beveled Rect-Blue，在“按钮文本”文本框中输入文字“特价图书”，完成后单击“确定”按钮。

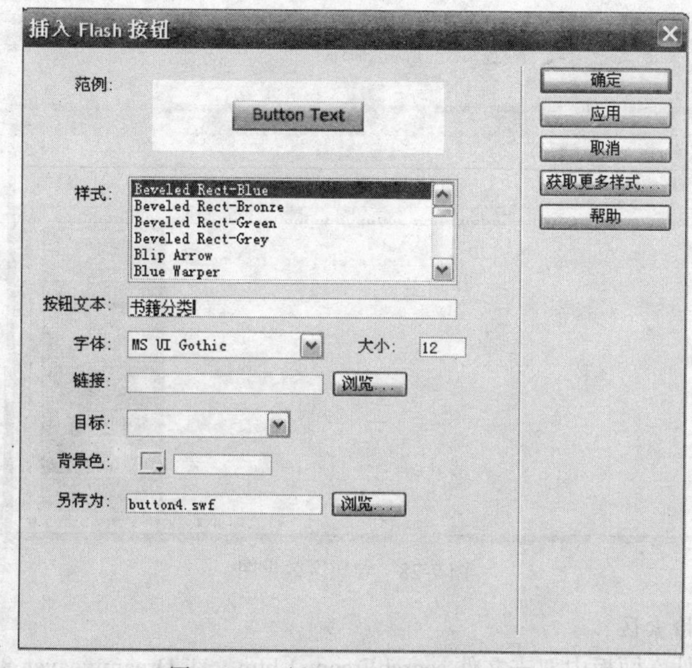

图 7-25　“插入 Flash 按钮”对话框

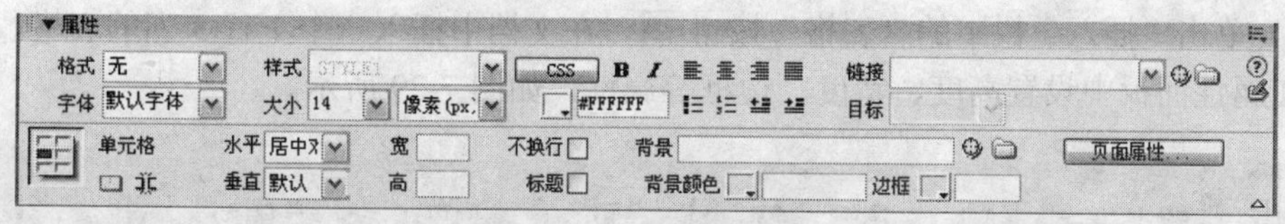

图 7-26　设置文本属性一

（6）将光标置于最后一行的单元格内，单击“属性”面板中的“拆分单元格为行或列”按钮，将该单元格拆分成 5 行。

（7）分别在拆分后的 5 个单元格中输入文字“Windows XP 从入门到精通、新编 Photoshop 入门与提高、Protel 2004 实用培训教程、Windows 2000 入门与提高、新编电脑上网与提高”，并在“属性”面板中设置其字体大小、颜色、对齐方式等属性，设置完成后的“属性”面板如图 7-27 所示。

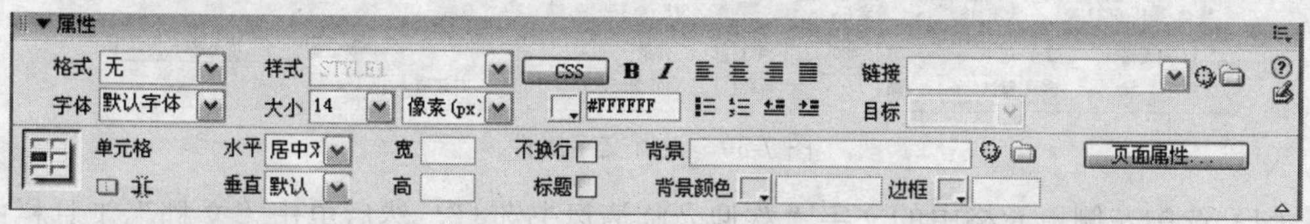

图 7-27　设置文本属性二

（8）将光标置于“文档”窗口中，单击“属性”面板中的 页面属性... 列表项目... 按钮，在弹出的“页面属性”对话框中设置该文档的背景颜色。

（9）单击“文件”→“保存”保存该文档。

导航区的制作全部完成，效果如图 7-28 所示。

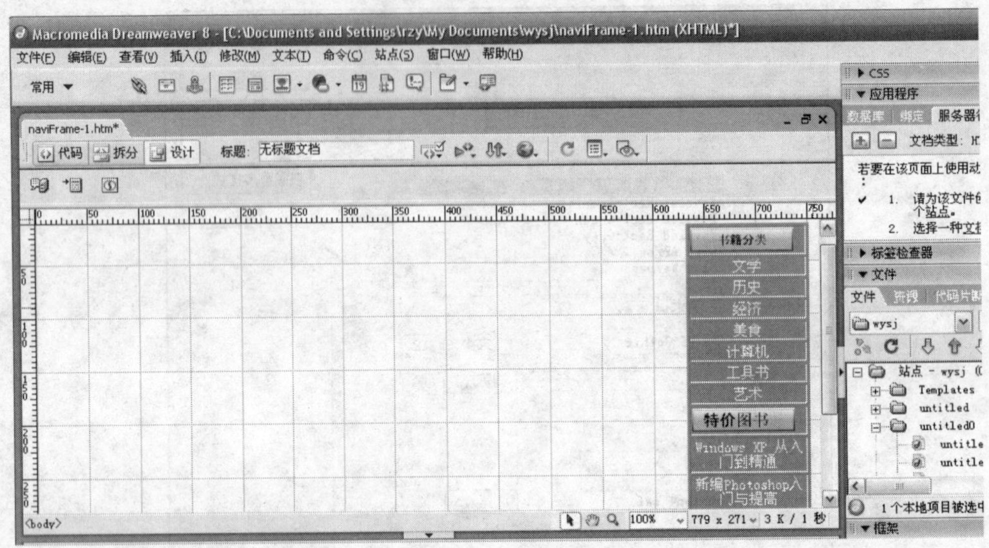

图 7-28 导航区效果图

4. 制作图书检索区

（1）在“文件”面板中双击文件 searchFream-1.htm，在 Dreamweaver 8 的“文档”窗口中打开该文件。

（2）单击“插入”栏中的“表格”按钮，在文档中插入一个 1 行 3 列的表格。选中该表格，在属性面板中设置高度、宽度、边框等属性，如图 7-29 所示。

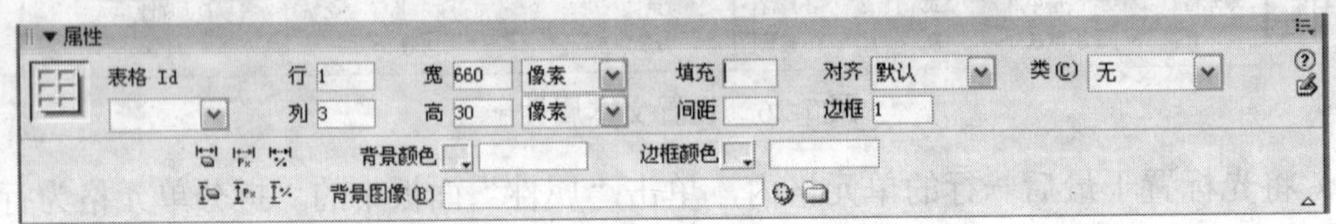

图 7-29 设置表格的属性

（3）将光标置于左侧的单元格中，输入文字“欢迎光临清风书苑!”。选中该文字内容，在“属性”面板中设置其字体样式、大小、颜色、对齐方式等属性，如图 7-30 所示。

图 7-30 设置文字属性

（4）选中左侧单元格中的文字“欢迎光临清风书苑!”，然后单击“文档”工具栏中的代码按钮切换至“代码”视图，在单元格标签<td></td>之间添加如下代码。

```
< marquee
height="20" hspace="5" loop="-1" scrollamount "3"scrolldelay="10" width="90%"
on="up" DIRECTI
align="center">
<span class="style1">欢迎光临清风书苑! ></span>
</marquee>
```

（5）单击设计按钮切换至“设计”视图，将光标置于中间的单元格中，单击“插入”栏中的“媒体：Flash 按钮”按钮，从弹出的“插入 Flash 按钮”对话框的“样式”列表选择 Chrome Bar，然后在“按钮文本”文本框中输入“图书查询”，设置完成后单击“确定”按钮即可。

（6）将光标置于右侧的单元格内，输入文字“联系我们”。选中该文字，在“属性”面板中设置文字样式、大小、对齐方式等属性，如图 7-31 所示。

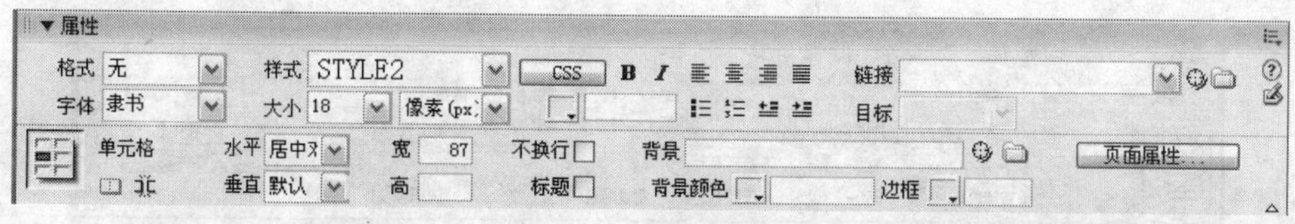

图 7-31　设置文字属性

（7）将光标置于“文档”窗口中，单击“属性”面板中的 页面属性... 列表项目... 按钮，在弹出的“页面属性”对话框中的“外观”选项卡中设置该文档的背景颜色值为“#CCCCCC”。

（8）单击“文件”→“保存”，保存该文档。

到此图书检索区就全部制作完成，效果如图 7-32 所示。

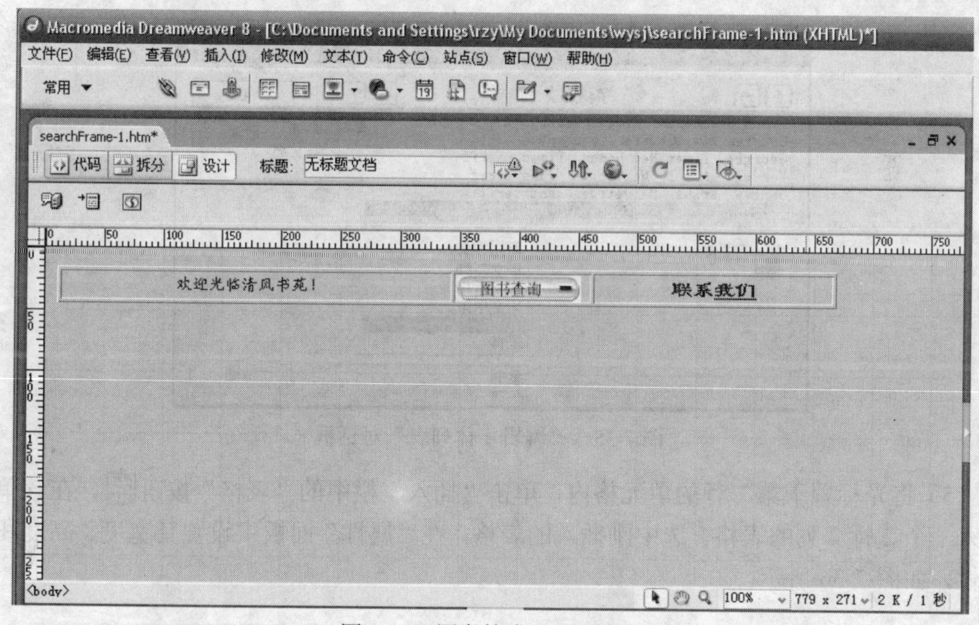

图 7-32　图书检索区的效果图

5. 制作主框架内容区

（1）在“文件”面板中双击文件 bookindxe.htm，在文档窗口中打开该文件。

（2）将光标置于“文档”窗口中，单击“插入”栏中的“表格”按钮，在文档中插入一个 2 行 1 列的表格。选中该表格，在“属性”面板中设置其宽度、边框、对齐方式等属性，如图 7-33 所示。

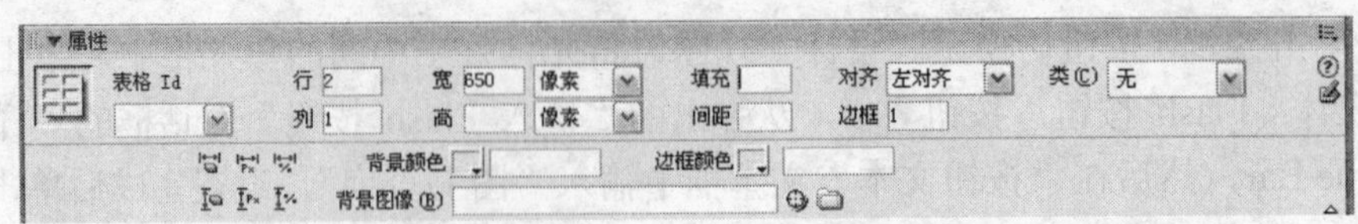

图 7-33 设置表格属性

（3）将光标置于第一行的单元格内，输入文字“精品推荐”，选中该文本并在“属性”面板中设置其字体样式、大小、颜色、对齐方式等属性，如图 7-34 所示。

图 7-34 设置文本属性

（4）如果在“属性”面板中的“字体”下拉列表中找不到“隶书”样式，可以单击“字体”下拉列表中的“编辑字体列表”选项，弹出“编辑字体列表”对话框。从“可用字体”列表中选择“隶书”选项，单击“添加字体”按钮<<，此时左侧的“选择的字体”列表中即可显示出刚添加的字体，如图 7-35 所示。重复执行该操作可继续选择需要的字体样式，最后单击“确定”按钮即可完成设置。

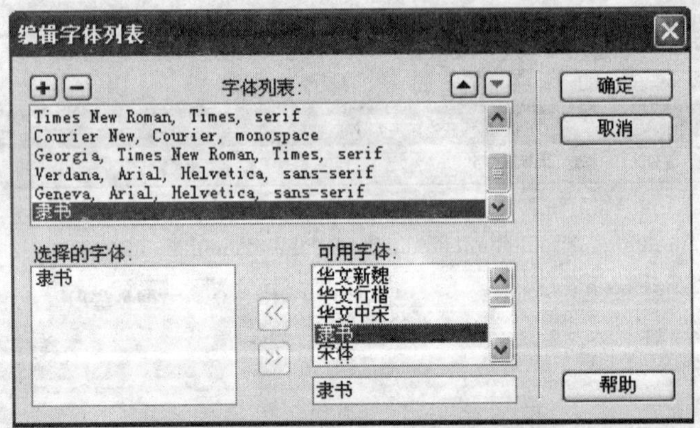

图 7-35 “编辑字体列表”对话框

（5）将光标置于第二行的单元格内，单击“插入”栏中的“表格”按钮，在该单元格中插入一个 2 行 2 列的表格。选中刚插入的表格，在“属性”面板中设置其宽度、高度和边框等属性，如图 7-36 所示。

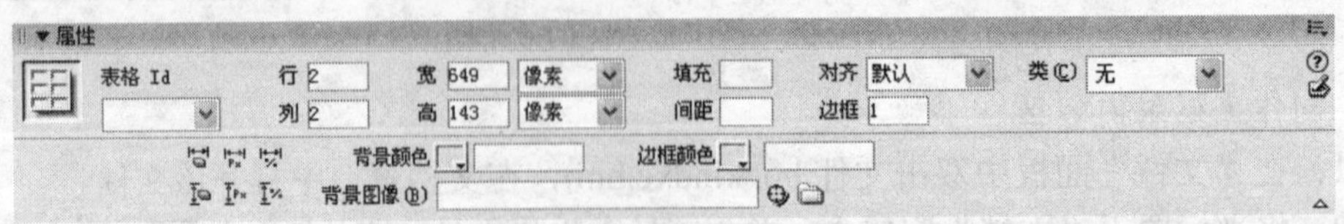

图 7-36 设置表格属性

（6）将光标置于插入表格的第一行左侧的单元格内，单击“插入”栏中的“表格”按钮，插入一个 5 行 2 列的表格，将光标置于新插入表格的左边第一行中，单机“图像”

按钮，从弹出的“选择图像源文件”对话框中选择文件 wysjsc/07.book1.jpg。单击插入图像，在“属性”面板中的“对齐”下拉列表中选择“左对齐”选项，将图像设置为左对齐的形式。

（7）将光标置于图像右侧第一行表格，输入文字“职场大长今”，选中该文字，在“属性”面板中设置其字体样式、大小、颜色、对齐方式等属性，如图 7-37 所示。继续输入该图书的作者、出版社以及出版日期等相关信息，并在“属性”面板中设置其相应属性。

图 7-37 设置文字属性

（8）将光标置于该单元格的最后一行，单击“插入”栏中的“媒体：Flash 按钮”按钮，从“插入 Flash 按钮”对话框中选择 eCommerce-Cart 按钮样式，在“按钮文本”文本框中输入“我要购买”，设置完成后单击“确定”按钮即可，如图 7-38 所示。

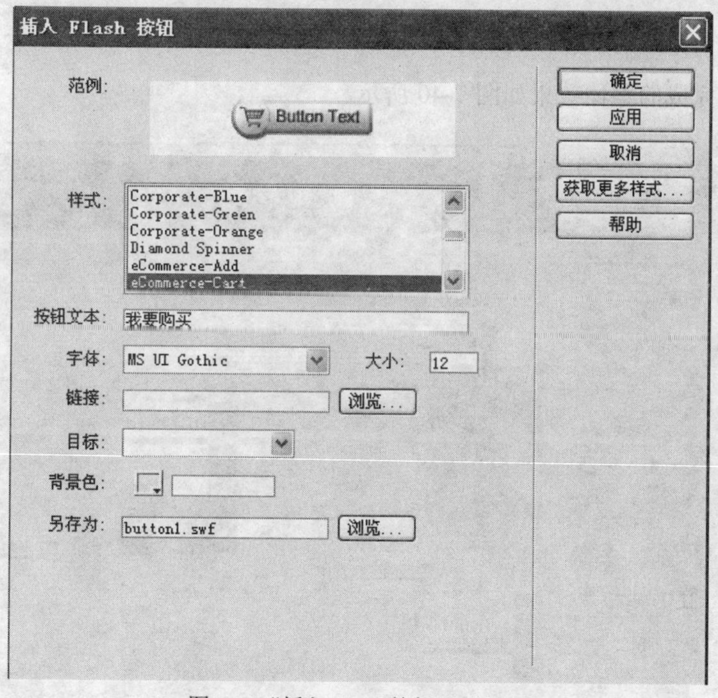

图 7-38“插入 Flash 按钮”对话框

（9）重复步骤（6）～（8）的操作，依次在其余的三个单元格中插入相应的图像、文本及按钮，并设置相应的属性。

（10）将光标置于“文档”窗口中的任意位置，单击属性面板中的按钮，然后从弹出的“页面属性”对话框中设置该文档的背景颜色。

（11）选择“文件”→“保存”命令，保存该文档。到此，主框架内容区就全部制作完成，效果如图 7-39 所示。

图 7-39　主框架内容区的效果

本实例制作完成的整体效果如图 7-40 所示。

图 7-40　网上书店的整体效果图

本章思考与练习

1．简述框架间链接的 TARGET 属性值的含义。
2．框架集设定的方式有几种？简述这几种方式。

3．简述框架边框各属性及属性值的含义。

上机练习

制作一个如图 7-41 效果的框架网页，在上端单击项目，在左侧显示项目明细； 在左侧单击项目，右侧显示相应的内容。

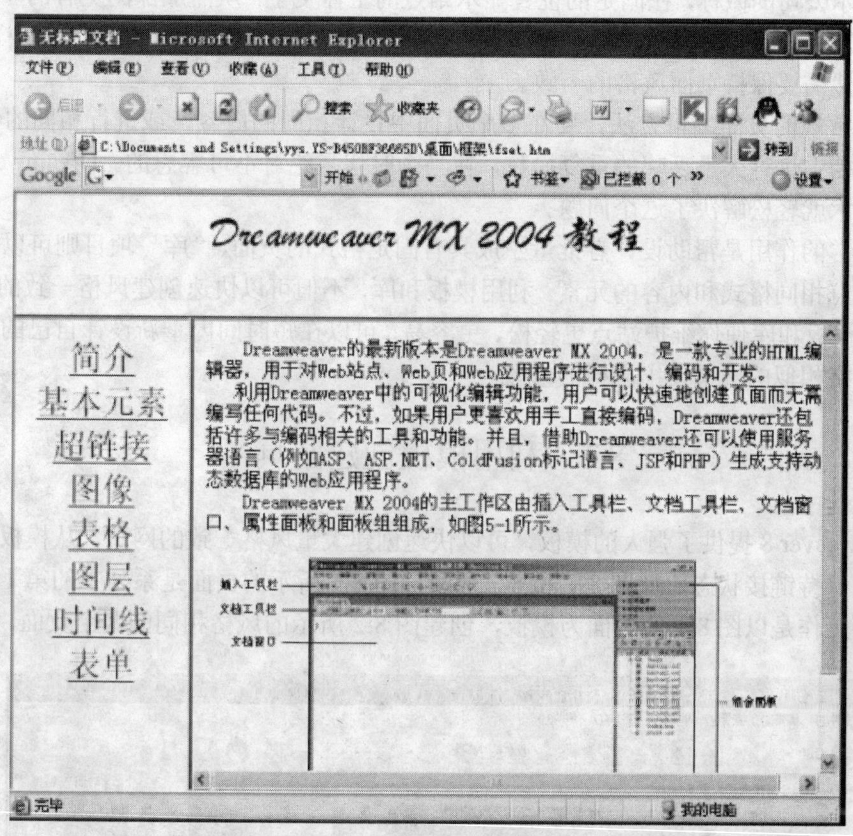

图 7-41　框架网页

第 8 章　应用模板和库快速设计网页

为了体现网站的专业性，使站点中的各页面具有相似的风格非常重要。例如在每个网页的左上角显示公司的徽标，在固定的位置显示站点的主体文字，从而加深浏览者的印象，并突出站点主题。另一个与此相关的问题是，我们经常需要把多个风格相同的网页做同样的修改，即修改后仍然需要保持页面风格的一致。

如果用常规的页面编辑方法，要在多个页面中设计相同的内容，或进行相同的修改，就得在每个文档中进行大量乏味的重复操作，在当今时代是绝对不可容忍的。Dreamweaver 8 的模板和库技术就轻松解决了这个问题。

“模板”的作用是帮助设计者批量生成具有固定格式的页面，“库”项目则可以快速在文档中插入具有相同格式和内容的元素。利用模板和库，不但可以快速创建风格一致的网页，更重要的是，模板和库使你维护站点更轻松、更容易，可以在短时间内重新设计自己的网站或对数以百计风格相似的网页作出同样的修改。

8.1　利用模板创建网页

Dreamweaver 8 提供了强大的模板，可以快速创建大量风格一致的网页，从模板创建的文档与该模板保持链接状态，如图 8-1 和 8-2 所示，图 8-1 所示的页面是系列中的第 1 个页面，这里的主要工作是以图 8-1 的页面为模板，创建图 8-2 所示的风格相同的四个页面。

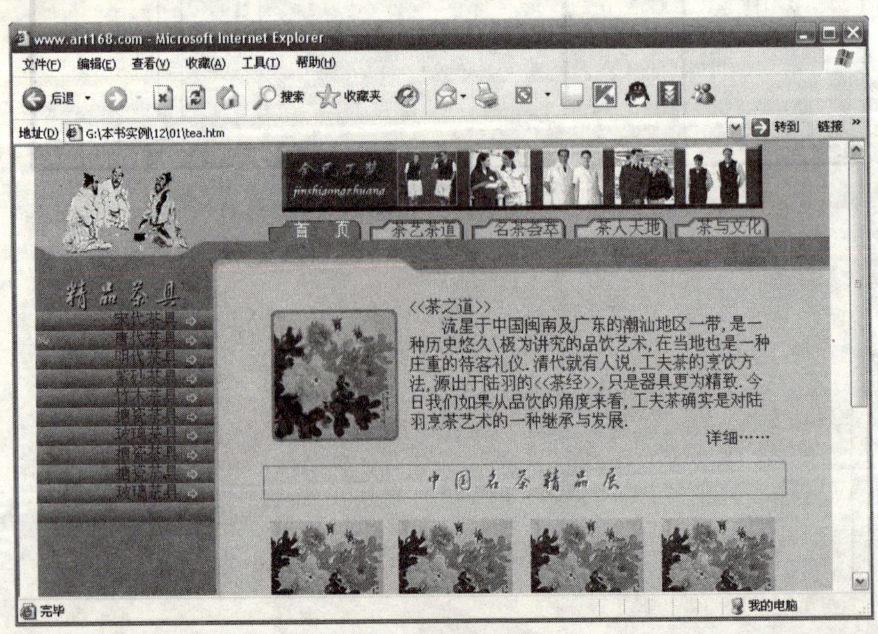

图 8-1　以此页为模板

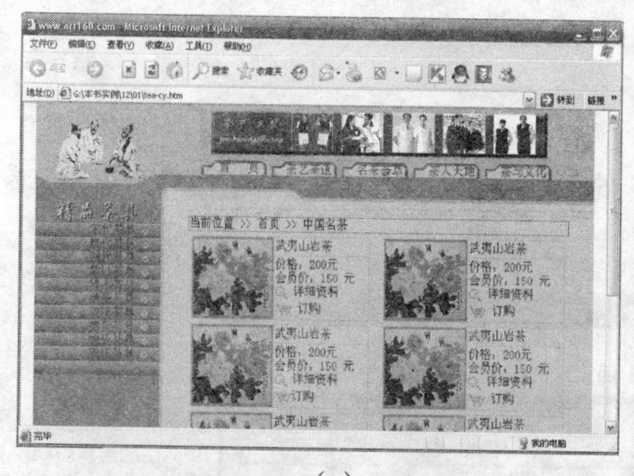

（a）

（b）

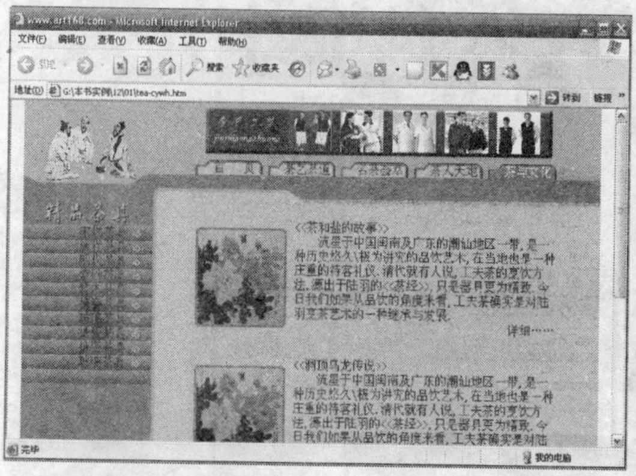

（c）

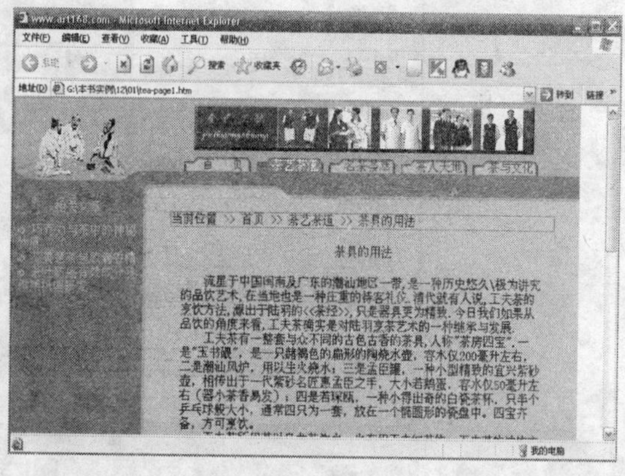

（d）

图 8-2　基于模板的四个风格相同的网页

1. 页面分析

模板实际上就是一种用来产生具有相同风格页面的文档“模子”，它可以为用户在短时间内设计出大量风格相同或相近的页面。上面的“茶之道”系列网页，不但所有页面的风格相同，而且有些内容（上面题头图片，左边的小标题菜单）在每个页面中也完全一样。像这种情况，如果用一般的编辑方法，必须在每个文档中重复设计相同的内容，既麻烦，也容易出错，如果使用“模板”技术进行设计，将大大提高工作效率。

2. 素材的准备

准备好“茶之道”系列页面中的图片和文字资料，然后把要作为模板的第一个页面设计得尽可能“完美”。所谓“完美”就是尽量接近最终效果，一旦完成后无须作大的修改。因为将此页面为模板产生其他页面，如果模板设计得不够完美，产生出来的大量页面也是有缺陷的。当然也可以重新修改模板，并以此更新所有基于这个模板的页面，但这样将浪费不少时间。

3. 实现步骤

所有的素材和第一个页面准备好以后，就可以按照以下步骤设计“茶之道”系列页面：

（1）将第一个页面文档 ex10_1. htm 存储为模板 temp10_1.dwt。

（2）打开模板 temp10_1.dwt，设置模板的可编辑区域。

（3）创建基于模板的其他页面，并修改每个页面的不同内容。

8.1.1 创建模板

1. 将设计好的一个网页存储为模板

首先打开 wysjsc/08/01.intex.htm“茶之道”的主页面，执行“文件”→“另存为模板”命令，如图 8-3 所示。

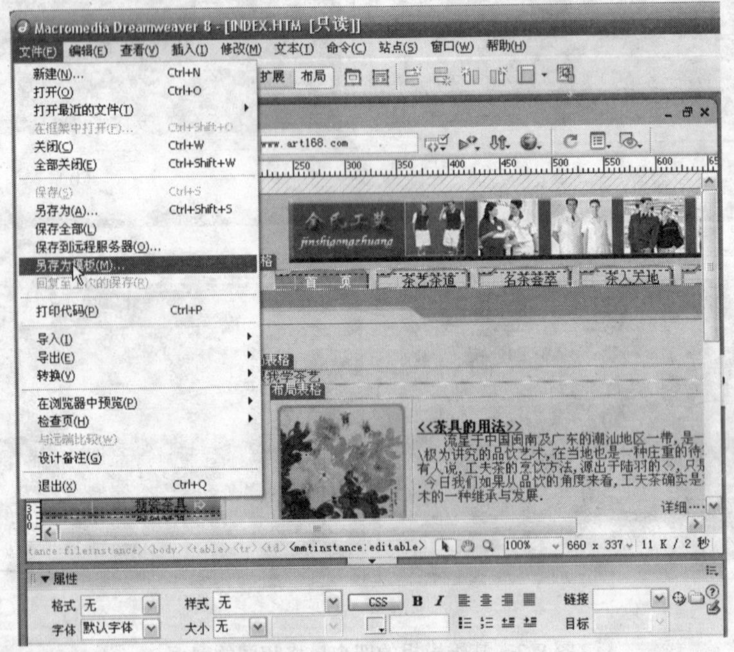

图 8-3 执行“另存为模板”命令

这时会弹出“另存为模板”对话框，从“站点”下拉列表中可以选择一个用来保存模板的站点，这里选择默认的 wysj 站点，然后在“另存为”文本框中为模板输入一个唯一的名称，仍然用它的默认值 INDEX，如图 8-4 所示。然后单击“保存”按钮，会弹出一个要求更新链接的对话框，单击“是”即可，如图 8-5 所示。

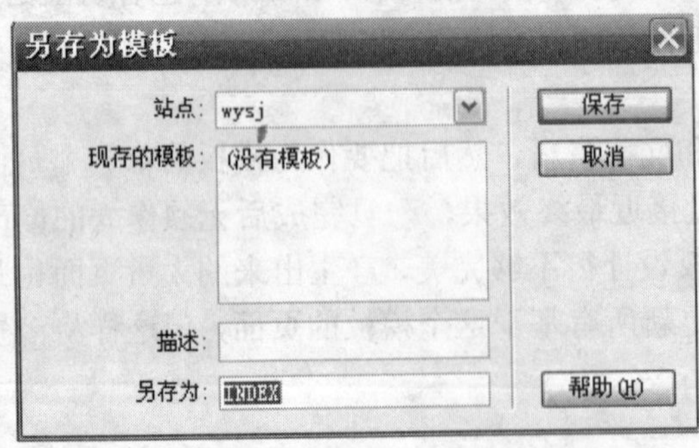

图 8-4 弹出“另存为模板”对话框

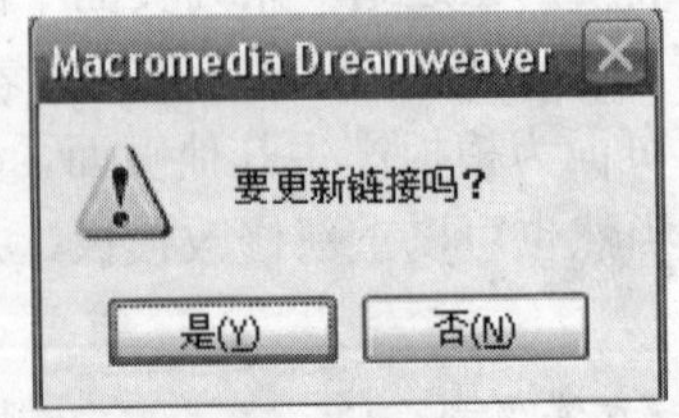

图 8-5 弹出更新链接对话框

Dreamweaver 8 会将模板文件自动保存在站点根目录中的 Templates 文件夹中，文件的扩展名是.dwt，如果 Templates 文件夹在站点中还不存在，Dreamweaver 8 会在保存新建模板时自动创建该文件夹。

注意：不要把模板移动到 Templates 文件夹之外或者将任何非模板文件放在 Templates 文件夹中。此外，不要把 Templates 文件夹移动到本地根文件夹之外，这样做将在模板的路径中引起错误。

2. 插入可编辑区域

在要插入的可编辑区域的单元格内单击，选中这个单元格，在“常用”工具栏中，单击“模板”按钮右侧的下拉按钮，在弹出的下拉菜单中选择“可编辑区域”项，如图 8-6 所示，这时会弹出“新建可编辑区域”对话框，如图 8-7 所示。

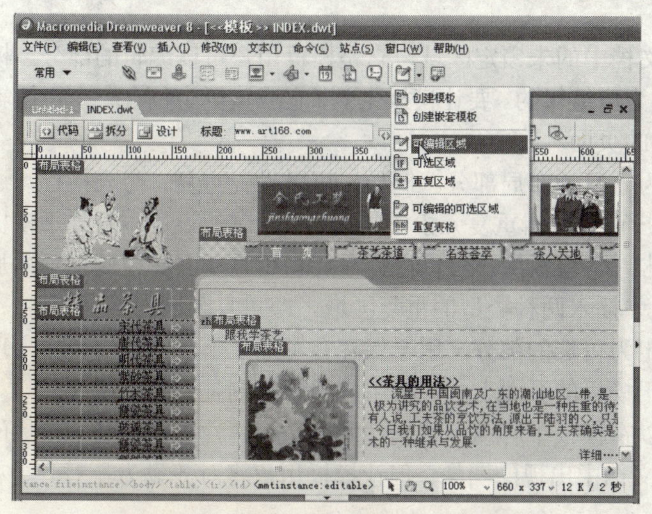

图 8-6　执行创建“可编辑区域”的命令

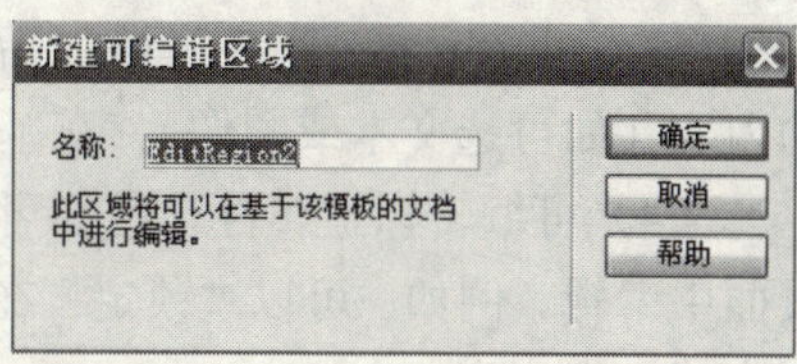

图 8-7　弹出“新建可编辑区域”对话框

在“名称”文本框中为该区域输入唯一的名称，不要在“名称”文本框中使用特殊的字符，这里使用默认名称，然后单击“确定”按钮即可。

可编辑区域在模板中由高亮显示的矩形边框围绕，该区域左上角的选项卡显示区域名称，如图 8-8 所示。

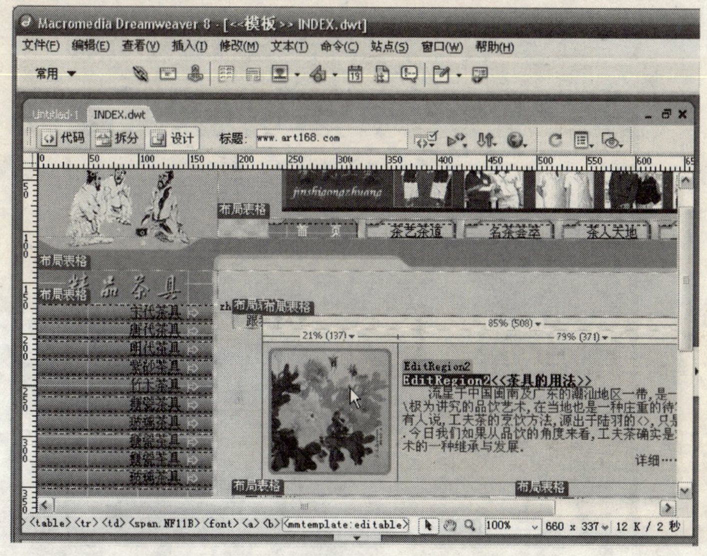

图 8-8　新建可编辑区域完成后出现的标志

这样，一个可编辑区域就新建完成了，如果创建基于 index.dwt 这个模板的网页，那么带有可编辑区域标志的单元格就可以被用户编辑，其他区域则不能被用户编辑。

3. 模板区域的类型

将文档另存为模板时，Dreamweaver 自动锁定文档的大部分区域。模板创作者指定基于模板文档中的哪些区域可编辑，方法是在模板中插入可编辑区域或可编辑参数。

创建模板时，可编辑区域和锁定区域都可以更改。但是，在基于模板的文档中，模板用户只能在可编辑区域中进行更改；无法修改锁定区域。

共有四种类型的模板区域：

（1）可编辑区域。指基于模板文档中的未锁定区域，它是模板用户可以编辑的部分。模板创作者可以将模板的任何区域指定为可编辑的。要让模板生效，它应该至少包含一个可编辑区域；否则，将无法编辑基于该模板的页面。

（2）重复区域。指文档中设置为重复的布局部分。例如，可以设置重复一个表格行。通常重复部分是可编辑的，这样模板用户可以编辑重复元素中的内容，同时使设计本身处于模板创作者的控制之下。在基于模板的文档中，模板用户可以根据需要使用重复区域控制选项添加或删除重复区域的副本。可以在模板中插入两种类型的重复区域，即重复区域和重复表格。

（3）可选区域。指在模板中指定为可选的部分，用于保存有可能在基于模板文档中出现的内容（如可选文本或图像）。在基于模板的页面上，模板用户通常控制是否显示内容。

（4）可编辑标签属性。使你可以在模板中解锁标签属性，以便该属性可以在基于模板的页面中编辑。例如，可以“锁定”在文档中出现的图像，但让模板用户将对齐设为左对齐、右对齐或居中对齐。

8.1.2 编辑模板

1. 删除可编辑区域

如果已经将模板文件的一个区域标记为可编辑区域，而现在想在此锁定它，使它在基于模板创建的文档中不可编辑，可以先单击可编辑区域左上角的选项卡选中它，如图 8-9 所示。

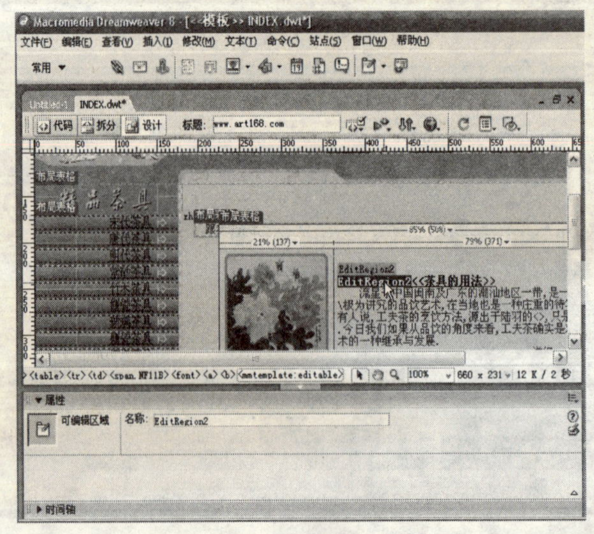

图 8-9 选中可编辑区域

执行“修改”→“模板”→“删除模板标记”命令，就可以删除这个可编辑区域。这样该编辑区域就不再是可编辑区域了。当然也可以选中可编辑区域后，按 Delete 键删除所选的可编辑区域。

2. 更改可编辑区域的名称

插入的可编辑区域可以更改它的名称。首先单击可编辑区域左上角的选项卡选中它，然后在“属性”面板的“名称”文本框中输入一个新的名称，然后按 Enter 键使所修改的内容生效，如图 8-10 所示。

图 8-10　更改可编辑区域的名称

注意：对可编辑区域的名称进行更改时，不能与其他可编辑区域的名称相同。

3. 保存更改后的模板

模板修改后执行“文件”→“保存”命令即可保存修改后的模板。

如果在模板更改前，存在三个基于该模板的文件，则模板更改后执行“文件”→“保存”命令，系统会弹出一个更新使用模板文档的对话框，如图 8-11 所示。

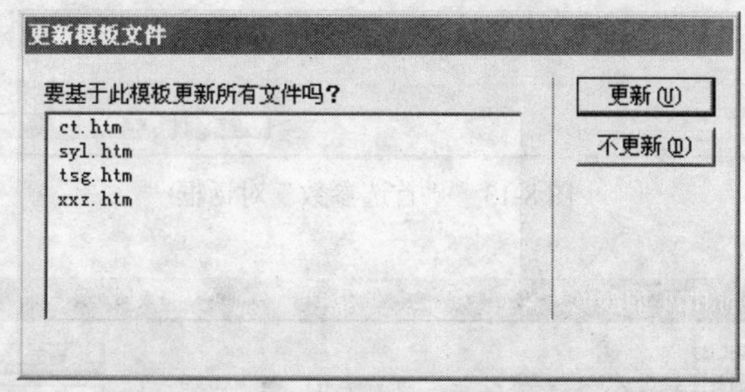

图 8-11　“更新模板文件”对话框

单击“更新”按钮就可以更新所选中的基于该模板创建的网页了。更新完毕后会弹出“更新页面”对话框，记录更新的日志，如图 8-12 所示。

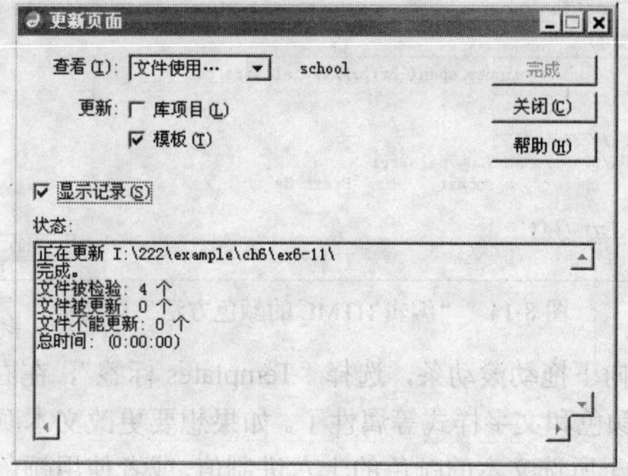

图 8-12　“更新页面”对话框

4. 设置模板区域的高亮显示首选参数

在编辑网页时，有可能需要在“代码”视图中直接编辑 HTML 代码，为了方便在“代码”

视图中查看文档时能够轻松区分模板区域，可以为模板自定义代码颜色首选参数，代码颜色首选参数可以控制在“代码”视图中显示文本的颜色、背景颜色和样式属性。

执行“编辑”→“首选参数”命令，弹出“首选参数”对话框。在左侧的“分类”列表框中选择“代码颜色”，在右侧“文档属性”列表框中选择 HTML，然后单击“编辑颜色方案”按钮，如图 8-13 所示，会弹出“编辑 HTML 的颜色方法”对话框，如图 8-14 所示。

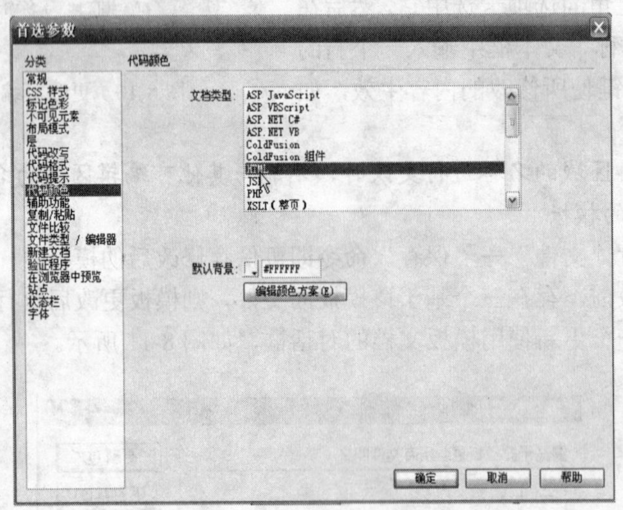

图 8-13 “首选参数”对话框

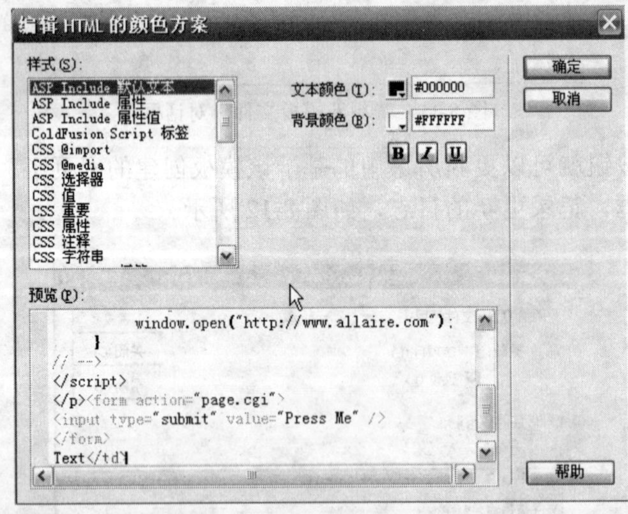

图 8-14 “编辑 HTML 的颜色方法”对话框

在“样式”列表中向下拖动滚动条，选择“Templates 标签”，在右边就可以为“代码”视图设置文本颜色、背景颜色和文字样式等属性了。如果想要更改文本颜色，只要在“文本颜色”文本框中输入想要应用于所选文本的颜色的十六进制值，或者使用颜色选择器来选择一种颜色应用于文本的颜色。要更改“背景颜色”，执行相同的操作即可。如果想要为代码添加样式属性，可以单击 B（粗体）、*I*（斜体）或 U（下划线）按钮来设置所需样式。最后单击“确定”按钮让所作的修改生效。

8.1.3　应用模板

创建基于模板的网页

模板在制作完成后，就可以创建基于模板的网页了。执行“文件”→“新建”命令，弹出“从模板新建”对话框，单击“模板”标签，弹出选项卡，如图 8-15 所示。

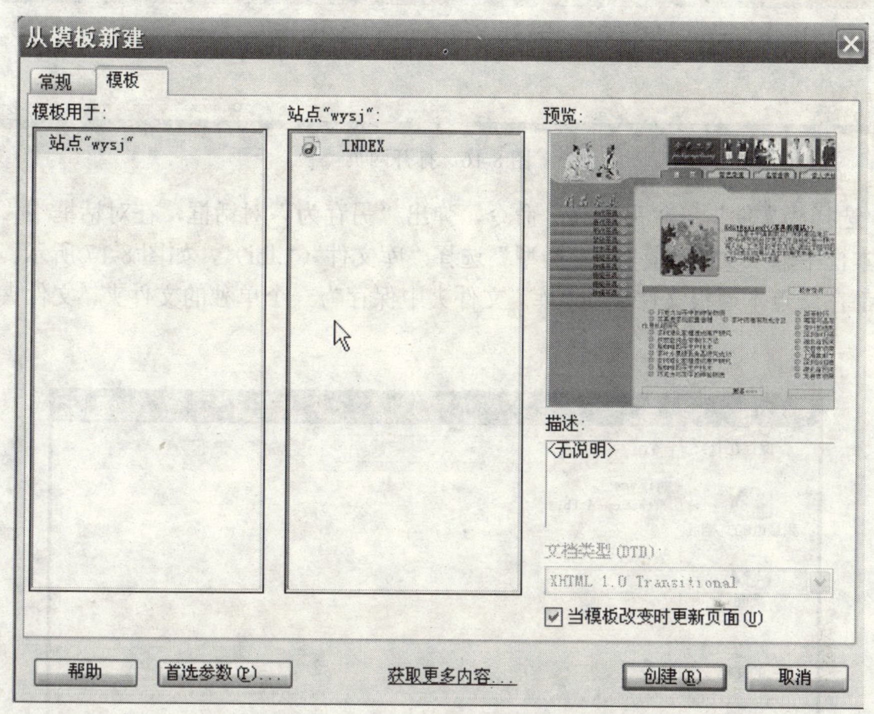

图 8-15　“从模板新建”对话框

如果 Dreamweaver 8 有多个站点，将在“模板用于”列表中列出“站点”。

8.2　使用库项目

在 Dreamweaver 8 中除了模板外，还有一个网页快速编辑工具，这就是库。库是一种用来存储设计者想要在整个网站上经常重复使用或更新网页元素的方法，这些元素称为库项目，Dreamweaver 8 将库项目存储在每个站点的本地根文件夹内的 Library 文件夹中。

将库项目放在文档中的时候，Dreamweaver 8 向文档中插入该项目的 HTML 源代码拷贝，并添加一个包含对原始外部项目引用的 HTML 注释。

8.2.1　创建库项目

可以从文档部分中的任意元素创建库项目，这些元素包括文本、表格、表单、Java Applet、插件、ActiveX 元素、导航条和图像。

创建库项目具体操作步骤如下。

（1）打开如图 8-16 所示的网页。

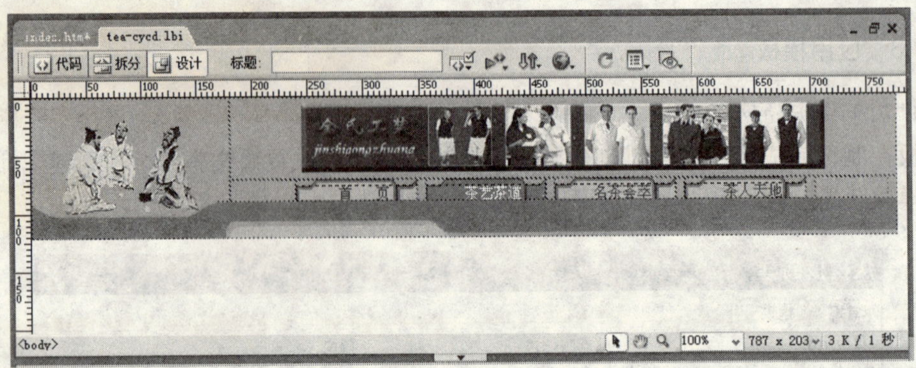

图 8-16　打开网页

（2）选择“文件”→“另存为”命令，弹出“另存为”对话框，在对话框中“文件名”右边的文本框中输入文件名，“保存类型”选择“库文件（*.lbi）”，如图 8-17 所示。注意，每个库项目都在站点本地根文件夹的“库”文件夹中保存为一个单独的文件夹，文件夹的扩展名为.lbi。

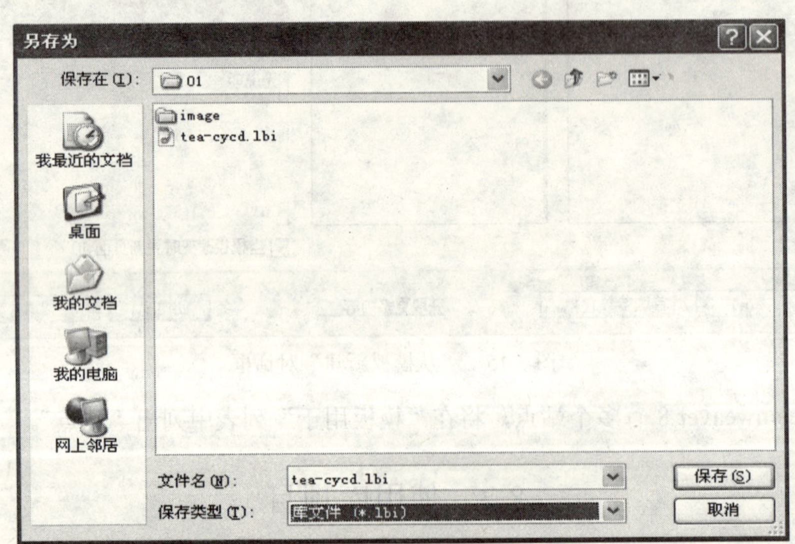

图 8-17　“另存为”对话框

8.2.2　在网页中插入库

库项目是可以在每个页面中重复使用的存储页面元素，每当更改某个库项目时，都可以更新所使用该库的页面。

在网页中插入库项目的具体操作步骤如下。

（1）打开如图 8-18 所示的网页。

（2）将光标置于要插入库项目的位置，选择“窗口”→“资源”命令，打开“资源”面板，如图 8-19 所示。

（3）选择一个库项目，单击“插入”按钮，插入库项目，如图 8-20 所示。也可单击选中库文件并拖曳到想插入库项目的位置。

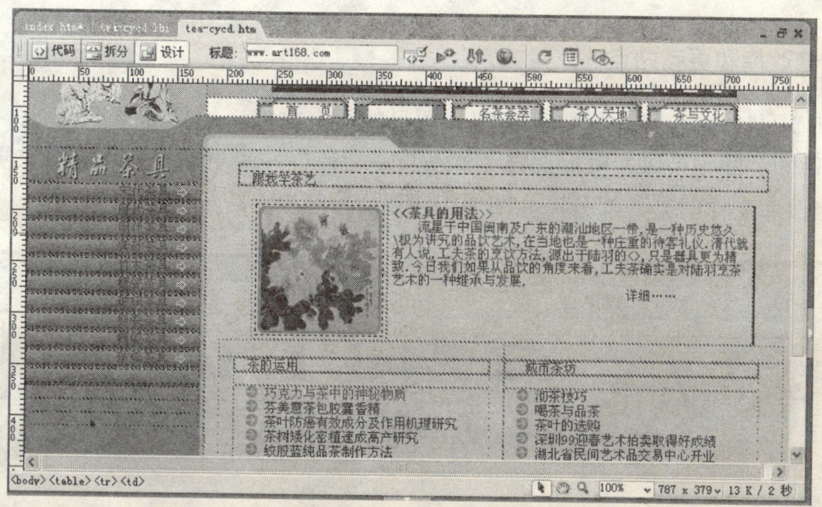

图 8-18　打开网页

图 8-19　“资源”面板

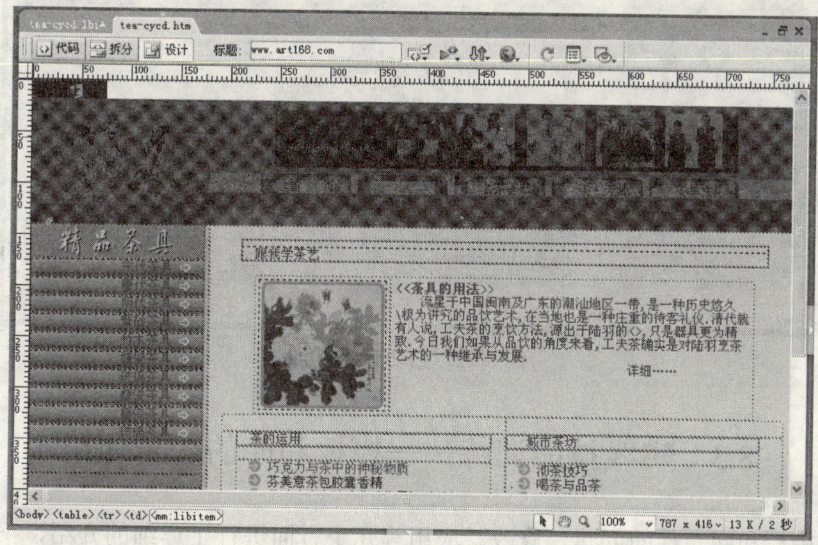

图 8-20　插入库项目

8.2.3 修改库和更新站点

当更改库项目时，也可选择更新使用该项目的所有文档。如果选择不更新，那么文档将保持与库项目的关联，可以在以后选择“修改”→“库”→“更新页面”命令来更新。

（1）修改库文件的某一部分，如图 8-21 所示。

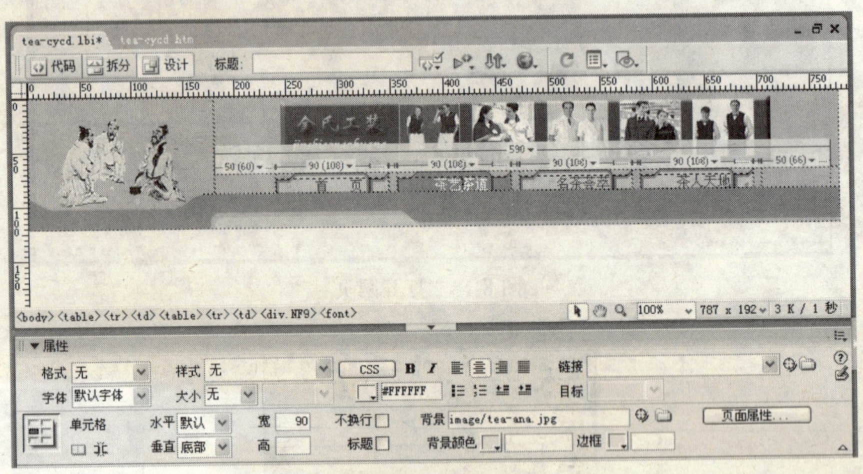

图 8-21 编辑库文件

（2）选择“文件”→“保存”命令，应用库项目的网页将自动更新，如图 8-22 所示。

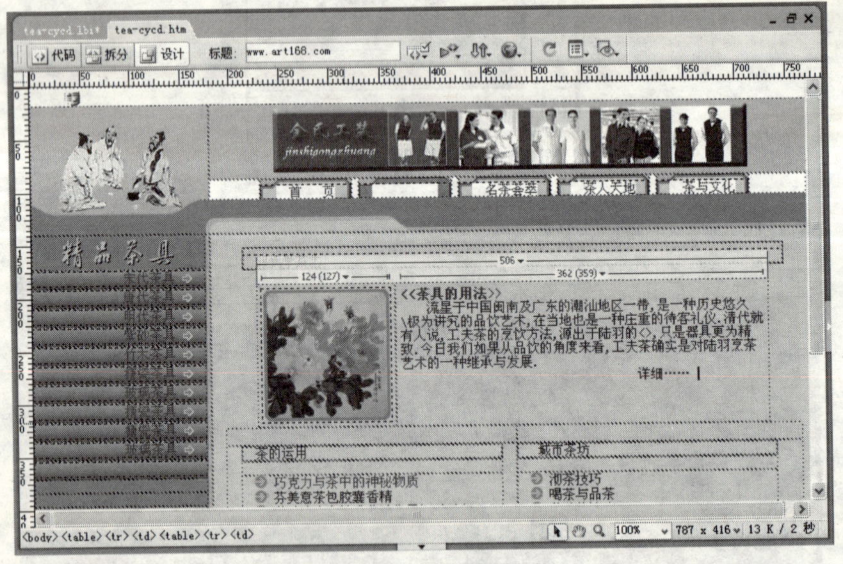

图 8-22 自动更新页面

8.3 实践技能训练——模板和库的综合使用

本章从模板和库文件的创建、修改、应用等几个方面进行了详细的介绍，下面将通过实际例子进一步讲述利用模板和库文件创建网页的方法。

8.3.1　创建网页库项目

库项目在网页中经常使用，创建的具体步骤如下所示。

（1）选择“文件”→“新建”命令，新建一个空白网页文档。选择“插入”→“表格”命令，弹出“表格”对话框，插入一个 1 行 10 列的表格，如图 8-23 所示。

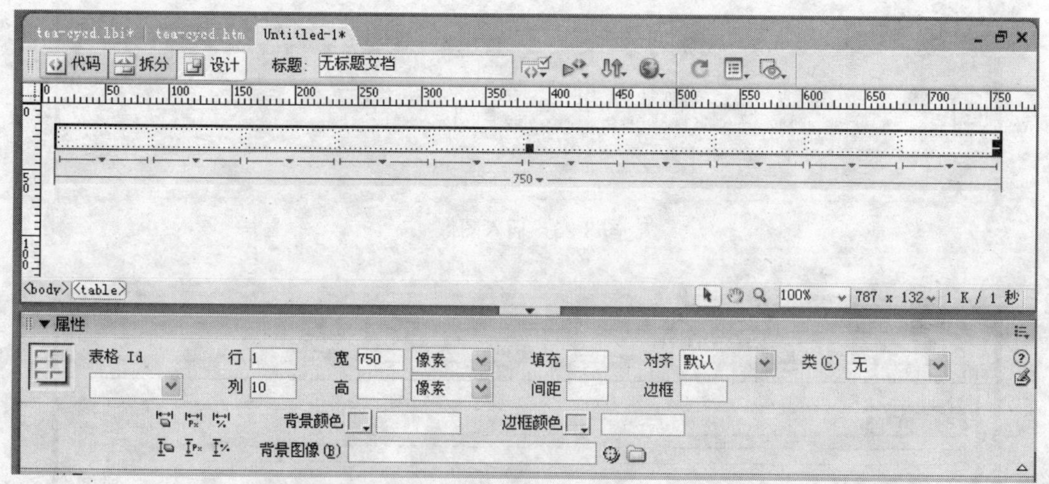

图 8-23　插入表格

（2）将光标置于第 1 列表格中，选择“插入”→“图像”命令，弹出“选择图像源文件”对话框，选择 logsjsc09/02/images/jngm_01.gif，如图 8-24 所示。

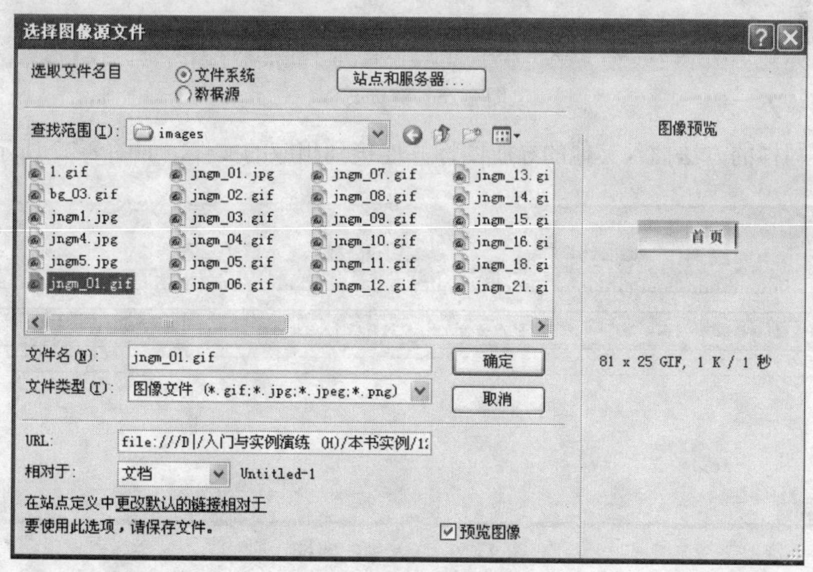

图 8-24　选择图像源文件

（3）在弹出的对话框中选择“首页”的图像文件，单击“确定”按钮，如图 8-25 所示。

（4）在属性面板中单击“链接”文本框右边的“浏览”图标，在弹出的“选择文件”对话框中选择相应的链接文件，单击“确定”按钮，如图 8-26 所示。

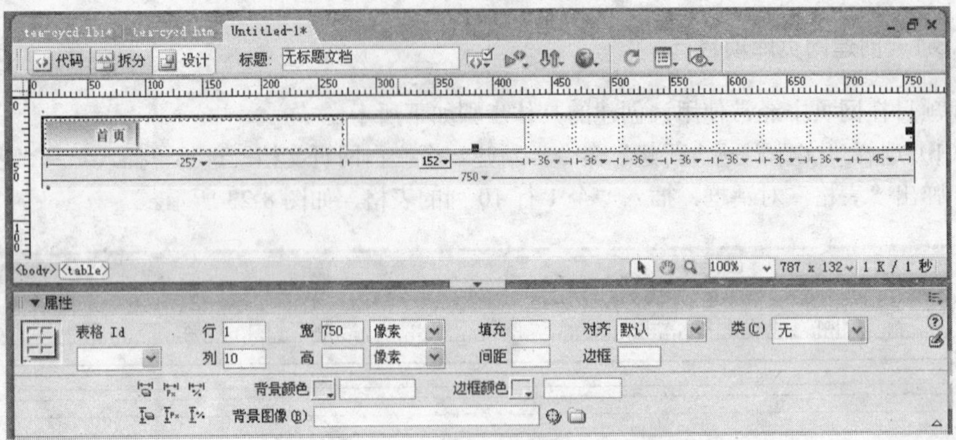

图 8-25　插入图像

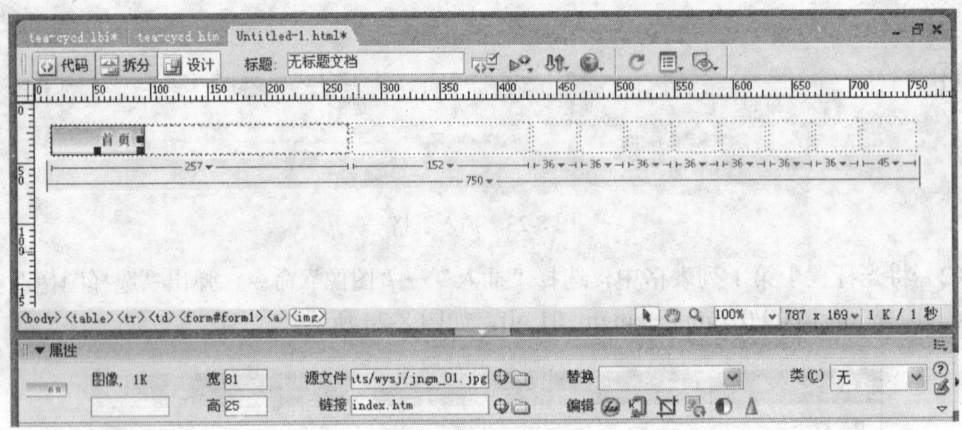

图 8-26　链接文件

（5）用同样的方法插入其他的导航图标并连接到相应的文件，如图 8-27 所示。

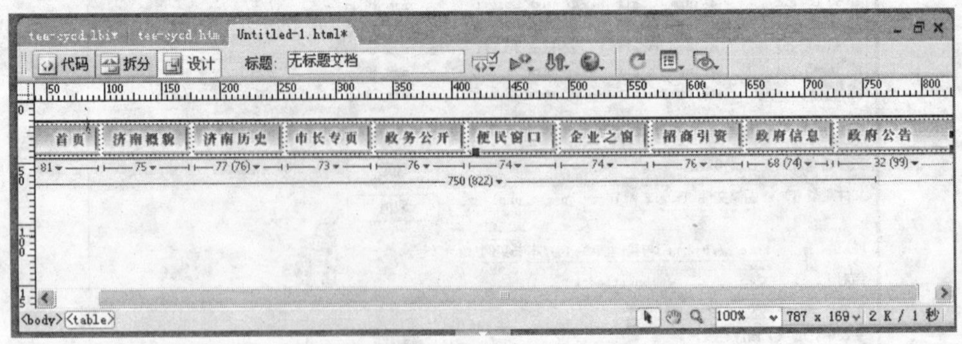

图 8-27　插入导航图标

（6）将光标置于表格的右边，选择“插入”→“表格”命令，弹出“表格”对话框，插入一个 1 行 1 列的表格，如图 8-28 所示。

（7）选择“插入”→“图像”命令，弹出“选择图像源文件”对话框，在弹出的对话框中选择相应的图像文件，单击“确定”按钮，如图 8-29 所示。

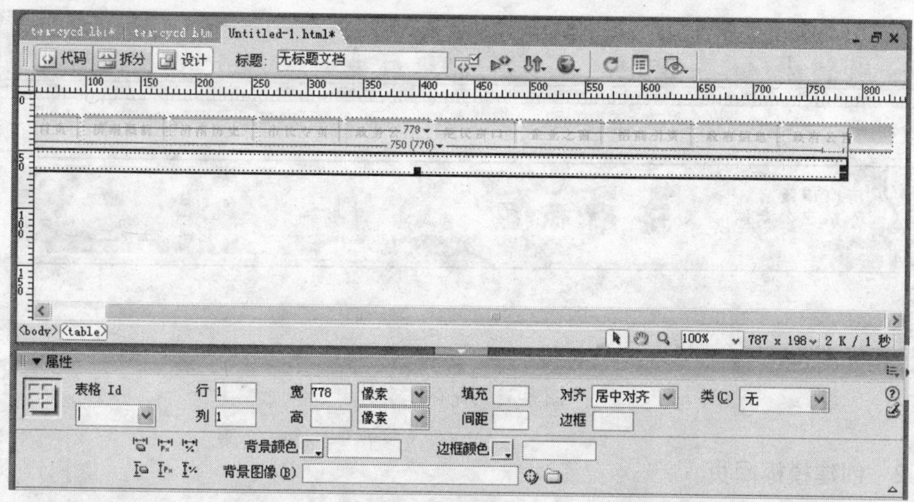

图 8-28　插入表格

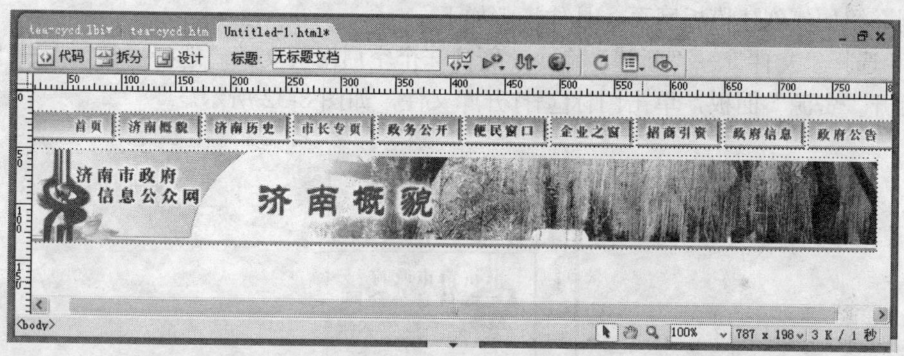

图 8-29　插入图像

（8）选择“文件”→“另存为”命令，弹出“另存为”对话框，在此对话框中，在“文件名”右边的文本框中输入文件名，“保存类型”选择“库文件（*.lbi)”，如图 8-30 所示。单击“保存”按钮如图 8-31 所示。

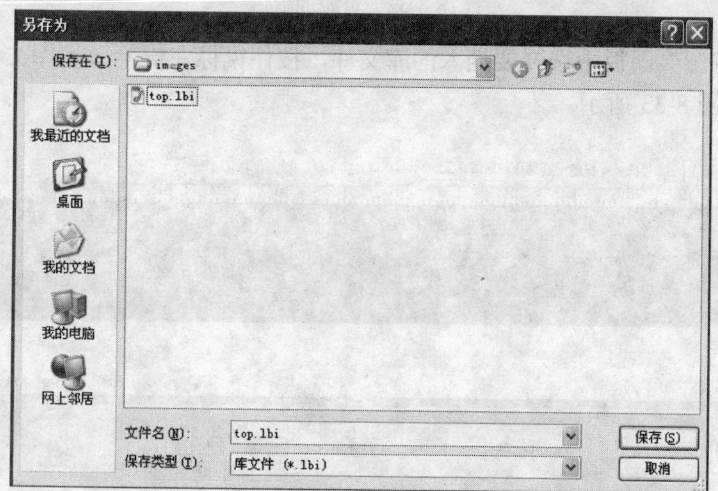

图 8-30　保存库文件

图 8-31 保存库文件

8.3.2 创建模板网页

模板可以大大提高网页的制作效率，因此模板在网页制作过程中有广泛的应用，下面将通过实例介绍如何创建模板网页，具体步骤如下。

（1）选择“文件”→“新建”命令，新建一个空白网页文档。选择“窗口”→“资源”命令，打开“资源”面板，单击图标打开库文件，如图 8-32 所示。

图 8-32 资源面板

（2）在“资源”面板中选择要插入的库文件，按住鼠标左键不放把库文件拖动到网页文档中，拖入后如图 8-33 所示。

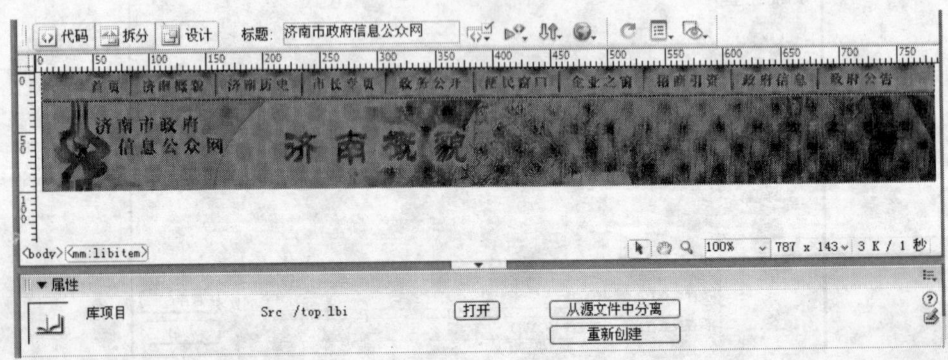

图 8-33 库文件

（3）将光标置于库文件的右边，选择“插入”→“表格”命令，弹出“表格”对话框，插入一个 1 行 2 列的表格。在表格的第 1 列单元格中再插入一个 15 行 1 列的表格，在属性面板中将“背景颜色”设置为“#FFFFF7”，如图 8-34 所示。

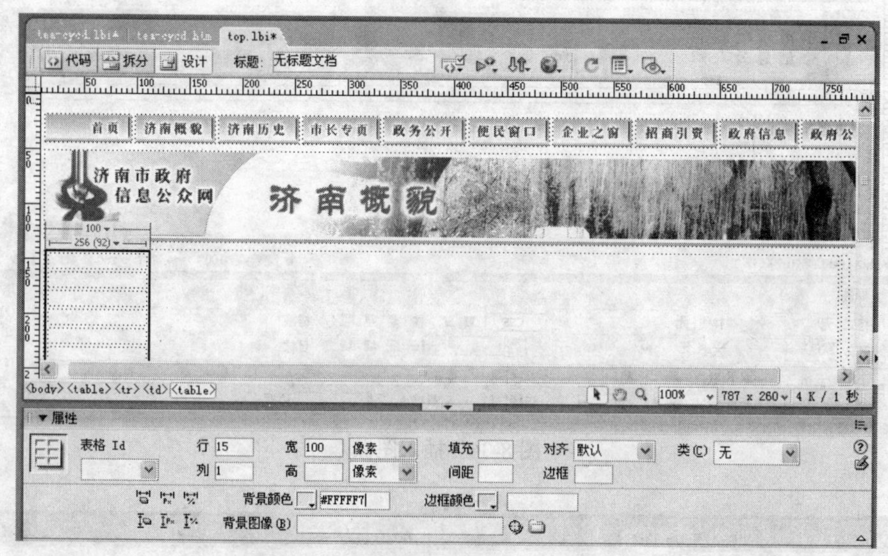

图 8-34　插入表格

（4）将光标置于第 1 行单元格中，在属性面板中“背景颜色”设置为“#ACC057”。然后输入“基本情况”，如图 8-35 所示。

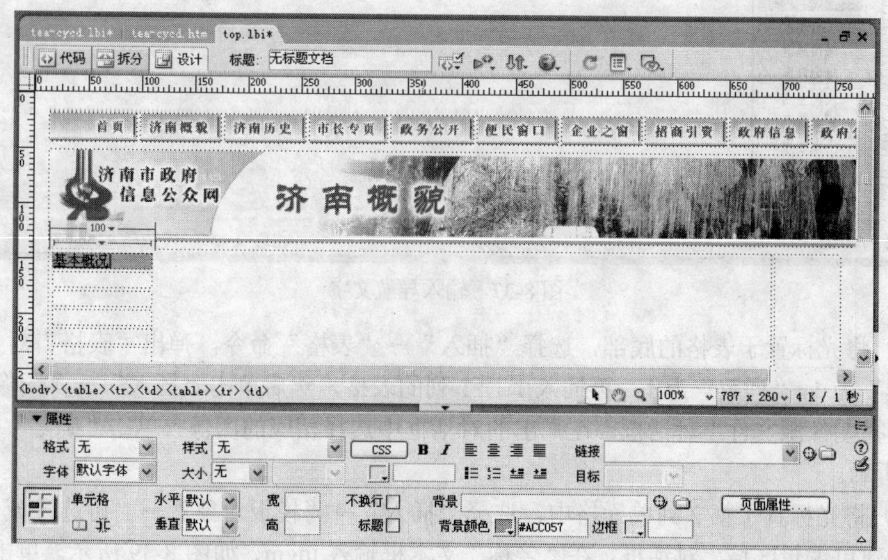

图 8-35　输入文字

（5）将光标置于基本情况的后面，选择“插入”→“图像”命令，弹出“选择图像源文件”对话框，在对话框中选择相应的图像文件，单击“确定”按钮，如图 8-36 所示。

（6）在下面的表格中每行输入相应的导航文字，在属性面板中设置相应的参数，如图 8-37 所示。

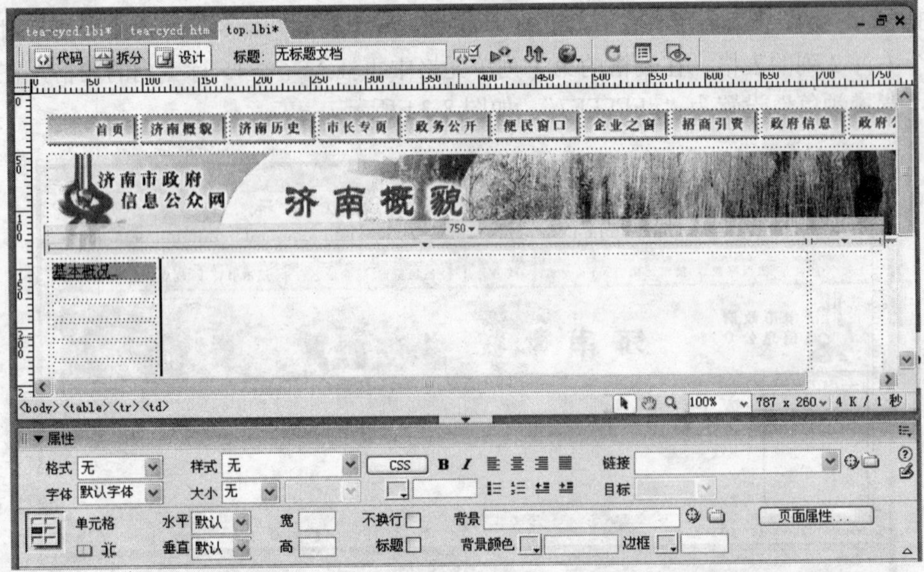

图 8-36 插入图像

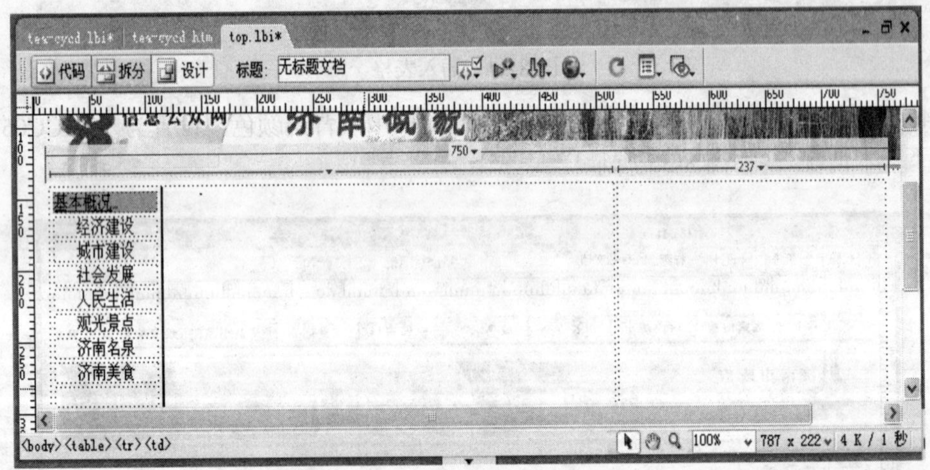

图 8-37 输入导航文字

（7）将光标置于表格的底部，选择“插入”→“表格”命令，弹出“表格”对话框，设置“行数”为 1，“列数”为 1，再插入 1 行 1 列的表格，然后单击“插入”→“图像”命令，弹出“选择图像源文件”对话框，在弹出的对话框中选择相应的图像，单击“确定”按钮，如图 8-38 所示。

（8）将光标置于第 2 列单元格中，选择“插入”→“模板对象”→“可选区域”命令，弹出“新建可编辑区域”对话框，在“名称”文本框输入 jngm，如图 8-39 所示。单击“确定”按钮，插入可编辑区域的效果如图 8-40 所示。

（9）选择“文件”→“另存为模板”命令将文档另存为模板。

（10）选择“文件”→“新建”命令，弹出“新建文档”对话框，切换至“模板”选项卡。选择刚才创建的模板，如图 8-41 所示。

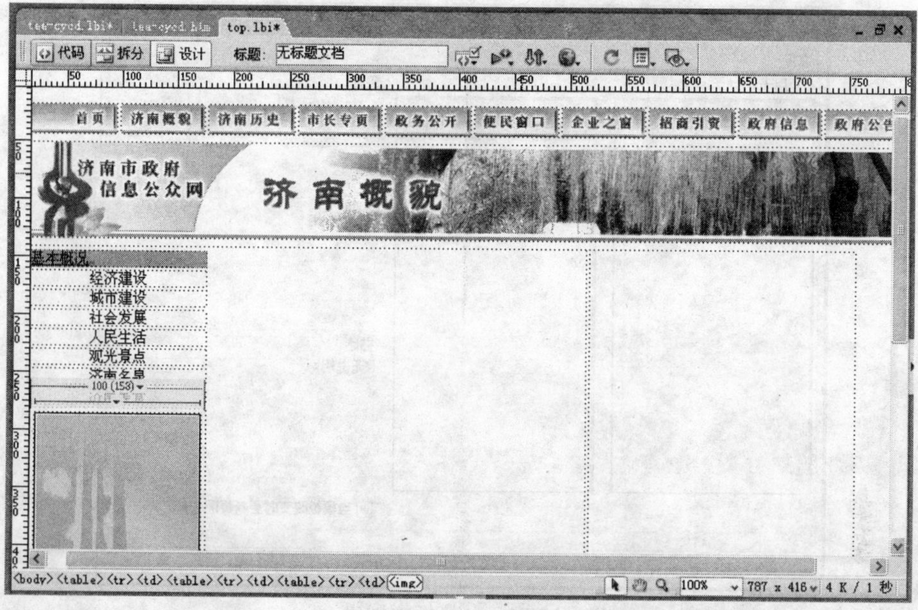

图 8-38　插入图像

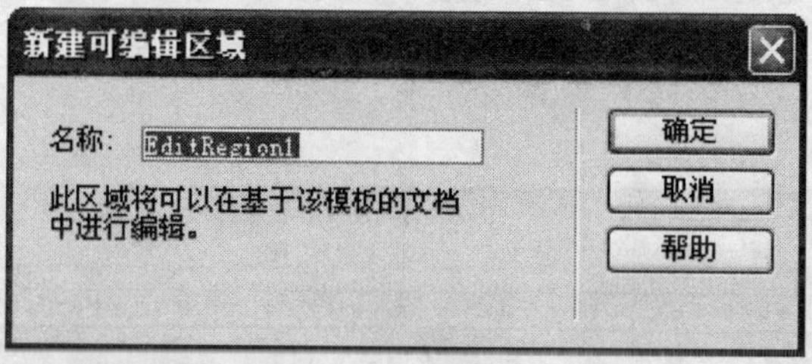

新建可编辑区域

名称: EditRegion1

此区域将可以在基于该模板的文档中进行编辑。

确定

取消

帮助

图 8-39　“新建可编辑区域”对话框

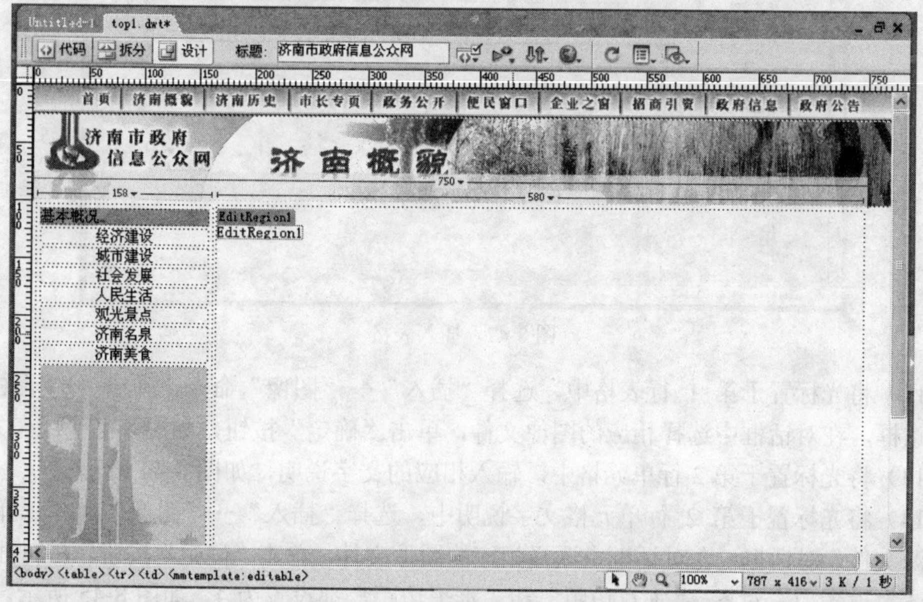

图 8-40　插入可编辑区域的效果

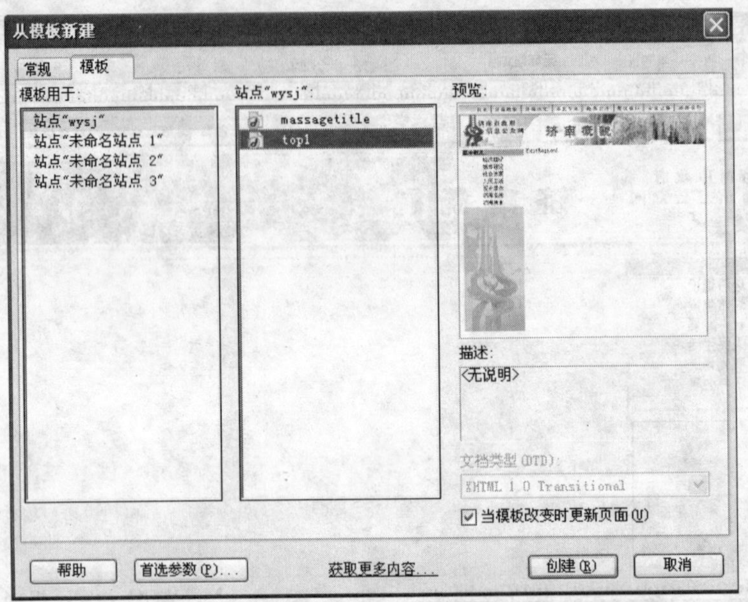

图 8-41 从模板中创建

（11）单击“创建”按钮，文档就会出现一个模板新建的网页。将光标置于新建网页的可编辑区域，选择“插入”→“表格”命令，弹出“表格”对话框，插入一个 2 行 1 列的表格，如图 8-42 所示。

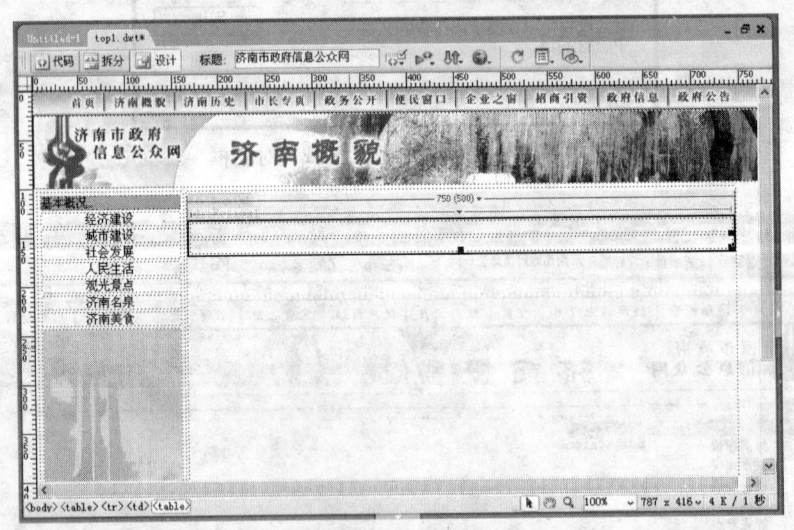

图 8-42 插入表格

（12）将光标置于第 1 行表格中，选择“插入”→“图像”命令，弹出“选择图像源文件”对话框，在对话框中选择相应的图像文件，单击“确定”按钮，如图 8-43 所示。

（13）将光标置于第 2 行单元格中，输入相应的文字说明，如图 8-44 所示。

（14）将光标置于第 2 行单元格文字说明中，选择“插入”→“图像”命令，弹出“选择图像源文件”对话框，在对话框中选择相应的图像文件，单击“确定”按钮。在属性面板中将“对齐”设置为右对齐，“垂直边距”和“水平边距”都设置为 4，如图 8-45 所示。

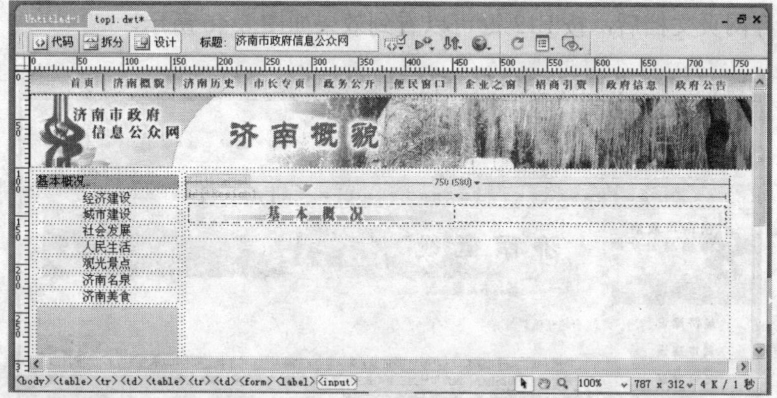

图 8-43　插入图像

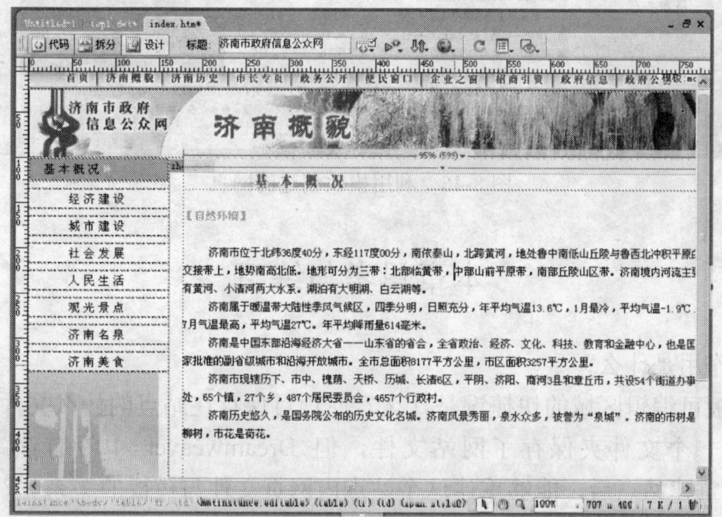

图 8-44　插入文字

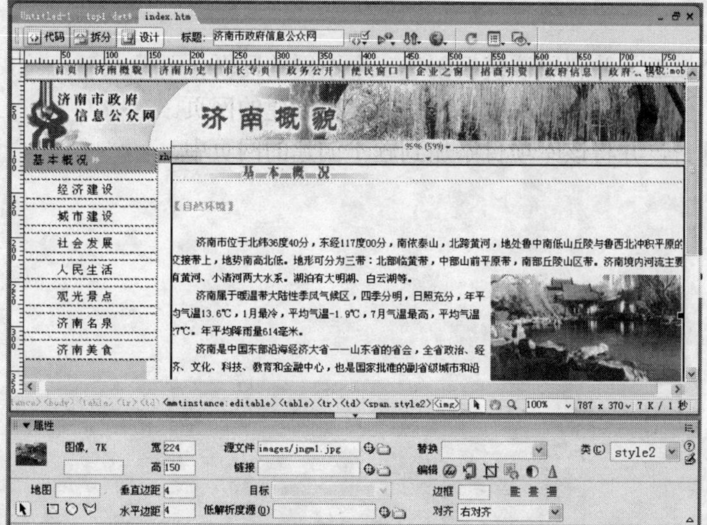

图 8-45　插入图像

（15）保存网页文档后，按 F12 键可以看到效果如图 8-46 所示。

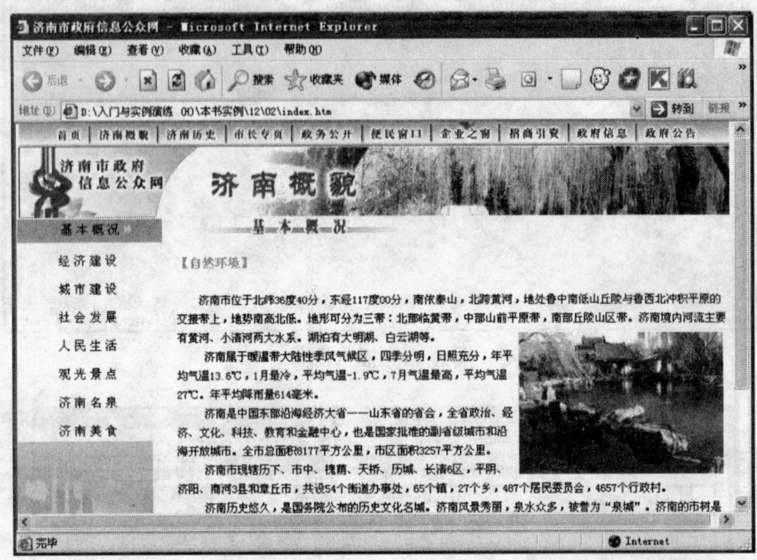

图 8-46 利用模板创建的网页

本章思考与练习

1．模板的作用是什么？

2．创建模板可编辑区域的快捷键是什么？库项目保存在站点的什么文件夹内？

3．假设有一个文件夹保存了网站文件，但 Dreamweaver 中没有该站点。为什么在 Dreamweaver 中重建站点后，能够重建这个站点内网页文件与模板的关系呢？

上机练习

1．创建一个模板，并利用该模板创建三个不同的网页。

2．修改题 1 创建的模板，并更新利用该模板创建的网页。

3．创建库项目，并将该库项目添加到题 1 创建的网页中。

第 9 章　表单的使用

表单是实现动态网页的一种主要的外在形式，可以使网站的访问者与网站之间轻松地进行交互。表单从用户收集到各种信息后则将这些信息提交给服务器进行处理，浏览者所接触的只是一个界面，和大部分软件的界面类似，背后都是由程序语言（例如 ASP、PHP、CGI 等）来处理的。所不同的是处理的结果不是提供给用户，而是最终交给网站管理人员。

9.1　表单的基本概念

表单的应用非常广泛。例如常见的留言簿、讨论区、会员注册/登录、在线查询等，都需要通过表单才能将数据传送到后台程序进行处理，实际上表单的作用就是收集信息和数据。如图 9-1 所示即为应用表单元素的调查问卷网页。

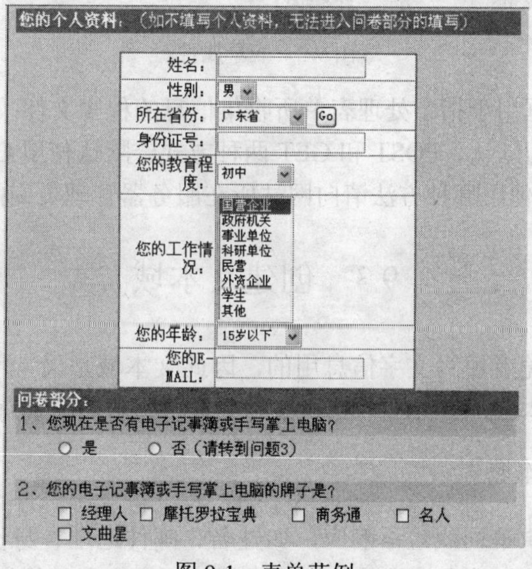

图 9-1　表单范例

当用户填写了以上的问卷并单击“确定”按钮后，这些填写的信息会被送到服务器上，服务器端脚本或应用程序对信息进行处理，并将成功者的结果反馈给浏览者，或执行某些特定的程序。

在 Dreamweaver 8 中可以非常方便地创建表单及其各种元素，包括文本域、密码域、单选按钮、复选框、列表、菜单、图像域、按钮、文本字段等，下面介绍表单元素的使用。

9.2　表单的创建

一个表单通常由两部分组成，即表单域和表单对象，如图 9-1 所示，其中表单域相当于一个“容器”，所有的表单对象都放在表单域中。表单域包含处理数据所用到的程序以及数据提交给服务器的方法。通常在 Dreamweaver 8 中表单域的范围由一个红色的虚线框来表示，如图 9-2 所示。

图 9-2　一个空白的表单域

创建表单的第一步就是插入表单域，方法是选择“插入”面板中的“表单”标签，单击“表单”按钮□即可在网页中插入新的表单域。然后打开属性面板，从中设置该表单的各种属性，如图 9-3 所示。

图 9-3　表单属性

其中“动作”文本框用于指定处理表单所收集信息的程序文件；“方法”下拉列表可以选定传递信息的方式，分为默认、POST 和 GET 两种方式。默认使用 GET 方法（此方法传递的信息安全性欠佳），具体使用哪种方法请向网站所在服务器管理员询问。

9.3　创建文本域

文本域主要是供浏览者填写文字信息用的，因此文本域是最常用的表单元素之一。文本域分为三种，即单行文本域、多行文本域和密码文本域，它们分别有各自不同的用途。

9.3.1　创建单行文本域

单行文本域通常提供单词或短语响应，如姓名、邮件地址、身份证号码等。将光标定位在表单域的红色虚线框中，单击“表单”标签中的“文本字段”按钮□，文档中会出现一个文本框，如图 9-4 所示。

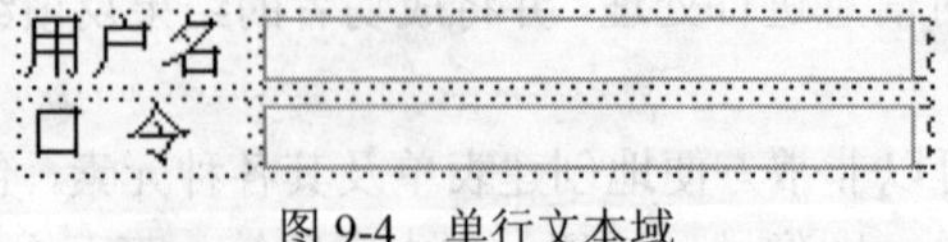

图 9-4　单行文本域

通过属性面板可以对文本域进行相应的设置，例如中文姓名一般四个字以内，所以可以设置文本域的“字符宽度”和“最多字符数”均为 8。“字符宽度”表示文本框在网页中显示的宽度，而“最多字符数”表示文本框所能输入的最多字符数。

如果希望在文本域中显示默认值，在属性面板的“初始值”文本框中输入默认的文字。

在用户浏览器首次载入表单时，文本框将显示此文字。

9.3.2　创建多行文本域

多行文本域是建立在单行文本域基础上的，其创建方法与创建单行文本域的方法基本相同，只不过选中单行文本域后，在其属性面板中将“类型”选项设置为“多行”，就可得到多行文本域，如图 9-5 所示。

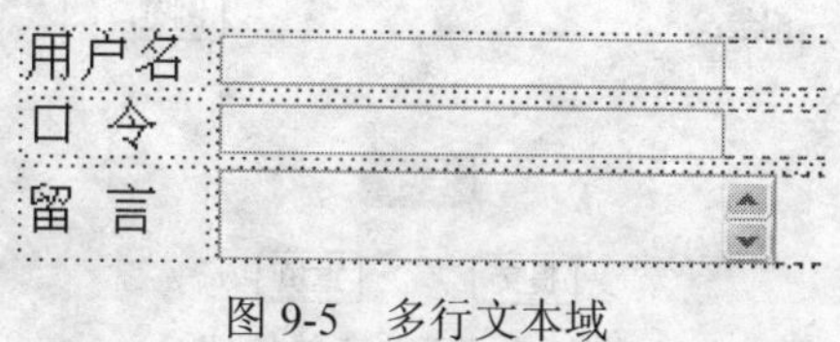

图 9-5　多行文本域

多行文本域一般用于用户输入信息比较多的地方，例如留言、在线评论等，多行文本域有四个属性：

（1）“字符宽度”。用于设置文本框在网页中显示的宽度。

（2）“行数”。用于设置文本框在网页中显示的高度。

（3）“初始值”。用于设置用户浏览器首次载入表单时，多行文本框中显示的文字。

（4）“换行”。下拉列表用于确定当用户输入的信息太多，无法在定义的文本框中显示时，如何显示用户的输入内容。

9.3.3　创建密码文本域

密码文本域也是建立在单行文本域基础上的，选中文本域，并在其“属性”面板上将“类型”设为“密码”。密码域是一种特殊类型的文本域，当浏览者在密码域输入文字时，所输入的文本将以星号或其他符号显示，以隐藏输入的文本，起到保护信息的作用，通常用于用户登录时的密码文本框如图 9-6 所示。

图 9-6　密码文本域

9.4　创建按钮

表单中的按钮元素主要作用是控制表单操作，例如可以使用按钮将表单中的信息提交到数据库，或者重置表单中的内容为默认值，再或者直接为表单按钮指定处理程序，完成特定的任务。

9.4.1　插入标准表单按钮

标准表单按钮为浏览器的默认按钮样式，它包含要显示的文本。标准表单按钮通常标记为“提交”、“重置”或“发送”。

将插入点放在表单域内，然后单击“表单”标签中的“按钮”，或者选择“插入”→“表单”→“按钮”命令，Dreamweaver 8 会在表单域中插入“按钮”元素，并显示“按钮”的属性面板，如图 9-7 所示。

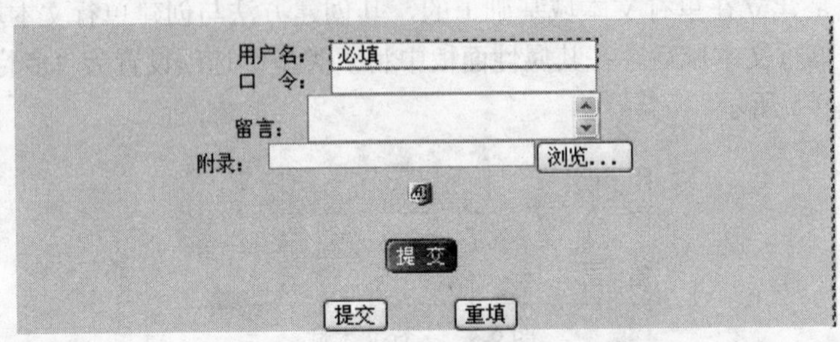

图 9-7 标准表单按钮

在属性面板的“值”文本框中输入希望在按钮上显示的文字。从“动作”区域选择一种操作，可用的操作有：

（1）“提交表单”。在单击该按钮时提交表单进行处理。

（2）“重设表单”。在单击该按钮时，重新设置表单。

（3）“无”。表示在单击该按钮时，根据处理脚本激活一种操作。

9.4.2 插入图像表单

如果按照上面方法制作的按钮过于单调、不美观，可以使用指定的图像作为按钮图标。如果使用图像按钮来执行任务而不是提交数据，则需要将某种行为附加到表单对象。可以使用 Dreamweaver 8 的“行为”面板将某种行为分配给按钮，或者可使用客户端 JavaScript 来执行某种操作。

将插入点放在表单域内，然后单击“表单”标签中的“图像域”按钮，打开如图 9-8 所示的对话框，在其中找到按钮图像，单击“确定”按钮完成插入操作。

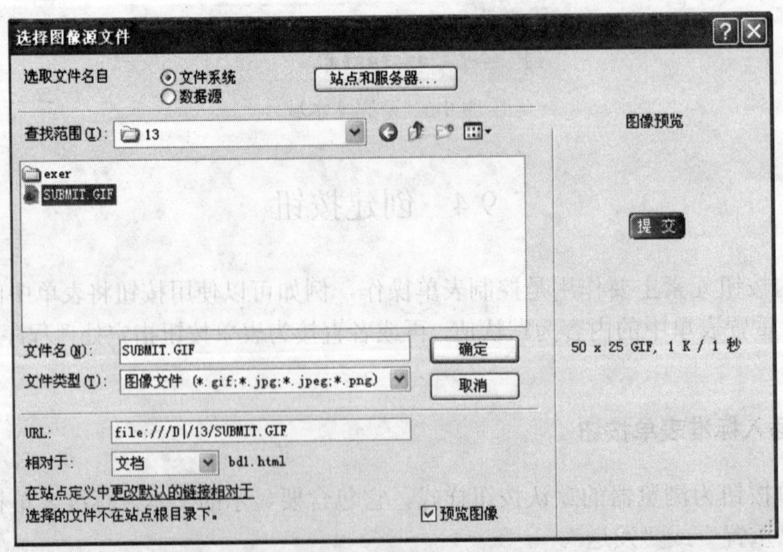

图 9-8 “选择图像源文件”对话框

接着就可以在页面文档中看到插入的按钮图标了。在“属性”面板中可以设置按钮图像的大小、对齐方式，以及在浏览器不能显示图像时所代替显示的文本。

注意：默认插入图像域按钮，当用户单击不产生任何效果时，需要用户自己设置单击按钮要产生的动作。

9.4.3　插入文件域按钮

经常在线收发电子邮件的用户可能会有这样的经历，就是要将附件粘贴到信件中时，必须先单击一个“浏览”按钮，找到需要上传的文件，确认后在按钮的右侧会出现该文件的路径信息。这种表单元素就称之为文件域按钮，一般用于完成文件上传功能，它与文本域很像，只不过多了一个按钮。

单击“插入”面板中“表单”标签内的“文件域”按钮，即可在表单中插入文件域，如图 9-9 所示。

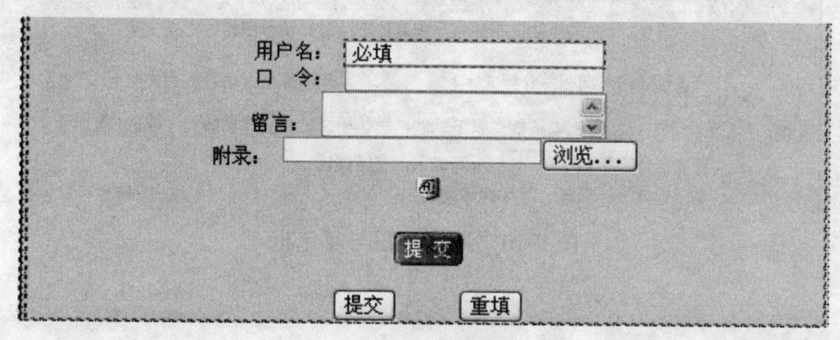

图 9-9　文件域

在“属性”面板中的“字符宽度”文本框内指定希望文件最多显示的字符数。在“最多字符数”文本框中可以指定该文件域最多可以容纳的字符数。

如果用户通过“浏览”按钮来定位文件，则文件名和路径可超过指定的“最多字符数”的值。但是，如果用户尝试输入文件名和路径，则文件域仅允许输入“最多字符数”值所指定的字符数。

9.5　插入单选按钮与复选框

复选框对每个单独的响应进行“关闭”和“打开”状态切换，因此，可以从复选框组中选择多个选项。单选按钮作为一组使用，提供彼此相互排斥的选项值，在单选按钮组内只能选择一个选项。其实复选框和单选框就像多选题和单选题，如图 9-10 所示。

1. 插入单选按钮

单击“表单”标签内的“单选按钮”按钮，Dreamweaver 会自动向网页文档中插入一个单选按钮，其属性面板如图 9-11 所示。

“选定值”文本框用于设定当用户选择该单选按钮发送到服务器端脚本或应用程序时的值。“初始状态”区域用于设置浏览器首次载入表单时该单选按钮默认是否被选中。以上是一个插入单选按钮的操作方法，如果希望一次插入多个单选按钮，可以使用插入单选按钮组功能。即单击“表单”标签内的“单选按钮组”按钮，会弹出如图 9-12 所示的对话框，可以看到在该对话框中可以事先一次建立多个单选按钮（单击前面的加号），还可以调整单选按钮的排放顺序（单击上下箭头按钮）。其中“标签”栏下的文本表示按钮图标后面显示的文字，用户可以自己进行定义。

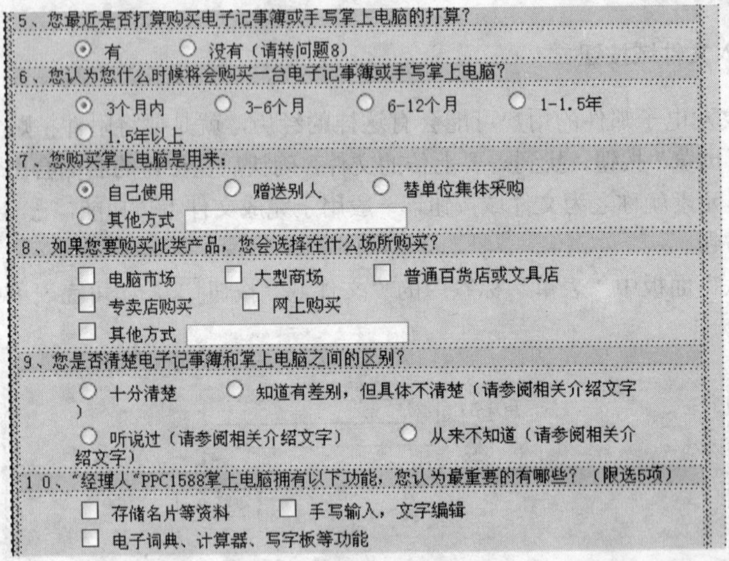

5、您最近是否打算购买电子记事簿或手写掌上电脑的打算？
有 没有（请转问题8）
6、您认为您什么时候将会购买一台电子记事簿或手写掌上电脑？
3个月内 3-6个月 6-12个月 1-1.5年 1.5年以上
7、您购买掌上电脑是用来：
自己使用 赠送别人 替单位集体采购 其他方式
8、如果您要购买此类产品，您会选择在什么场所购买？
电脑市场 大型商场 普通百货店或文具店 专卖店购买 网上购买 其他方式
9、您是否清楚电子记事簿和掌上电脑之间的区别？
十分清楚 知道有差别，但具体不清楚（请参阅相关介绍文字） 听说过（请参阅相关介绍文字） 从来不知道（请参阅相关介绍文字）
10、“经理人”PPC1588掌上电脑拥有以下功能，您认为最重要的有哪些？（限选5项）
存储名片等资料 手写输入，文字编辑 电子词典、计算器、写字板等功能

图 9-10 单选按钮与复选框

图 9-11 单选按钮的属性面板

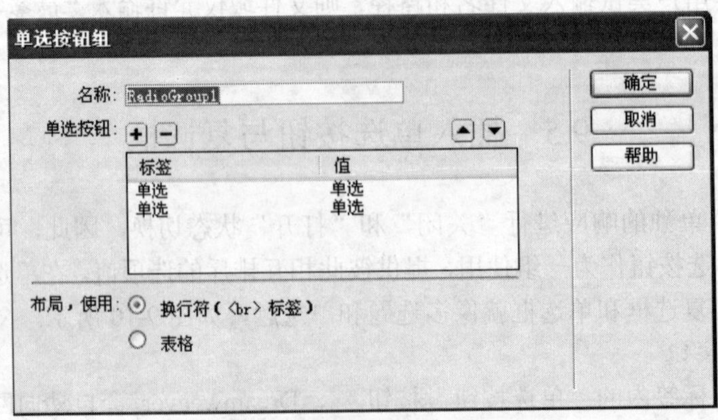

图 9-12 “单选按钮组”对话框

2. 插入复选框

复选框和单选框插入的方法基本相同，只不过插入复选框时需要单击“表单”标签中的“复选框”按钮☑。复选框的属性面板如图 9-13 所示，其中的各项属性与单选按钮的属性基本相同。

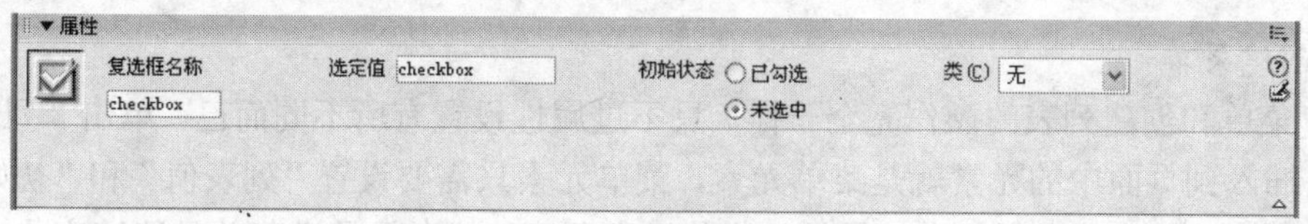

图 9-13　复选框的属性面板

9.6　列表与菜单

列表与菜单的功能和复选框与单选框的功能差不多，都可以列举很多选项供浏览者选择，其最大的好处就是可以在有限的空间内为用户提供更多的选择，非常节省版面。其中列表提供一个滚动条，可浏览许多项，并进行多重选择。下拉式菜单默认仅显示一个项，该项为活动选项，单击打开菜单只能选择其中一项，如图 9-14 所示。

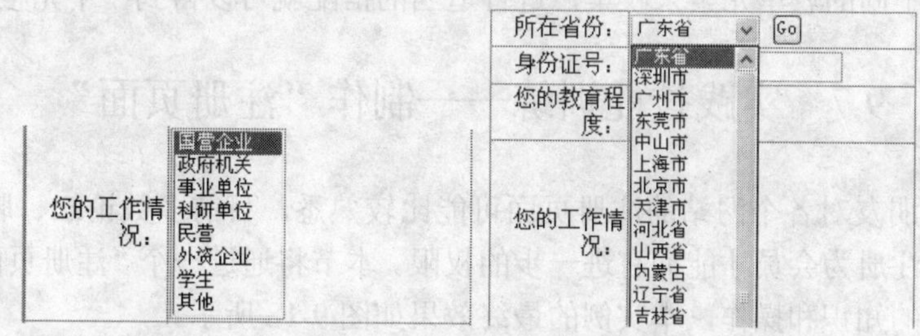

图 9-14　列表与菜单元素

1. 创建列表

从如图 9-14 所示中可以看到“您的工作情况”问题就是采用表单中的滚动列表元素，和复选框比较可以节省很多空间。创建方法是，单击“表单”标签内的“列表/菜单”按钮，Dreamweaver 即会在网页中插入一个列表/菜单，其属性面板如图 9-15 所示。

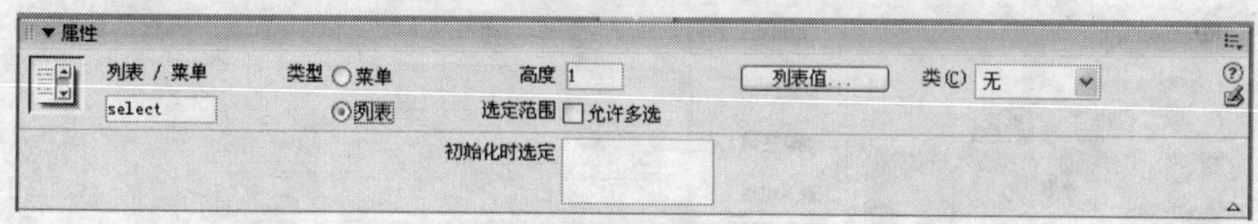

图 9-15　列表/菜单属性面板

首先将“类型”选项设置为“列表”，然后设定列表显示的高度（单位是行），接着可以设置该列表中的选项是否允许多项选择，如果允许选中“允许多选”复选框。单击“列表值”按钮，打开如图 9-16 所示的对话框，在这里可以添加、设置列表中的选项值。

图 9-16　“列表值”对话框

2. 创建菜单

创建菜单和创建列表的操作完全一样，只不过属性设置有所不同而已。单击“列表/菜单”后，默认插入到页面中的元素就是菜单元素，菜单元素只需要设置“列表值”和“初始化时选定”两个属性。其他列表所具有的属性，菜单元素不可选，也就是说菜单只能够完成菜单的选项，如图 9-17 所示。

图 9-17 菜单元素的属性面板

至此，创建各种表单元素的方法全部介绍完了，其余的就要靠你自己进行练习了，不同的信息需要使用不同的表单元素来收集，进行适当的搭配就可以得到一个完整的表单了。

9.7 实践技能训练——制作“注册页面”

经常上网的朋友对各个网站的注册页面可能比较熟悉，目前多数论坛、聊天室、免费邮箱等都需要用户注册为会员才能拥有进一步的权限。本节将通过一个“注册页面”来联系前面所学的有关表单的知识和操作，本实例的最终效果如图 9-18 所示。

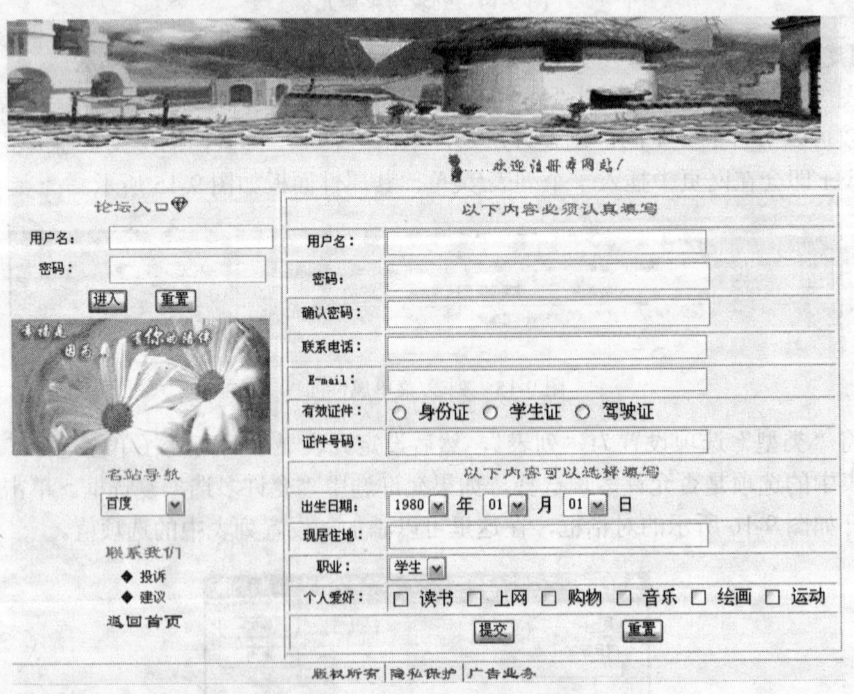

图 9-18 “注册页面”效果图

下面介绍本实例的制作过程：

（1）在已经定义的站点中创建一个名为 login.html 的空白文档，然后在“文档”窗口中打开该文档。

（2）将光标置于“文档”窗口中，单击“属性”面板中的 页面属性... 按钮，在弹出的“页面属性”对话框中设置“背景颜色”为“#CCFFFF”。

（3）单击“插入”栏的“常用”选项卡的“表格”按钮，在文档中插入一个 4 行 2 列的表格。选中整张表格，在“属性”面板中设置其宽度、边框以及对齐方式等属性，设置完成后的“属性”面板如图 9-19 所示。

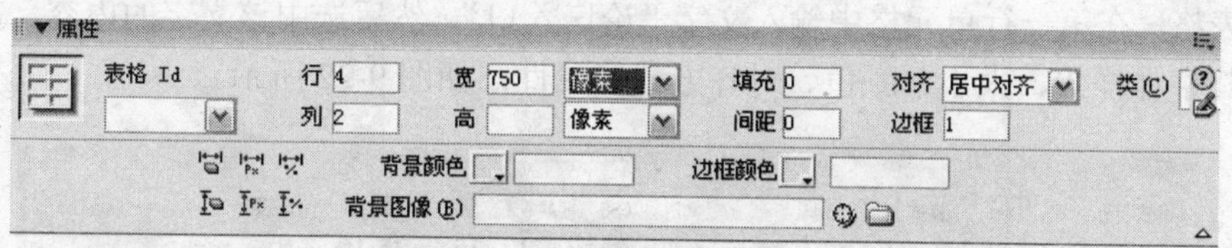

图 9-19　设置“表格”属性

（4）选中第一行的单元格，单击“属性”面板中的“合并所选单元格”按钮，将两个单元格合并为一个单元格。单击“插入”栏的“图像”按钮弹出如图 9-20 所示的“选择图像源文件”对话框，选择 wygjsc/09/01 文件中的 3.gif 图像后，单击“确定”按钮。

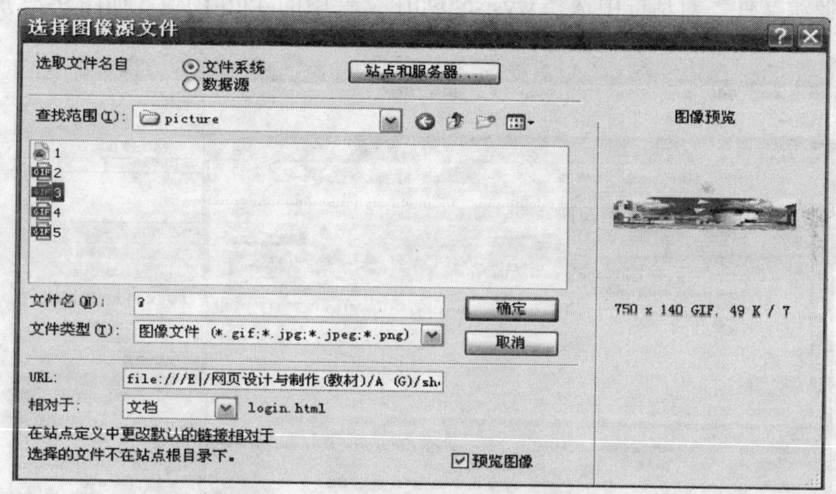

图 9-20　“选择图像源文件”对话框

（5）将第二行的两个单元格合并为一个单元格，单击“插入”栏的“图像”按钮，从弹出的“选择图像源文件”对话框中选择 wysjsc/09.01 文件中的 2.gif 图像，然后在“属性”面板的“对齐”下拉列表中选择“绝对居中”选项。

（6）输入英文状态下的五个句点，再输入文字“欢迎注册本网站!”。选中输入的文本，在“属性”面板中设置其字体样式、大小、颜色、对齐方式等属性，如图 9-21 所示。

图 9-21　设置文本属性

（7）单击代码按钮切换至“代码”视图，然后在第二行单元格的标签之间添加如下代码。

```
<marquee height="20 loop="-1"scrollamount="3"scrolldelay="10">
<span class="style1">
<img src="2-gif" width="20" height="28" align="absmiddle" /><span class=
"STYLE2">欢迎注册本网站</span>
</marquee>
```

（8）将光标置于第三行左侧的单元格，单击“插入”栏中的“表格”按钮插入一个11行1列的表格。在第一行单元格中输入文字“论坛入口”，然后选中该文字的内容，在“属性”面板中设其字体样式、大小、颜色、对齐方式等属性，如图9-22所示。

图9-22 设置文本属性

（9）将光标置于“论坛入口”的后面，单击“插入”栏中的“图像”按钮，从弹出的“选择图像源文件”对话框中选择wysjsc/09.01文件中的4.gif图像，如图9-23所示。

图9-23 添加图像的效果

（10）选中第二行单元格，单击“属性”面板中的“拆分单元格为行或列”按钮将该单元格拆分成2列。在拆分后左侧单元格中输入“用户名:”，选中该文字内容，在“属性”面板中设置其字体、大小、对齐方式等属性，如图9-24所示。

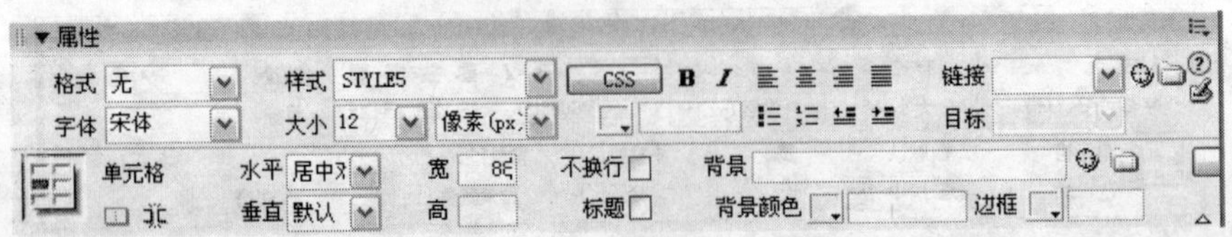

图9-24 设置文本属性

（11）将光标置于右侧的单元格，单击“插入”栏面板中“表单”选项卡中的“文本字段”按钮插入文本域。选中该文本域，在“属性”面板中对其进行设置，如图 9-25 所示。

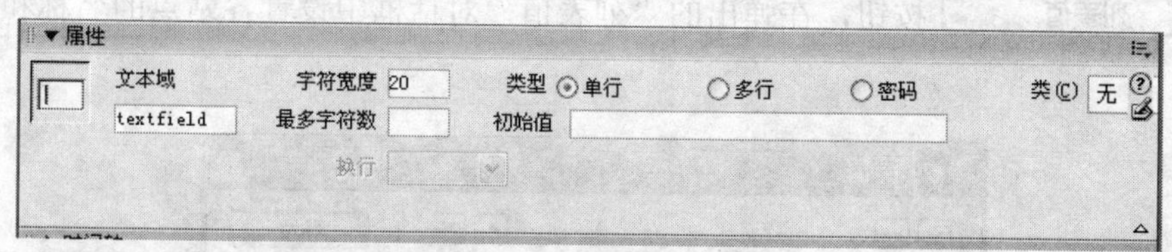

图 9-25　设置文本域属性一

（12）将第三行的单元格也拆分成两个单元格，在左侧的单元格中输入“密码”，参照图 9-26 所示的属性值进行相应的属性设置。在右侧的单元格中插入一个文本域，选中该文本域，在“属性”面板中对其进行设置，如图 9-26 所示。

图 9-26　设置文本域属性二

（13）将光标置于第四行的单元格中，单击“插入”文本框中的按钮，选中该按钮后在“属性”面板中设置其名称为 Submit，在“值”文本框中输入“进入”，选中“提交表单”单选按钮。再次单击插入一个按钮，在“属性”面板中设置其名称为 resets，在“值”文本框中输入“重置”，选中“重设表单”单选按钮。

（14）将光标置于下一行单元格中，单击“插入”栏中的“图像域”按钮，从弹出的“选择图像源文件”对话框中选择 wysjsc/09.01 文件中的 5.gif 图像，然后单击“确定”按钮，如图 9-27 所示。

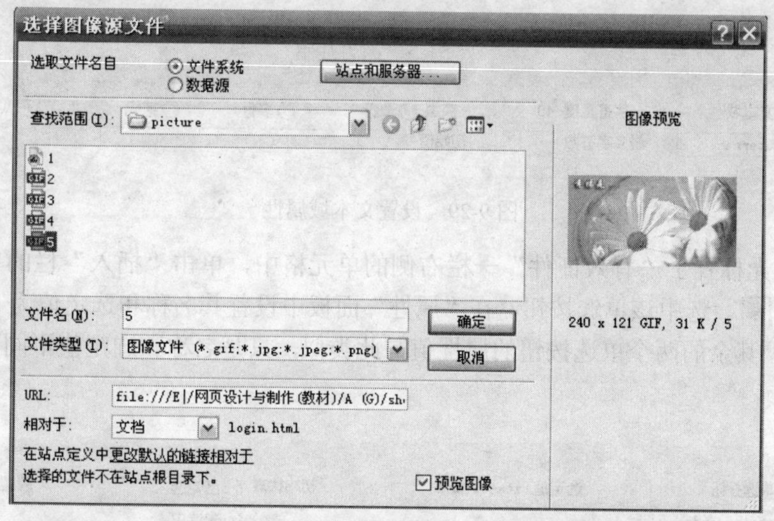

图 9-27　“选择图像源文件”对话框

（15）将光标置于下一行单元格中，输入文字“名站导航”选中该文字，参照图 9-22 所示的属性值对其进行相应的设置，将光标置于下一行的单元格中，单击“插入”栏中的“跳转菜单”按钮插入下一个跳转菜单。选中该对象，在“属性”面板中选中“列表”单选按钮，然后单击 列表值... 按钮，在弹出的“列表值”对话框中设置各站点的名称和值，如图 9-28 所示。

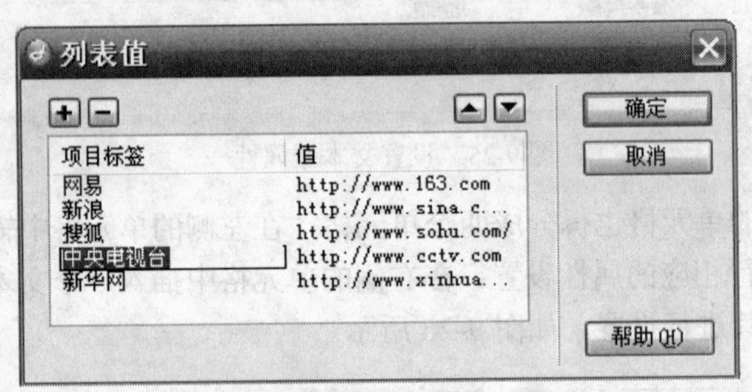

图 9-28 “列表值”对话框

（16）将光标置于下一行单元格中，输入文字“联系我们”，参照图 9-22 所示的属性值对其进行相应的属性设置。在剩下的三行单元格中分别输入“◆投诉”、“◆建议”和“◆返回首页”，并在“属性”面板中为其设置空链接。

（17）至此第三行表格左侧部分已制作完成。将光标置于右侧单元格中，单击“插入”栏中的“表格”按钮插入一个 14 行 2 列的表格。设置表格的宽度为 510，边框宽度为 1。合并第一行和第九行单元格，并且输入文字“下面内容必须认真填写”和“以下内容可以选择填写”，并参照图 9-22 所示的属性值对其进行相应的设置。

（18）将光标置于第二行左侧的单元格中，输入文字“用户名:”，参照图 9-24 所示的属性值对其进行相应的属性设置。在右侧的单元格中插入一个文本域，在“属性”面板中设置其名称为 username，在“字符宽度”文本框中输入 40，选中“单行”单选按钮，如图 9-29 所示。然后依次在下面的几行中插入内容和文本域，具体的设置与上面讲述的设置类似，这里不再赘述。

图 9-29 设置文本域属性

（19）将光标置于“有效证件”一栏右侧的单元格中，单击“插入”栏的单选按钮插入一个单选按钮。选中该单选按钮，在“属性”面板中设置其名称和选定值为 statuscard，如图 9-30 所示，其余的两个单选按钮的属性值与此类似，只是名称和选定值不同而已，这里不再赘述。

图 9-30 设置单选按钮属性

（20）将光标置于“职业”一栏右侧的单元格中，单击“插入”栏的“列表/菜单”按钮插入一个列表。选中该表单对象，在“属性”面板中设置名称为 occupation，单击 列表值... 按钮，在弹出的“列表值”对话框中依次添加各个项目，如图 9-31 所示。其余的几个列表属性设置与此类似，这里不再赘述。

图 9-31　“列表值”对话框

（21）将光标置于“个人爱好”一栏右侧的单元格中，单击“插入”栏中的“复选框”按钮插入一个复选框，然后在“属性”面板中设置其名称和选定值为 read。其余几个复选框的属性设置与此类似。

（22）将最后一行单元格合并，并在其中输入文字“版权所有|隐私保护|广告业务”，然后在“属性”面板中设置其相应的属性，如图 9-32 所示。

图 9-32　设置文本属性

到此，本实例全部制作完成，由于其中有部分操作类似，所以没有一一介绍，读者可以参照类似的操作步骤进行相应的操作和设置。

本章思考与练习

1．简述表单发送的两种方式：GET 方式和 POST 方式。
2．简述表单及表单元素 NAME 的作用。
3．简述单选按钮、复选框、选择栏的区别及用法。

上机练习

1．制作输入密码的表单。
2．制作用户登记的表单。
3．制作会员注册登记的表单。如图 9-33 所示。

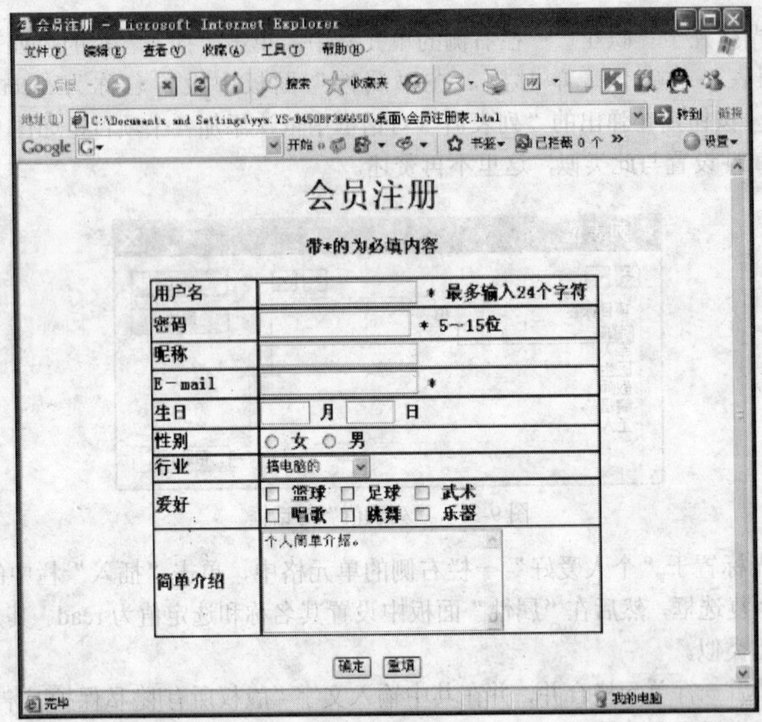

会员注册 - Microsoft Internet Explorer
文件(F) 编辑(E) 查看(V) 收藏(A) 工具(T) 帮助(H)
会员注册
带*的为必填内容
用户名
* 最多输入24个字符
密码
* 5~15位
昵称
E-mail
*
生日
月
日
性别
女 男
行业
搞电脑的
爱好
篮球 足球 武术
唱歌 跳舞 乐器
简单介绍
个人简单介绍。
确定 重填
完毕
我的电脑

图 9-33 用户登记表单

第 10 章　网页图像制作与优化

网页图像的制作与处理在网页制作过程中显得尤为重要。在网页中增添一些图像能够增强网页的视觉效果，能够为网站引来更多的眼球，提高网站的知名度。通过对网页图像的处理和优化，可以大大提高网页的下载速度。

10.1　Fireworks 8 简介

在网上使用的图形和图像，与通常在单机上的处理并不相同。在网页上使用的图形图像，对图形图像的显示要求并不像在单机上要求那么高。在网页上使用的图形图像要求文件不能太大，否则设计者在打开网页或浏览网站时需要长时间地等待图形图像显示出来，这样将会耗费大量的时间。

在网页上使用的图形图像，可以使用许多其他图形图像软件进行处理，但网页的设计者往往较多地使用 Fireworks 来做这项工作，Fireworks 是 Macromedia 的系列产品，目前使用的最新版本是 Fireworks 8。

Macromedia Fireworks 8 是一款用来设计网页图形的多功能应用程序。可以用来创建和编辑位图和矢量图像、设计网页效果（如变换图像和弹出菜单）、修剪和优化图形以减小其文件大小以及通过使重复性任务自动进行来节省时间。它所含的创新性解决方案解决了图形设计人员和网站管理员所面临的主要问题。

Macromedia Fireworks 8 之所以能够成为主流的网页图形图像处理软件，是因为它不像 Photoshop 是从传统平面设计扩展而来的，往往难以摆脱注重处理大幅位图的思维限制。由于网页图像的设计者受到网络速度、显示颜色等因素方面的限制，所以处理大幅度的位图的情况一般不会发生。反之，一些线条简洁、色块分明的图形图像，在网页中应用极为广泛，Macromedia Fireworks 8 处理位图的能力特别强，尤其在优化图像文件方面。

10.1.1　Fireworks 的优点

Fireworks 的优点表现在效率高、操作便捷以及较好的网络速配性等多方面。

举个例子来说，如果没有 Fireworks，网页设计者只能在基于矢量绘图的程序（比如 FreeHand）中绘图图形，然后把这个矢量图导入到位图编辑程序中使用滤镜等进行处理，之后再导出到网页编辑软件中创建超文本链接，过程很复杂。

有了 Fireworks，设计者不再需要从一个工具切换到另一个工具，只使用 Fireworks 就足可以完成一个图像从生成到最终成为网页一部分的所有过程。这样使设计者可以把精力集中在设计和创作上，而不会因为从一个工具转换到另一个工具而分散注意力。

因为可以根据需要生成位图属性可编辑路径，所以 Fireworks 可以保证文本和对象在任何时候都可以进行编辑，使得图形从创建开始，每一步都可被修改。

设计者可以在工作间中单击预览窗口的标题条，并在“优化”面板中通过更改导出设置来优化图形格式，使之适于网上或影视传输，也可以使用动画生成工具或映像图来制作动态图像及连接。有力的文件导出功能是 Fireworks 最让人难以置信之处。Fireworks 给设计者提供了调色板和图像格式等的交互功能，使设计者可以控制导出的全过程。在工作区的预览窗口中，设计者可以更改调色板和文件导出格式的设置参数，不用在浏览器前耗时地等待就可以看到调色板的颜色变化之后的效果，而且有四个预览窗口可以同时观看一个图像应用不同导出设置时的不同表现，可以通过对比来找出合适的图像导出方案。设计者也可以在浏览器中进行浏览，以便校正图片设计中的不足。

10.1.2 Fireworks 的适用对象

当然，不会有绝对的最优选择，因为 Fireworks 是应网页设计者的挑战而推出的一套解决方案。因此，Fireworks 对传统传媒（如商业印刷品）来说，并不是创建和处理图形的最佳选择。Fireworks 的环境是基于 RGB 颜色模式的，因此，理论上讲，也更适于屏幕导出，而不是打印输出。

10.1.3 Fireworks 8 的新特色

Fireworks 作为网页设计中制作和处理图形的工具，在原有版本上又有了新的变化。Macromedia Fireworks 8 提供了创建专业 Web 的所有工具，从简单的图片按钮到细致的鼠标响应效果。读者可以方便地导入、编辑，并整合所有主流的图形格式，包括矢量和位图图片。可以方便地将 Fireworks 图片输出到 Flash、Dreamweaver 和其他第三方软件中。

1. 专业设计控制

在原有版本中，可快速创建高质量的网络图形和互动。Fireworks 8 提供了所有需要的工具:强大的照片编辑、精确的文字控制，以及专业的图片设计工具。

（1）获得顶尖的设计效果。通过将矢量和位图编辑整合到一个开发环境中，帮助设计者控制设计和创意。

（2）生成美观，而且高度优化的文件。通过输出预览和选择性的 JPEG 压缩使图片在不同情况下都能显示为最好的效果，甚至可以从 Dreamweaver 中优化 Fireworks 文件。

（3）快速创建精美的网络导航。通过系统的抗锯齿（anti-alias）选项使文字具有更高的可读性，或者通过字定义的抗锯齿选项进一步控制文字的外观。

（4）生成更加写实的照片和动画。通过动态模糊实时效果（Live Effect），可以方便创作出强烈的动感。读者还可以使用替换颜色（Replace Color）和去除红眼工具来润饰照片。

2. 无缝的跨软件工作流程

与设计或开发团队有效地合作，这要感谢 Fireworks 8 广泛的支持所有主流的图形格式、HTML 编辑器，以及在 Dreamweaver 和第三方工具之间的跨软件工作流程。

（1）在不同的图像编辑软件之间共享文件。Fireworks 8 可以方便地与 Flash、Fireworks、FreeHand、Photoshop 和 Illustrator 共享文件。输出 SWF 文件，并且直接在 Flash 里面打开 Fireworks 文件，打开、编辑，并输出 Photoshop 图形，同时保留图层、遮罩和文字的属性。

（2）通过双向（Roundtrip）编辑节省开发时间。Fireworks 和 Dreamweaver 之间的双向编辑可以处理服务器端代码和嵌套表格，使工作流程更加流畅。

（3）与团队成员方便地协同合作。在图像软件之间方便地移动文件，包括 Dreamweaver、Flash、FreeHand、Photoshop 和 Illustrator。使用与 Dreamweaver 和 Flash 相同的登入/登出（Check-In/Check-Out）功能避免覆盖共享文件。通过内置的 FTP 客户端，方便地将文件上传到远端服务器上。

3. 性能显著提高

Fireworks 8 提供了一套完整的专业工具，可以快速地生产和方便地更新，减少设计和开发的时间，即使使用大型的图片，性能也有显著提高。

（1）输出的速度有显著提高。流畅而直觉的用户界面使工作流程的速度更快。操作大型图片、编辑文字，以及完成其他对处理器要求较高的工作所需的时间进一步缩短。只需要一次单击就可以从 Fireworks 8 中自动输出为指定的文件格式，供 Flash、Dreamweaver、FreeHand、Director 和其他第三方图形编辑软件使用，同时还可以生成 HTML 文件。

（2）可以更有效地进行设计。通过“属性”面板的图形预览，可以方便地选择正确的笔刷、材质、或者填充图案。自动将 GIF 和 JPEG 文件保存为它们的原始格式。

（3）对于重复性的图片减少开发时间。通过动态链接到 XML 内容，自动创建重复性图片。通过简化的数据驱动图片向导（Data-Driven Graphics Wizard）界面，在源 XML 数据中保存设置并指定输出文件名。

4. 用户界面的改进

（1）增强了属性检查器，在新的图像预览的帮助下选择适当的笔刷、材质或填充。

（2）新的适应画布按钮加快了普通操作，增强了对 GIF 和 JPEG 格式的支持，可自动把 GIF 和 JPEG 文件保存为它们的原始格式。

（3）面板和标签页的改进，通过打开关闭以及排列面板来节省屏幕空间。像 Dreamweaver 里面那样通过标签页直接访问打丌的文档。

（4）起始页的改进，当还没有义档被打开时出现，通过它可以快速访问最近打开的文件、创建新文件或者查看帮助以及教程资源。

5. 新的热效

Fireworks 8 相对于以前的版本增加了三个新的特效，分别是等高渐变、虚拟描边和增加杂点效果。等高渐变即通过一个形状的外部路径创建多颜色的渐变；通过虚拟描边，可以很方便地创建图轮廓线、优惠券、组织机构图，以及其他应用到连接和分离的对象，就像在 Flash 或者 FreeHand 中做到的那样，通过描边设置控制每个细节；而通过增加杂点效果可以设计材质或者给照片增加效果。

6. 新的反锯齿选项

系统与自定制的抗锯齿属性可对 Windows 和 Mac 系统针对性地进行反锯齿设置，使得文本的可读性更高，从而使文本表现出超过默认设置的效果。

7. 完整的 Unicod 支持

Fireworks 支持双字节。使用、渲染并保存操作系统所支持的任何字体和编码，包括双字节字符集，甚至英文版的 Fireworks 用户也可以在任何文字区域使用诸如日文平假名和片假名这样的双字节字符。

10.2　Fireworks 8 工作环境

10.2.1　Fireworks 8 的界面

第一次在 Fireworks 中打开文档时，会看到如图 10-1 所示的工作界面。

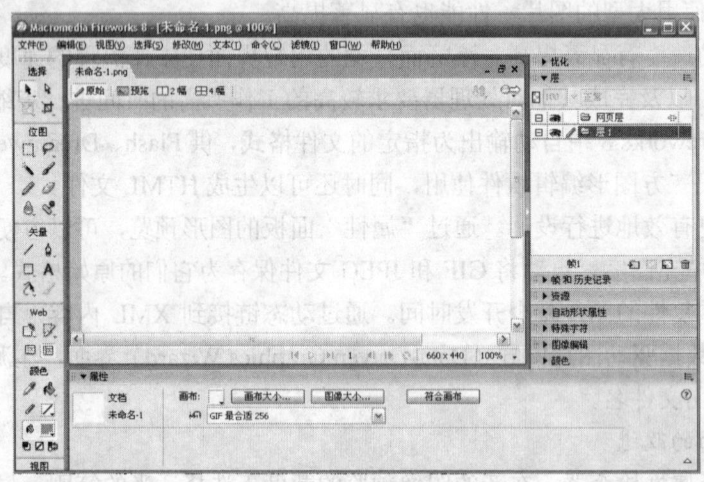

图 10-1　Fireworks 8 的操作界面

Fireworks 会激活工作环境，其中包括工具面板、属性面板、菜单栏和其他一些面板（如图 10-2 所示）。工具面板位于屏幕的左侧，该面板分成了多个类别并用标签标明，其中包括位图、矢量和网页工具组。属性面板沿着文档底部显示，它最初显示文档属性；当选择新工具或文档中的对象时，属性也随之更改。层面板最初沿屏幕右侧成组停放。也可以拖动它们成为浮动的面板窗口。画布（工作区）一般显示在操作界面中心位置。

图 10-2　Fireworks 8 界面的组成部分

Fireworks 8 的应用程序界面主要由以下几个部分构成：

（1）菜单栏。Fireworks 8 中的一级菜单又叫主菜单，主菜单栏中共包含 10 个主菜单，主菜单中又包含若干个子菜单。

（2）工具栏。使用工具栏上的工具按钮可以快速地执行一些常用的菜单命令，这些工具按钮有助于提高设计者的工作效率。

（3）工具面板。Fireworks 8 的工具面板包含了用于创建、选择和编辑矢量图形或位图图像的所有工具。了解这些工具的用法并不很难，因为这些工具按钮图标非常直观。

（4）文档窗口。文档窗口是一个独立的窗口，所有的 Fireworks 8 文档中的对象都是在此窗口创建和编辑的。

（5）层面板。层面板是一些可以浮动在屏幕上的控制板，用于对当前选定的对象进行属性的编辑，层面板还可以对帧、层、对象等文件进行编辑。

（6）状态栏。位于窗口的底部，用于显示当前文档的相关信息。

（7）其他工具。包括视图控制栏、动画控制栏和快速启动栏，它们位于文档窗口的底部。

通过以上的介绍可以看到：Fireworks 8 工作界面的布局简单合理，为设计者提供了一个良好的操作环境。

下面简要的介绍 Fireworks 8 操作界面中各个组件的功能。

10.2.2　菜单栏

菜单栏是 Fireworks 8 操作界面中最重要的组件之一，除了绘图工具外，绝大多数命令都可以在此栏中找到。这些菜单命令中，既有与其他应用程序相同的命令，也有 Fireworks 8 所特有的命令。

（1）“文件”菜单。主要包括有关文件操作的命令。

（2）“编辑”菜单。主要包括有关图像编辑的操作命令。

（3）“视图”菜单。主要包括有关视图的控制命令。

（4）“选择”菜单。主要包括用来选择位图图像中的基本元素，或设置选择区域的属性。

（5）“修改”菜单。主要包括有关对已创建的文档对象进行编辑或修改的命令。

（6）“文本”菜单。包含对文本进行编辑，如控制文字的大小和使用字体等命令。设计者可以将文本转化为路径，以及将文字粘贴到路径上等。Fireworks 8 的“文本”菜单中的文本拼写检查功能，可以大大增强它对文本的编辑能力。

（7）“命令”菜单。主要包括有关管理操作相关的命令。

（8）“滤镜”菜单。主要包括了 Fireworks 8 的内置滤镜以及其他的外挂滤镜，也可以在 Fireworks 8 中使用一部分 Photoshop 滤镜。

（9）“窗口”菜单。主要包括窗口控制操作命令。

（10）“帮助”菜单。主要是为了帮助设计者掌握使用 Fireworks 8。

10.2.3　工具栏

Fireworks 8 中的工具栏可以分为主要工具栏和修改工具栏。

（1）主要工具栏。选择“窗口”→“工具栏”→“主要”命令就可以显示主要工具栏。该工具栏中有“打开”、“保存”、“打印”等按钮，如图 10-3 所示。

图 10-3 主要工具栏

（2）修改工具栏。选择“窗口”→“工具栏”→“修改”命令，可显示修改工具栏，该工具栏中有“组合、“合并”和“拆分”等按钮，如图 10-4 所示。

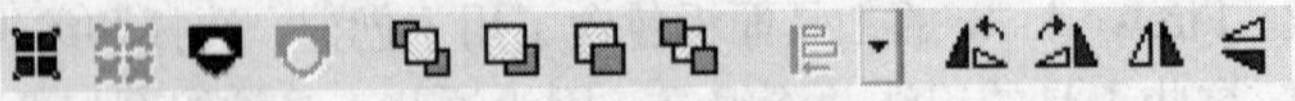

图 10-4 修改工具栏

其中各工具的主要功能如表 10-1 所示。

表 10-1 各工具的主要功能

工具	工具名称	功能
	组合	把选中的两个以上的对象组合成一个对象
	取消组合	从一个组合对象拆分出多个组合前的对象
	合并	合并选中对象的路经
	拆分	把合并的路经拆开
	移到最前	同一图层内的几个对象相互遮盖时，把被选对象置于最前面
	前移	同一图层内的几个对象相互遮盖时，把被选对象置于与之相邻的前面的对象的前面
	置后	同一图层内的几个对象相互遮盖时，把被选对象置于与之相邻的后面的对象的后面
	移到最后	同一图层内的几个对象相互遮盖时，把被选对象置于最后面
	对齐方式	把被选的对象按照指定的方式对齐
	逆时针旋转 90 度	把被选对象逆时针旋转 90 度
	顺时针旋转 90 度	把被选对象顺时针旋转 90 度
	水平翻转	把被选对象水平翻转
	垂直翻转	把被选对象垂直翻转

10.2.4 状态栏

Fireworks 8 启动后，执行“文件”→“新建”或“文件”→“打开”命令，新建或打开一个文档窗口，可以看到窗口下部的状态栏，Fireworks 8 中的状态栏显示了设置选项、按钮、大小与锁定键及数字锁定键等当前操作状态的相关信息，如图 10-5 所示。

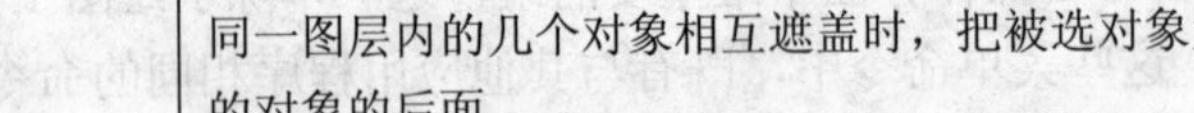

4 500 x 300 100%

图 10-5 状态栏

状态栏给设计者进行动画效果测试调整及其他编辑工作带来了极大的便利，状态栏的常用选项和按钮介绍如下：

（1）返回开始按钮 ⏮。单击此按钮，可以使动画返回第一帧，即回到动画的起始位置。

（2）播放按钮 ▷。单击此按钮，可以播放动画；单击后，此按钮变为 ■；单击变化后的按钮■，可停止播放动画。

（3）返回终止按钮▶|。单击此按钮可以使动画返回最后一帧，即动画的终止位置。

（4）当前帧按钮 1。此数字表示动画播放至第几帧。

（5）前一帧按钮◀|。连续单击此按钮，可以逐帧倒序播放动画。

（6）下一帧按钮|▶。连续单击此按钮，可以逐帧播放动画。

（7）退出位图模式按钮。单击该按钮，可以退出位图模式，转入矢量图模式。

（8）网页预览按钮 500 x 300 。所显示的是 Fireworks 8 画布的大小，是执行“文件”→“新建”命令后在新建窗口中定义画布的宽、高及分辨率。

（9）设置缩放比例按钮 100% 。单击此处弹出下拉菜单，在此菜单中可以选择所需要画布大小的显示比例。

10.2.5　工具面板

在默认状态下，工具面板放置在窗口的左侧，面板上分为几组不同种类的工具，分别为选择、位图、矢量、网页、颜色和视图，如图 10-6 所示。

图 10-6　工具面板中的几组工具

当选择一种工具后，“属性”检查器中将显示该工具的属性设置选项。有些工具的右下角有个小三角形，表示这是一个工具组，在该工具按钮上按鼠标左键不放，将会显示其他的工具。

工具面板中的工具按钮可以根据所选工具的不同，自动识别矢量和位图对象，在以前的 Fireworks 版本中，设计者必须在矢量和位图模式之间进行切换。现在，选择一种工具就可以开始进入相应的图像编辑模式。

表 10-2 按不同的类别，分别介绍了各种工具的功能。

表 10-2　各种工具的主要功能

图标	按钮名称	主要功能
	指针	选取或拖放对象
	选取后方对象	选择被遮盖的对象
	部分选取	选取组内的个别对象或矢量对象
	缩放工具	对象的旋转和大小变换
	倾斜	倾斜或旋转对象以改变透视点
	扭曲	扭曲或旋转对象
	导出区域	导出文件的一部分

续表

图标	按钮名称	主要功能
	剪切工具	剪切所需图像的部分
	椭圆选取框	在图像编辑模式选取一个椭圆像素区域
	矩形选取框	在图像编辑模式选取一个矩形像素区域
	套索工具	在图像编辑模式选取一个自由形状的像素区域
	多边形套索工具	在图像编辑模式选取多边形的像素区域
	魔术棒工具	在图像中选取一个颜色相近区域
	刷子	能模拟水彩笔等绘制图形
	铅笔	能模拟铅笔绘制任意形状的图形
	橡皮擦	擦除线条与填充区域
	模糊（组）	编辑图像中的部分区域成特殊效果
	印章	复制图像区域
	线条	绘制直线
	钢笔	用于逐点描述图像路径
	矢量路径	使用描边调色板的设置绘制描边图案
	重绘路径	修改选中路径的一部分
	矩形	绘制矩形、圆角矩形或正方形
	圆角矩形	绘制圆角矩形
	斜切矩形	绘制斜切矩形
	斜面矩形	绘制斜面矩形
	椭圆	画圆或椭圆
	智能多边形	绘制出各种形状的多边形
	L 型	画 L 型
	星型	绘制各种星型
	箭头	绘制和编辑各种箭头
	螺旋形	绘制和编辑各种螺旋形
	连接线型	绘制和编辑各种连接线
	画圆圈	绘制各种圆圈或圆环
	饼型	绘制各种饼型
	替换颜色	替换对象的特定颜色
	红眼清除	消除数码相机中的红眼
A	文本	创建文本
	自由变形	使用大小可变的光标拖放选定的路径区域
	更改区域形状	使用可变光标区域来更改选定的路径形状
	路径洗刷——添加	通过控制笔压和速度来增加描边的特征

续表

图标	按钮名称	主要功能
	路径洗刷——清除	通过控制笔压和速度来减小描边的特征
	刀子	用于切割路径
	矩形热点区域	绘制矩形或正方形的 URL 热点区域
	圆形热点区域	绘制圆形的 URL 热点区域
	多边形热点区域	绘制不规则多边形的 URL 热点区域
	切片	生成矩形的切片对象
	多边形切片	生成多边形的切片对象
	隐藏切片与热点	隐藏切片与热点
	显示切片与热点	显示切片与热点
	滴管	在图像上取样本颜色
	油漆桶（组）	用颜色、线条或图案填充所选对象
	笔触颜色	设置画笔颜色
	填充颜色	设置填充颜色
	黑白填充	设置画笔颜色为黑、白两色
	无填充色	设置画笔为无色
	转换颜色	交换画笔颜色与填充颜色
	标准屏幕显示	设置操作界面为标准屏幕模式
	带有菜单的全屏模式	设置操作界面为带有菜单的全屏模式
	全屏模式	设置操作界面为全屏模式
	手形工具	用于移动画布
	缩放镜	放大或缩小画布

10.2.6 常用面板

在绘制和编辑图像时，最常用的面板包括形状面板、属性面板、颜色面板、混色器面板、信息面板、查找面板、行为面板、优化面板、层面板、样式面板、URL 面板库面板、帧面板、历史纪录面板及特殊字符面板等，这些面板通常被称为面板组。其中“形状”面板是 Fireworks 8 新增加的一个面板。里面目前共有一个“保存时间戳”和九个形状组，形状组时钟表、齿轮、立方体、圆柱体、像框、透视图、制表符、谈话框和管道，如图 10-7 所示。利用右上角的弹出菜单可以获取更多的自动形状，大大方便了设计者创作一些基本形状，可以提高创造效率。

默认的情况下，Fireworks 8 面板将面板成组停放在工作区的右侧。设计者可以进行取消停放面板组、将面板添加到组、重新排列面板组的顺序、折叠和关闭面板组、打开或关闭面板组等操作，这些操作都可以通过单击面板右上角的图标从下拉列表中选择，有关常用面板的具体介绍和应用将在以后的相关内容中讲解，这里不再详细介绍。

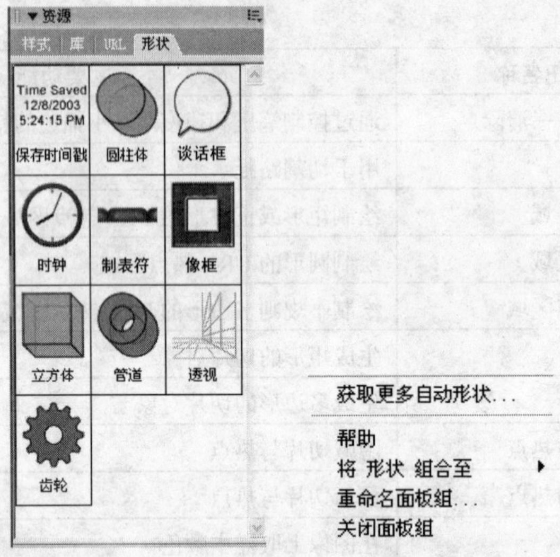

图 10-7 “形状”面板及其弹出菜单

10.3 Fireworks 8 的简单操作

10.3.1 操作 Fireworks 8 文档

1. 新建文档

新建文档的操作步骤如下：

（1）选择“文件”→“新建”命令，弹出“新建文档”对话框，如图 10-8 所示。

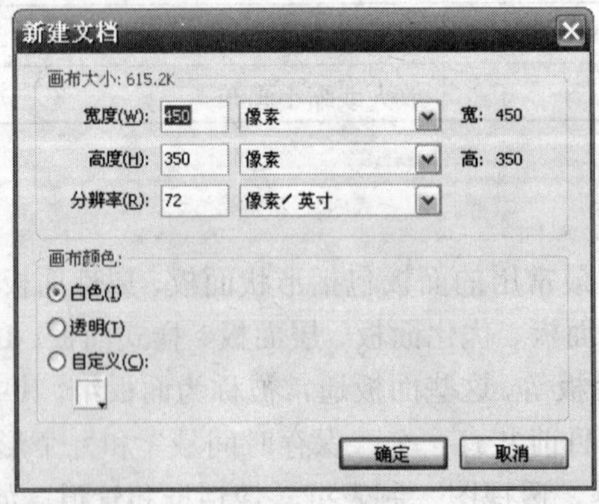

图 10-8 “新建文档”对话框

（2）输入画布的尺寸，单位可以是像素、英寸或厘米，应根据需要适当地选择。这里所提到的画布是创建任何图像的背景。

（3）输入图片的分辨率，单位可以是像素每英寸或像素每厘米。图片的分辨率是指在打印或通过其他方式制成图片时单位长度中所含像素量的多少，可见，输出相同大小的图片，分辨率越高，单位长度中所含的颜色信息点也越多，图像就更清晰、精美。

（4）为画布选颜色。有“白色”、“透明”和“自定义”单选按钮。如果选择“自定义”

颜色，需单击“自定义”下方的色块标志，在弹出的对话框中选择所需要的颜色，如图 10-9 所示。

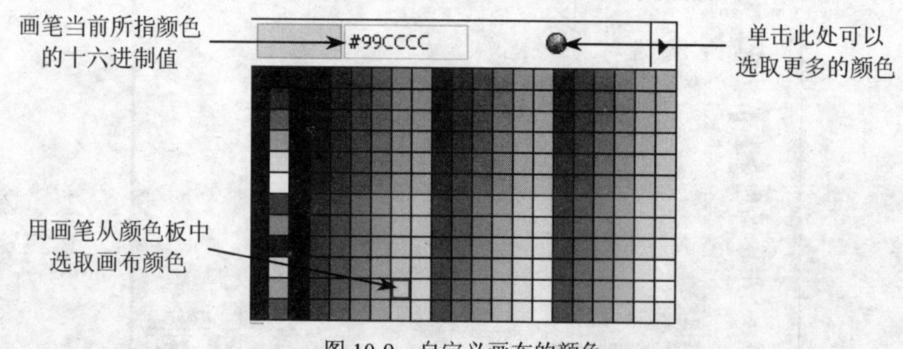

图 10-9　自定义画布的颜色

（5）单击“确定”按钮，完成文档的创建。

2. 打开文档

打开已有的 Fireworks 文档时，选择“文件”→“打开”命令，弹出“打开”对话框，如图 10-10 所示。在对话框中浏览到文件所在的文件夹，选择文件并单击“打开”按钮。

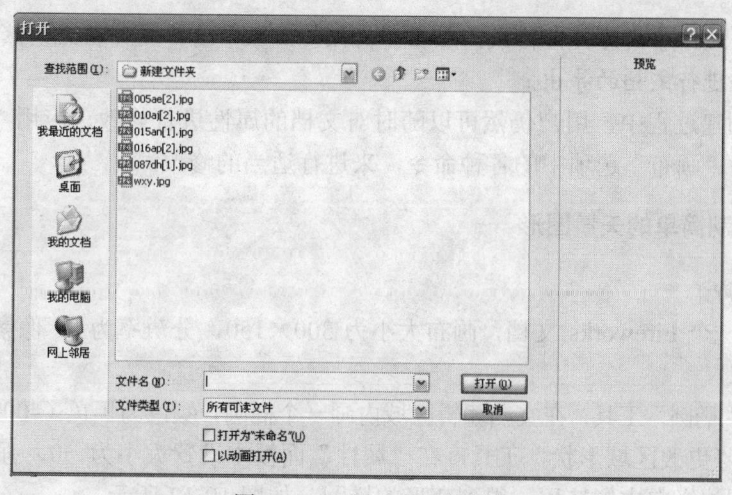

图 10-10　“打开”对话框

在 Fireworks 中，可以打开在其他应用程序中或以其他文件格式创建的文件，其中包括 Photoshop、Macromedia、FreeHand、未压缩的 CorelDARW、JPEG、GIF 和 GIF 动画等。

注意：选择“文件”→“打开”命令打开非 PNG 格式文件时，将基于所打开的文件创建一个新的 Fireworks PNG 文档，而原始文件保持不变。如果打开的是 GIF 动画，则既可以将其作为动画元件导入，也可像打开普通的 GIF 文件那样打开 GIF 动画。

3. 保存和导出文档

在 Fireworks 中创建的文档，经过保存生成为 PNG 文档。如果想要改变文档格式，则要通过“导出”的方式。

（1）创建的文档可以在任何时候进行保存。选择“文件”→“打开”命令，弹出“另存为”对话框，如图 10-11 所示。在文件名中输入文档的名称，并选择保存路径，即可完成文档的保存。

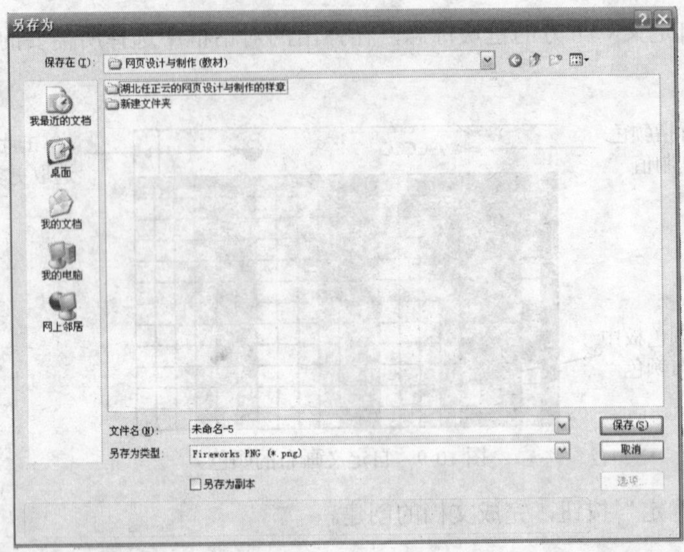

图 10-11 “另存为”对话框

（2）在“另存为”对话框中还有一个“另存为副本”命令，主要用于对已有的文档做一个副本作为备份。

注意：若将文件导出为其他格式，应在“优化”面板中选择文件格式，然后选择“文件”→“导出”命令进行文档的导出。

在文档的创建过程中，用户仍然可以随时对文档的属性进行修改，应用“属性”面板或选择“修改”→“画布”选项中的各种命令，来进行适当的修改。

10.3.2 绘制简单的矢量图形

1. 绘制小脚丫

（1）新建一个 Fireworks 文档，画布大小为 300×150，分辨率为 72 像素/英寸，颜色为白色（#FFFFFF）。

（2）选择“椭圆”工具，在文档编辑区域内画一个椭圆，颜色为黑色（#000000），无描边。

（3）选择“更改区域形状”工具，在“属性”面板中设置大小为 50，强度为 80。按住鼠标左键在椭圆边缘向内侧挤压，得到变形的椭圆，如图 10-12 所示。

（4）重复步骤（3）中的操作，把椭圆挤压成如图 10-13 所示的脚掌形状。

（5）选择“椭圆”工具，按住 Shift 键画出五个不同大小的圆，并用鼠标把它们拖动到 5 个脚趾的位置上，如图 10-14 所示。

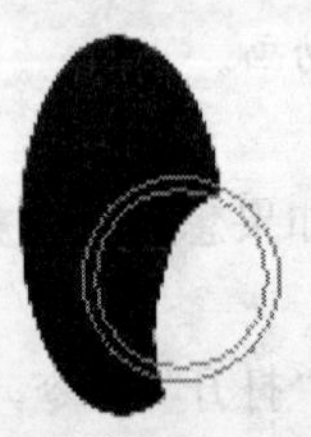

图 10-12 挤压的椭圆

图 10-13 脚掌的形状

图 10-14 图形效果

2. 可爱的心

（1）新建一个 Fireworks 文档，画布大小为 300×150，分辨率为 72 像素/英寸，颜色为白色（#FFFFFF）。

（2）选择"椭圆"工具，在文档编辑区域内画一个圆，颜色为红色（#FF0000），无描边。

（3）选择"编辑"→"复制"命令，复制一个同样的圆，并用鼠标将复制的圆水平向右拖动，使之与另一个圆形部分重叠。同时选定两个圆，选择"修改"→"组合路径"→"联合"命令，把两个圆的路径联合成一个路径对象，如图 10-15 所示。

（4）选择"部分选定"工具，调整联合路径上的几个结点，获得如图 10-16 所示的心形。

图 10-15　组合路径

图 10-16　图形调整

（5）选中心形图形，选择"编辑"→"复制"命令。选定复制的心形，选择"修改"→"变形"→"数值变形"命令，在弹出的对话框中选择缩放变形，大小为 80%。

（6）选中缩小的心形图形，选择"编辑"→"复制"命令。选定复制的心形，选择"修改"→"变形"→"数值变形"命令，在弹出的对话框中选择缩放变形，大小为 80%。完成缩小变形后，三个心形图形如图 10-17 所示。

（7）同时选定两个缩小的心形，选择"修改"→"路径组合"→"打孔"命令，得到心形环孔。选中心形环孔，在"属性"面板中设置其填充色为白色（#FFFFFF），边缘选项选择"羽化"，"羽化"总量设置为 10，得到如图 10-18 所示的效果。

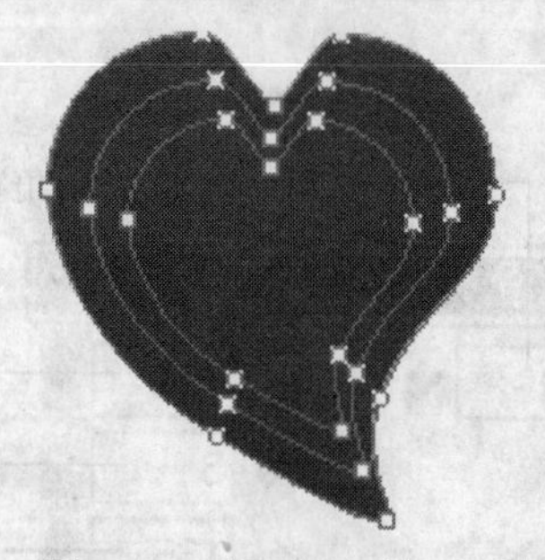

图 10-17　图形相对位置

图 10-18　图形效果

3. 汽车标志的绘制

（1）新建一个 Fireworks 文档，画布大小为 300×150，分辨率为 72 像素/英寸，颜色为白色（#FFFFFF）。

（2）选择"椭圆"工具，在文档编辑区域内按住 Shift 键画一个圆，颜色为黑色（#FFFFFF）。

（3）选择"编辑"→"复制"命令，在同一位置复制出相同的图形，修改其颜色为白色

(#FFFFFF)；选择“修改”→“变形”→“数值变形”命令，将克隆出的白色圆形缩放至原始大小的85%。

（4）选择“视图”→“标尺”命令，在文档编辑区显示标尺；选择“视图”→“辅助线”→“显示辅助线”命令，并从上标尺和左标尺中各拖出一条辅助线，用于定位两个同心圆的圆心，如图10-19所示。

（5）选择“多边形”工具，先在“属性”面板中将其改为3边的星形，然后从辅助线的中心交点直接向外绘制星形直至内圆边界处，颜色为黑色（#FFFFFF），如图10-20所示。

（6）选择“部分选定”工具，对三角星形的各个控制点进行分别调整，产生最终的效果，如图10-21所示。

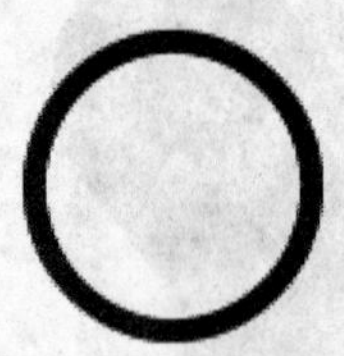
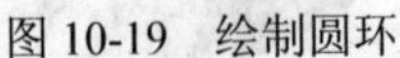

图10-19 绘制圆环

图10-20 绘制星形

图10-21 图形效果

10.3.3 使用滤镜

对于某一对象应用特殊效果，可以在“属性”面板中的“滤镜”中完成，如图10-22所示。在该面板中，可以对一个对象使用多种效果，每一次增加的效果都会被列在其中的效果列表中。

在效果列表中，每一个效果都有一个 ❶ 图标，称之为信息按钮。单击该按钮会弹出一个设置窗口，在其中可以完成对效果的相关设置。“发光”效果的设置窗口如图10-23所示。设置完成后，用实边单击窗口以外的区域，即可关闭设置窗口。

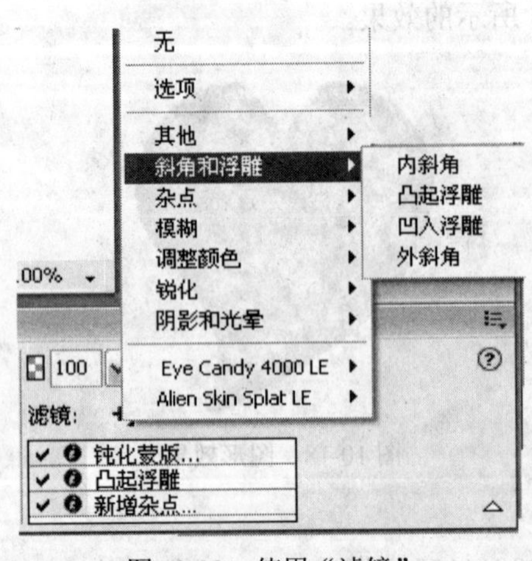

图10-22 使用“滤镜”

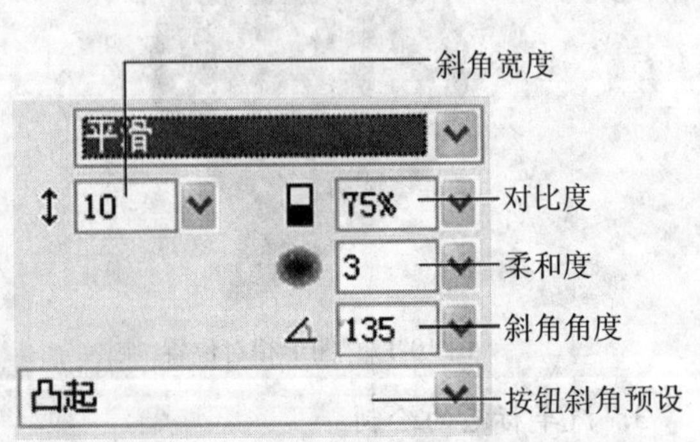

图10-23 “发光”效果的设置窗口

Fireworks 8 提供了多种内置效果，主要包括两个方面，即“斜角和浮雕”以及“阴影和光晕”。其中，斜角效果主要产生一种边缘斜面凸凹的效果，包括“内斜角”和“外斜角”；浮雕效果是图像有凸起和凹下的视角效果；阴影效果包括“投影”和“内侧阴影”；光晕效果用于营造对象边缘的发光效果，包括“外发光”和“内发光”。

下面以两个实例介绍有关 Fireworks 8 中有关颜色、笔触、填充以及滤镜效果的设置等具体的应用方法。

1. 绘制相片框

（1）选择“文件”→“打开”命令，打开一幅目标图像，选择如图 10-24 所示的图像。选定图像，按快捷键 Ctrl+X 剪切图像。

（2）新建一个 Fireworks 文档，画布大小为 300×300；分辨率为 72 像素/英寸；颜色为白色（#FFFFFF）。

（3）选定“椭圆”工具，在文档编辑区域内画一个椭圆，调整椭圆的大小，使之正好可以遮罩原图中的一个花盆。

（4）选定椭圆，在“属性”面板中选择描边颜色为土黄色（#CE9A103），描边种类选择“非自然”→“牙膏”，效果如图 10-25 所示。

（5）选定椭圆，选择“编辑”→“粘帖于内部”命令，适当调整后，得到如图 10-26 所示的相片框效果。

图 10-24　打开目标图像

图 10-25　椭圆效果

图 10-26　图形效果

2. 绘制夜晚景色

（1）新建一个 Fireworks 文档，画布大小为 300×200；分辨率为 72 像素/英寸；颜色为黑色（#000000）。

（2）选择“星形”工具，在文档编辑区内画一五角星，无描边，线性渐变填充，颜色为“白色→浅灰”，如图 10-27 所示。

（3）适当对星形进行调整，在“属性”面板中为其添加一个“内侧阴影”效果，如图 10-28 所示，参数设置如图 10-29 所示。

（4）多复制几个星形，分别调整它们的大小和方向，使其布满整个画布，如图 10-30 所示。

（5）选择“椭圆”工具，按住 Shift 键画一个正圆，无描边，填充颜色为黄色（#FFFF33）。选择“部分选定”工具，对圆形右边的点进行调整，使其成为弯月形，在“属性”面板中为其添加一个“发光”效果，如图 10-31 所示，参数设置如图 10-32 所示，发光颜色为黄色。

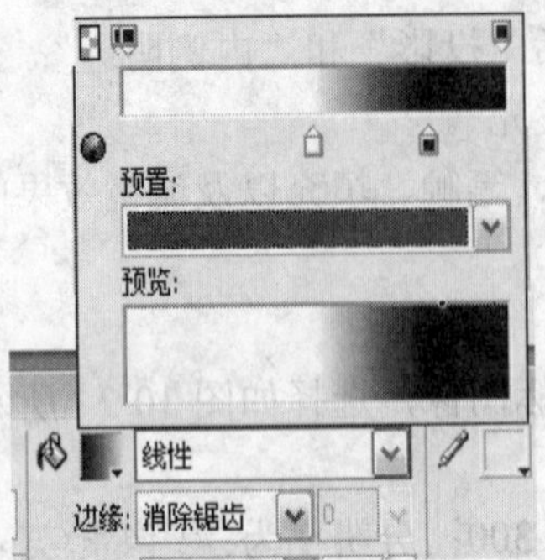

图 10-27 星形填充的设置

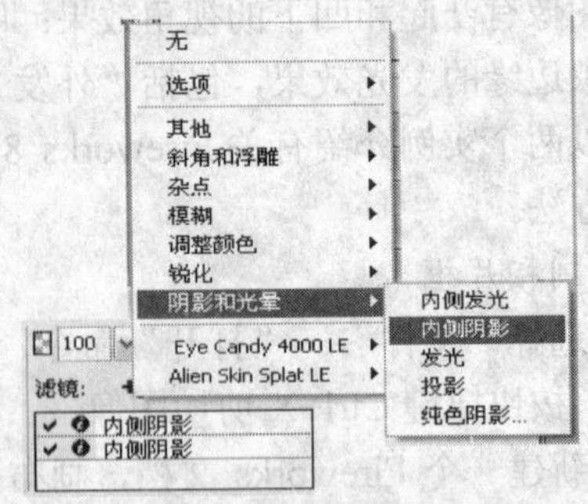

图 10-28 内侧阴影面板

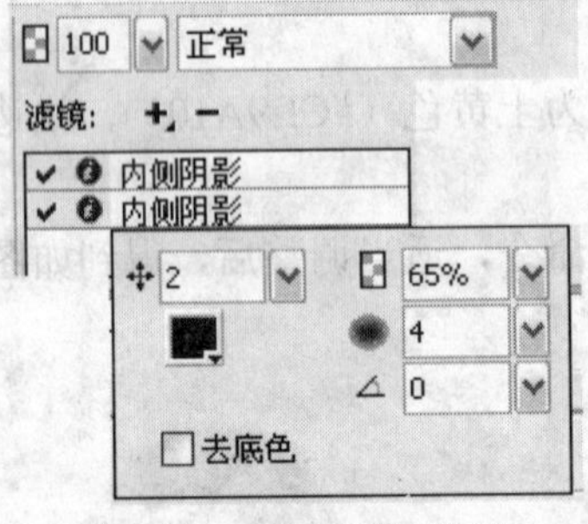

图 10-29 星形效果设置

图 10-30 星形效果

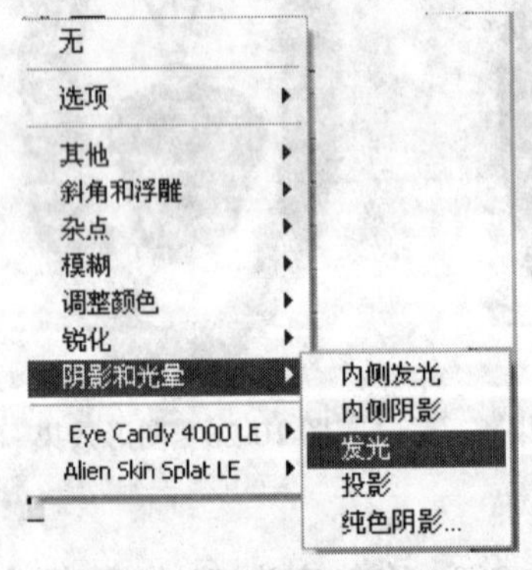

图 10-31 发光属性的选定

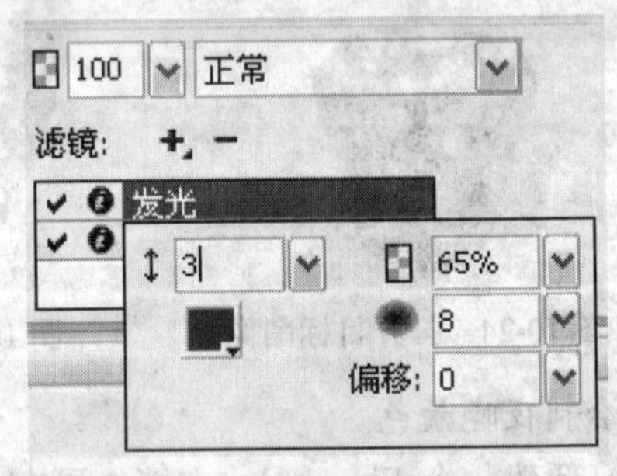

图 10-32 弯月的效果设置

（6）最后得到的夜空效果如图 10-33 所示。

图 10-33 夜空效果

10.4　将文本附加于路径

为使文本的排列有活力，可以给文本附上路径。文本会沿着路径的方向排列，并且可以被编辑。

将文本附加到路径后，该路径会暂时失去其笔触、填充以及效果属性。随后应用的任何笔触、填充和效果属性都将应用到文本，而不是路径。如果之后将文本从路径分离出来，该路径会重新获得笔触、填充以及效果属性。

1. 将文本附加于路径

（1）启动 Fireworks 8，新建一个文档，设置画布颜色为白色背景，大小为 400×300 像素。

（2）使用文本工具 A 输入“加强技能训练”文字，设置相应的字体、字号和颜色。再使用椭圆工具，填充颜色边框选择，拖动鼠标在画布上绘制一个圆，如图 10-34 所示。

（3）选择圆，使用刀子工具，从圆的中间沿直径拖出一条直线，将圆切割成两个半圆。然后用鼠标在空白处单击，再选中下半圆将其删除。此时画布上仅留下文字与上半圆，如图 10-35 所示。

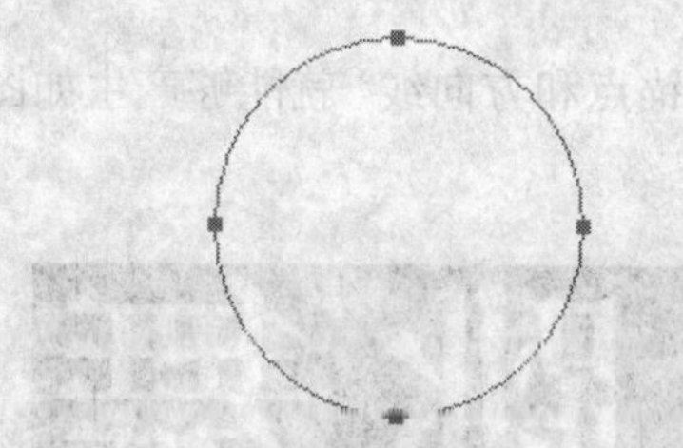

图 10-34　在画布上输入文字并绘制一个圆

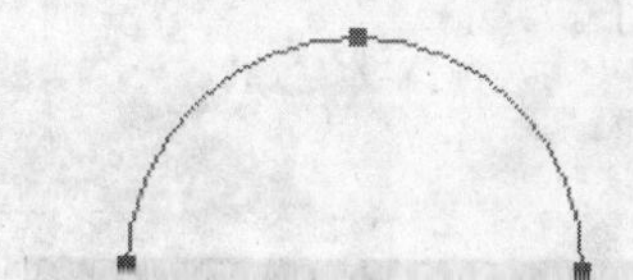

图 10-35　画布上仅留下文字与上半圆

（4）用指针工具拖动一个矩形将文字与半圆同时选中（或者按住 Shift 键先后选择文字与半圆），然后执行菜单“文本”→“附加到路径”命令，将文字附加到路径上。

注意：如果文字不是均匀分布在整个半圆上，只需在文本属性面板上选择齐行按钮即可，最后结果如图 10-36 所示。

（5）可以对路径先进行编辑，再将文本附加到编辑后的路径上。例如，图 10-37 所示就是应用自由变形工具和钢笔工具对路径编辑后，再将文本附加到经过编辑的路径上的效果。

图 10-36　最后的显示效果

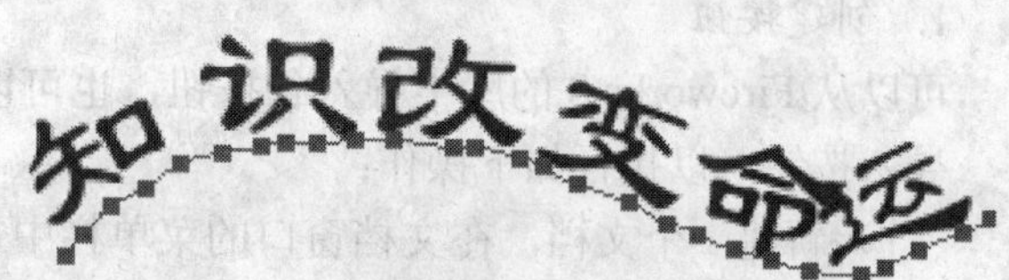

图 10-37　将文本附加到经过编辑的路径上

另外，还可以更改文本在路径上的起始点。例如，在属性面板的文本偏移文本框 文本偏移: 0 中输入一个值，可以调整文本离路径起始点的距离。

2. 文本转换为路径

文本不仅可以附加到路径上，还可以将文本转换为路径。

当对某种字体不满意，需要对它进行设计的时候，也必须把文本转换为路径。特别是在设计图标等出现较大字体的单个字母的时候，机械字体很难满足设计的实际需要，而纯粹的用矢量工具勾勒一个字母难度比较大，对已有字体进行适当的调整可能产生一种不错的效果。

文本附加于路径之后，它的笔触、填充和效果都被保留下来，实际上，转换成路经的文本会保留它所有可视属性。转换为路径后，文本就可以在任何情况下正常显示，另外，还可以利用所有的矢量编辑工具来编辑文本，就像编辑矢量对象一样编辑字母的形状。但是，这样做也会导致一个问题：路径对象再也不可能作为文本用文本工具进行编辑，另外，路径文本对象也不能再转换化文本对象，这个过程是不可逆的。

文本转换为路径的具体操作如下：

（1）首先在画布上输入“跳舞”二字，然后选择“文本”→“转换为路径”命令，将文本转换成路径。

（2）选中文本之后，再执行菜单命令“文本”→“从路径脱离”；或按下 Ctrl+Shift+G，将文本的组合路径解组，形成如图 10-38 所示的效果。

（3）使用钢笔工具和部分选定工具反复调整相应的锚点和方向线，就能够产生如图 10-39 所示的效果了。

图 10-38　将文本转换成路径后并解组

图 10-39　文本效果

10.5　创建按钮与菜单

10.5.1　创建按钮

1. 创建按钮

可以从 Fireworks 8 的库中导入各按钮，也可以将一个文本或图像转换为按钮元件。

导入按钮可以执行如下操作：

（1）新建一个文档，在文档窗口的菜单栏中选择“编辑”→“库”→“按钮”命令，打开“导入元件：按钮”对话框，如图 10-40 所示。

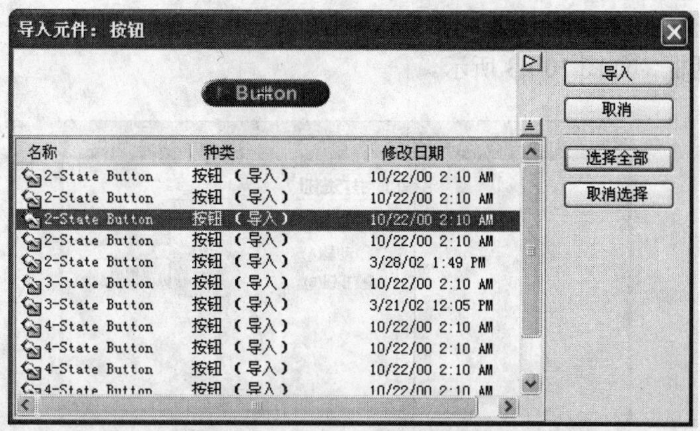

图 10-40　“导入元件：按钮”对话框

（2）在“导入元件：按钮”对话框中选择一种按钮类型，单击[导入]按钮，便可将所选择的按钮导入到当前的花布中，如图 10-41 所示。

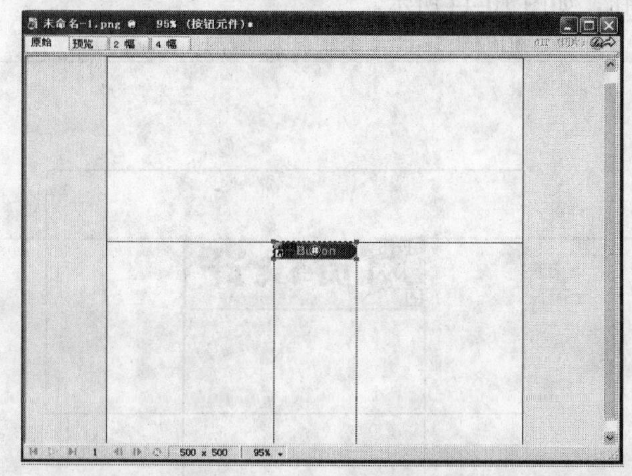

图 10-41　按钮被导入

2. 将一个文本或图像转换为按钮元件

（1）在工具栏中选取口，在画布中画两个矩形，在工具栏中选择文本工具**A**，在前面所画的矩形内输入文本“网页设计”字号 35，字体“隶书”，将文本和所绘制的矩形边框组合起来，如图 10-42 所示。

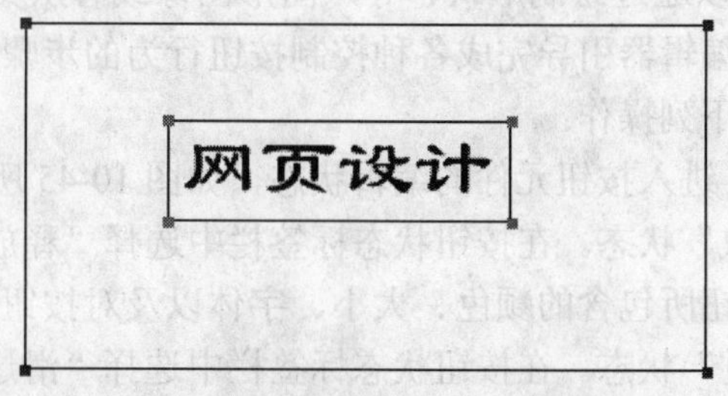

图 10-42　选择预转换为按钮的元素

注意：将文本和矩形边框组合起来，可以方便选择。

（2）在文本窗口的菜单栏中选择“修改”→“元件”→“转换为元件”菜单命令，打开“元件属性”对话框，如图 10-43 所示。

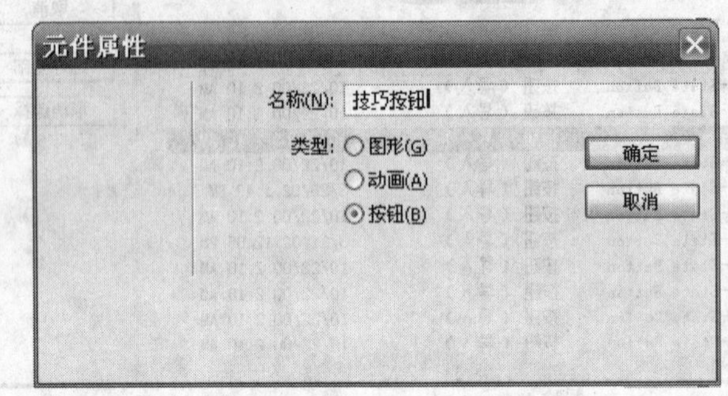

图 10-43 “元件属性”对话框

（3）在元件属性对话框中的“名称”后的文本框中，输入转换成按钮的名称如“技巧按钮”；在“类型”栏中单选按钮中的选择“按钮”类型。然后单击“确定”按钮，便可以将所选择的元素转换为按钮，如图 10-44 所示。

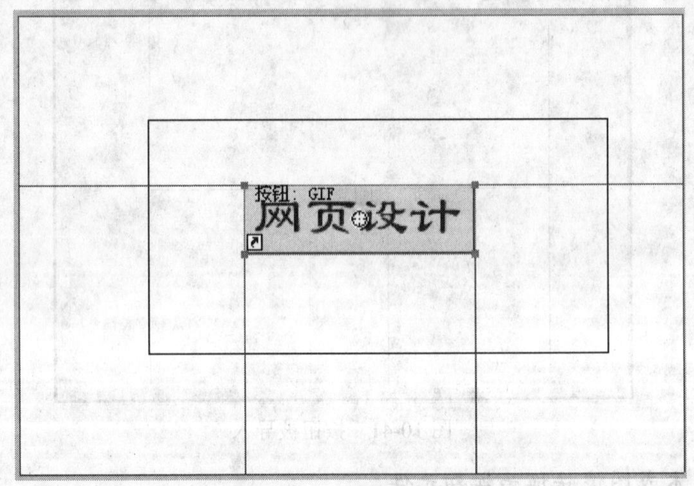

图 10-44 转换后的按钮

（4）双击便可以对按钮进行编辑。

3. 创建具有两种状态的简单按钮

使用按钮编辑器，可以通过绘制形状、导入图形图像或者从文档窗口中拖动对象等方法来创建自定义按钮。按钮编辑器引导完成各种控制按钮行为的步骤。

编辑自创建按钮执行下列操作：

（1）双击按钮元件，进入按钮元件的编辑状态，如图 10-45 所示。

（2）编辑按钮“释放”状态。在按钮状态标签栏中选择“释放”标签，然后便可在文档窗口的属性面板中编辑按钮所包含的颜色、大小、字体以及对按钮运行效果和样式等。

（3）编辑按钮“滑过”状态。在按钮状态标签栏中选择“滑过”标签，按下“复制弹起时的图形”按钮，可将“释放”状态的按钮复制到“滑过”状态。可以根据需要对“滑过”状态下的按钮进行编辑，如图 10-46 所示。

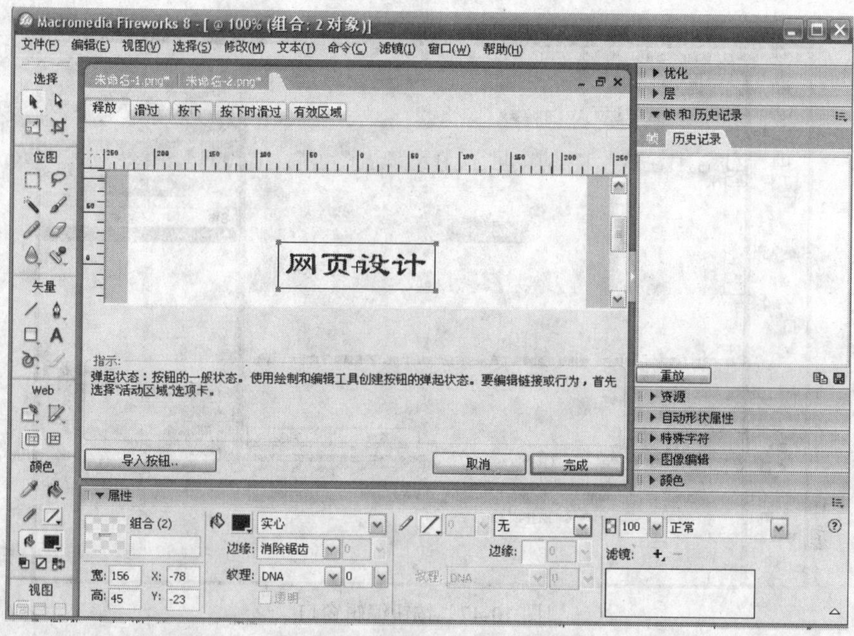

图 10-45　按钮元件的编辑窗口

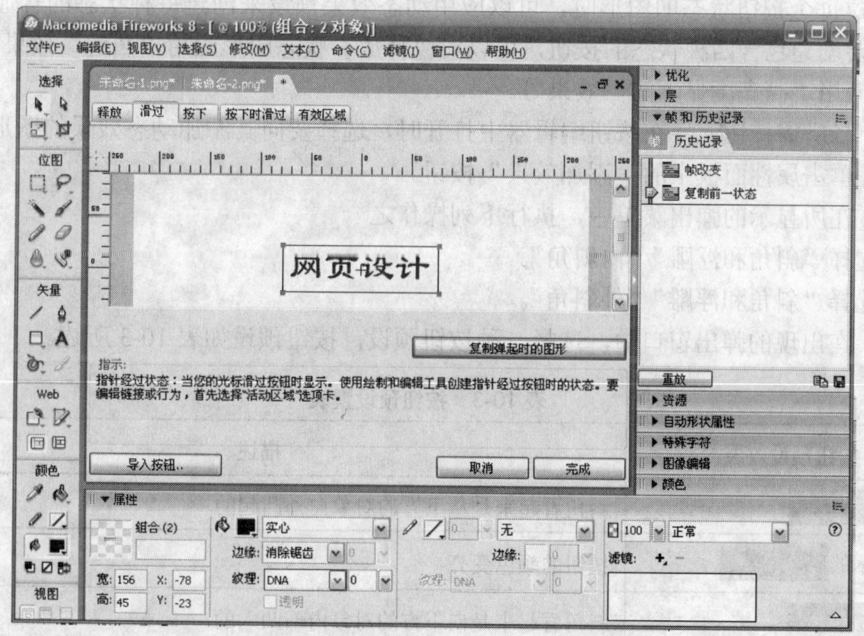

图 10-46　编辑“滑过”状态下的按钮

（4）按照相同的办法可以创建或编辑其他状态的按钮外观。

4. 编辑导入的按钮

（1）双击被导入的按钮，进入按钮编辑状态，如图 10-47 所示。

（2）可以按照编辑自创建按钮的方法，在属性面板中，编辑按钮不同状态下的文本以及按钮外观等属性。

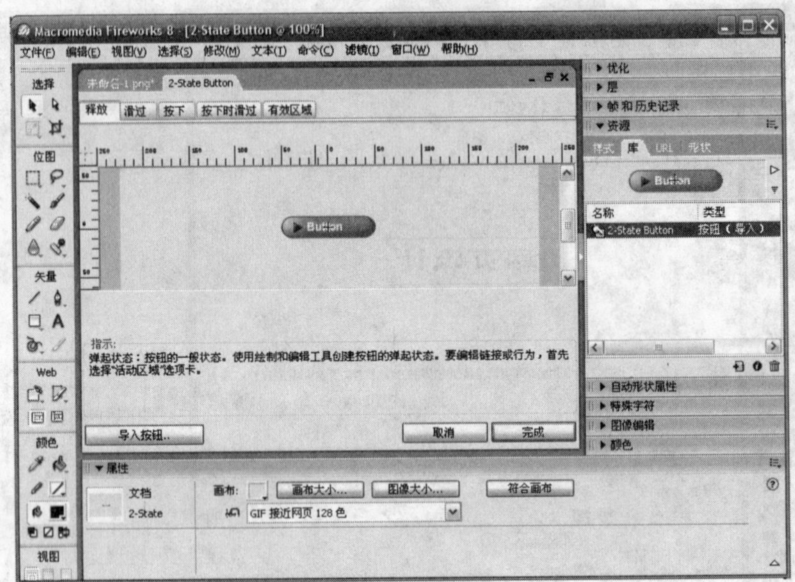

图 10-47 按钮编辑窗口

5. 使用斜角效果绘制按钮状态

在创建每个按钮状态的图形时，可以应用动态效果预设来创建每种状态的普通外观。例如，如果要创建包含四种状态的按钮，可以对“释放”状态图形应用“凸起”效果，“按下”状态图形应用“高亮度显示的”效果等。

（1）当所需按钮元件在按钮编辑器中打开时，选择要向其添加动态效果的图形。

（2）单击属性面板中的“添加效果”按钮。

（3）在所显示的弹出菜单中，执行下列操作之一。

1）选择“斜角和浮雕”“内斜角”。

2）选择“斜角和浮雕”“外斜角”。

（4）在出现的弹出窗口中，选择一种按钮预设，按钮预设如表 10-3 所述。

表 10-3 按钮预设置表

按钮预设效果	描述
凸起	斜角看起来是从下方的对象向外凸起的
高亮显示的	按钮的颜色变亮
凹入	斜角看起来是向下方的对象内部凹入的
反转	斜角看起来是向下方的对象内部凹入的，并且颜色变亮

（5）重复步骤 1～4 来创建其余的按钮状态，并为每种状态提供一种不同的“按钮预设”效果。

10.5.2 创建菜单

当用户将指针移到触发网页对象（如切片或热点）上或单击这些对象时，浏览器中将显示弹出菜单。可以将 URL 链接附加到弹出菜单项以便于导航。例如，可以使用弹出菜单来组织与导航栏中的某个按钮相关的若干个导航选项。可以根据需要在弹出菜单中创建任意多级子菜单。

每个弹出菜单项都以 HTML 或图像单元格的形式显示，并具有“弹起”状态和“滑过”状态，并且在这两种状态中都包含文本。若要预览弹出菜单，请按 F12 键在浏览器中预览。Fireworks 工作区中的预览不会显示弹出菜单。

1. 创建弹出菜单

在“弹出菜单编辑器”的“内容”选项卡上，可以确定弹出菜单的基本结构和内容。其他“弹出菜单编辑器”选项卡上选项的当前或默认设置在创建菜单时应用于该菜单。

（1）选择一个热点或切片，作为弹出菜单的触发区域，如图 10-48 所示。

图 10-48　选择弹出菜单的触发区域

（2）执行下列操作之一可以打开“弹出菜单编辑器”如图 10-49 所示。

1）选择“修改”→“弹出菜单”→“添加弹出菜单”命令。

2）单击切片中间的行为手柄，选择“添加弹出菜单”命令。

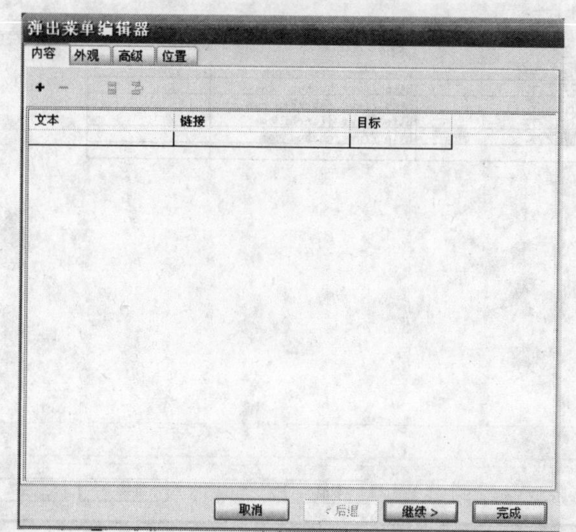

图 10-49　弹出菜单编辑器

弹出菜单编辑器是一个带有选项卡的对话框，它会引导您完成整个创建弹出菜单的过程。它的许多用于控制弹出菜单特征的选项被组织在以下四个选项卡中：

1）内容。包含用于确定基本菜单结构以及每个菜单项的文本、URL 链接和目标选项。

2）外观。包含可确定每个菜单单元格的“弹起”状态和“滑过”状态的外观，以及菜单垂直和水平方向的选项。

3）高级。包含可确定单元格尺寸、边距、间距、单元格边框宽度和颜色、菜单延迟以及文字缩进的选项。

4）位置。包含可确定菜单和子菜单位置的选项：

- 菜单位置：将相对于切片放置弹出菜单。预设位置包括切片的底部、右下部、顶部和右上部。
- 子菜单位置：将弹出子菜单放在父菜单的右侧或右下部，或者放在其底部。

（3）单击“内容”选项卡。

（4）单击“添加菜单”按钮 + 以添加一个空菜单项。单击“删除菜单”按钮 – 删除单元格（菜单项）。

（5）双击每个单元格并输入或选择适当的信息。

1）“文本”指定该菜单项的文本。

2）“链接”确定该菜单项的 url。可以输入自定义的链接，也可以从“链接”弹出菜单中选择一个链接（如果链接的目标存在）。如果已经为文档中的其他网页对象输入了 url，则这些 url 将在“链接”弹出菜单中列出。

3）“目标”指定 url 的目标。可以输入自定义目标，也可以从“目标”弹出菜单中选择一个预设的目标。

在窗口中的最后一行输入内容后，会在该行的下面自动添加一个空行，如图 10-50 所示。

图 10-50 完成菜单内容项的输入

注意：若要从一个活动单元格导航到另一个单元格并继续输入信息，可按键在单元格间移动，并使用向上箭头键垂直滚动列表。

（6）重复步骤（4）和（5），直到添加完所有的菜单项。

（7）可以随意的删除菜单项，方法是高亮显示该项，单击“删除菜单”按钮 ━，执行下列操作之一。

1）单击“继续”按钮移到“外观”选项卡，或者选择另一个选项卡继续生成弹出菜单。

2）建弹出菜单的子菜单项目。

3）单击“完成”按钮关闭“弹出菜单编辑器”，完成弹出菜单的创建工作。

在工作区中，为其生成弹出菜单的热点或切片会显示一条蓝色的行为线，该行为线附加在弹出菜单的顶级菜单轮廓上。

注意：若要查看弹出菜单，必须按 F12 键在浏览器中预览。Fireworks 8 工作区的预览不会显示弹出菜单。

2. 创建弹出菜单的子菜单

在“弹出菜单编辑器”中，使用“内容”选项卡上的“缩进菜单”和“左缩进菜单”按钮可以创建子菜单，即当指针滑过或单击另一弹出按钮菜单时显示的弹出菜单。可以根据需要创建足够多级子菜单。

（1）打开“弹出菜单编辑器”的“内容”选项卡并创建菜单项。同时创建希望用作子菜单的菜单项，并将其直接放在将拥有它们的菜单项下。

（2）单击以高亮显示要使其成为子菜单项的弹出菜单项。

（3）单击“缩进菜单”按钮，将该项指定为菜单项列表中恰好位于其上面的菜单项下的子菜单项，如图 10-51 所示。

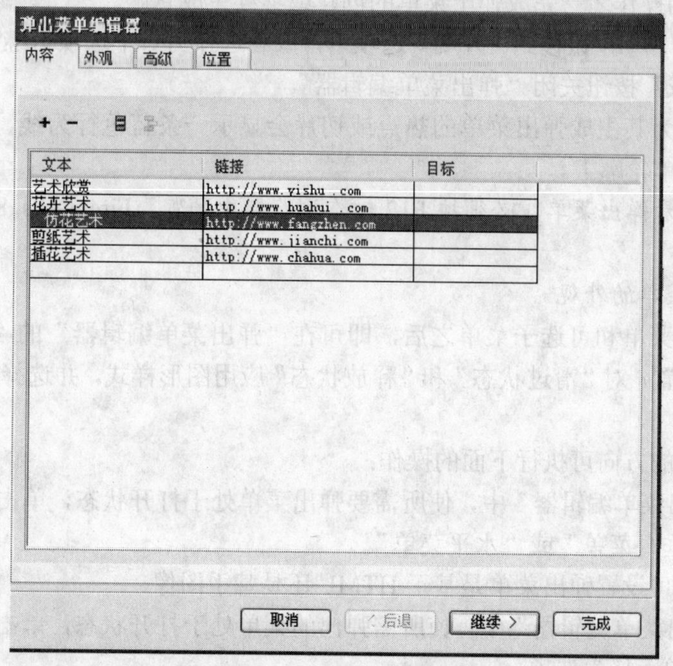

图 10-51　创建子菜单项

1）文本。指定该菜单项的文本。

2）链接。确定该菜单项的 URL。您可以输入自定义链接，也可以从“链接”弹出菜单中选择一个链接（如果存在链接）。如果您已经为文档中的其他网页对象输入了 URL，则这些 URL 将出现在“链接”弹出菜单中。

3）目标。指定 URL 的目标。可以输入自定义目标，也可以从“目标”弹出菜单中选择一个预设目标。

在窗口中的最后一行输入内容后，会在该行的下面增加一个空行。

提示：若要从一个活动单元格定位到另一个单元格并继续输入信息，可按 Tab 键在单元格间移动，并使用向上箭头键和向下箭头键垂直滚动列表。

（4）若要将下一项目添加到子菜单，先高亮显示它，单击“缩进菜单”。

所有在同一个级别上缩进的相邻项构成单个弹出菜单子菜单。

（5）可以随时高亮显示一个菜单或子菜单项，单击“添加菜单”，在紧邻该高亮显示项的下方插入一个新的项。执行下列操作之一：

1）单击“继续>”按钮移动到下一个选项卡，或者选择另一个选项卡继续生成弹出菜单。

2）单击“完成”按钮关闭“弹出菜单编辑器”。

3. 创建弹出菜单的弹出子菜单

（1）在“弹出菜单编辑器”的“内容”选项卡上，高亮显示一个子菜单。

（2）单击“缩进菜单”按钮将该项再次缩进，以使其从上方的相邻子菜单项缩进。

4. 将菜单项移到较高级别的子菜单或主弹出菜单中

（1）在“弹出菜单编辑器”的“内容”选项卡上，高亮显示该项菜单。

（2）单击“左缩进菜单”按钮。

（3）执行下列操作之一完成弹出菜单的创建或继续生成它。

1）单击“继续>”按钮移到“外观”选项卡，或者选择另一个选项卡继续生成弹出菜单。

2）单击“完成”按钮关闭“弹出菜单编辑器”。

在工作区中，为其生成弹出菜单的热点或切片会显示一条蓝色行为线，该行为线附加在弹出菜单的顶级菜单轮廓上。

注意：若要查看弹出菜单，必须按 F12 键在浏览器中预览。Fireworks 8 工作区的预览不会显示弹出菜单。

5. 设计弹出菜单的外观

在创建了基本菜单和可选子菜单之后，即可在“弹出菜单编辑器”的“外观”选项卡上对文本进行格式设置，对“滑过状态”和“释放状态”应用图形样式，并选择垂直或水平方向，如图 10-52 所示。

设置弹出菜单的方向可执行下面的操作：

（1）在“弹出菜单编辑器”中，使所需要弹出菜单处于打开状态，单击“外观”选项卡。

（2）选择“垂直菜单”或“水平菜单”。

执行如下操作可设置弹出菜单是基于 HTML 还是基于图像。

（1）在“弹出菜单编辑器”中，使所需弹出的菜单处于打开状态，单击“外观”选项卡。

（2）选择“单元格”选项。

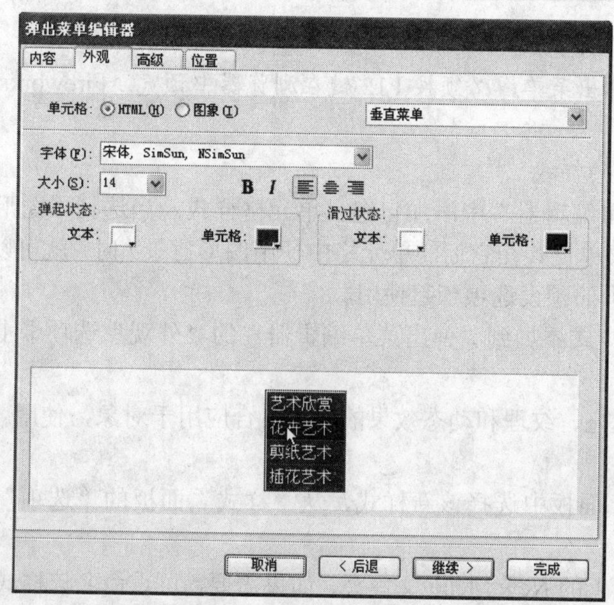

图 10-52　设计菜单的外观

1）html。仅使用 html 代码设置菜单的外观，该设置产生的页面具有较小的文件大小。

2）图像。提供一组精选的图形图像样式，可用作单元格的背景。该设置产生的页面具有较大的文件。

注意：可以通过创建自己的自定义弹出菜单样式，向该组样式中进行添加。

在当前弹出菜单中设置文本格式的方法如下：

（1）在“弹出菜单编辑器”中，使所需弹出菜单处于打开状态，单击“外观”选项卡。

（2）从“大小”下拉列表中选择预设大小，或者在“大小”文本框中输入一个值。

注意：如果在“弹出菜单编辑器”的“高级”选项卡中，单元格的宽度和高度都设置为“自动”，则将由文本大小来确定与该菜单项关联的图形的大小。

（3）从“字体”下拉列表中选择一个系统字体组，或输入自定义字体的名称。

注意：选择字体时要十分小心，如果查看网页的用户在某系统上未安装选择的字体，则在他们的 Web 浏览器中将显示代替字体。

（4）可以随时单击文本样式按钮以应用粗体或斜体样式。

（5）单击对齐按钮使文本左对齐、右对齐或居中对齐。

（6）从“文本”颜色框中选择文本颜色。

6. 设置菜单单元格的外观

（1）在“弹出菜单编辑器”中，使所需弹出的菜单处于打开状态，单击“外观”选项卡。

（2）针对每种状态选择文本和单元格的颜色。

（3）如果已经选择“图像”作为单元格类型，请针对每种状态选择一种图形样式。

执行下列操作之一：

1）单击“继续＞”按钮移动到“高级”选项卡，或者选择其他选项卡继续生成弹出菜单。

2）单击“完成”按钮关闭“弹出菜单编辑器”。

在工作区中，为其生成弹出菜单的热点或切片会显示一条蓝色行为线，该行为线附加在弹出菜单的顶级菜单轮廓上。

注意：若要查看弹出菜单，必须按 F12 键在浏览器中预览。Fireworks 8 工作区的预览不会显示弹出菜单。

7. 添加弹出菜单的样式

可以向“弹出菜单编辑器”中添加自定义单元格样式。当选择“图形”选项作为单元格类型（这将设置弹出菜单使其在它们的单元格中使用图形背景）时，就可以将自定义单元格样式与“外观”选项卡上的预设选项一起使用。

将自定义单元格样式添加到“弹出菜单编辑器”的“外观”选项卡上的单元格样式选择的方法如下：

（1）将笔触、填充、纹理和动态效果的任意组合应用于对象，使用“样式”面板将该组合保存为样式。

（2）在“样式”面板中选择该新样式，从“样式”面板的“选项”菜单中选择“导出样式”。

（3）导航到硬盘上的 New Menu 文件夹，如果需要，可重命名该样式文件，单击“保存”按钮。

注意：New Menu 文件夹的确切位置会因操作系统的不同而不同。

当返回到“弹出菜单编辑器”为“外观”选项卡并选择了“图像”单元格背景选项时，就可以将该新样式与弹出菜单单元格的“释放状态”和“滑过状态”的预设样式一起使用了。

8. 设置高级弹出菜单属性

“弹出菜单编辑器”的“高级”选项卡提供了用于控制以下各项的附加设置：单元格的大小、边距和间距，文字缩进、菜单消失延时，以及边框宽度、颜色、阴影和高亮显示。如图 10-53 所示。

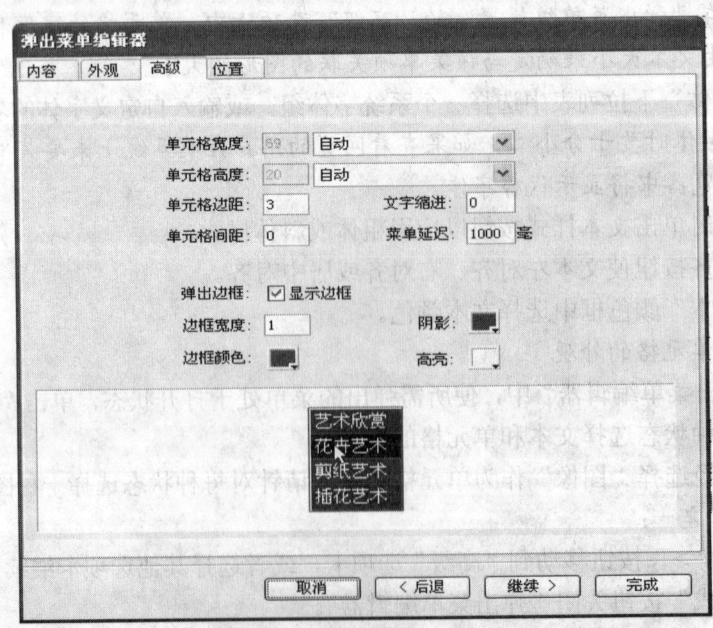

图 10-53 设置菜单高级选项

下面将介绍为当前弹出菜单设置高级单元格属性。

（1）在“弹出菜单编辑器”中，使所需弹出菜单处于打开状态，单击“高级”选项卡。

（2）从“自动/像素”弹出菜单中选择宽度和高度约束。

1）“自动”强制单元格高度符合在“弹出菜单编辑器”的“外观”选项卡中设置的文本大小，并强制单元格宽度符合包含最长文本的菜单项。

2）“像素”允许以像素为单位在“单元格宽度”和“单元格高度”文本框中输入待定的尺寸。

（3）在“单元格边距”文本框中输入一个值，用以确定弹出菜单文本和单元格边缘之间的距离。

（4）在“单元格间距”文本框中输入一个值，用以设置菜单单元格之间的间距。

（5）在“文字缩进”文本框中输入一个值，用以设置弹出菜单文本的缩进量。

（6）在“菜单延迟”文本框中输入一个值，用以设置当指针从菜单移开后，菜单仍保持可见的时间总量（单位为秒）。

（7）设置弹出边框属性。

1）“显示边框”允许显示或隐藏弹出菜单的边框。如果该选项未选定，则将禁用下列选项。

2）“边框宽度”设置弹出菜单边框的宽度。

3）“边框颜色”、“阴影”和“高亮”允许修改弹出菜单边框和颜色。

注意：如果在“外观”选项卡上选择了“图像”单元格类型，则上述许多选项会被禁用。

（8）执行下列操作之一完成弹出菜单的创建或继续生成它。

1）单击“继续>”按钮移动到“位置”选项卡，或者选择其他选项卡继续生成弹出菜单。

2）单击“完成”按钮关闭“弹出菜单编辑器”。

在工作区中，为其生成弹出菜单的热点或切片会显示一条蓝色行为线，该行为线附加在弹出菜单的顶级菜单轮廓上。

注意：若要查看弹出菜单，必须按 F12 键在浏览器中预览。Fireworks 8 工作区的预览不会显示弹出菜单。

9. 定位弹出菜单和子菜单

“弹出菜单编辑器”的“位置”选项卡可以指定弹出菜单的位置。当“网页层”可见时，还可以通过在工作区中拖动顶级弹出菜单的轮廓来调整其位置，如图 10-54 所示。

10. 使用“弹出菜单编辑器”设置弹出菜单的位置

（1）在“弹出菜单编辑器”中，使所需弹出菜单处于打开状态，单击“位置”选项卡。

（2）执行下列操作之一定义菜单的位置。

1）单击“位置”按钮以相对于触发弹出菜单的切片来调整菜单的位置。

2）输入 X 和 Y 坐标。如果坐标为（0，0），则使弹出菜单的左上角和触发它的切片的左上角对齐。

（3）执行下列操作之一。

1）如果有子菜单，可以按照下一步骤中的说明调整它们的位置。

2）单击“<后退”按钮修改其他选项卡中的属性。

3）单击“完成”按钮关闭“弹出菜单编辑器”。

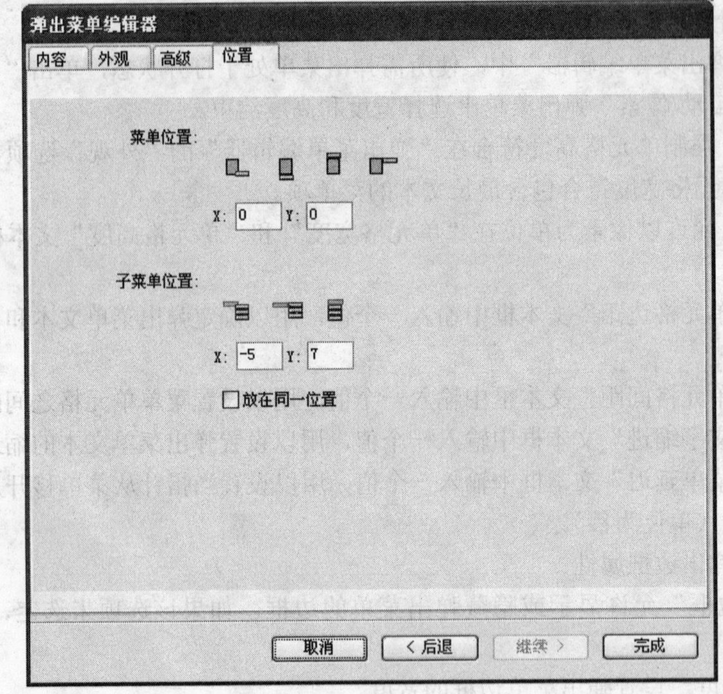

图 10-54 定位菜单

11. 使用“弹出菜单编辑器”设置弹出子菜单的位置。

（1）在“弹出菜单编辑器”中，使所需弹出的菜单处于打开状态，单击“位置”选项卡。

（2）执行下列操作之一定义子菜单的位置。

1）单击“子菜单位置”按钮以相对于触发该子菜单的弹出菜单项调整子菜单的位置。

2）输入 X 和 Y 坐标。如果坐标为（0，0），则会将弹出子菜单的左上角和触发它的菜单或菜单项的右上角对齐。

（3）执行下列操作之一。

1）若要相对于触发子菜单的父菜单项来安排每个子菜单的位置，请为子菜单位置选择“放在同一位置”选项。

2）若要相对于整个弹出菜单来安排每个子菜单的位置，请取消选择“放在同一位置”按钮选项。

（4）单击“完成”按钮关闭“弹出菜单编辑器”，或者单击“＜后退”按钮修改其他选项卡中的属性。

12. 通过拖动弹出菜单来为其设置位置

（1）如果需要，请执行下列操作之一以显示“网页层”：

1）单击工具面板中的“显示切片和热点”按钮。

2）在层面板中，单击包含眼睛图案的列。

（2）选择作为弹出菜单触发器的网页对象。

（3）将弹出菜单的轮廓拖到工作区的其他位置。

本实例的最终结果如图 10-55 所示。

图 10-55　弹出菜单的结果图

10.6　图像切片的使用

10.6.1　创建切片对象

在网页上图片较大的时候，浏览器下载整个图片需要很长的时间，切片的使用使得整个图片分为多个不同的小图片分开下载，这样下载的时间就大大地缩短了，能够节约很多时间。除了减少下载时间之外，切片也还有其他一些优点：

（1）制作动态效果。利用切片可以制作出各种交互效果。

（2）优化图像。完整的图像只能使用一种文件格式，应用一种优化方式，而对于作为切片的各幅小图片可以分别对其优化，并根据各幅切片的情况还可以存为不同的文件格式。这样既能够保证图片质量，又能够使得图片变小。

（3）创建链接。切片制作好了之后，就可以对不同的切片制作不同的链接，而不需要在大的图片上创建热区了。可以使用以下方法来创建切片的对象：使用“切片”工具绘制切片对象，或者基于所选对象插入切片。

1．创建切片对象

切片对象的延伸线是切片引导线，它确定导出时将文档拆分成的单独图像文件的边界。默认情况下，这些引导线为红色，如图 10-56 所示。

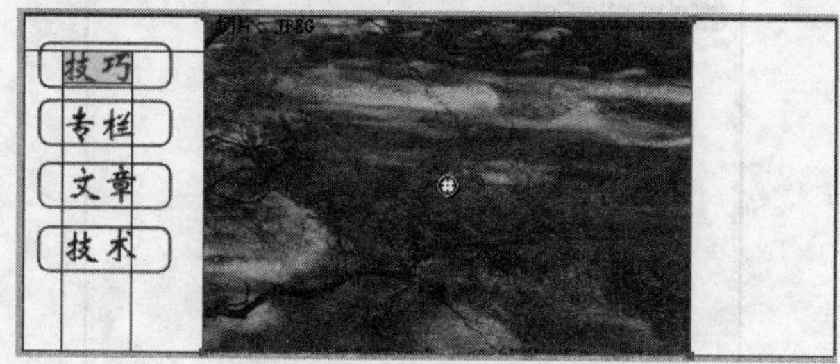

图 10-56　图像切片

为所选对象插入矩形切片的方法如下：

（1）选择“编辑”→“插入”→“切片”命令。该切片为一个矩形，它的区域包括所选对象最外面的边缘。

（2）如果选择了多个对象，则选择应用切片引导线的方式，如图 10-57 所示。

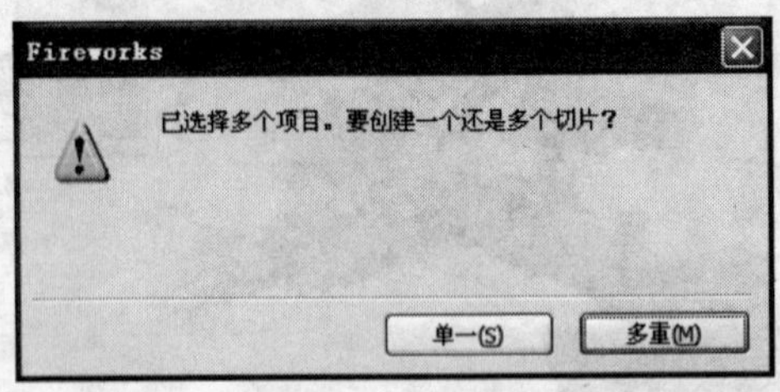

图 10-57　确认切片覆盖类型对话框

1）“单一”可创建覆盖全部所选对象的单个切片对象。

2）“多重”可为每个所选对象创建一个切片对象。

绘制矩形切片对象的方法如下：

（1）选择插入“切片”工具。

（2）拖动以绘制切片对象。切片对象和切片引导线出现在“网络层”中。

注意：当拖动以绘制切片时，可以调整切片的位置。调整切片的位置只需要在按住鼠标键的同时，按下并按住键盘上的空格键，然后将切片拖动到画布上的另一个位置，释放空格键以继续绘制切片。

2. 创建 HTML 切片

HTML 切片指定浏览器中出现普通 HTML 文本的切片图像区域。HTML 切片不导出任何像素的图像数据，它导出出现在由切片定义的表格单元格的 HTML 文本。

如果要快速更新出现在站点中的文本而无须创建新的图形，则 HTML 切片很有用。

（1）绘制切片对象并将其保留为选定状态。

（2）在属性面板中，从“类型”弹出菜单中选择 HTML。

（3）单击“编辑”按钮。

（4）在“编辑 HTML 切片”窗口中输入文本，如果需要，通过添加 HTML 文本格式设置标记来设置文本的格式，如图 10-58 所示。

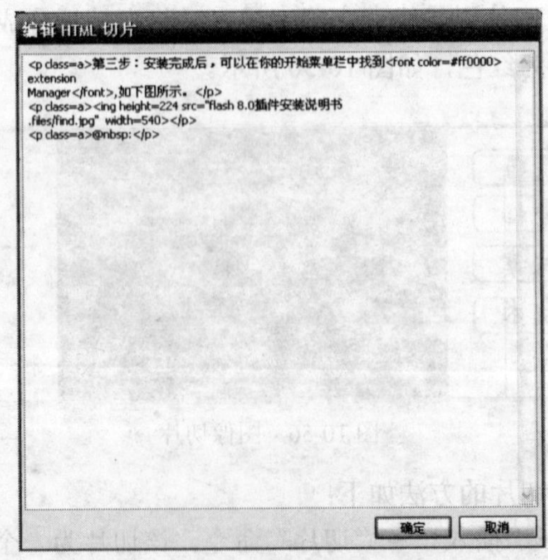

图 10-58　“编辑 HTML 切片”对话框

注意：可以在使用文本编辑器或 HTML 编辑器导出 HTML 后，将 HTML 文本格式设置标记添加到 HTML。

（5）单击“确定”按钮以应用更改并关闭“编辑 HTML 切片”窗口。

所输入的文本和 HTML 标记出现在 Fireworks PNG 文件中。

注意：在不同的浏览器以及不同的操作系统中查看 HTML 文本切片时，它们的外观可能会有所变化，这是因为浏览器中可以设置字体的大小和类型。

3．创建非矩形切片

当试图将交互性附加到非矩形图像时，矩形切片可能无法满足需要。例如，如果打算将变换图像效果附加到切片，而切片对象互相重叠或者形状不规则，则矩形切片可能会与变换图像交换出不是所要得到的背景图形。Fireworks 解决此问题的办法是：允许使用“多边形切片”工具绘制任何多变性形状的切片，如图 10-59 所示。

图 10-59　非矩形切片

还可以将矢量路径转换为切片以创建不规则的切片形状。

绘制多边形切片对象的方法如下：

（1）选择插入“多边形切片”工具。

（2）单击以放置多边形的矢量点。“多边形切片”工具仅绘制直线段。

（3）当在具有柔边的对象周围绘制多边形切片对象时，请确定包括整个对象，以免在切片图形中创建多余的实边。

（4）若要停止使用“多边形切片”工具，请从“工具”面板中选择其他工具。不必再次单击第一个点以关闭多边形切片。

注意：请不要过度使用多边形切片，这是因为与类似的矩形切片相比，它们需要更多 JavaScript 代码，多边形切片的数量过大会延长 Web 浏览器处理的时间。

从矢量对象或路径创建多边形切片的方法如下：

（1）选择一个矢量路径。

（2）选择“编辑”→“插入”→“热点”命令。

（3）选择“编辑”→“插入”→“切片”命令。

生成一个与该矢量对象一致的切片。

10.6.2　使用切片交互

在 Fireworks 中创建交互效果生成切片对象。Fireworks 提供了两种使切片交互的方式。

拖动变换图像的方法是切片交互最简单方法。只需要拖动切片的行为手柄并将其放在目标切片中，即可快速创建简单的交互效果。

“行为”面板可以创建更复杂的交互。“行为”面板中包含各种交互行为，可以将它们附加到切片中。通过将多个行为附加到单个切片上，可以创建有趣的效果，还可以通过编辑现有行为来创建自定义交互效果。

Fireworks 8 中的行为与 Dreamweaver 8 行为兼容。在将 Fireworks 8 变换图像导出到 Dreamweaver 8 时，可以使用 Dreamweaver 8 的“行为”面板编辑 Fireworks 8 行为。

1. 向切片添加简单的交互效果

拖动变换图像方法是创建变换图像和交换图像效果的快速而有效的方法。

具体来说，拖动变换图像方法可以确定指针经过一个切片时该切片所发生的变化。最终结果通常称为变换图像。变换图像是在网页浏览器中当指针经过其上方移动时，其外观发生更改的图形。

当选定切片时，一个带有十字的圆圈出现在切片的中央。这称为行为手柄，如图 10-60 所示。

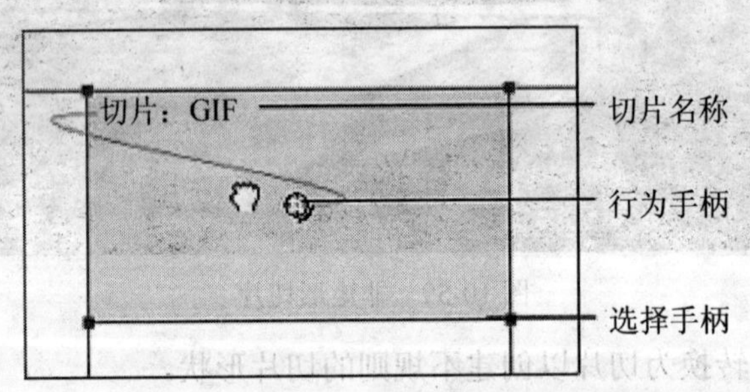

图 10-60　切片示意图

通过从触发切片拖动行为手柄并将其放置目标切片上，可以轻松地创建变换图像和交换图像效果。触发器和目标可以是同一切片，如图 10-61 所示。

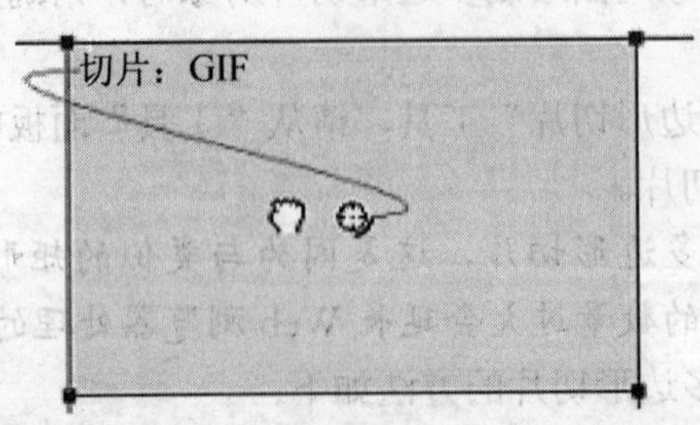

图 10-61　拖动行为手柄创建交换图像

热点也用于结合变换图像效果的行为手柄。

2. 创建简单的变换图像

简单变换图像使用同一网页对象下面的帧上的另一个图像来交换图像。简单交换图像只涉及一个切片或热点。

可以从任何帧中选择交换图像，如图 10-62 所示。

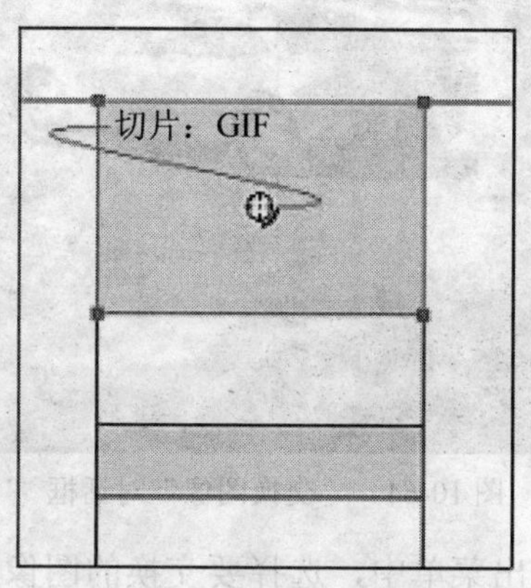

图 10-62　选择交换图像

如下方法可将简单变换图像附加到所选图像或对象。

（1）确保该图像或对象不在共享层上。

（2）选择“编辑”→“插入”→“切片”命令在图像或对象上方创建切片。

（3）单击“新建/复制帧”按钮在“帧”面板中创建一个新帧。

（4）创建、粘贴或导入用作交换图像的图像。将该图像放在第 2 步中创建的切片（即使现在位于第 2 帧中，该切片仍然可见）的下方。切片在所有帧中都是可见的。

（5）在“帧”面板中选择“第 1 帧”返回到包含原始图像的帧。

（6）选择切片并将指针放在行为手柄上方。指针更改为手柄，如图 10-63 所示。

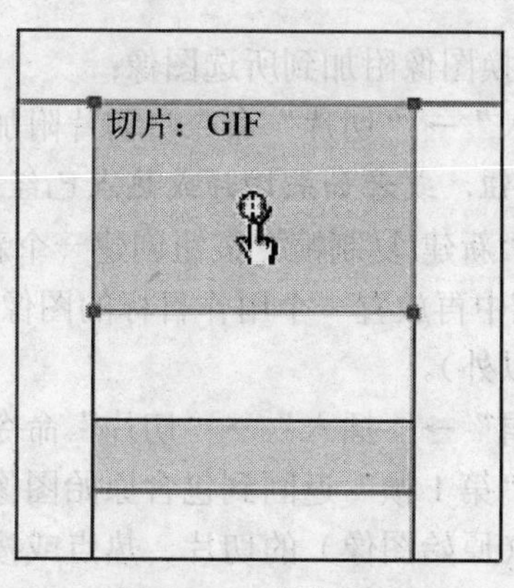

图 10-63　行为手柄

注意：可以在任何帧中选择该切片。

（7）将行为手柄拖到切片的左上边缘。出现一条从切片中心延伸到左上角的蓝色行为线，同时打开“交换图像”对话框，如图 10-64 所示。

图 10-64　“交换图像”对话框

（8）在“交换图像自”弹出菜单中，选择要交换的图像所在的帧，然后单击“确定”按钮。

（9）单击“预览”选项卡查看和测试变换图像，或者按住 F12 键在浏览器中预览它。

3. 创建不相交变换图像

当指针在一个网页对象上方滚动时，不相交变换图像交换另一个网页对象下方的图像。当指针滑过或单击一个触发器图像时，作为响应，在网页的另一位置中出现一个图像。鼠标滑过的图像被视为触发器，发生更改的图像被视为目标。

与仅使用一个切片的简单变换图像一样，首先必须对触发器、目标切片和交换图像所驻留的帧进行设置。然后，可以使用一条行为线将触发器链接到目标切片。

注意：不相交变换图像的触发器不一定是切片。热点和按钮也具有可用于创建不相交变换图像的行为手柄。

按照如下步骤可将不相交变换图像附加到所选图像：

（1）选择“编辑”→“插入”→“切片”命令将切片附加到触发器图像。

注意：如果所选的对象是按钮，或者如果切片或热点已经覆盖图像，则无需执行此步骤。

（2）单击“帧”面板上的“新建/复制帧”按钮创建一个新帧。

（3）在画布所需位置的新帧中再放置一个用作目标的图像。可将该图像放在任何位置（除了在步骤（1）创建的切片下方以外）。

（4）选择图像，选择“编辑”→“插入”→“切片”命令将切片附加到图像。

（5）在“帧”面板中选择“第 1 帧”返回到包含原始图像的帧。

（6）选择覆盖触发器区域（原始图像）的切片、热点或按钮，按后将指针放在行为手柄上，指针随即变为手形。

（7）将触发器切片的行为手柄拖到在步骤（4）中创建的目标切片。出现一条从触发器中心延伸到目标切片左上角的行为线，同时打开“交换图像”对话框，如图 10-65 所示。

（8）从“交换图像自”弹出菜单中，选择在步骤（2）中创建的帧，单击“确定”按钮。

（9）单击“预览”选项卡查看和测试不相交变换图像。

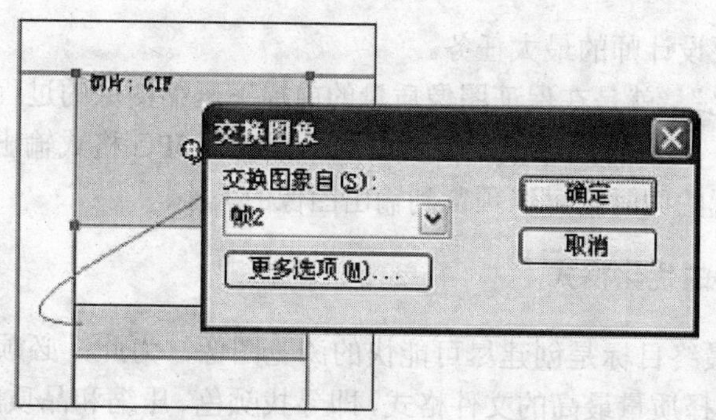

图 10-65　打开“交换图像”对话框

4. 将多个变换图像应用到切片

可以从单个切片中拖动多个行为手柄来创建多个交换图像交互。例如，可以从同一切片中触发一个变换图像和一个不相交变换图像，如图 10-66 所示。用来触发变换图像行为和不相交变换图像行为的切片。

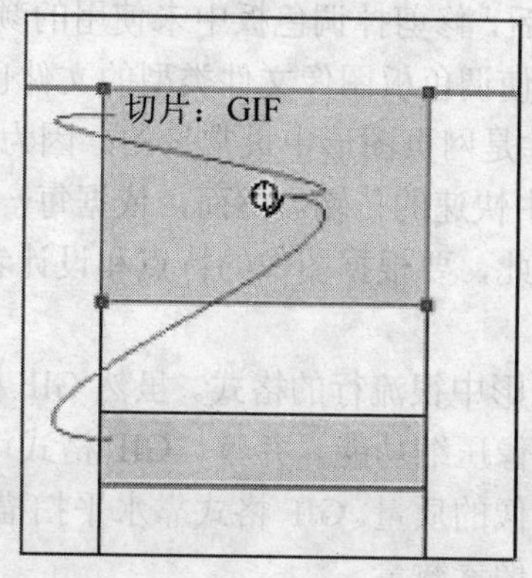

图 10-66　创建不相交交换图像

注意：还可以使用“行为”面板添加多个行为。有关更多的信息，请参阅使用“行为”面板向切片添加交互效果。

将多个变换图像应用到所选切片的方法如下：

（1）将行为手柄从所选切片拖到同一切片的边缘或其他切片上。将手柄拖到同一切片的左上边缘时创建一个简单变换图像，将手柄拖动到其他切片时可以创建不相交变换图像。

（2）选择交换图像的帧，单击“确定”按钮。

（3）根据需要，重复执行第 1 步和第 2 步可以创建多个交换图像。

10.7　网页图形图像的优化与发布

既然 Fireworks 8 是专门的网络图形图像制作软件，那么在设计上必然要考虑网络图形图像的特点。

在网络中，速度的高低无疑是决定网站成败的一大要素。如要美化网站的页面，就需要很多的图形图像来修饰，但随之而来的将是浏览速度的下降。因此，如何在浏览速度与页面美观之间取得平衡是网页设计师的最大任务。

所谓图像的“优化”，就是在保证图像质量的前提下压缩图像的过程。

在 Fireworks 8 中，可以将图像根据需要以 GIF 或者以 JPG 格式输出，并可以轻松地定义压缩比率，在进行设置的同时就可以预览到输出图像的大小。

10.7.1 选择文件的优化格式

网页图形设计的最终目标是创建尽可能快的浏览图像，为此，必须在最大限度地保持凸现个性品质的同时，选择质量最高的文件格式，即寻找颜色、压缩和品质的适当组合文件格式。

在 Fireworks 8 中，优化文件涉及以下操作。

（1）最佳文件格式。每种文件格式都有不同的压缩颜色信息的方法，为某些类型的图像选择适当的格式可以大大减小文件的大小。

（2）格式特定选项。每种图像文件格式都有一组惟一选项，可以用诸如色阶这样的选项来减小文件的大小。某些图像格式（如 GIF 和 JPEG）还具有控制图像压缩的选项。

（3）调整图形中的颜色（仅限于 8 位文件格式），可以通过将图像局限于一个称为调色板的特定颜色集来限定颜色，然后，修剪掉调色板中未使用的颜色，调色板中的颜色越少意味着图像中的颜色也越少，而这会使调色板图像文件类型的文件也越小。

GIF、JPGE、PNG 格式文件是网页图形中最常见的，因为它们具有很高的可压缩性，这种高压缩确保了图像在 Internet 中快速的传输。然而，依据每一种文件压缩方法的不同，图形外观也就有一定程度的不同。因此，要根据图像的特点和设计者目的选择适当的文件格式。

1. GIF 文件格式的特点

图形交换格式 GIF 是网页图形中很流行的格式。虽然 GIF 格式仅包含 2510 种色彩，但却具有出色的、几乎没有丢失的图像压缩功能。并且，GIF 格式可以包含透明区域和多帧动画。

无损压缩图像一般不降低图像的质量。GIF 格式靠水平扫描像素行找到固定的颜色区域进行压缩，然后减少同一区域中的像素数量。

因此，当输出为 GIF 格式时，带有重复固定颜色区域的图像被很大程度地压缩。格式通常对于卡通、矢量图形、带有透明区域的图形、动画很有作用。

2. JPEG 文件格式的特点

JPEG 文件格式是特别为照片图像设计替换 GIF 格式的文件格式，JPEG 格式支持数百万种色彩。

JPEG 是损耗的格式，这意味着在压缩时一些图像数据就丢失了，这降低了最终文件的质量。然而，图像数据丢弃的不多，不会在质量上有非常明显的不同。

当输出为 JPEG 格式时，使用优化面板的“品质”弹出菜单来控制压缩文件所保留数据的百分比。高百分比设定保持较高的图像质量，但压缩量较少，文件尺寸较大。低百分比设定产生较小尺寸的文件，但图像质量较低。

JPEG 格式是扫描照片、带材质的图像、带渐变色过渡的图像或者多于 2510 种颜色图像的最佳格式。

3. PNG 文件格式的特点

便携网络图形 PNG 格式是不失真的网页图形格式。然而，不是所有的浏览器不使用插件就可以充分地利用 PNG 格式特性的优势。PNG 格式可以支持最高 32 位色彩。

在色彩数较大的情况下，PNG 压缩是无损的。由于它跨像素的行列压缩，会产生比 GIF 格式更出色的压缩。

PNG 格式是创建复杂生动透明、高色彩图像和高压缩的低色彩图形的最佳选择。

4. 其他文件格式特点

WBPM 即“无线位图”，是一种为移动计算设备（如手机和 PDA）创建的图形格式，此格式用在“无线应用协议（WAP）”网页上，WBPM 是 1 位格式，因此只有两种颜色可见：黑与白。

TIFF 即标签图像文件格式，是一种用于储存位图图像的图形格式，它常用于印刷出版，许多多媒体应用程序也接受导入的 TIFF 图形。

BMP 即 Microsoft Windows 图形文件格式，是一种常见的文件格式，用于显示位图图像。BMP 主要用在 Windows 操作系统上，许多应用程序都可以导入 BMP 图像。

PICT 由 Computer 公司开发，是一种常用在 Macintosh 操作系统上的图形文件格式，大多数 Mac 应用程序都能够导入 PICT 图像。

10.7.2　优化 GIF 格式

由于 GIF 格式的图像最多只能保存 2510 种颜色，因此这种图像格式并不适合于制作相片、风景等颜色丰富的图片。否则，图像的颜色将严重失真。打开优化面板，下面通过优化面板的设置来调整 GIF 格式。执行菜单“窗口”→“优化”命令打开“优化”面板，如图 10-67 所示。

1. 选择索引调色板

所谓索引调色板，是指 GIF 图像中用来存储和引用颜色的一个索引。索引调色板是一个最多有 2510 种色彩的列表，仅定义图形中可以出现的颜色。在优化过程中，调整调色板会影响输出图像的色彩，如图 10-68 所示，在默认情况下，索引调色板可用。

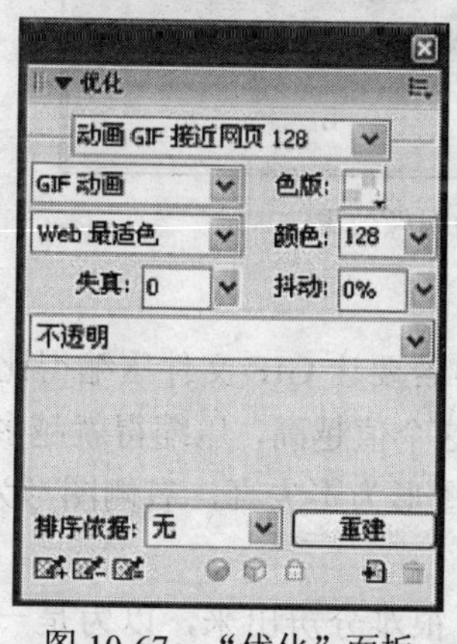

图 10-67　“优化”面板

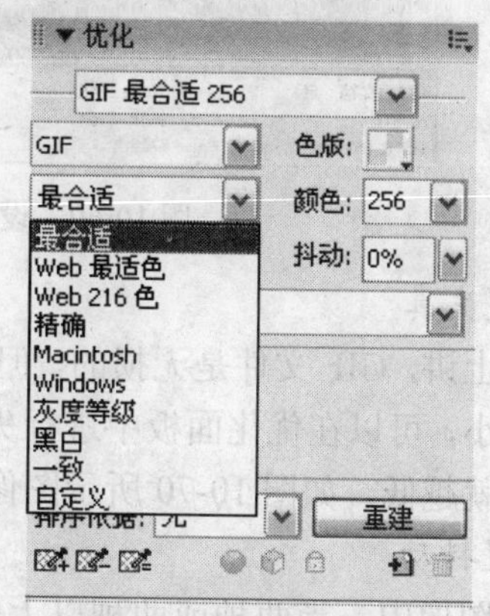

图 10-68　选择调色板

在索引调色板中，各选项介绍如下：

（1）最合适。从文档实际颜色中派生出来的定制调色板。这个调色板经常产生高质量的图像和最小的文件尺寸。

（2）Web 最适色。一种自适应调色板，其中接近安全网页颜色的色彩都被转换成最接近的安全网页色彩。

（3）精确。一个包含使用于图像中确切颜色的调色板，仅包含不大于 2510 种颜色的图像可以使用这样的调色板。

（4）Windows 和 Macintosh。包含由系统平台定义的标准 2510 种颜色。

（5）灰度。一种少于 2510 种灰色的调色板。选择这个调色板可以把输出的图像转换成灰度。

（6）黑白。一个仅包括黑、白两种颜色的调色板。

（7）一致。一种基于 RGB 颜色值的数学调色板。

（8）自定义。可以被修改的，可以从外部导入调色板或 GIF 文件的调色板。选择的色彩深度就是输出图像的颜色数量。GIF 格式通常输出八位（2510 色）或更少，如图 10-69 所示的是设定了不同颜色数量的图像效果。

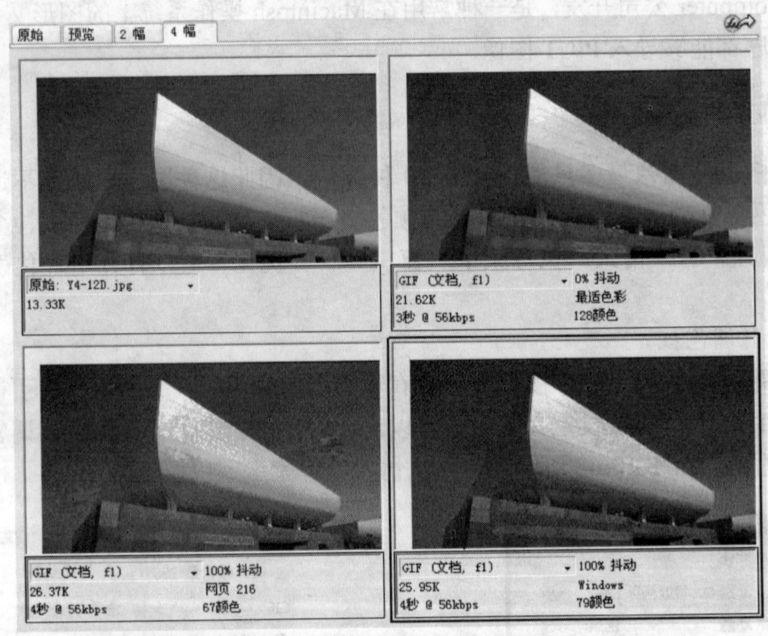

图 10-69 设定不同颜色数量的图像效果

2. 设置失真

从理论上讲，GIF 文件是无损的，但在实际上，有时若要让 GIF 文件压缩得比通常所占的存储空间还小，可以在优化面板中进行失真量的设置。这个值越高，压缩得就越多，但得到图像的质量也就越低，如图 10-70 所示图像的对比，左侧图形为不失真，右侧图形为 50%失真。

3. 设置抖动

在一些图像中，当两种或两种以上的颜色相近时，很难分辨出来，以为是一种颜色，抖动的功能就是利用调色板上有限的颜色模拟调色板上不存在的颜色。当输出带有复杂混合或渐变的图像或把照片图像输出成索引格式的 GIF 文件时，抖动近似的颜色会起到很好的作用。

4. 设置交错

在网页浏览器上查看时，交错式图像随下载逐渐出现。它们首先以低分辨率显示，到下载结束时，过渡为完整分辨率，从优化面板的“选项”菜单中选择“交错”即可。

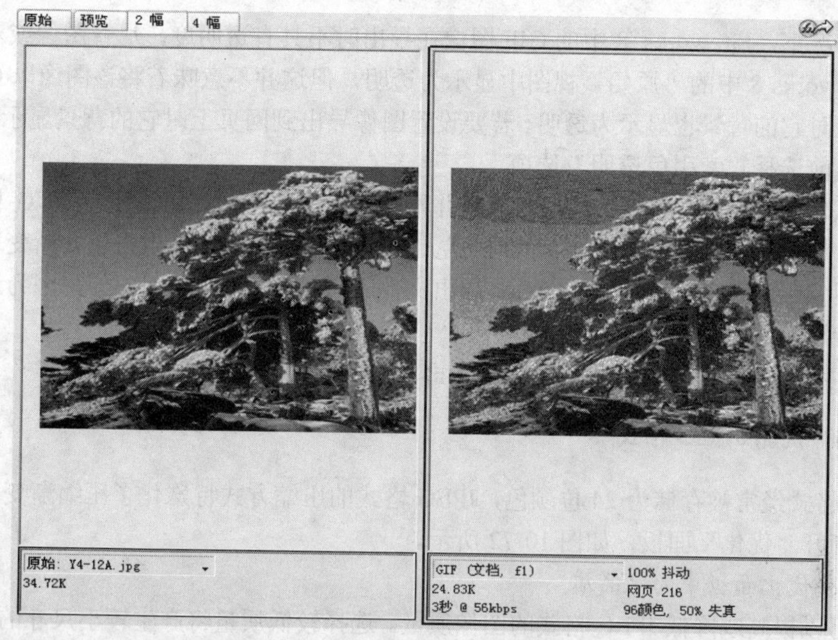

图 10-70　左侧图形不失真，右侧图形为 50%失真

5. 设置透明

可以为 GIF 格式设置透明区域，这样在网页浏览器中，透过这些区域可以看到网页的背景。在 Fireworks 8 中，“预览”选项卡上的灰白方格图案表示透明区域。

导出包含透明区域的 GIF 图像时，应该使用索引透明。有了索引色透明，可以在导出时将特定颜色设为透明。索引色透明时，可打开或关闭具有特定颜色值的像素，因为格式支持索引色透明。所以它是网页上最常用的透明形式，如图 10-71 所示是设置了索引色透明的图像。

图 10-71　设置为索引色透明的图像

默认情况下，Fireworks 8 中的 GIF 图像在导出时不具有透明度。尽管图像或对象后面的画布在 Fireworks 8 中的“原始”视图中显示为透明，但这并不意味着将该图像以 GIF 格式导出到网页上时它的背景也显示为透明。若要设置图像导出到网页上时它的背景显示为透明，就必须在导出前选择“索引色透明”选项。

还可以使用“Alpha 透明”选项，但它并不常用于网页图像，因为只有 PNG 格式才支持它，而大多数网页浏览器并不支持 PNG 格式。“Alpha 透明”选项常用在包含渐变透明和半透明像素的图像中。在向 Flash 或 Director 导出文件时，Alpha 透明也很方便，因为这两种应用程序都支持这种透明类型。

注意：将色彩设为透明只影响图像的导出文件，而不影响实际图像。

10.7.3　优化 JPEG 格式

JPEG 格式经常被存储为 24 位颜色，JPEG 格式的压缩方式特殊化了压缩渐变和过渡图像的过程，打开“优化”面板，如图 10-72 所示。

1. 调整优化面板中的“品质”

设置可以提高或降低 JPEG 格式的图像质量。选择较低质量将产生较小尺寸的文件。单击优化面板上的“选择性品质”右侧的编辑选择性品质选项按钮，将打开如图 10-73 所示“可选 JPEG 设置”对话框，在此对话框中修改 JPEG 格式图像品质。

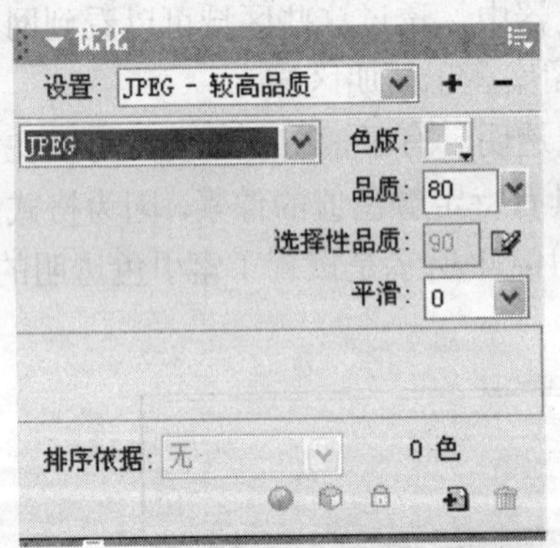

图 10-72　JPEG 格式“优化”面板

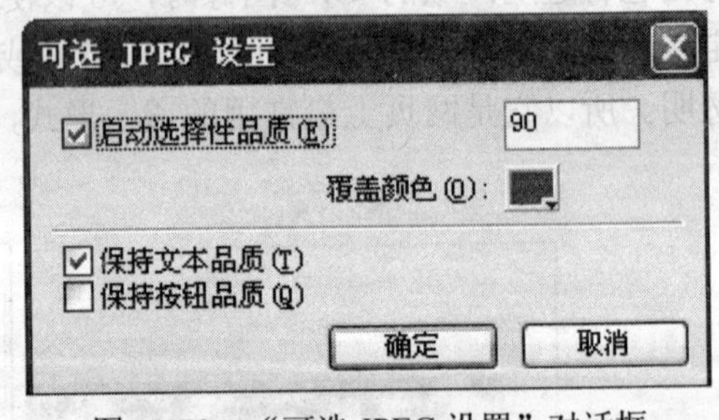

图 10-73　“可选 JPEG 设置”对话框

2. JPEG 格式的选择性压缩

JPEG 格式的选择性压缩可以解决这样的问题：选择 JPEG 图像的不同区域给以不同的压缩级别。图像中特别关注的区域可以在较高的级别上压缩，不太重要的区域可以在较低的级别上压缩。这样既可以减少图像的总体尺寸，又可能保持重要区域的质量。

JPEG 格式的选择性压缩操作方法如下：

（1）使用选择工具选择准备大级别压缩的图形区域。

（2）执行菜单命令“修改”→“选择性 JPEG”→“将所选保存为 JPEG 模板”，在优化面板中单击“编辑选择性品质选项”按钮，选择“启动选择性品质”并在文本框中输入数值。

（3）经过压缩前后的比较，确定这种压缩性选择。

例如，有一只小鸟在花朵上飞翔的图像，为了在压缩中使小鸟的图像不受较大的影响，下面是选择性压缩的操作过程。

（1）使用选择工具先选择小鸟之外的图形区域。

（2）执行菜单命令“修改”→“选择性 JPEG”→“将所选保存为 JPEG 模板”，打开优化面板。

（3）在优化面板中单击“编辑选择性品质选项”按钮，选择“启动选择性品质”，在文本框中输入数值并单击“确定”按钮，完成选择性压缩。

经选择性压缩前后的结果如图 10-74 所示。

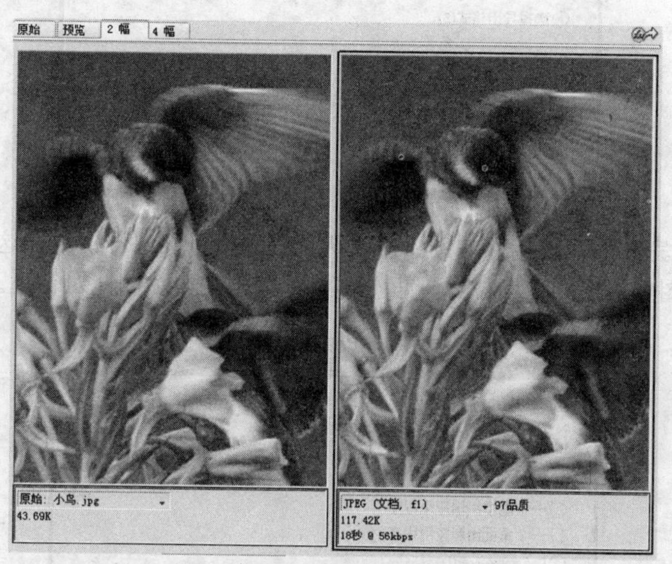

图 10-74　经选择性压缩前后的结果

3. 柔化边缘

调整优化面板中的“平滑”设置可以减小文件尺寸。平滑柔化坚硬的边缘，设置的数值越大对输出的 JPEG 图像柔化效果越强烈，同时产生越小尺寸的文件。

4. 锐化色彩边缘和细节

从优化面板中的“选项”弹出菜单中选择“锐化 JPEG 边缘”，以保持两种颜色之间的细小边缘。当输出带有文本的 JPEG 图像时，使用这一选项以维持这些区域的锐化度。

5. 渐进 JPEG

从优化面板中的“选项”弹出菜单中选择“连续的 JPEG”可以输出交错渐进的 JPEG 图像。它类似于交错的 GIF 文件，交错处理的图像先以低分辨率快速出现，然后随着下载过程的继续转换成原有的分辨率。

10.7.4　使用导出向导

如果对优化和导出网页图像不太熟悉，可以使用“导出向导”对话框。使用“导出向导”对话框的操作过程如下：

（1）选择“文件”→“导出向导…”，打开“导出向导”对话框，如图 10-75 所示。在此对话框中先必须选择导出文件的格式或者确定导出的目标文件大小。如果更愿意优化到目标文件大小，则“导出向导”将优化导出文件，使其适合在最下面一栏中由设计者设置的目标文件。设置完成后单击“继续”按钮关闭此对话框。

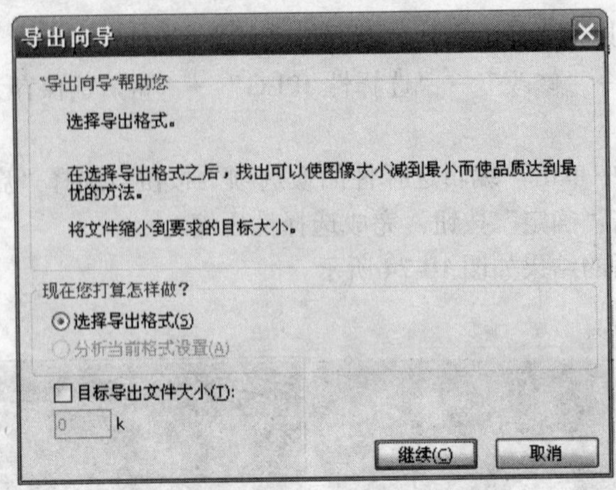

图 10-75 “导出向导”对话框

（2）上一步完成后，将打开如图 10-76 所示的选择目标组合框。在这个组合框中，设计者必须选择图形图像输出的目标位置，再单击“继续”按钮关闭此对话框。

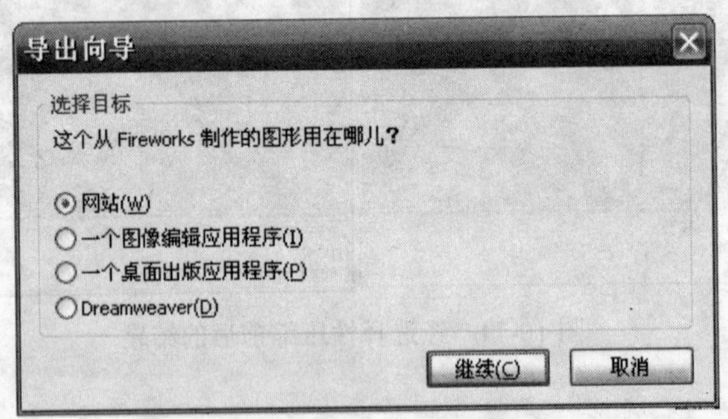

图 10-76 “选择目标”组合

（3）上一步完成后，将打开“分析结果”对话框，如图 10-77 所示，这里仅需要设计者了解更多的导出信息。

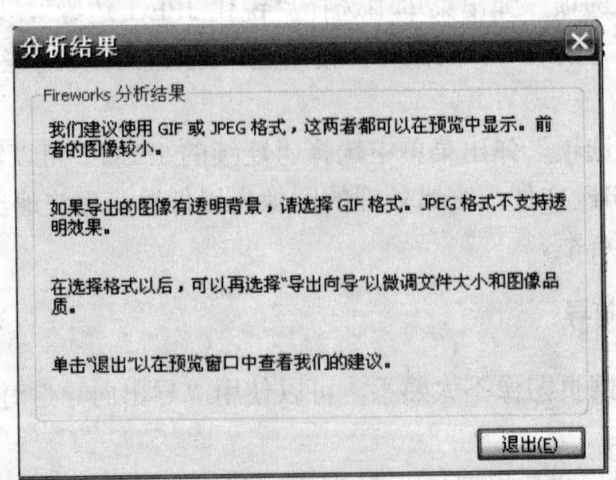

图 10-77 “分析结果”对话框

（4）在完成以上步骤之后，系统将打开如图 10-78 所示的“图像预览”对话框，在此对话框中，设计者可以对输出的不同格式文件的品质、大小、颜色和实际效果等进行比较，最终确定导出文件的格式。

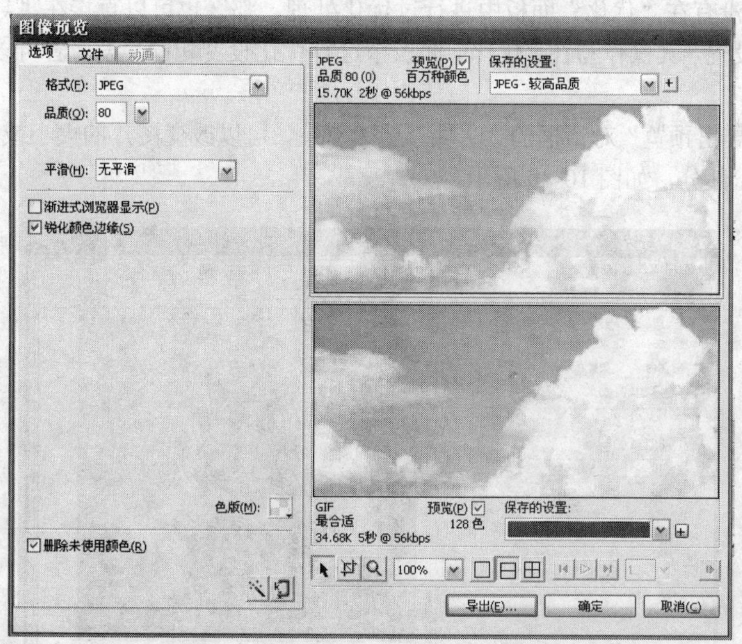

图 10-78　“图像预览”对话框

下面介绍图像文件导出的实例。

（1）选择“文件”→“导出预览”命令，打开“导出预览”对话框，如图 10-79 所示。

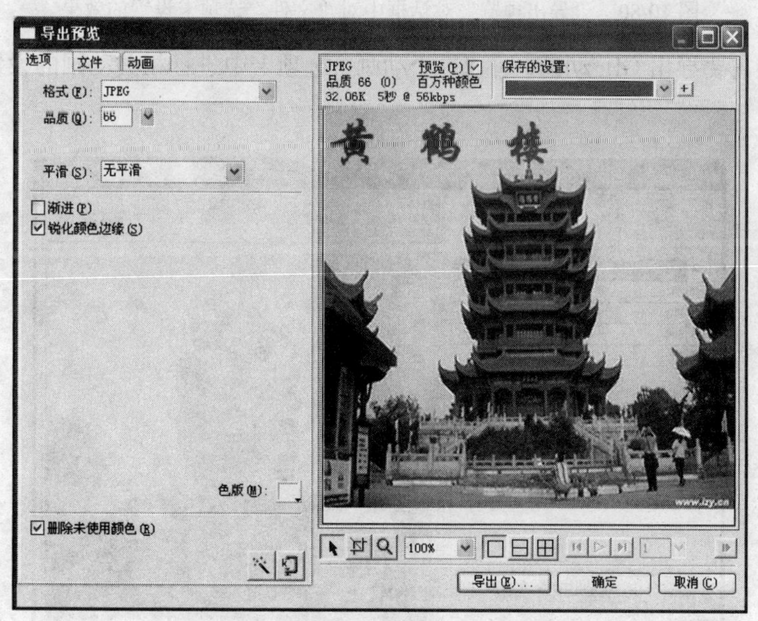

图 10-79　“导出预览”对话框

（2）在该对话框中可看到图片输出效果的预览图，如果已经使用“优化”面板对图片进行了优化处理，可以看到，“导出预览”对话框中的所有设置与在“优化”对话框的设置完全一样，单击“导出”按钮将图片导出即可。

（3）如果没有在“优化”面板中进行过优化处理，那么也可以直接在“导出预览”对话框中进行优化设置，其操作与在“优化”面板中进行优化设置相同，设计者可以参看前面相关章节的介绍。

（4）在“导出预览”对话框的“文件”选项卡中，可以改变图片的大小或选择导出区域，只导出图片的一部分，如图 10-80 所示。

图 10-80 “导出预览”对话框中对“文件”选项卡设置的效果

（5）如果需要导出 GIF 动画，可以在“动画”选项卡中进行相关动画的设置，如图 10-81 所示。

图 10-81 在“动画”选项卡中进行相关动画的设置

（6）在完成设置后，单击“导出”按钮就可以将图片导出。

优化输出是网络图像的特点，优秀的设计师可以在文件大小与设计效果之间找到平衡点。使用 Fireworks 8 进行图像的优化，直观而快捷，无疑是目前进行网站设计的最好选择。

10.8　实践技能训练

通过本实例的学习将熟练掌握如何运用 Fireworks 8 软件完成一个复杂页面的制作。本实例的最终结果如图 10-82 所示。

图 10-82　实例结果图

10.8.1　导入图像

（1）启动 Fireworks 8，在文档窗口的菜单栏中选择“文件”→“打开”菜单命令，打开“打开”对话框。

（2）在对话框中选择 wysj/06-01.png 打开文件，如图 10-83 所示。

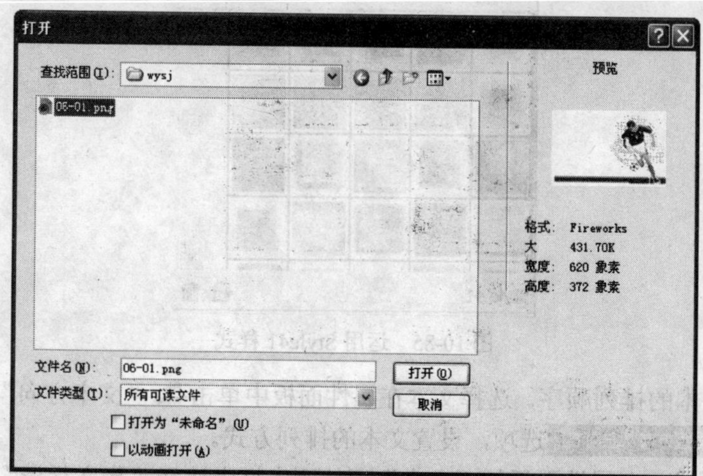

图 10-83　选择文件

（3）单击“打开”按钮，在文档中打开 06-01.png 文件，如图 10-84 所示。

图 10-84 打开文件

10.8.2 绘制页面图像

（1）输入文本。在工具栏中选择**A**文本工具，并在已经打开的图像文件上单击，形成一个文本输入框。

（2）在文本框内输入“我运动，我快乐”文本。

（3）运用样式。选中所输入的文本，运用“样式”面板中 Style41 样式，如图 10-85 所示。

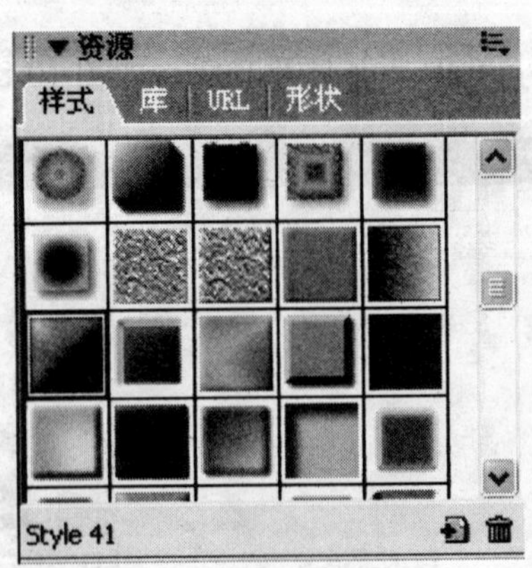

图 10-85 运用 Style41 样式

（4）设置文本的排列顺序。选择文本在属性面板中单击“文本方向”按钮，在弹出的菜单中选择 垂直方向从左向右 选项，设置文本的排列方式。

（5）修改样式。在属性面板的“文本”下拉列表框中选择“华文行楷”字号设置为 38，文本的颜色设置为#00101000，在“效果”区域中单击“发光”效果，在弹出的对话框中将发光颜色设置为#DDF7B0，其他设置如图 10-86 所示。

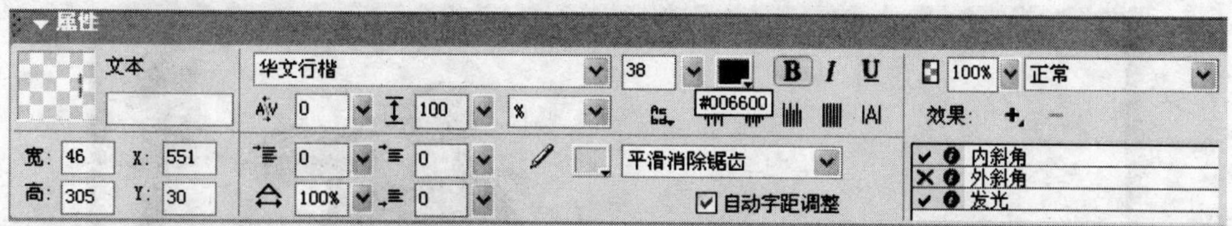

图 10-86　修改文本属性

（6）运用样式及其属性后的文本效果如图 10-87 所示。

图 10-87　运用结果后的效果图

10.8.3　创建按钮

（1）选择绘图工具。在工具面板中选择▢“圆角矩形绘图工具”。

（2）设置绘图属性。在属性面板中将填充设置为“实心”，颜色为#00101000，笔触的颜色为#FFFF00，其他设置参照如图 10-88 所示的设置。

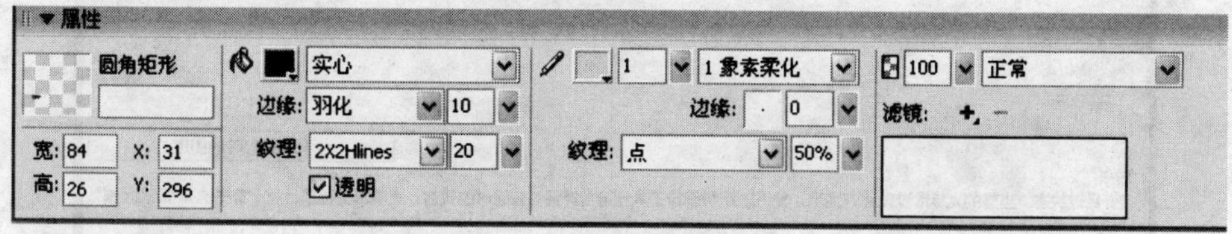

图 10-88　设置绘图工具

（3）分别在（20，333）、（110，333）、（200，333）、（290，333）、（380，333）的位置绘制宽度为 75，高度为 20 的圆角矩形框。

（4）分别在圆角矩形框内输入“网球运动”、“游泳运动”、“台球运动”、“排球运动”、“足球运动”，其中文本设置为宋体 13 号，颜色为白色，如图 10-89 所示。

图 10-89 设置文本

（5）将“网球运动”、“游泳运动”、“台球运动”、“排球运动”、“足球运动”文本及矩形框转换为按钮元件。分别命名为：元件 1、元件 2、元件 3、元件 4、元件 5。

（6）设置按钮。将各按钮中文字设置为：鼠标“滑过”时颜色为#10100000；鼠标“按下”时为#10100000 的颜色交换，如图 10-90 所示。

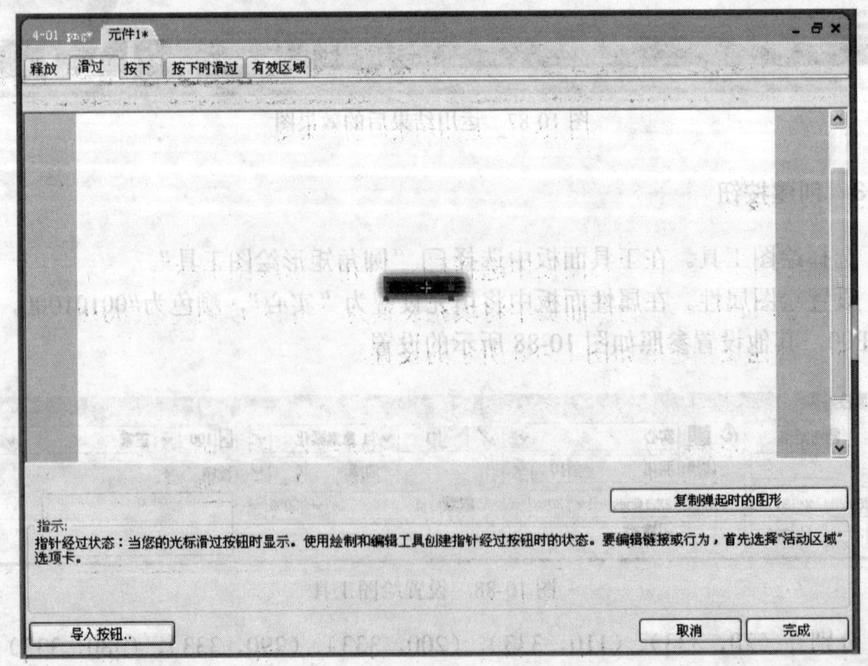

图 10-90 设置按钮

具体设置颜色的方法可以选中“滑过”或“按下”标签所对应按钮的文本，在属性面板中修改文本的颜色。

10.8.4　设定交互图像

（1）添加帧。在帧面板中添加 10 个帧，如图 10-91 所示。

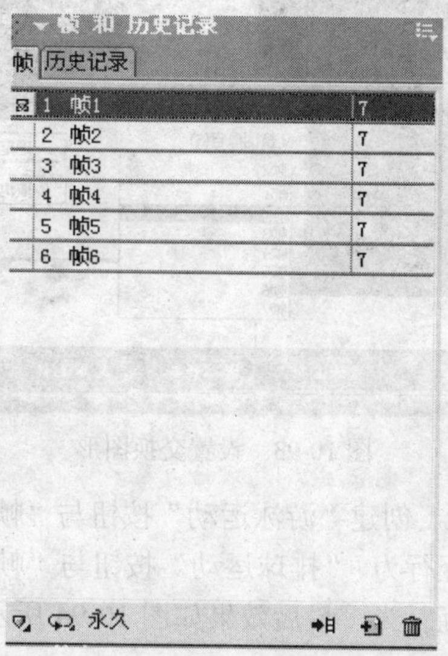

帧 和 历史记录
帧 历史记录
1 帧1 7
2 帧2 7
3 帧3 7
4 帧4 7
5 帧5 7
6 帧6 7
永久

图 10-91　添加帧

（2）在第一帧导入 wysjsc/10/images 文件夹中的 010-1.jpg 图像，图像位于（30，30）的位置。按照相同的办法在帧 2、帧 3、帧 4、帧 5、帧 10 依次导入位于 wysj010/images 文件夹中 y010-01.jpg～y010-05.jpg 图像。其中图像的大小为（2100×2100）。

（3）创建按钮切片。分别为五个按钮和所导入的图像创建矩形切片，如图 10-92 所示。

图 10-92　创建切片

（4）创建鼠标移动到按钮上交互图像效果。拖动“网球运动”按钮切片中的行为手柄到左边的图像切片处，在出现的“交换图像”对话框中“交换图像自”的下拉菜单中选择“帧 2”，如图 10-93 所示。

图 10-93 设置交换图形

（5）重复前面的操作步骤。创建“游泳运动”按钮与“帧 3”图像的交互行为、“台球运动”按钮与“帧 4”图像的交互行为、“排球运动”按钮与“帧 5”图像的交互行为、“足球运动”按钮与“帧 6”图像的交互行为，最后效果如图 10-94 所示。

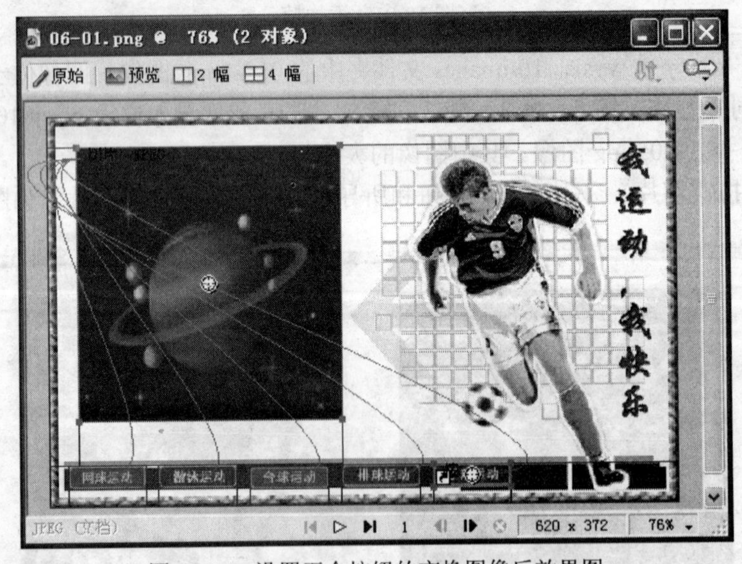

图 10-94 设置五个按钮的交换图像后效果图

（6）在文档窗口在菜单栏中选择“文件”→“保存”菜单命令。将所绘制的页面图像保存到 wysj010/final 文件夹中，命名为 010-01.png 图像文件。

10.8.5 页面图像的优化

（1）优化图像。在优化图像面板中将该图像设置为“JPEG 较小文件”选项、“品质”设置为 60、“平滑”设置为 2，如图 10-95 所示。

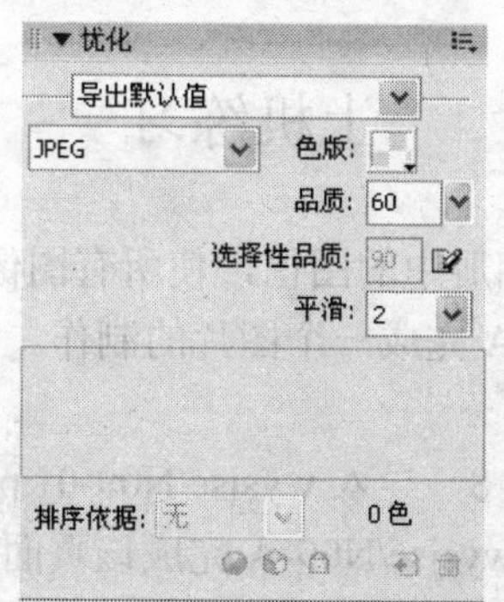

图 10-95　优化页面图像

（2）建立切片。使用矩形切片工具完成对图像的切片创建操作，所完成的结果如图 10-96 所示。

图 10-96　创建图像切片

（3）导出为 HTML 文档。在文档窗口的菜单栏中选择“文件”→“导出”菜单命令。导出页面图像到 wysj010/final/zhsl 文件夹中，文件名为 010-01. htm，如图 10-97 所示。

图 10-97　导出 HTML 文档

上机练习

1．使用 Fireworks 处理网页相册中的图像，使所有图像的长和宽相等。

2．按照样图 10-98 样图 N10.A 完成一个图片的制作。

（1）制作网页图像。

1）导入图像。启动 Fireworks 8，导入 wysjsc/N09-01.png 图像文件，

2）绘制页面图像。参照样图 wysjsc/N09-A 完成该页面图像的框架，在所导入的图像文档上的（8，248）处输入文本，样式为 style23，字号为 35，文本的宽度为 320，高度为 30。

3）按钮、样式和特效的使用。在页面的左列插入宽度为 110 像素，高度为 28 像素的按钮，按钮类型为 4-state Button 中的一种，设置文本字体为隶书、粗体，大小为 25，方式位置从上到下依次为（3，20）、（3，70）和（3，120）。

4）设置交互图像或文本。创建鼠标移动的三个按钮（技巧、教程和论坛）上交互图像的效果，交互图像宽度为 150 像素，高度为 150 像素，在（350，130）的区域中显示，三个按钮的交互图像分别与 wysjsc/N09-01A.png、wysjsc/N09-01B.png、wysjsc/N09-01C.png 图像对应初始状态为 wysjsc/N09-01A.png。完成后注意保存。

（2）优化页面图像。

1）优化图像。设置为选择“JPEG 较小文件”选项，“品质”为 60，“平滑”为 2。

2）建立切片。参照样图 wysjsc/N09-B 完成对图像的切片操作。

3）导出为 HTML 文档。

（a）N10.A

（b）N10.B

图 10-98　样图

第 11 章　网页动画制作

11.1　Flash 8 概述

Flash 是 Macromedia 公司推出的一种优秀的矢量动画编辑软件，Flash 8 是其最新的版本。利用该软件制作的动画尺寸要比位图动画文件（如 GLF 动画）尺寸小很多，用户不但可以在动画中加入声音、视频和位图图像，还可以制作交互式的影片或者具有完备功能的网站。

Flash 是一种创作工具，设计人员和开发人员可使用它来创建演示文稿、应用程序和其他允许用户交互的内容。Flash 可以包含简单的动画、视频内容、复杂演示文稿和应用程序以及介于它们之间的任何内容。通常，使用 Flash 创作的各个内容单元称为应用程序，即使它们可能只是很简单的动画。可以通过添加图片、声音、视频和特殊效果，构建包含丰富媒体的 Flash 应用程序。

Flash 特别适用于创建通过 Internet 提供的内容，因为它的文件非常小。Flash 是通过广泛使用矢量图形做到这一点的。与位图图形相比，矢量图形需要的内存和存储空间小很多，因为它们是以数学公式而不是大型数据集来表示的。位图图形之所以更大，是因为图像中的每个像素都需要一组单独的数据来表示。

要在 Flash 中构建应用程序，可以使用 Flash 绘图工具创建图形，并将其他媒体元素导入 Flash 文档。接下来，定义如何以及何时使用各个元素来创建设想中的应用程序。

在 Flash 中创作内容时，需要在 Flash 文档文件中工作。Flash 文档的文件扩展名为.fla(FLA)。Flash 文档有四个主要部分：

（1）舞台是在回放过程中显示图形、视频、按钮等内容的位置。在后面的章节中将对舞台做详细介绍。

（2）时间轴用来通知 Flash 显示图形和其他项目元素的时间，也可以使用时间轴指定舞台上各图形的分层顺序。位于较高图层中的图形显示在较低图层中的图形的上方。

（3）库面板是 Flash 显示 Flash 文档中的媒体元素列表的位置。

（4）ActionScript 代码可用来向文档中的媒体元素添加交互式内容。例如，可以添加代码以便用户在单击某按钮时显示一幅新图像，还可以使用 ActionScript 向应用程序添加逻辑。逻辑使应用程序能够根据用户的操作和其他情况采取不同的工作方式。Flash 包括两个版本的 ActionScript，可满足创作者的不同需要。

Flash 包含了许多功能，如预置的拖放用户界面组件，可以轻松地将 ActionScript 添加到文档的内置行为，以及可以添加到媒体对象的特殊效果。这些功能使 Flash 不仅功能强大，而且易于使用。

完成 Flash 文档的创作后，可以使用“文件”→“发布”命令发布它。这会创建文件的一个压缩版本，其扩展名为.swf（SWF）。然后，就可以使用 Flash Player 在 Web 浏览器中播放 SWF 文件，或者将其作为独立的应用程序进行播放。

11.1.1 Flash 8 的开始界面

运行 Flash 8，首先映入读者眼帘的是操作的“开始”页面，页面中列出了一些常用的任务，左边是打开最近用过的项目，中间是创作各种类型的新项目，右边是从模板创建各种动画文件，如图 11-1 所示。

图 11-1 “开始”界面

（1）打开最近项目。列表中显示最近操作过的文件，可选择一项打开，单击列表中的“打开”图标，可选择并打开列表中没有列出的 Flash 文件。

（2）创建新项目。提供 Flash 8 可以创建的文档类型，用户可以直接单击选择。

（3）从模板创建。提供创建文档的常用模板，用户可以直接单击其中一种模板类型。

11.1.2 Flash 8 的工作界面

启动 Flash 8，并在“开始”页中选择一项进行，就可进入 Flash 的工作环境，如图 11-2 所示的工作界面，主要有舞台、主工具栏、工具箱、时间轴、属性面板和多个控制面板等部分。

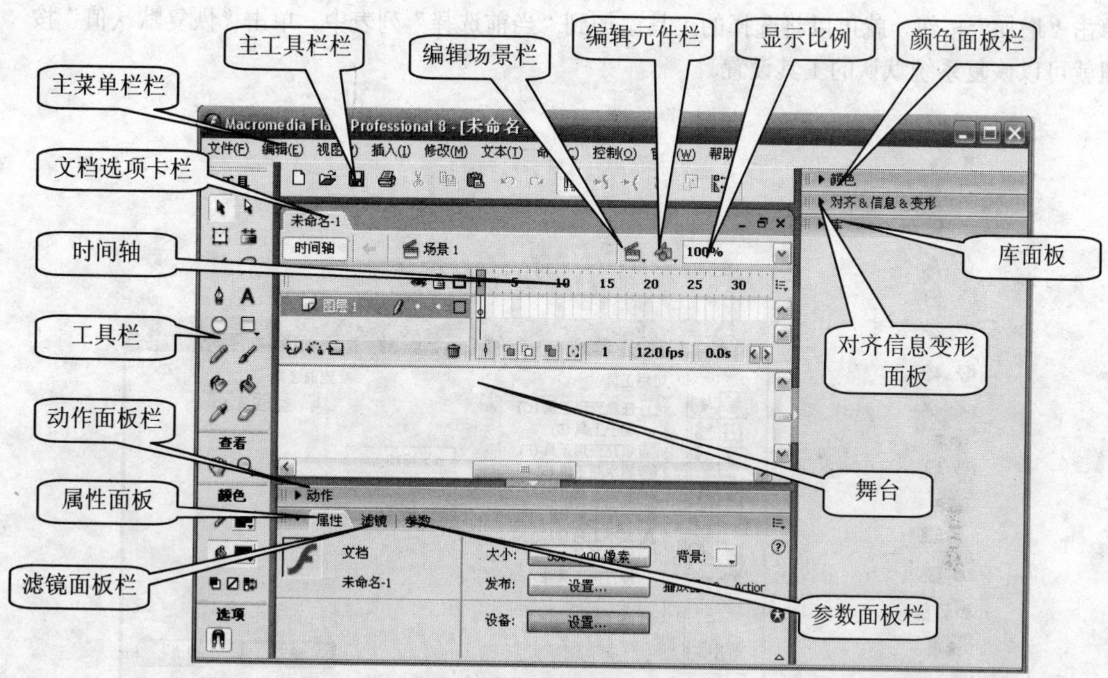

图 11-2　Flash 8 的工作界面

11.1.3　时间轴

时间轴用于组织和控制文档内容在一定时间内播放的图层数和帧数。与胶片一样，Flash 文档也将时长分为帧。图层就像堆叠在一起的多张幻灯胶片一样，每个图层都包含一个显示在舞台中的不同图像。时间轴的主要组件是图层、帧和播放头，如图 11-3 所示。

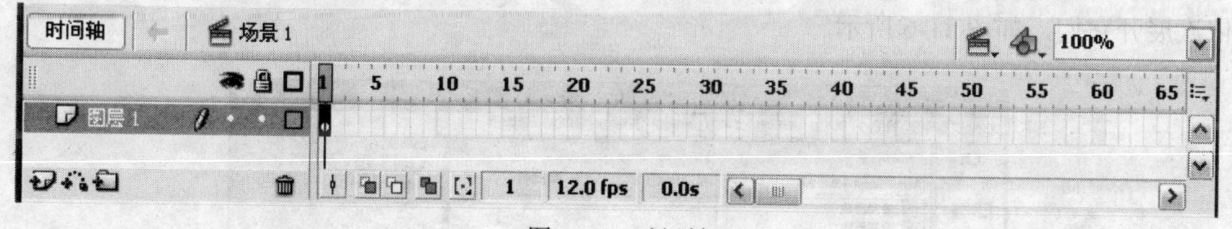

图 11-3　时间轴

文档中的图层列在时间轴左侧的列中。每个图层中包含的帧显示在该图层名右侧的一行中。时间轴顶部的时间轴标题指示帧编号。播放头指示当前在舞台中显示的帧。播放 Flash 文档时，播放头从左向右通过时间轴。

时间轴状态显示在时间轴的底部，它指示所选的帧编号、当前帧频以及到当前帧为止的运行时间。

11.1.4　工具箱

工具箱是 Flash 8 中最常用的面板，用鼠标单击能选中各种工具，如图 11-4 所示。用户可以自定义工具编排，执行“编辑”→“自定义工具面板”命令，打开“自定义工具栏”对话框，可根据需要重新安排和组合工具的位置，如图 11-5 所示，在“可用工具”列表中选择工具，单击“增加”按钮，就可以将选择的工具添加到“当前选择”列表中。单击“恢复默认值”按钮就可以恢复系统默认的工具设置。

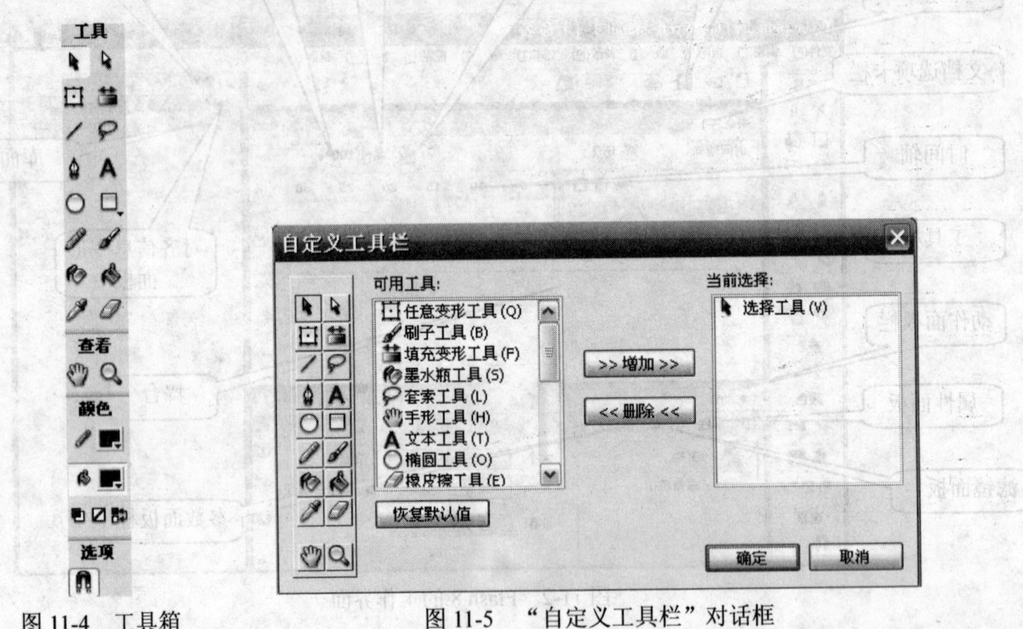

图 11-4　工具箱　　图 11-5　“自定义工具栏”对话框

11.2　常用面板简介

Flash 8 中有很多面板，默认状态下，在“舞台”的正下方有四个比较常用的浮动面板，分别是“滤镜”面板、“动作”面板、“属性”面板、“参数”面板。单击面板的标题栏，可以依次展开它们，如图 11-6 所示。

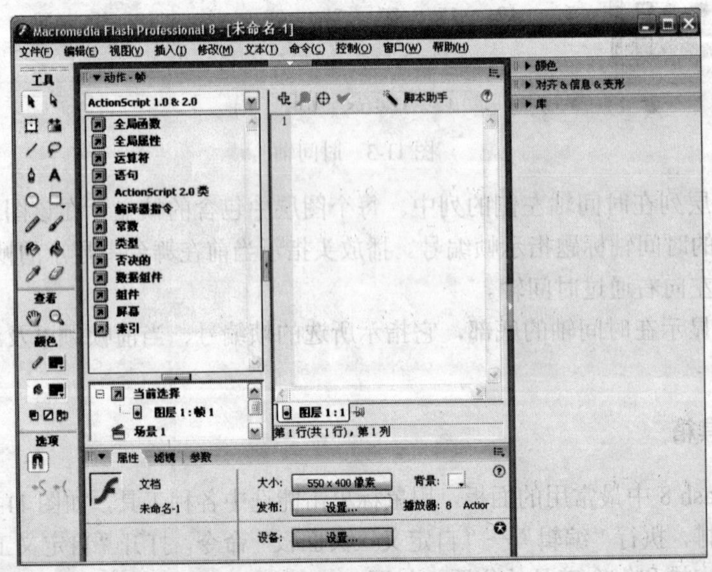

图 11-6　展开的常用面板

两次单击标题栏，可最小化面板。拖曳面板左侧的⠿按钮到舞台上，可将面板独立出来，成为窗口的显示模式。展开面板后，单击面板右上角的☰按钮，在弹出的面板选项菜单中选择“关闭面板组”命令，可将面板关闭，想再次打开面板时，执行“窗口”菜单中的相关命令即可。如果想回到默认时的面板布局状态，可以执行“窗口”→“工作区布局”→“默认”命令。

1. “滤镜”面板

“滤镜”面板提供了七种滤镜效果，可以对文字、影片剪辑和按钮进行美化和修饰，使其更有趣味，如果与补间动画结合起来，还可以制作出各种丰富的动画效果。

这七种滤镜效果是“投影”、“模糊”、“发光”、“斜角”、“渐变发光”、“渐变斜角”和“调整颜色”，每种滤镜效果都可以调整各种参数，从而产生更多的变化。各种滤镜效果还可以结合使用，并可将自己喜欢的效果保存成子定义滤镜，方便下次使用，图 11-7 显示的是“投影”滤镜效果的参数。

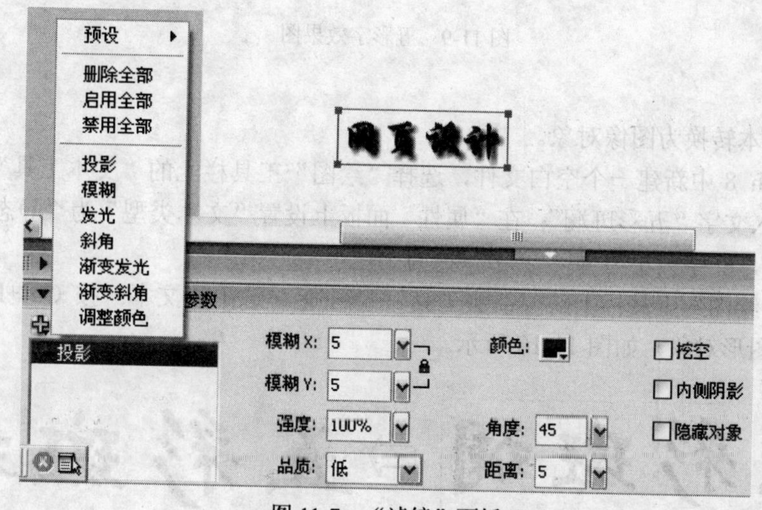

图 11-7　“滤镜”面板

2. “动作”面板

“动作”面板是主要的“开发面板”之一，是动作脚本的编辑器，我们会在后面章节中具体讲解。

3. “属性”面板

“属性”面板（如图 11-8 所示）可以很容易地访问舞台或时间轴上当前选定的最常用的属性，也可以在面板中更改对象或文档的属性，我们将在后面章节中详细介绍属性面板的应用。

图 11-8　属性面板

11.3 在网页中添加特效文字

在网页制作过程中，文字是最常用的对象，我们可以制作一些特效文字作为网页标题，如空心字、立体字、五彩字等，来增加网页的美观性，吸引浏览者。下面介绍几种常用特效字的制作方法。

1．五彩字

五彩字的制作方法，是先将输入的文本转换为图像对象，然后对它填充渐变色，最后再对渐变色稍加调整即可，五彩字的制作效果如图 11-9 所示。

图 11-9　五彩字效果图

制作方法：

（1）将文本转换为图像对象。

1）在 Flash 8 中新建一个空白文件，选择“绘图”工具栏上的“文本工具”按钮，在舞台的中央输入文字“五彩斑斓”；在“属性”面板上设置“文本类型”为“静态文本”，字体为“华文新魏”，文字大小为 90，文字颜色为黑色。

2）选择“绘图”工具栏上的“箭头工具”按钮，选中该文本；按 Ctrl+B 键两次将这四个字转换为图形对象，如图 11-10 所示。

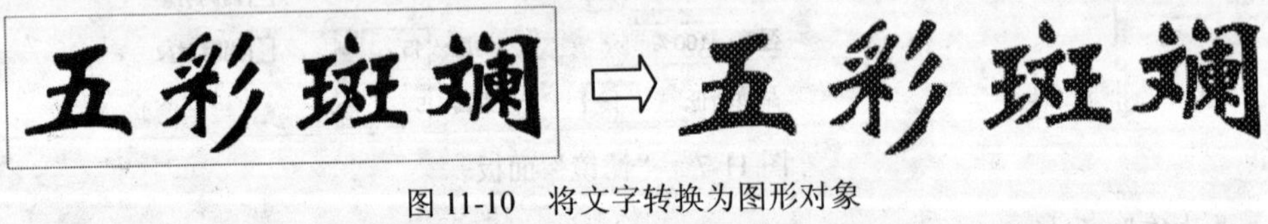

图 11-10　将文字转换为图形对象

（2）填充渐变色。

1）在舞台的空白区域单击鼠标，取消对文字的选中状态。

2）选择“绘图”工具栏“颜色”区中的“填充色”按钮，在弹出的调色板中选择五彩渐变色，如图 11-11 所示。

图 11-11　选择填充色

3）选择“绘图”工具栏上的“箭头工具“按钮，在文字左上角按住鼠标不放，向文字右下角拖动鼠标，当拖出的矩形框将全部文字包围时，松开鼠标，将文字全部选中，如图 11-12 所示。

图 11-12　选取文字

4）选择“绘图”工具栏上的“颜料桶工具”按钮。将鼠标指针移到文字上，单击鼠标，将文字填充为五彩渐变色，如图 11-13 所示。

图 11-13　填充五彩渐变色

5）选择“绘图”工具栏上的“填充变形工具”按钮，将鼠标指针移动到文字上，单击鼠标，在文字周围出现填充变形的控制点，如图 11-14 所示；将鼠标指针移到“旋转”控制点，按住鼠标不放，向右下角转动，使五彩渐变色向右斜一些角度，松开鼠标，制作完成。

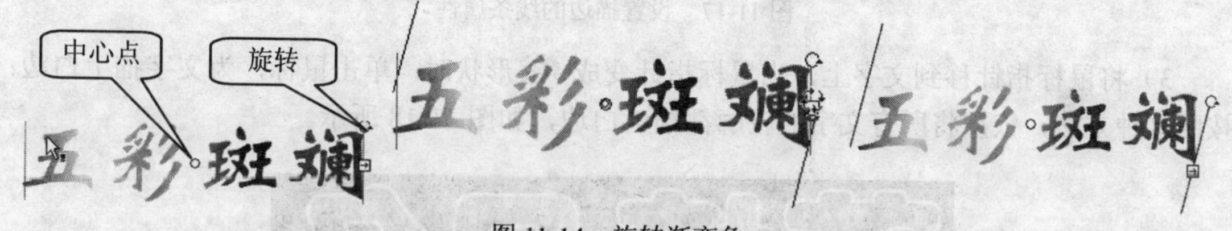

图 11-14　旋转渐变色

2. 空心字

空心字的制作方法是：先将输入的文字转换为图形对象，然后对它进行描边，最后将文字的实心部分删去，得到空心字，效果如图 11-15 所示。

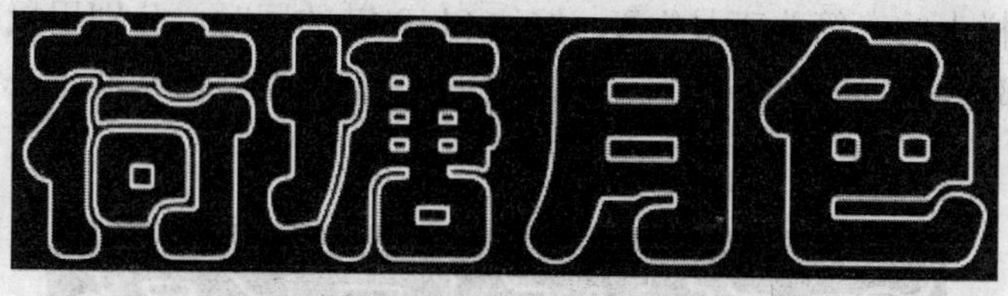

图 11-15　空心字效果图

制作方法：

（1）将文字转换为图形对象。

1）在 Flash 8 中新建一个空白文件，在“属性”面板中单击“背景色”按钮，在弹出的调色板中选择黑色，将文本的背景色设置为黑色。

2）选择“绘图”工具栏上的“文本工具”按钮，在舞台的中央输入文字“荷塘月色”；

选中文字，在“属性”面板中设置“文本类型”为“静态文本”，字体为“华文彩云”，文字大小为80，文字颜色为红色，效果如图11-16所示。

图11-16　输入文字

3）选择“绘图”工具栏上的“箭头工具”按钮，将文本选中，按Ctrl+B键两次将这4个字转换为图形对象；在舞台空白处单击，取消对文字的选中状态。

（2）制作空心字。

1）在舞台右上角的“显示比例”下拉列表框中，选择“全部显示”，放大显示这四个字。

2）选择“绘图”工具栏上的“墨水瓶工具”按钮，在属性面板中，单击“笔触颜色”按钮，在弹出的调色板中选择白色，设置描边颜色为白色；设置“笔触高度”（即线条粗细）为2，“笔触样式”为实线，如图11-17所示。

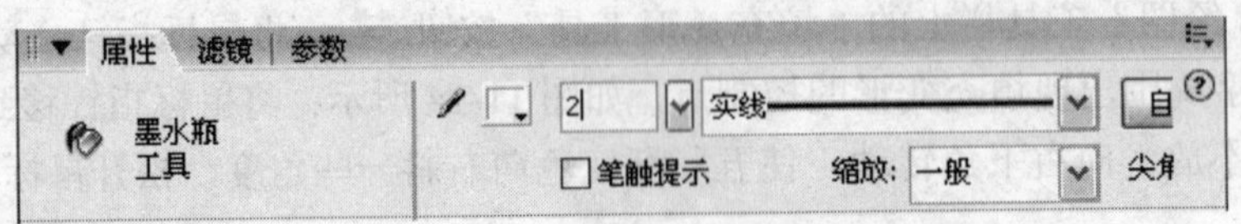

图11-17　设置描边的线条属性

3）将鼠标指针移到文字上，当鼠标指针变成形状时，单击鼠标，为文字描上白边；按照这种方法，依次将所有文字的轮廓都描上白边，如图11-18所示。

图11-18　为文字描边

4）选择工具栏上的“箭头工具”，按住Shift键的同时，分别用鼠标单击文字的实心部分，将它们全部选中，如图11-19所示；按Delete键将文字的实心部分删除，完成空心字的制作。

图11-19　选中文字的实心部分

3. 阴影字

阴影字是网页中较为常用的一种特效文字，制作阴影字的方法是：先输入文字，然后将文字复制，并将复制后的文字与原文字错开一些，产生出阴影字的效果。为了增加阴影字的美观，完成后应该对文字进行描边，效果如图 11-20 所示。

生命的起源 ⇨ 生命的起源

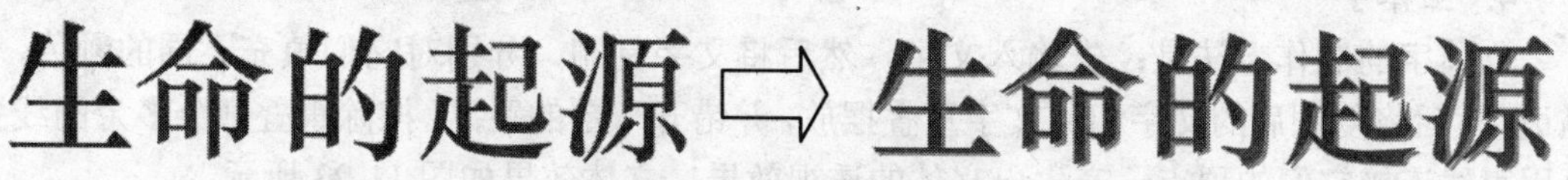

图 11-20　制作阴影效果

制作方法：

（1）制作阴影文字。

1）在 Flash 8 中新建一个空白文件，选择“绘图”工具栏上的“文本工具”按钮，在舞台中央输入文字“生命的起源”；在“属性”面板中，设置“文本类型”为“静态文本”，字体为“华文中宋”，文字大小为 90，文字颜色为灰色（颜色值为#999999），效果如图 11-21 所示。

生命的起源

图 11-21　输入文字

2）在“时间轴”面板左侧的图层窗格中，双击“图层 1”层的名称，将图层名改为“阴影”。

3）单击“时间轴”面板左下角的“插入图层”按钮，在“阴影”图层上新建一个图层，双击图层名，将其改为“正文”，如图 11-22 所示；在该图层上输入文字“生命的起源”，设置文字的字体和大小与前面一样，将文字颜色设置为浅蓝色。

图 11-22　新建图层

4）单击“正文”图层的第 1 帧，选中文字；按键盘上的方向键向上、向左若干次，使上层文字与下层的阴影文字错开一些距离，产生阴影的效果，如图 11-20 所示。

（2）为文字描边。

1）单击“正文”图层的第 1 帧，将该图层中的文字选中。

2）按 Ctrl+B 键两次，将文字转换为图形，将鼠标指针移到舞台上的空白区域单击，取消对文字的选中状态。

3）选择“绘图”工具栏上的“墨水瓶工具”按钮，在属性面板中，单击“笔触颜色”按钮，在弹出的调色板中选择浅灰色（颜色值为#CCCCCC），设置描边颜色为浅灰色；设置“笔触高度”（即线条粗细）为 1，“笔触样式”为实线。

4）将鼠标指针移到文字上，当鼠标指针变成形状时，单击鼠标，为文字描边；按照这种方法，依次将所有文字的轮廓进行描边，阴影字制作完成。

4. 立体字

立体字的制作方法是：先输入文字，然后将文字复制，分别对它们填充不同的颜色，并描边；然后将复制后的文字和原文字重叠摆放，并错开一定的距离，擦除重叠部分多余的线条，再用直线连接它们的顶点，产生出立体的透视效果，立体效果如图 11-23 所示。

图 11-23 “立体字”效果图

制作方法：

（1）制作文字。

1）在 Flash 8 中新建一个空白文件，设置好文件的属性。

2）选择“绘图”工具栏上的“文本工具”按钮，在舞台中央输入文字 Apollo；在“属性”面板中，设置“文本类型”为“静态文本”，字体为 Arial Black，文字大小为 90，文字颜色为浅灰色（颜色值为#CCCCCC），如图 11-24 所示。

Apollo

图 11-24 输入文字

3）选择“绘图”工具栏上的“箭头工具”按钮，将文本选中，按住 Ctrl 键的同时，向下拖动文本，复制出一个相同的文本框，如图 11-25 所示。

图 11-25 复制文本框

4）选中上方文字，按 Ctrl+B 键两次，将文字转换为图形，在舞台的空白区域上单击鼠标，取消对文字的选中状态。

5）选择“绘图”工具栏上的“墨水瓶工具”按钮，在“属性”面板中，单击“笔触颜色”按钮，在弹出的颜色板中选择灰色（颜色值为#999999），设置描边颜色为灰色；设置“笔触高度”（即线条的粗细）为 2，“笔触样式”为实线。

6）将鼠标指针移到上方文字，当鼠标指针变成形状时，单击鼠标，为文字描边；按照这种方法，依次将上方文字的轮廓都描上灰边，如图 11-26 所示。

图 11-26　为文字描边

7)选中下方文字，在“属性”面板上，将文字颜色由浅灰色改变为橙色(颜色值为#FFCC00)；方法同步骤 5，为下方文字描上红边，如图 11-27 所示。

图 11-27　制作两组文字

（2）制作立体效果。

1）选择“绘图”工具栏上的“箭头工具”按钮，在下方文字的左上角按下鼠标不放，向右下角拖动，拖出一个矩形框，将下方文字全部包围时松开鼠标，选中下方全部文字。

2）将选中的下方文字拖动到上方文字的位置，并使它们错开一些距离，如图 11-28 所示。

图 11-28　摆放上下两组文字

3）选择“绘图”工具栏上“查看”区中的“缩放工具”按钮，将鼠标指针移到字母 A 上，单击鼠标，将字母 A 局部放大。

4）选择“绘图”工具栏上的“线条工具”按钮，在“属性”面板上，设置“笔触颜色”为灰色（颜色值为#999999），“笔触高度”为 2，“笔触样式”为“实线”。

5）将鼠标指针移到字母 A 的左下角，将左下角的两个顶点之间画一条线段连接起来，如图 11-29（a）所示；运用同样的方法将字母其他顶点之间用线段连接，如图 11-29（b）所示。

6）将下层字母中多余的线条删除，并将它们的各个顶点连接；选择“绘图”工具栏上的“颜料桶工具”按钮，在该工具栏的“颜色”区中设置“填充色”为浅灰色（颜色值为#CCCCCC），并将下层字母 A 中的白色部分填充为浅灰色，完成立体字母 A 的制作，如图 11-29 所示。

(a) 连接两个顶点

(b) 制作立体字母 A

图 11-29 制作立体字的过程

7）依次对其余几个字母执行相同的操作，立体字制作完成。

11.4 利用 Flash 8 制作常用的图案

11.4.1 绘制四角星、五角星

在制作网页时，经常会遇到需要添加一些星形图案，如五角星、夜空中的星星（用这些图形还可以制作国旗、国徽和群星闪耀等）等。掌握星形图案的绘制方法，可以绘制出其他类似的几何图形，如正多边形等。下面以五角星、四角星为例，来介绍它们的绘制方法，效果如图 11-30 所示。

图 11-30 五角星和四角星的效果图

制作方法：

（1）绘制五角星。

1）在 Flash 8 中新建一个空白文件，选择“视图”→“网格”→“显示网格”菜单命令（或按 Ctrl+’ 键），在舞台上显示网格线。

2）单击“绘图”工具栏上的“线条工具”按钮，在“属性”面板上，设置“笔触颜色”为黑色、“笔触高度”为 1，在舞台上绘制一条竖直线。

3）单击“绘图”工具栏上的“箭头工具”按钮，单击直线，将其选中；单击“绘图”工具栏上的“任意变形工具”按钮，将鼠标指针移到直线的中心控制点上，按住鼠标左键不放，将其拖动到直线下端的顶点上，如图 11-31 所示。

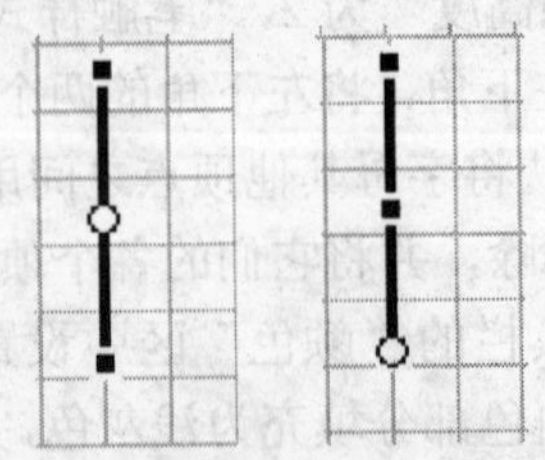

图 11-31 调整直线中心点的位置

4）选择“窗口”→“变形”菜单命令，在弹出的“变形”面板中，选择“旋转”选项，在“旋转角度”框中输入 72.0 度，单击该面板右下角的“复制并应用变形”按钮四次，复制出另外四条直线，每条直线之间的夹角均为 72.0 度，如图 11-32 所示。

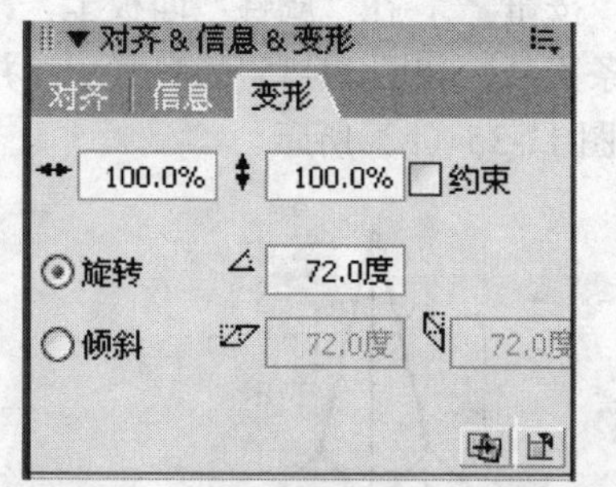

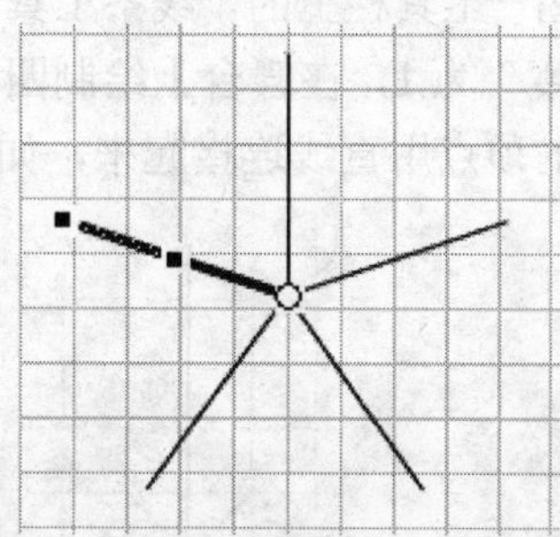

图 11-32　旋转直线

5）单击“绘图”工具栏上的“线条工具”按钮，将图形中的各个顶点用直线连接起来，如图 11-33（a）所示；单击“绘图”工具栏上的“箭头工具”按钮，分别选中多余的线条，按 Delete 键将它们删除，此时的图形如图 11-33（b）所示。

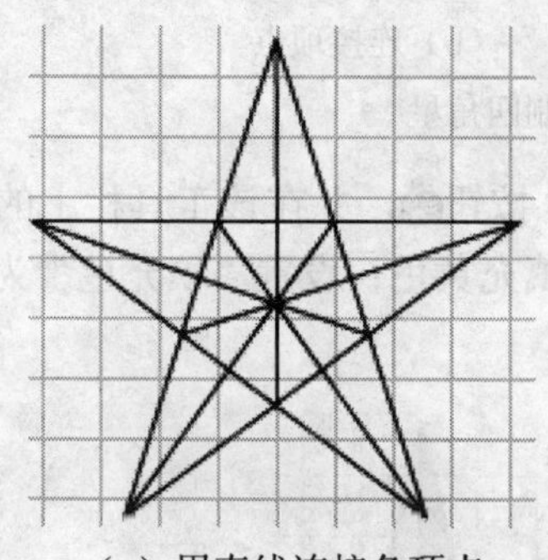

（a）用直线连接各顶点

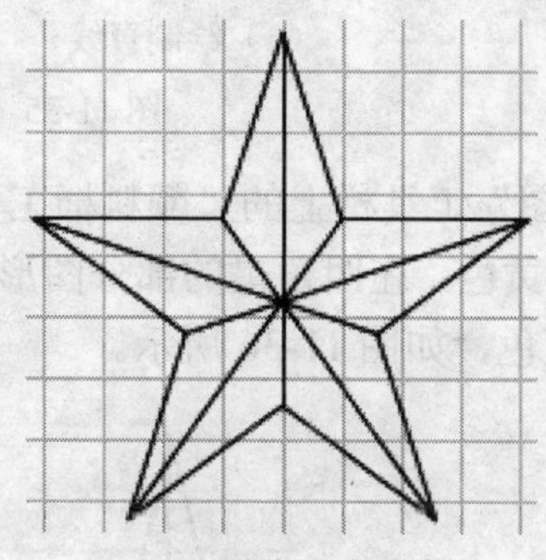

（b）删除多余线条

图 11-33　绘制五角星

6）单击“绘图”工具栏上的“颜料桶工具”按钮，并在该工具栏的“颜色”区中设置“填充色”为黄色，在五角星的部分图形中填充黄色，如图 11-34（a）所示；再将“填充色”设置为红色，在五角星其余图形中填充红色，如图 11-34（b）所示，五角星绘制完成。

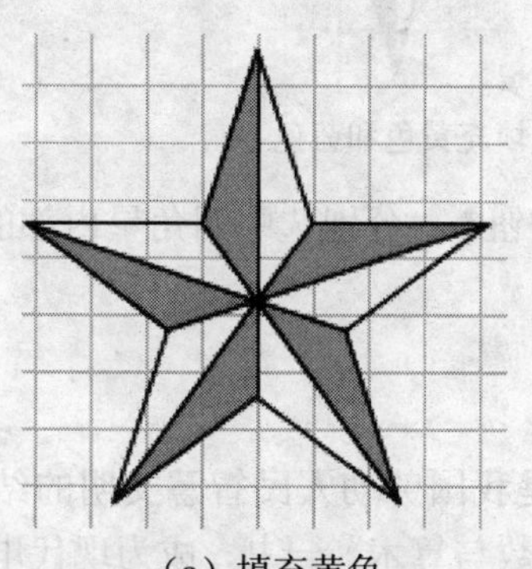

（a）填充黄色

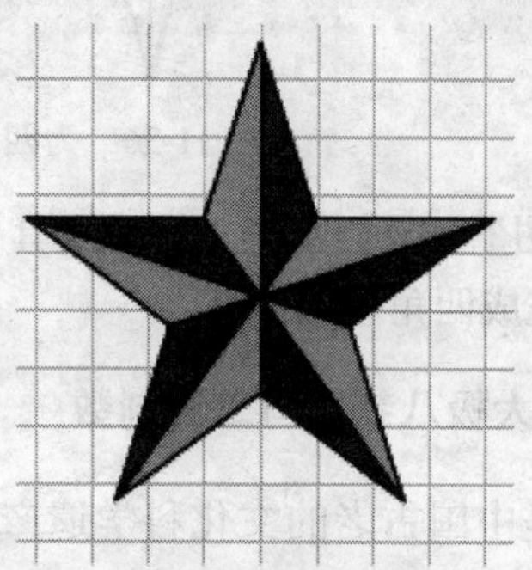

（b）填充红色

图 11-34　给五角星上色

（2）绘制四角星。

1）在 Flash 8 中新建一个空白文件，选择“视图”→“网格”→“显示网格”菜单命令（或按 Ctrl+’键），使绘制过程处于吸附网格线状态。

2）单击“绘图”工具栏上的“线条工具”按钮，在“属性”面板上，设置“笔触颜色”为黑色、“笔触高度”为 1，在舞台上绘制四条直线，如图 11-35（a）所示；并用“线条工具”按钮将各直线的顶点用直线连接起来，如图 11-35（b）所示。

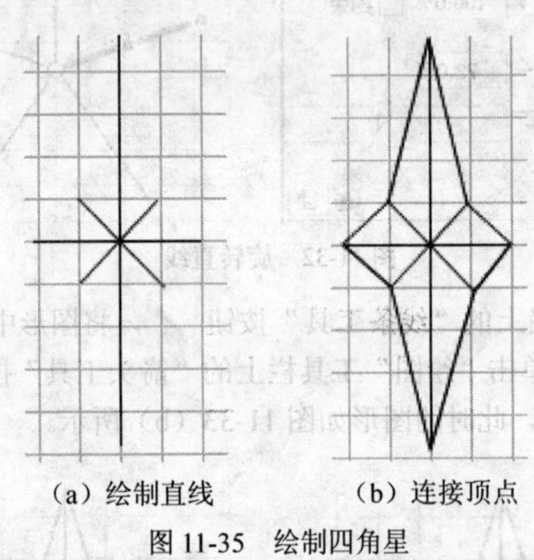

（a）绘制直线　（b）连接顶点

图 11-35　绘制四角星

3）单击“绘图”工具栏上的“颜料桶工具”按钮，并在该工具栏上的“颜色”区中，设置“填充色”为黄色，在四角星的部分图形中填充黄色；设置“填充色”为蓝色，在四角星其余图形中填充蓝色，如图 11-36 所示。

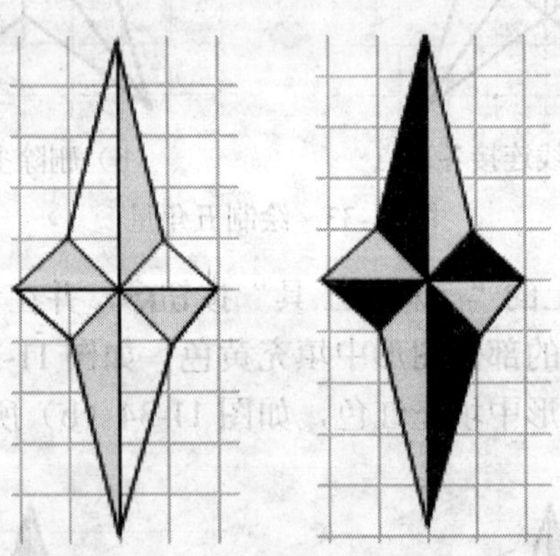

图 11-36　为四角星填充黄色和蓝色

4）单击“绘图”工具栏上的“箭头工具”按钮，分别选中四角星内部的直线，按 Delete 键将它们删除，完成四角星的制作。

11.4.2　绘制太极八卦图与二进制数

太极八卦图是中国古老的文化科学遗产，是我国劳动人民智慧文明的结晶。德国数学家莱布尼兹受此图的启发，完善、撰写了《二进制数与算术》一书，成为现代电子计算机二进制数的创始人。太极图就是一个圆，里面画着两条黑白相间、首尾相顾的鱼；八卦图是一个正八边形，每条边上都有一个特殊的符号，每个符号由三个或断或连的线段组成，效果图如图 11-37 所示。

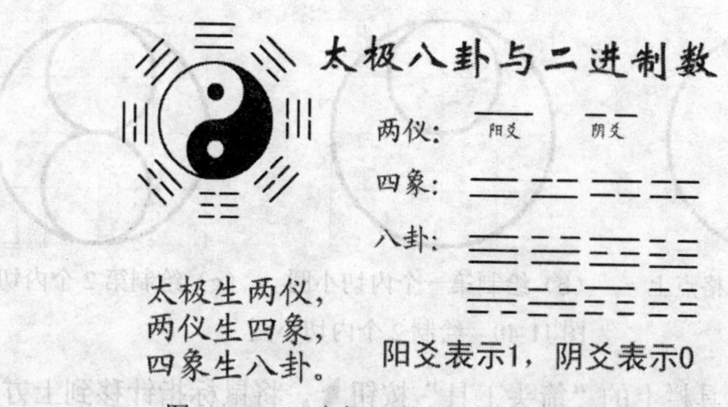

图 11-37　“太极八卦与二进制数”效果图

制作方法：

（1）绘制太极图。

1）在 Flash 8 中新建一个空白文件，选择“视图”→“网格”→“编辑网格”菜单命令（或按 Ctrl+’键），在弹出的“网格”对话框中，选择“显示网格”和“对齐网格”选项，设置网格线水平、垂直间距均为 25px（像素），如图 11-38 所示，关闭对话框。

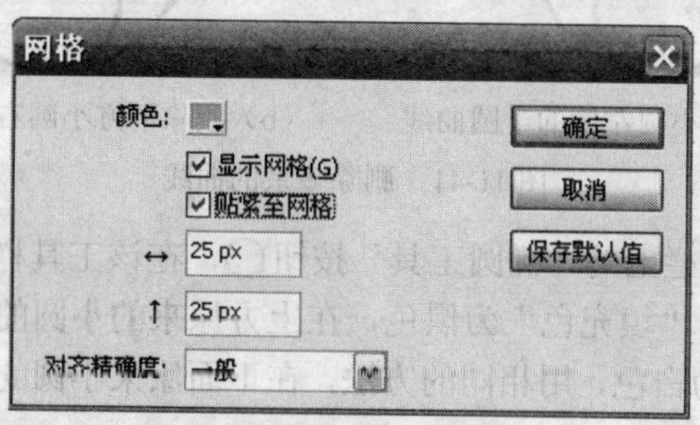

图 11-38　“网格”对话框

2）单击“绘图”工具栏上的“椭圆工具”按钮，在“属性”面板上，设置“笔触高度”为 2，将线条粗细设为 2；选中“绘图”工具栏上“颜色”区中的“填充色”按钮，单击“无颜色”按钮，将填充色设为无颜色；按住 Shift 键的同时，拖动鼠标在舞台上绘制一个空心圆（占 4×4 个网格），如图 11-39 所示。

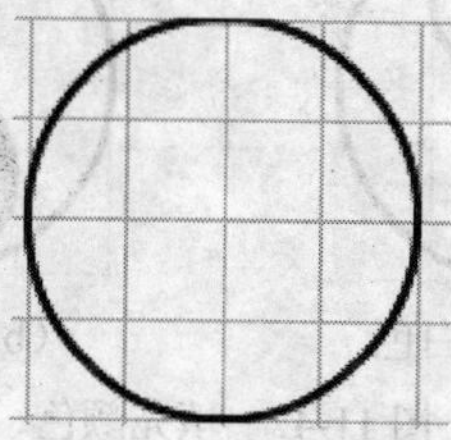

图 11-39　绘制空心圆

3）在舞台右上角的“显示比例”下拉选项中，选择“全部显示”，将圆放大显示。

4）将鼠标指针移到圆内如图 11-40（a）所示的网格点上，按住 Shift 键的同时，向右上角拖动鼠标，会㧜一个与圆内切的空心小圆，如图 11-40（b）所示；重新将鼠标指针移到该网格点上，向右下角拖动鼠标，再绘制一个与圆内切的空心小圆，如图 11-40（c）所示。

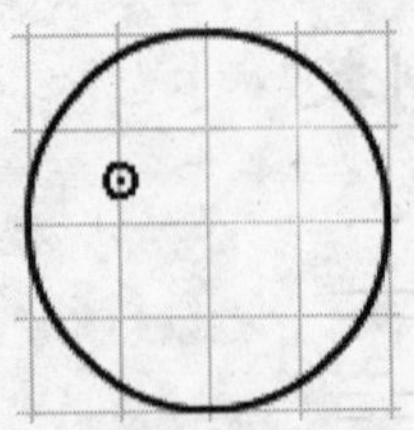
（a）移动到网格点上

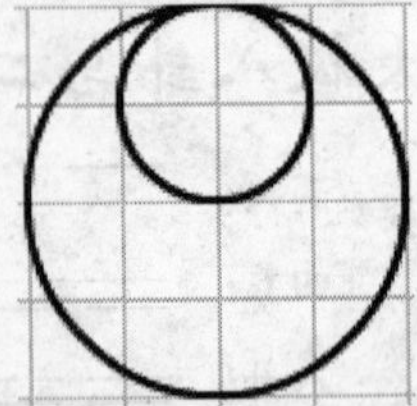
（b）绘制第一个内切小圆

（c）绘制第 2 个内切小圆

图 11-40　绘制 2 个内切小圆

5）单击“绘图”工具栏上的“箭头工具”按钮，将鼠标指针移到上方小圆左侧的半圆曲线上，单击鼠标，选中这条曲线，按 Delete 键将它删除，如图 11-41（a）所示用同样的方法，删除下方小圆右侧的半圆曲线，如图 11-41（b）所示。

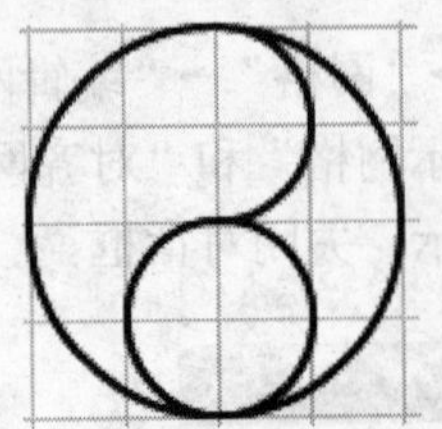
（a）删除上方小圆左侧的半圆曲线

（b）删除下方小圆右侧的半圆曲线

图 11-41　删除多余的曲线

6）单击“绘图”工具栏上的“椭圆工具”按钮，在该工具栏上的“颜色”区中，设置“笔触颜色”为无颜色，“填充色”为黑色，在上方原来的小圆的中心位置上绘制一个黑色的小圆；设置“填充色”为白色，用相同的方法，在下面原来小圆的中心位置上绘制一个白色小圆。

7）单击“绘图”工具栏上的“颜料桶工具”，设置“填充色”为白色，将鼠标指针移到左侧区域，单击鼠标，将其填充为白色，如图 11-42（a）所示；设置“填充色”为黑色，用相同的方法，将右侧区域填充为黑色，如图 11-42（b）所示，太极图就绘制完成。

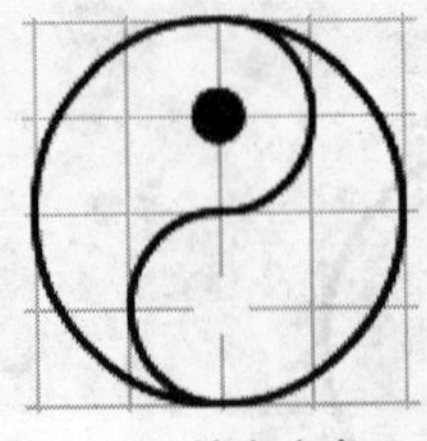
（a）填充白色

（b）填充黑色

图 11-42　填充颜色

（2）绘制八卦图。

1）选择“视图”→“网格”→“对齐网格”菜单命令，取消“对齐网格”命令的选中状态，使绘制图形过程中不再吸附网格线。

2）单击“绘图”工具栏上的“线条工具”按钮，在“属性”面板上，设置“笔触颜色”为黑色，“笔触高度”为 2，在太极图的上方绘制三条短直线（八卦图符）；单击“箭头工具”，用鼠标拖出一个矩形框，将这三条短直线全部选中。

3）单击“绘图”工具栏上的“任意变形工具”，将鼠标移到这三条短直线的中心点上，用鼠标将其中心点拖到太极图的中心位置上，如图 11-43 所示。

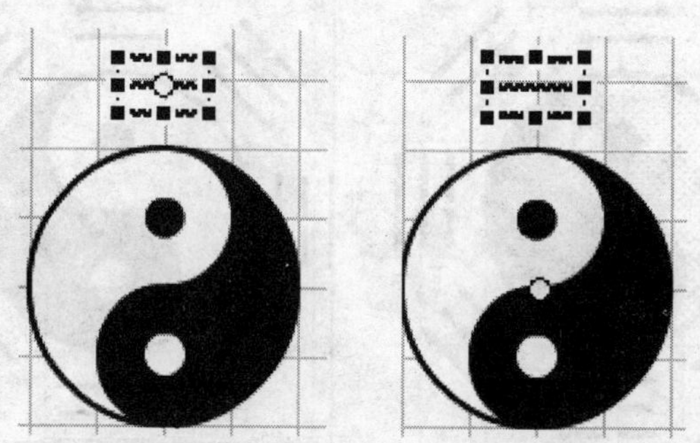

图 11-43　调整图形的中心点的位置

4）选择“窗口”→“变形”菜单命令，弹出“变形”面板，选择“旋转”选项，在“旋转角度”框中输入 45 度（360°÷8=45°），单击面板右下角的“复制并应用变形”按钮七次，复制出另外七个八卦图符，如图 11-44 所示。

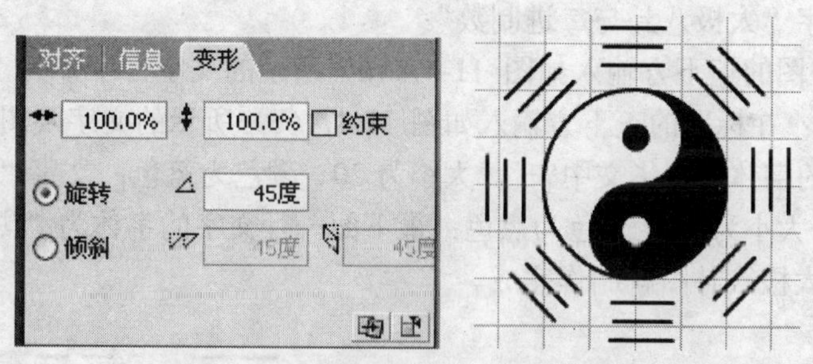

图 11-44　复制出另外七个八卦图符

5）单击“绘图”工具栏上的“橡皮擦工具”，在该工具栏的下方的“选项”区中，单击“橡皮擦形状”按钮，在弹出的选项中，选择最小的方块形状；依次将鼠标指针移到八卦图符一些直线的中间，单击鼠标将其擦除，使其形成断线，如图 11-45 所示，太极八卦图绘制完成。

图 11-45　绘制八卦图

（3）制作说明文字。

1）单击“绘图”工具栏上的“箭头工具”按钮，移动鼠标指针到太极八卦图的左上角，按住鼠标不放，向右下角拖出一个矩形框，当矩形框将全部图形包围时，松开鼠标，将整个图形全部选中，按 Ctrl+G 键，将其组合成一个图形对象，如图 11-46 所示。

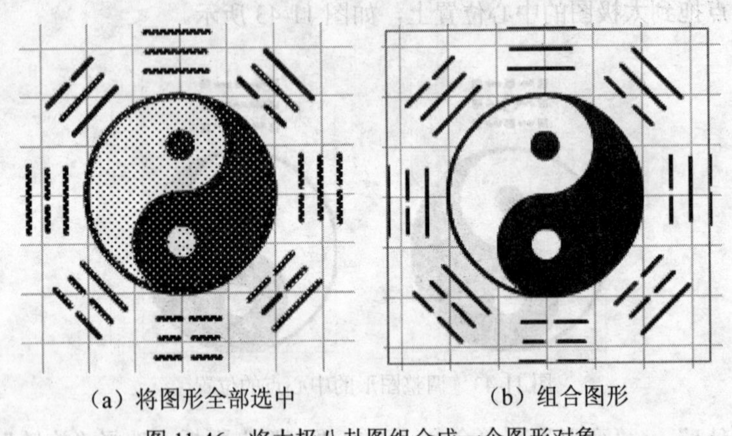

（a）将图形全部选中　　（b）组合图形

图 11-46　将太极八卦图组合成一个图形对象

2）选中该图形，将其拖动到舞台的左上角；单击“绘图”工具栏上的“文本工具”按钮，在“属性”面板上，设置字体为“华文新魏”，文字大小为 40，文字颜色为红色，在舞台右上角输入标题文字“太极八卦与二进制数”。

3）在太极八卦图的正下方输入如图 11-47（a）所示的文字，字体为“华文楷体”，大小为 30、颜色为绿色；在标题的正下方输入如图 11-47（b）所示的文字及图符，其中文字“两仪、四象、八卦”的字体为“华文中宋”、大小为 20、颜色为蓝色；文字“阳爻、阴爻”的字体为“华文中宋”、大小为 15，颜色为黑色；最下面一行文字的字体为“黑体”，大小为 20，颜色为黑色，整个太极八卦图就制作完成。

太极生两仪，
两仪生四象，
四象生八卦。

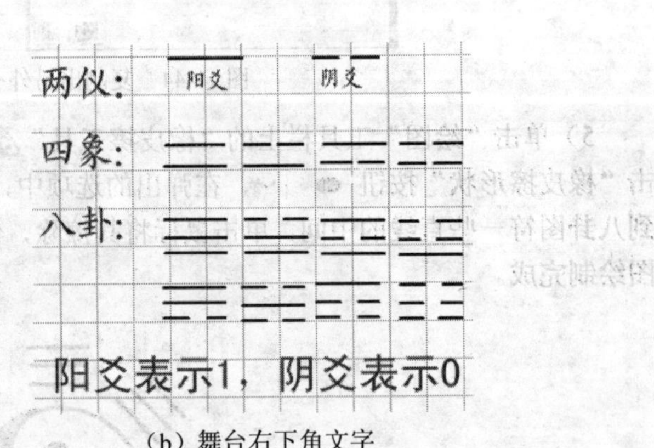

（a）舞台左下角文字　　（b）舞台右下角文字

图 11-47　输入文字

11.4.3　绘制香港特别行政区区旗

中华人民共和国香港特别行政区区旗是一面中间配有五颗星的动态紫荆花图案的红旗。红旗代表祖国，紫荆花代表香港，紫荆花红旗象征香港是祖国不可分割的一部分，在祖国的怀抱中兴旺发达。花蕊上的五颗星象征着香港同胞心中热爱祖国。花呈白色表示有别于代表祖国其他部分的红色，即象征“一国两制”。下面利用“钢笔工具”来绘制香港特别行政区区旗，效果图如图 11-48 所示。

香港特别行政区区旗

图 11-48　香港特别行政区区旗

制作方法:

（1）导入图片文件。

1）在 Flash 8 中新建一个空白文件，选择“文件”→“导入”菜单命令，弹出如图 11-49 所示的“导入”对话框，在“查找范围”下拉列表框中，选择导入文件的位置；选中要导入的文件“香港区旗.gif”，单击“打开”按钮，将该图片文件导入。

图 11-49　导入图片文件

2）在“时间轴”面板上，双击“图层 1”层的名称，将图层的名称改为“图片”；单击该图层的“锁定”列，出现“锁定”图标，表示该图层已被锁定，该图层中的图片将不能被编辑，防止误操作。

（2）绘制图形。

1）单击“时间轴”面板左下角的“插入图层”按钮，在“图片”图层上新建一个图层，双击该图层的名称，将其改名为“绘画”，如图 11-50 所示。

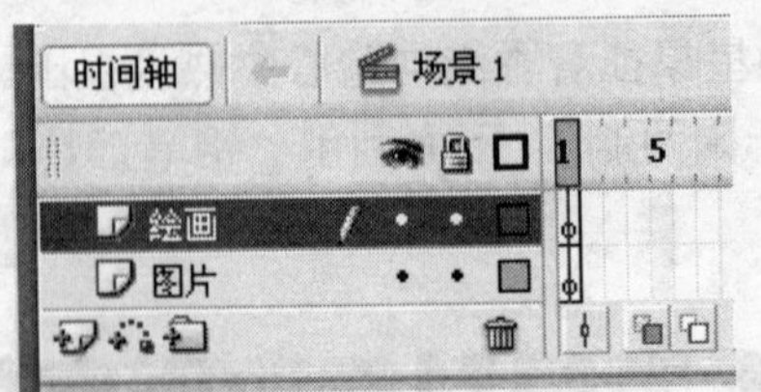

图 11-50 插入图层

2）在“绘图”工具栏上单击“查看”区中的“缩放工具”按钮，将鼠标指针移到舞台中央上方的紫荆花花瓣上单击，将其局部放大。

3）选择“编辑”→“首选参数”菜单命令，在弹出如图 11-51 所示的“首选参数”对话框中，单击“类别”选项卡中的“绘画”选项，在“钢笔工具”栏中，选中“显示钢笔预览”选项，并取消对“显示实心点”的选中状态，单击“确定”按钮完成设置。

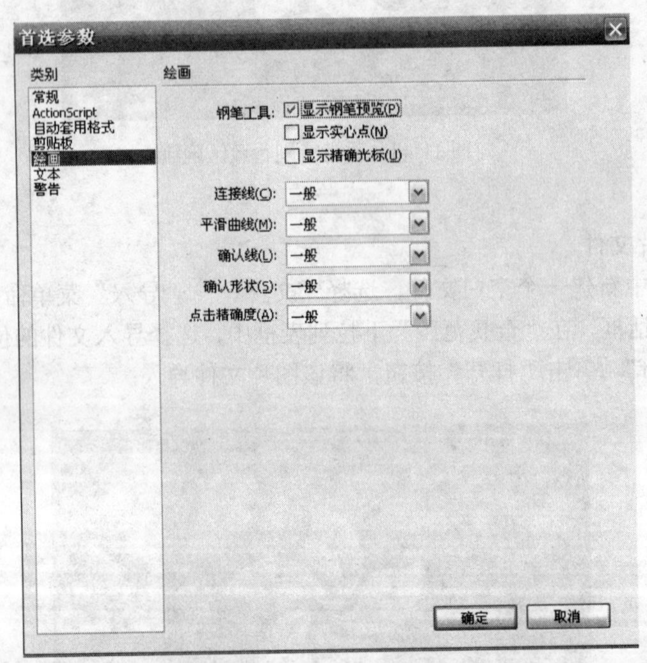

图 11-51 “首选参数”对话框

4）选中“绘画”图层，单击“绘画”工具栏上的“钢笔工具”按钮，在“属性”面板上，设置“笔触颜色”为黑色，“笔触高度”为 1，“填充颜色”为无颜色，如图 11-52 所示。

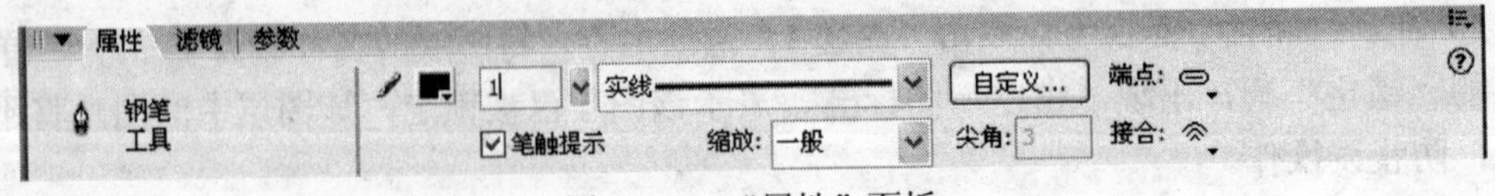

图 11-52 “属性”面板

5）在舞台中央上方紫荆花的花瓣底部单击，出现第 1 个节点（转角点）；在花瓣的左侧边缘，按住鼠标不放并拖动，调整曲线的形状使其与花瓣的形状吻合，松开鼠标，出现第 2 个节点（曲线点），如图 11-53 所示。

图 11-53　绘制曲线

6）方法同第 5 步，继续在花瓣边缘的上方创建第 3 个节点，如图 11-54（a）所示。

7）在花瓣的尖角处单击（不拖动鼠标），创建第 4 个节点（转角点），如图 11-54（b）所示。

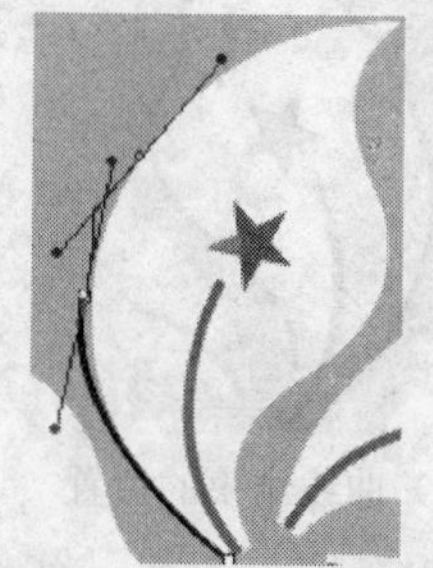

（a）第 3 个节点（曲线点）

（b）第 4 个节点（转角点）

图 11-54　创建节点

8）使用同样的方法，绘制其余曲线，并将最后绘制的线条顶点与开始点重合，封闭花瓣图形，如图 11-55 所示。

图 11-55　描出花瓣的轮廓

9）如果绘制的线段不是很平滑，可以单击“绘图”工具栏上的“箭头工具”按钮，选中需要光滑处理的线段，再单击该工具栏下方“选项”区中的“平滑”按钮数次，就可以使线段变得平滑。

10）继续使用“钢笔工具”，依次在花瓣内五角星的顶点处单击，创建多个节点（转角点），各节点间用直线连接；单击“绘图”工具栏上的“箭头工具”按钮，分别选中多余的线段，按 Delete 键将它们删除，如图 11-56 所示。

图 11-56 绘制五角星

11）继续使用“钢笔工具”，在“属性”面板上，设置“笔触颜色”为红色，“笔触高度”为 2；单击“主要”工具栏（选择“窗口”→“工具栏”→“主工具栏”菜单命令）上的“贴紧至对象”按钮 ，取消“贴紧至对象”状态。

12）将鼠标指针移到花瓣内曲线的顶点处单击，如图 11-57（a）所示；然后将鼠标指针移到曲线尾部，单击的同时拖动鼠标，绘制一条与原曲线相吻合的红色曲线，最后将鼠标指针移到该曲线上单击，结束曲线的绘制，如图 11-57（b）所示。

（a）曲线起点的位置

（b）曲线结束的位置

图 11-57 绘制曲线

13）选择“绘图”工具栏上的“部分选取工具”按钮 ，将鼠标指针移到上一步骤中绘制的曲线上，单击鼠标，显示出全部节点，拖动曲线下方的节点到花瓣的轮廓线上。

14）单击“绘图”工具栏上的“颜料桶工具”按钮 ，在该工具栏的“颜色”区中，设置“填充色”为红色，将鼠标指针移到花瓣中五角星内单击，将五角星填充为红色。将花茎填充为金黄色。

15）单击“绘图”工具栏上的“箭头工具”按钮 ，分别在花瓣及五角星的轮廓线上单击，将它们选中后，按 Delete 键将它删除，如图 11-58（a）所示；然后用鼠标在整个花瓣图形周围拖出一个矩形框，将该图形全部选中，按 Ctrl+G 键将其组合成一个图形对象，如图 11-58（b）所示。

（a）删除轮廓线

（b）组合图形

图 11-58 删除轮廓线及组合

（3）旋转并复制图形。

1）单击“绘图”工具栏上的“任意变形工具”按钮，在图形周围出现变形控制点，用鼠标将中心控制点拖动到紫荆花图案的中心；按 Ctrl+T 键，弹出“变形”面板，选中“旋转”选项，在“旋转”角度框中输入 72，单击面板右下角的“复制并应用变形”按钮四次，复制出另外四个花瓣，如图 11-59 所示。

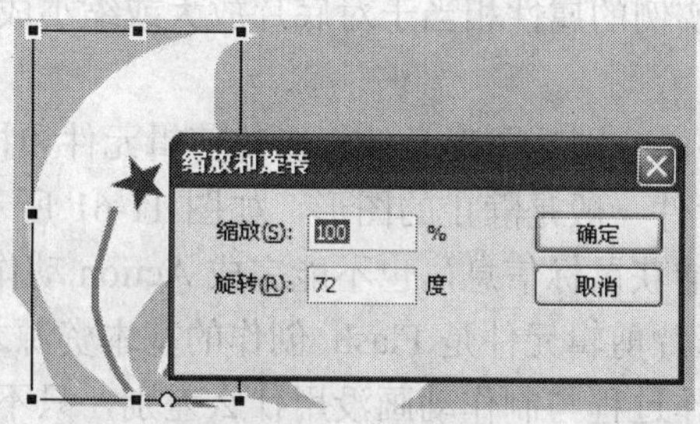

图 11-59　复制图形

2）选中“图片”图层，单击“时间轴”面板左下角的“插入图层”按钮，在“图片”层上新建一个图层，双击图层名，将其改为“红旗”。

3）单击“绘图”工具栏上的“矩形工具”按钮，在该工具栏的“颜色”区中，设置“笔触颜色”为无颜色，“填充色”为红色，绘制一个与图片中红旗相同大小的矩形，如图 11-60 所示。

图 11-60　绘制矩形

4）单击“绘图”工具栏上的“文本工具”按钮，在“属性”面板上，设置字体为“华纹琥珀”，文字大小为 50，文字颜色为蓝色；在区旗上方输入文字“香港特别行政区区旗”。

5）选中“图片”图层，单击图层窗格右下角的“删除图层”按钮，将该图层删除，整个区旗制作完成。

11.5　元件和实例

11.5.1　元件的简介

元件（又称为图符或组建）是 Flash 创作中的资源单位，包括可重复使用的图形、动画或按钮。它的出现极大地方便了 Flash 的创作，使输入的影片文件体积大大缩小。学过 OOP（面向对象编程）的读者都应该知道对象与实例。元件也是以各种形式存在的。在元件编辑环境中先把标准范例编辑好。作为对象存入元件库中，然后在场景中调用元件库中的元件，此时在场景中的元件就是该对象的一个实例。并可在场景环境中对实例的各个属性如颜色、坐标、声音、效果等进行编辑。没有学过 OOP 的读者可以把对象理解为底片，而实例就是相片，即实例是对象的一个具体实现。修改实例的属性相当于对底片放大或缩小成为相片。

1．元件分类

在 Flash 8 中有三种元件，分别是图形元件、影片剪辑元件和按钮元件。

（1）图形元件。图形元件一般是静止的图形，如图 11-61 所示。它可以由多个层构成，但只有一帧，图形元件不能捕获鼠标信息，也不能完成 Action 动作和声音控制。

（2）影片剪辑元件。影片剪辑元件是 Flash 创作的基本资源之一。顾名思义，影片剪辑就是一个影片片断。它的制作过程与制作动画没用什么差别，只不过最终集成为一个元件。

影片剪辑可以插入 Action 语言进行控制，但不能捕获鼠标信息。也就是说，在场景中的影片剪辑不能对鼠标事件响应。影片剪辑有自己的时间轴、工作舞台和层。将影片剪辑调入场景中后，影片剪辑仍将按照自己的时间轴进行播放，如图 11-62 所示。

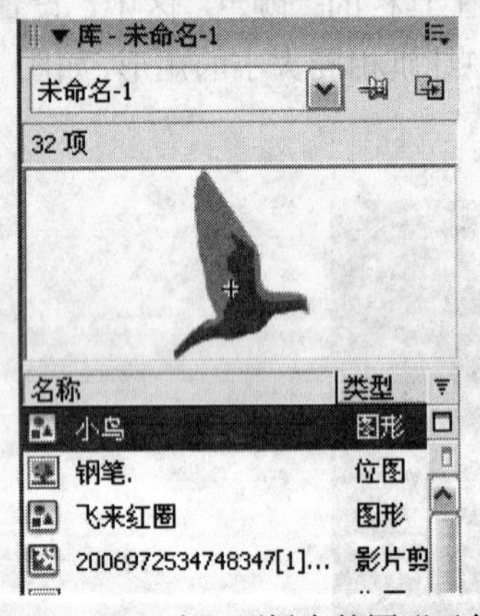

图 11-61　“库”面板中的图形元件

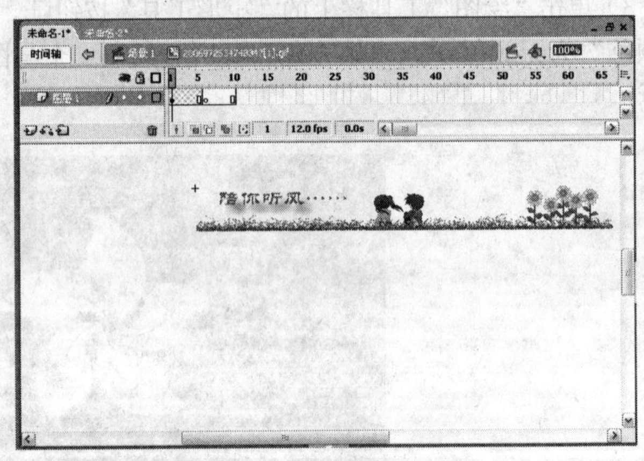

图 11-62　影片剪辑的编辑模式

（3）按钮元件。按钮元件是用于响应鼠标事件的元件，它可以按照相应显示的不同图像状态。在按钮中可以放置图像元件或影片剪辑，但是不能在一个按钮中放入另外一个按钮元件。

按钮元件由四个关键帧组成，因而有四种不同的状态，如图 11-63 所示。

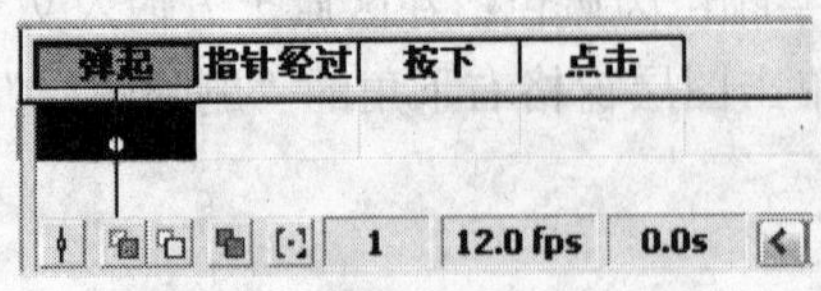

图 11-63　按钮编辑模式下的时间轴

1）“弹起”帧。代表鼠标指针不在按钮上时的状态。如果不定义点击帧，该状态下的对象就会被作为鼠标响应区域。

2）“指针经过”帧。代表鼠标指针在按钮上时的状态。

3）“按下”帧。代表鼠标单击按钮时的状态。

4）“点击”帧。定义鼠标相应的区域，该帧的状态在影片中是看不见的。如果不需要定义响应帧就可以不定义该帧。

2. 元件的创建

创建元件的方法有如下三种：

第一种：对象转换为元件，在舞台上选取对象来创建元件，被选取的对象仍然在舞台上，但已经变成了元件的实例。被选择的对象还会复制一个新的元件放在库窗口中。

将图形转换为元件的步骤如下：

（1）选取舞台的对象，选择“修改”→“转换为元件”命令或在快捷菜单中选择“转换为元件”命令，还可以按 F8 键。

（2）在弹出“转换为元件”对话框中，输入元件的名称，选择元件的类型，注册定位点，如图 11-64 所示。

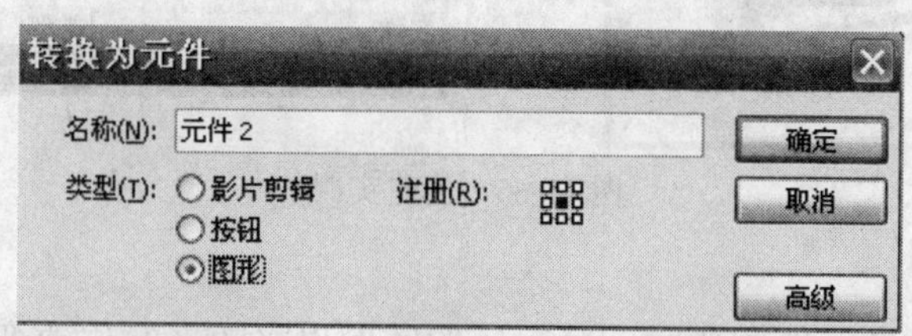

图 11-64　“转换为元件”对话框

这样被选择的图像就成为元件，并且被复制到库中。如果要对已创建的元件进行编辑，可以从“库”面板中双击这个元件，即可进入元件的编辑环境。

注意：用以存放可以重复使用元件的仓库称为库，其调用的快捷键为 Ctrl+L，也可以选择“窗口”→“库”命令，打开“库”面板。

第二种：创建新元件

创建新元件的步骤如下：

（1）通过下列任意一操作创建新元件：

1）从菜单栏中选择“插入”→“新建元件”命令。

2）单击“库”面板底部的按钮。

3）由“库”面板的选项菜单中选择“新建元件”命令，或按 Ctrl+F8 键。

（2）在“创建新元件”对话框中，输入元件名称、选择元件类型，确定定位点。

（3）绘制或者编辑新元件。

（4）完成元件制作后，从菜单中选择“编辑”→“编辑文档”命令，或者在左上角选择“场景”命令，退出元件编辑模式。这样制作的图形对象就称为元件，可放到库里了。

第三种：从共享库中选取。Flash 自带的例子以及常用元件都能从通用的元件库中找到。选择“窗口”→“其他面板”→“公用库”命令，然后在子菜单中寻找可用的实例即可。还可以将找到的元件放进当前场景的“库”面板中以方便使用。

11.5.2　实例

元件创建后，它就自动存入该文件的“库”面板中。将元件从“库”面板中拖动到舞台上，就生成了元件的一个实例。实例是元件的实际运用，在舞台上对实例进行各种操作，如缩放、修改实例的颜色效果、变形等操作都不会影响“库”面板中的元件，对根据同一元件创建的不同实例可以进行不同的设置和修改。

1. 创建实例

创建实例的方法比较简单，只需要在“库”面板中，选择需要的元件，按住鼠标左键拖动舞台上释放即可，如图 11-65 所示。

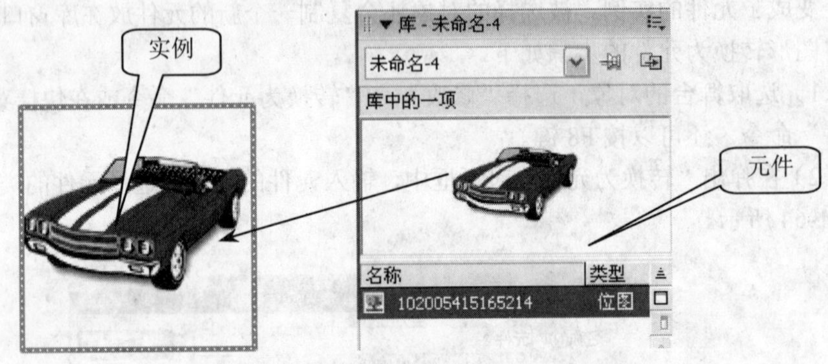

图 11-65 创建实例

2. 编辑实例

实例来源于元件，当元件改变时，其对应的实例也将随之发生改变；而编辑实例却不会影响“库”面板中的元件。每个元件可以有多个与之对应的实例，每个实例都可以独立编辑，互不影响。下面对一个实例进行缩放和旋转。

将元件从“库”面板中拖到舞台上，创建与之对应的实例，可以根据实际制作需要来调整实例的大小和旋转角度，下面以“钢笔”为例，介绍缩放和旋转实例的操作方法：

（1）选择“窗口”→“库”菜单命令，弹出“库”面板，将该面板中的图形元件“钢笔”拖动到舞台上，创建与该元件对应的实例，如图 11-66 所示。

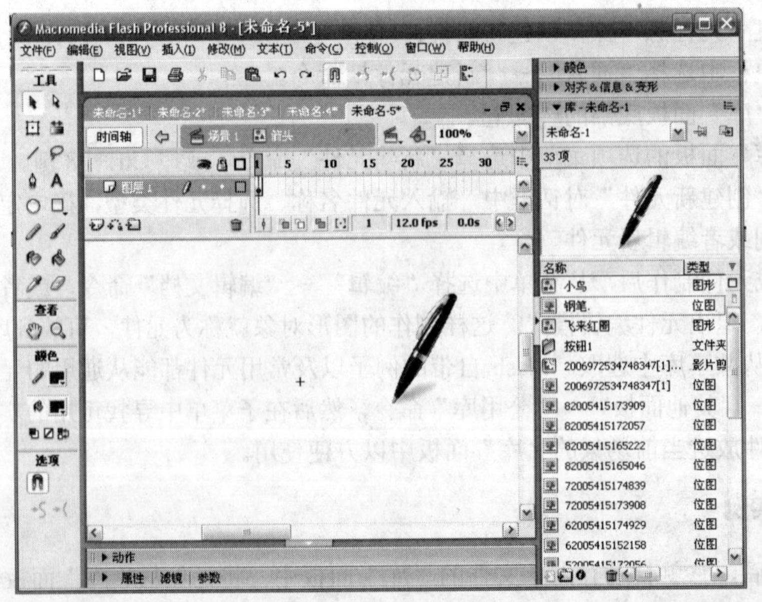

图 11-66 创建实例

（2）选中该实例，单击“绘图”工具栏上的“任意变形工具”按钮，此时在图形周围出现变形控制点。如图 11-67（a）所示。

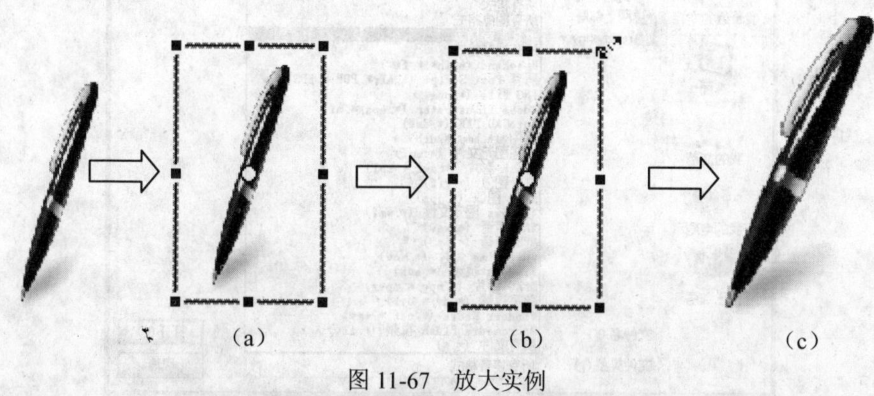

图 11-67　放大实例

（3）将鼠标指针移到图形右上角的控制点上，当鼠标指针变形为形状时，按住键不放，向右上角拖动鼠标，将图形等比例放大，如图 11-67（c）所示。

（4）再次选中该实例（钢笔图形），单击“绘图”工具栏上的“任意变形工具”按钮，在该工具栏下方的“选项”区中，将鼠标指针移到图形右上角的控制点上，当鼠标指针变形为形状时，向右下角拖动鼠标，将图形顺时针旋转，如图 11-68 所示。

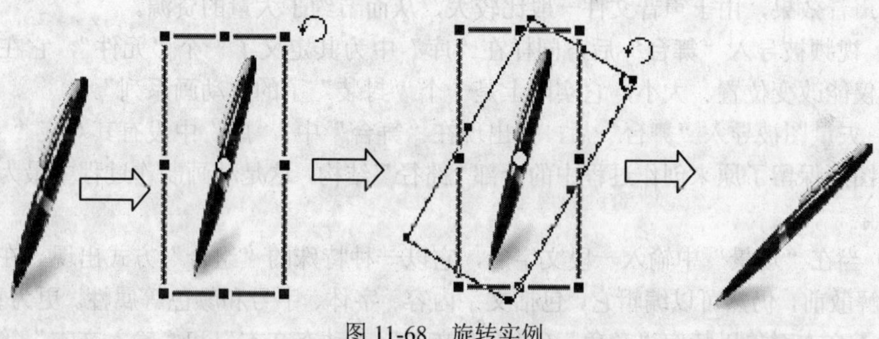

图 11-68　旋转实例

11.5.3　几种特殊的元件和实例的介绍

在制作 Flash 时，有时可能从外部导入很多的元件，元件导入的方法是：执行“文件”→“导入”→“导入到库”命令时，将在弹出的“导入”对话框中打开“文件类型”下拉列表，可以看到，Flash 8 支持图像、声音、视频等几十种格式，如图 11-69 所示。

根据设计的需要，Flash 环境中产生的元件的使用情况可能不会完全一样，大致有以下几种情况：

（1）位图被导入“舞台”后，在“库”中直接为其创建一个“元件”对象，而它在“舞台”上的图片也就被称为“某元件的实例”，但这种“实例”的能力有限，它实际上是一种“成组的元素”，除了可以做“动作变形”及改变位置、大小和方向，其他什么也干不了，要想将位图图形转换为万能的元件，必须选中它，然后按住键盘上的 F8 键，把它重新定义为一个新的元件。

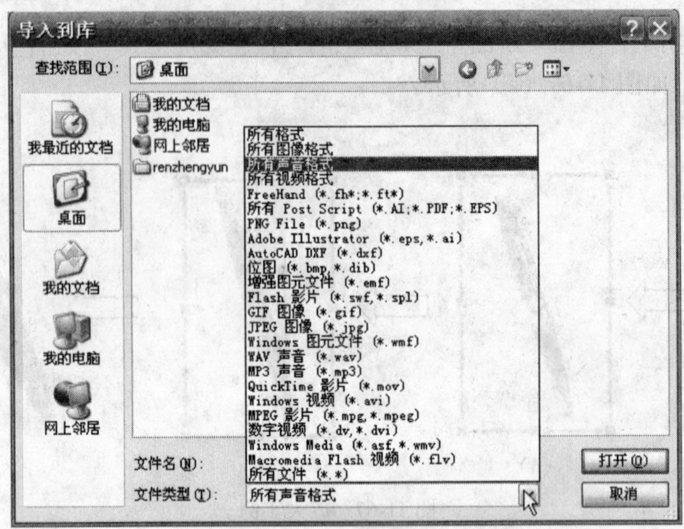

图 11-69 “文件类型”对话框

（2）声音被导入“舞台”后，在“舞台”上什么也看不到，在“库”面板中，声音自动被定义为“元件”，它在“舞台”上的“实例”应用，可以在帧的“属性”面板中设置，对于声音在“舞台”上的每个“实例”，可以“斩头去尾”并进行其他的特效处理，而不影响声音“元件”在“库”元件中的原来特征。利用这一特点，可以仅用一个声音文件就能在动画中得到不同的声音效果，由于声音文件一般比较大，从而节约了大量的资源。

（3）视频被导入“舞台”后，同样在“库”中为其定义了一个“元件”，它在“舞台”上的实例仅能改变位置、大小，它实际上是一个“封装”了的“动画系列”。

（4）矢量图被导入“舞台”后，仅出现在“舞台”中，“库”中没有其对应“元件”，舞台中矢量图形保留了原来创作过程中的全部“路径”结构，这是动画制作过程中最为得心应手的动画元素。

（5）当在“场景”中输入一段文字后，它以一种特殊的“组合”方式出现，在你未能把“组合”解散前，仍然可以编辑它，包括文字内容、字体、字号和颜色等属性。更为重要的是，还可以赋予文本对象以特定“角色”（“静态文本”、“动态文本”和“输入文本”等，缺省的是“静态文本”）。而一经解散“组合”，它就与一般的图形“素材”一样。

11.5.4 元件库

“库”是使用频率最高的面板之一，缺省情况下，“库”被安置在“面板集合”中，“库”存放着动画做成的所有元件，灵活地使用“库”，合理地管理“库”，对于动画设计和制作无疑是极其重要的。

1. 管理元件

（1）使用“元件项目列表”。Flash 8“库”中的“元件项目列表”采用“可折叠文件夹”树状结构，一个较大的动画作品，往往拥有几百个元件，利用“库”中的“项目列表”这一特性可为动画中所有元件作有序归类，图 11-70 为一个 MTV 作品的“库”项目情况。

很多情况下，还要从作品中取用一些元件，这时可以通过执行“文件”→“导入”→“打开外部库”命令，打开一个对话框，选择目标源文件，单击“确定”按钮后，Flash 就会在舞台上打开一个单独的“库”，这时可以把需要的元件拖放到当前文档的“库”中，以后就可随意使用这些被拖入的元件了。

“元件项目列表”的文件夹还可以“嵌套”，不过，过于复杂的文件嵌套，反而觉得不太方便。

（2）元件的排序。当向“库”内添加新元件时，它不时出现在列表的上面，它在列表中的位置似乎是随机安排的，因为默认时，“库”的“元件项目列表”是按“元件名称”排列的，英文名与中文名混杂时，英文在前，中文按照其对应的字符码排列，显然这种排列方式不利于查找元件。

“元件项目列表”的顶部有五个“项目按钮”，它们是“名称”、“类型”、“使用次数”“链接”和“修改日期”，其实它们是一组“排序”按钮，单击某一按钮，“项目列表”就按其标明的内容排序。

（3）用“图形”识别元件类型。Flash 8 的“元件列表”中，除了“类型”这一列“名称”外，还提供了更详细的元件“类型图标”，如图 11-71 所示，从这些图标的外观很容易识别各元件的类型，有时，利用“识别图标”，再结合“类型”排序，是查找“元件”的最快捷手段。

图 11-70　组织“元件项目列表”

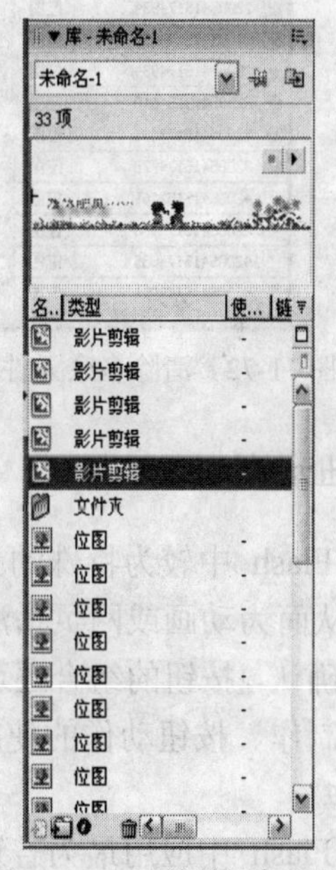

图 11-71　元件的图标识别

2. 元件库的使用

（1）清理多余项目。随着动画制作的进展，“库”项目将变得越来越杂乱。这样将浪费很多宝贵的源文件空间，从“库”菜单中单击“选择未用项目”命令，Flash 会把这些未用的元件全部选中，如图 11-72 所示，这时可以单击菜单中的“删除”命令，也可以直接单击按钮，将它们删除。

清除多余元件项目时，有时可能得重复几次，因为有的元件内还包含了大量其他“子元件”，第一次显示的往往是“母元件”，“母元件”删除后，其他“子元件”才显露出来。另外，该命令有时对一些多余的位图元件起不了作用，只好手动操作。

经过清理的“库”，不仅看上去整洁，而且会使源文件（*.fla）大大缩小。清理“库”后，一定要用“另存为”命令将文件存为另一副本，否则“库”整洁了，而“源文件”却并没有缩小。

（2）公用元件库。在“窗口”→“公用元件库”菜单列表中，可以看到 Flash 8 为用户提供“学习交互”、“按钮”和“类”三个类别的常用“元件”，选择其中之一，在“舞台”上就会出现一些相应的“公用元件库”。图 11-73 所示为选择“按钮”对应的“公用库”。

图 11-72 清除多余元件项目

图 11-73 “库-按钮”面板

11.5.5 按钮元件

按钮元件是 Flash 中较为特殊的元件之一，通过编辑按钮的 4 个关键帧，可以产生丰富多彩的特殊效果，从而为动画或网页增添光彩，按钮在动画中可以实现场景的跳转，动画的播放与停止和输入的确认，按钮的组合还可以组成菜单。按钮的应用非常广泛。下面将通过几个实例来介绍按钮的制作、按钮动作的使用方法、按钮控制动画等基本用法。

1. 水晶按钮

水晶按钮是 Flash 中应用最为普遍的按钮元件。有弹起、指针经过、按下和点击四种状态。本例主要说明按钮在不同状态下的不同效果，如图 11-74 所示。

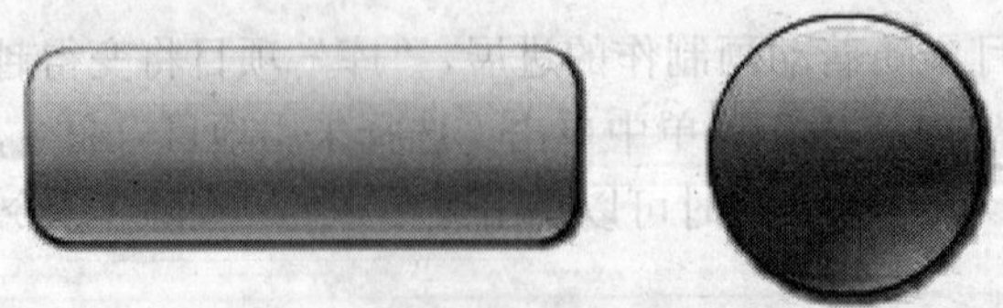

图 11-74 水晶按钮

操作步骤：

（1）新建文档。执行“文件”→“新建”命令，在弹出的“新建文档”对话框的“类型”

列表框中选择“Flash 文档”，单击“确定”按钮。执行“修改”→“文档”命令，在弹出的“文档属性”对话框中将舞台尺寸设置为 550×200px，背景颜色设置为黑色，帧频率设置为 12fps。

（2）创建按钮。

1）执行“插入”→“新建元件”命令，新建一个元件。在弹出的“创建新元件”对话框中单击“按钮”单选按钮制作一个按钮，如图 11-75 所示。

2）将当前层命名为“图形”，可以看到按钮制作有“弹起”、“指针经过”、“按下”和“点击”四个状态，选中“弹起”帧，如图 11-76 所示。

图 11-75　新建元件

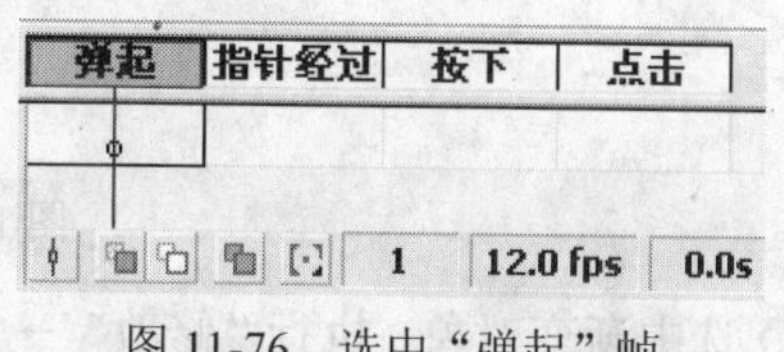

图 11-76　选中“弹起”帧

3）使用“矩形工具”，选择“边角半径设置”，选择设定边角半径值为 15，如图 11-77 所示。

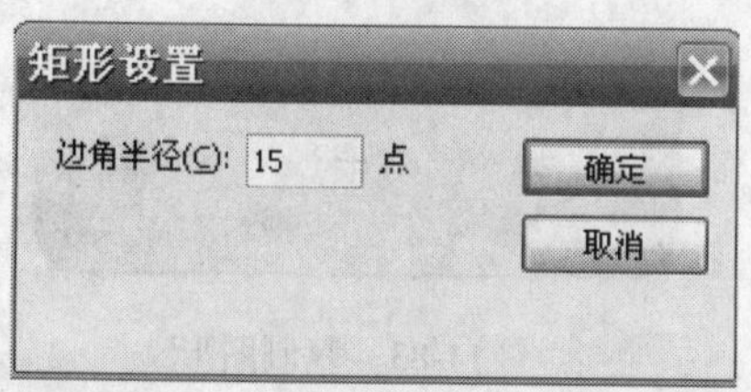

图 11-77　设定边角半径

图 11-78　删除边线

4）在场景中绘制一个圆角矩形。双击边线，选中全部边线，按 Delete 键删除边线，如图 11-78 所示，在属性面板中设定颜色为蓝色。

5）为了保证按钮在每种状态下能对齐，执行“编辑”→“剪切”命令，然后使用“粘贴到中心位置”命令，如图 11-79 所示，这样复制出的图形就在场景的中央。

6）按 Alt 键的同时使用“移动工具”拖曳图形，复制出一个圆角矩形，如图 11-80 所示，新建“上高光”图层，将复制的图形剪切到新图层的中央，使用“任意变形工具”将它调小一些。

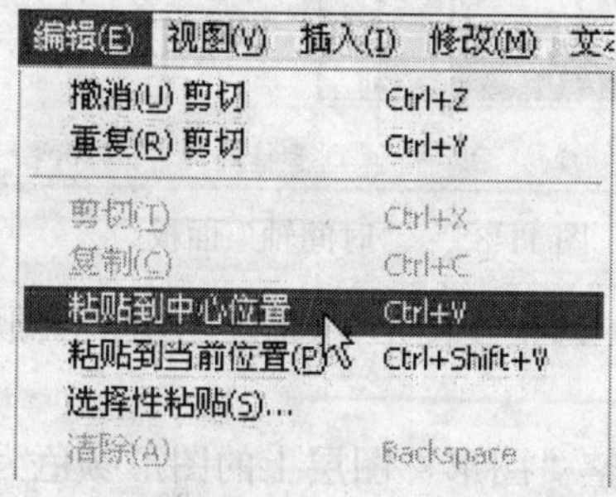

图 11-79　粘贴到中心位置

图 11-80　复制出一个圆角矩形

7）使用“混色器”面板，将图形填充为从白色到透明，如图 11-81 所示。

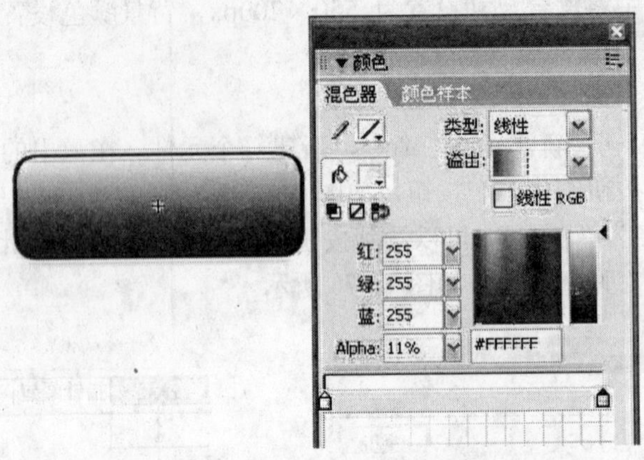

图 11-81　设置填充效果

8）选中渐变对象，执行“修改”→“形状”→“柔化填充边缘”命令，设定参数如图 11-82 所示，效果如图 11-83 所示。

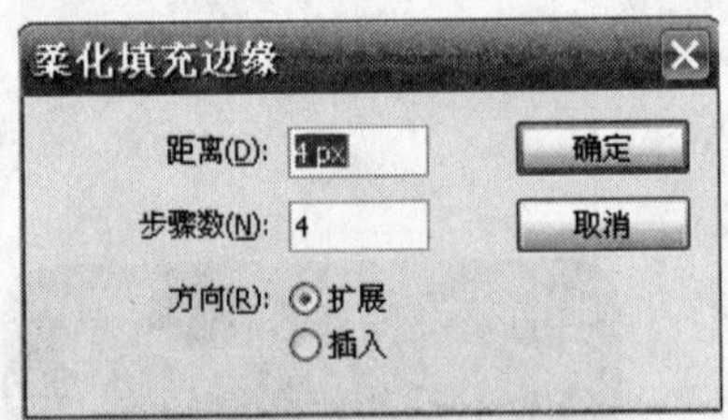

图 11-82　“柔化填充边缘”对话框

图 11-83　复制图形

9）再新建一个“下高光”图层，将“上高光”图层中的渐变对象复制粘贴到新图层上，使用“任意变形工具”进行调整，将渐变方向旋转 180°，同样要注意大小、颜色和透明，效果如图 11-84 所示。

10）新建一个“阴影”图层，调整到最低层，复制“图形”图层中的矩形到该图层的中心位置，填充颜色改为灰色。执行“柔化填充边缘”命令。设定数值为 15，最后完成阴影效果，如图 11-84 所示，时间轴如图 11-85 所示。

图 11-84　添加阴影

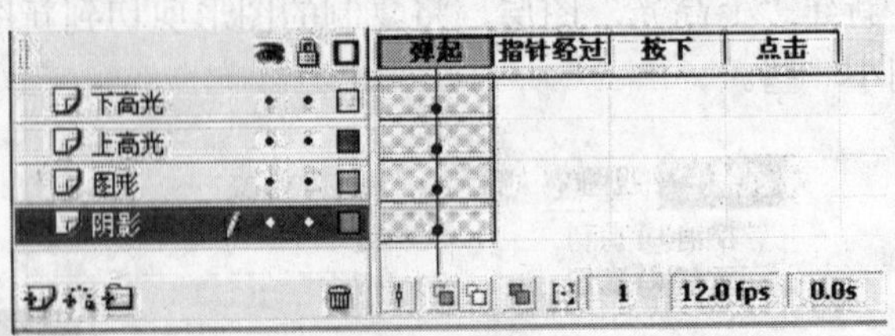

图 11-85　“时间轴”面板

11）在“指针经过”状态为各图层加入关键帧。调整“图形”图层上的图形颜色为红色，如图 11-86 所示，时间轴如图 11-87 所示。

12）在“按下”状态为各图层加入关键帧，调整“图形”图层上的图形颜色为绿色，如图 11-88 所示，时间轴如图 11-89 所示。

图 11-86　修改为红色

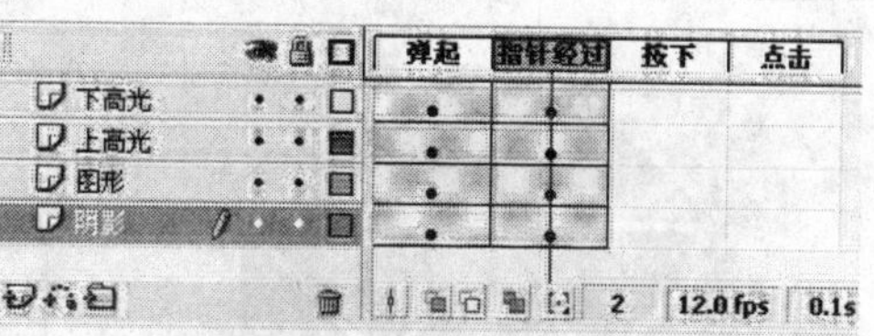

图 11-87　“时间轴”面板

图 11-88　修改为绿色

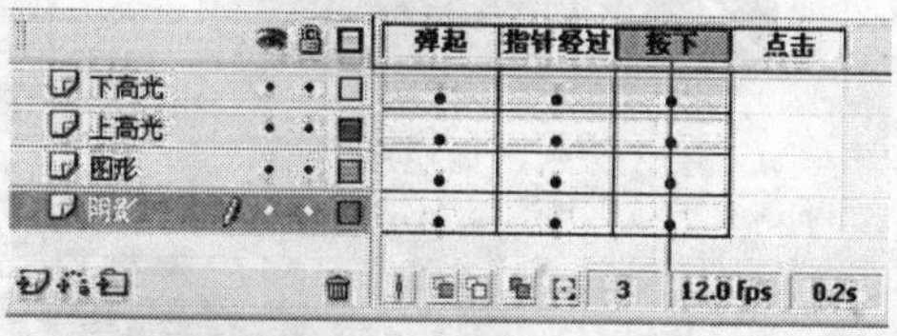

图 11-89　“时间轴”面板

13）执行“控制”→“测试影片”命令，查看动画执行情况。执行“文件”→“保存”命令，在弹出的“另存为”对话框中将动画保存为“水晶按钮.fla”。

2. 链接按钮

链接按钮主要是网页中添加交互效果的一种基本工具，按钮的“弹起”状态是按钮的一般状态，“指针经过”状态是指针经过按钮的效果，“按下”状态是鼠标按下时的效果，“点击”则是鼠标对按钮的反应区。

操作步骤：

（1）新建文档。执行“文件”→“新建”命令，在弹出的“新建文档”对话框的“类型”列表框中选择“Flash 文档”，单击“确定”按钮。执行“修改”→“文档”命令，在弹出的“文档属性”对话框中将舞台尺寸设置为 550×400px，背景颜色设置为#FF99FF，帧频率设置为 12fps。

（2）创建按钮。

1）使用“矩形工具”，设置圆角值，绘制如图 11-90 所示的圆角矩形。

2）使用“线条工具”，绘制其他部分，完成一个信封的效果，如图 11-91 所示。

图 11-90　绘制圆角矩形

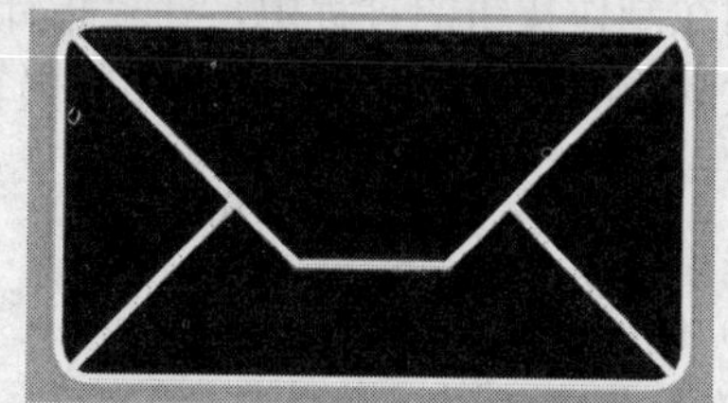

图 11-91　绘制信封

3）选中对象，转换为图形元件。

4）用同样的方法绘制另一个开口信封，并转换为图形元件。注意要保证和前面的信封大小一致，如图 11-92 所示。

5）新建一个按钮元件，在“弹起”状态将没有打开的信封图形元件拖入场景中心位置，也可以将图形放置到场景的中央，如图 11-93 所示。

6）在“指针经过”状态加入空白关键帧，将开口的信封图形元件拖入场景中心位置，如图 11-94 所示。

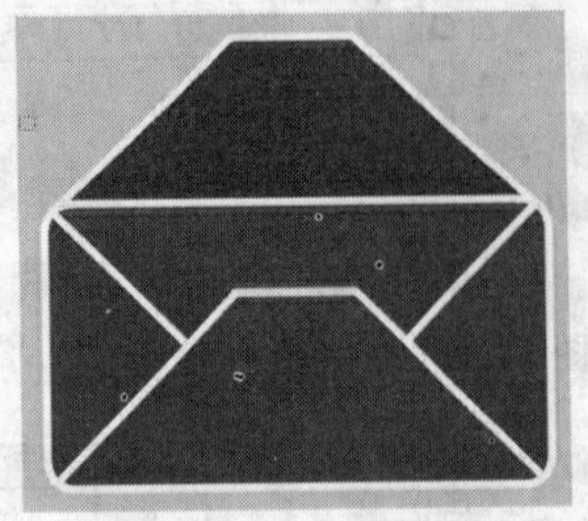

图 11-92 打开信封

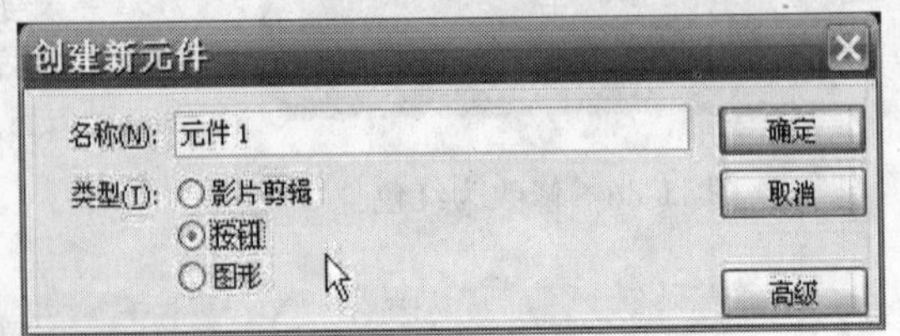

图 11-93 创建新元件

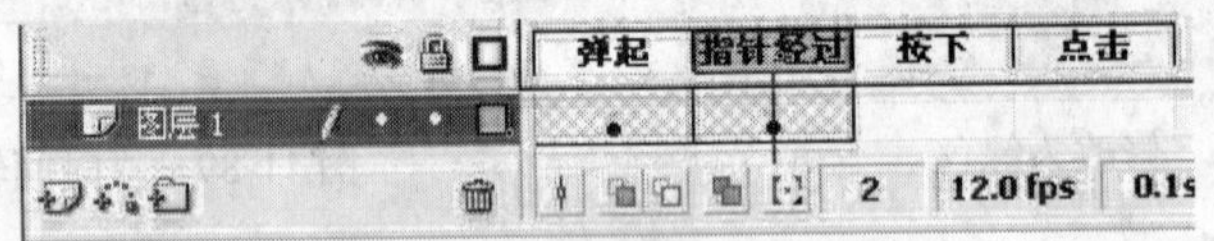

图 11-94 “时间轴”面板

7）在“点击”状态中，加入关键帧，将圆角矩形复制粘贴到场景中，如图 11-95 所示，这样做的目的就是给鼠标创建感应范围。

8）时间轴的面板如图 11-96 所示，执行“控制”→“测试影片”命令，查看动画的执行情况。执行“文件”→“导出”→“导出影片”命令，在弹出的“导出影片”对话框中将动画保存为“链接按钮.fla”。

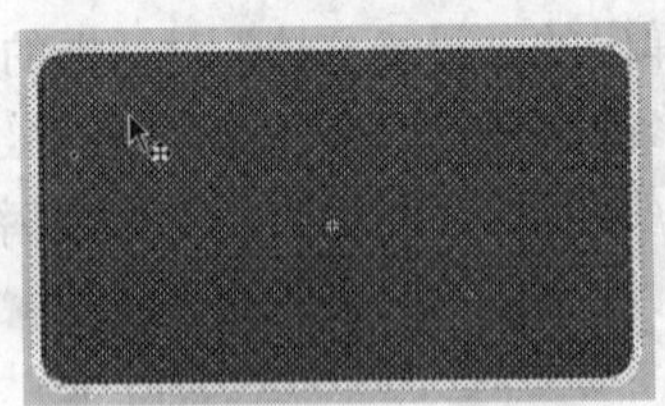

图 11-95 复制圆角矩形

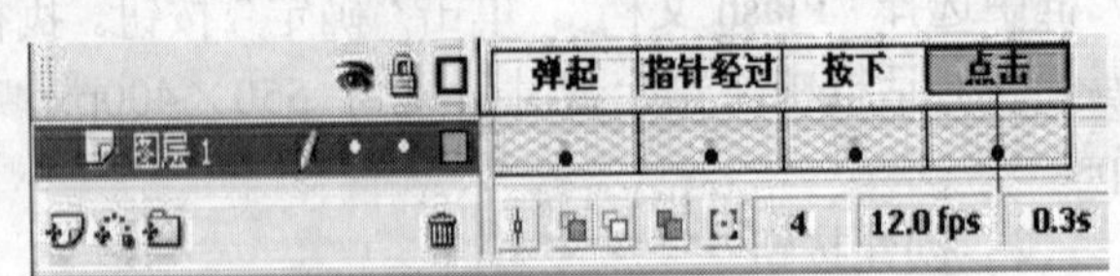

图 11-96 “时间轴”面板

3. 动态按钮

本例在制作按钮的过程中，在“指针经过”状态下加入一个影片剪辑。当指针经过时会自动播放影片剪辑，这是多种元件相互嵌套的结果。在动画制作中会有更多的元件加入到按钮中，如声音、程序等。

操作步骤：

（1）创建按钮。

1）在场景中使用“椭圆工具”绘制一个圆形，使用混色器面板为圆形填充从白色到黑色的渐变效果，如图 11-97 所示。

2）用同样的方法，使用“椭圆工具”绘制另外一个圆形，填充为渐变效果，调整到合适大小和位置，如图 11-98 所示。将上面的图形转换成图形元件，取名“圆形”。

图 11-97 绘制圆

图 11-98 绘制另一个圆

3）新建一个“影片剪辑”，名称为“元件 1”，如图 11-99 所示。

图 11-99　创建新元件

4）在第 1 帧位置打开“库”面板，将符号拖入到场景中，在第 20 帧和第 40 帧位置插入关键帧，如图 11-100 所示。使用“属性”面板，将颜色设置为“蓝色”，如图 11-101 所示，在第 40 帧的位置将图形颜色修改回原来样子。

（a）在第 20 帧插入关键帧　　（b）在第 40 帧插入关键帧

图 11-100　插入关键帧

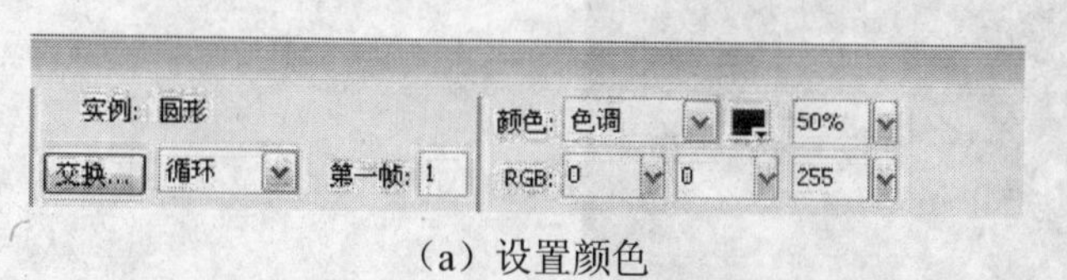

（a）设置颜色

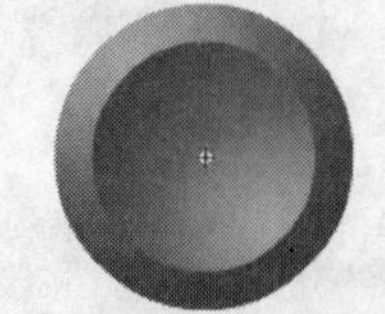

（b）设置颜色后的效果

图 11-101　设置颜色

5）分别在第 1 帧和第 20 帧、第 20 帧和第 40 帧之间创建“动画”补间。

6）新建一个“按钮”元件，将其名称设置为“动态按钮”，如图 11-102 所示。

图 11-102　创建新元件

7）在按钮“弹起”状态下打开“库”面板，并将图形元件“圆形”拖入场景中心位置，如图 11-103 所示。

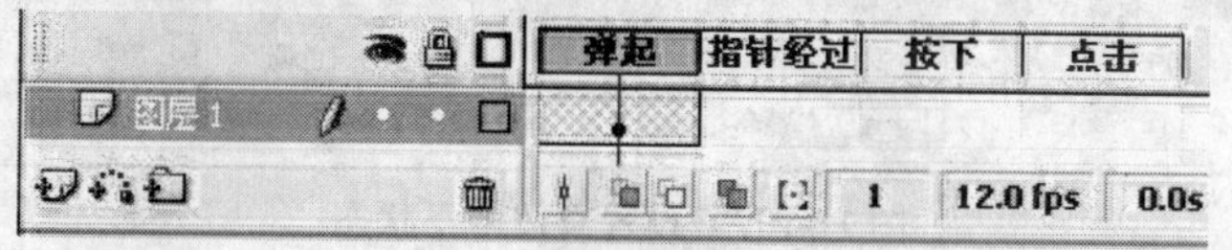

图 11-103　添加圆形符号

8）在“指针经过”状态中加入空白关键帧，将影片剪辑“元件 1”拖入场景中心位置，分别在“按下”、“点击”状态加入空白关键帧，将图形元件“圆形”拖入场景中心位置，如图 11-104 所示。

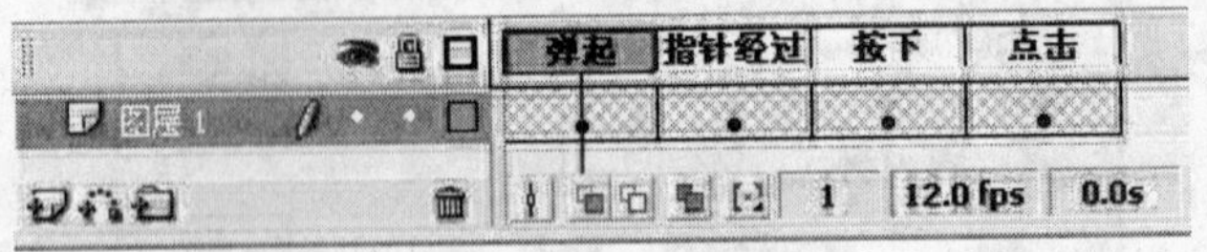

图 11-104 添加元件

9）执行“控制”→“测试影片”命令，查看动画的执行情况。执行“文件”→“导出”→“导出影片”命令，在弹出的“导出影片”对话框中将动画保存为“链接按钮.fla”。

4. 播放按钮

对于 Flash 来说，应用最广泛的部分就是动画的交互性，下面介绍使用按钮来控制动画的播放。

（1）创建按钮。

1）使用“椭圆工具”绘制一个圆形，填充为淡蓝色，使用“椭圆工具”再绘制一个圆形，放置在上侧，设置颜色为更浅的蓝色，并转换为图形元件，如图 11-105 所示。

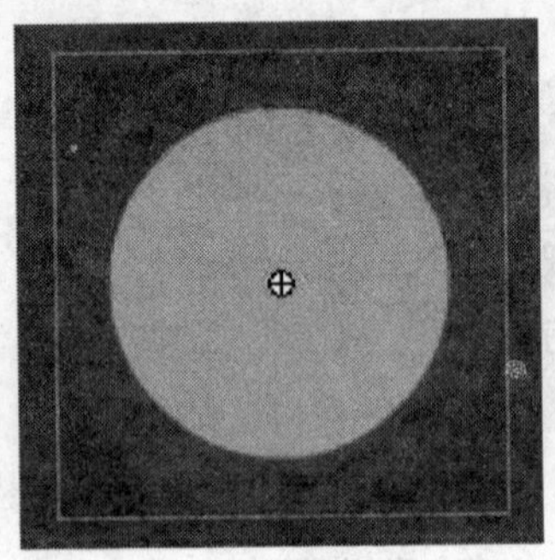

图 11-105 绘制图形

2）新建一个按钮元件。打开“库”面板，在“弹起”状态将图形元件拖入场景中，同样在“指针经过”、“按下”状态加入关键帧，分别设置面板“属性”，如图 11-106 和图 11-107 所示。

图 11-106 设置“指针经过”状态

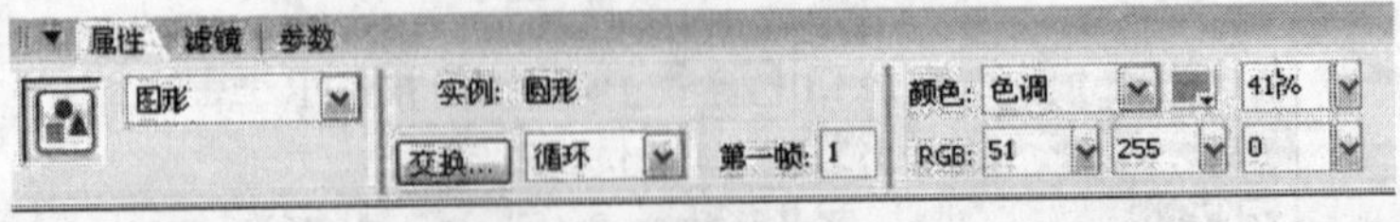

图 11-107 设置“按下”状态

3）在按钮里新建一个图层，使用“文本工具”在“文字”图层第 1 帧位置输入“开始”，效果如图 11-108 所示，“时间轴”面板如图 11-109 所示。

图 11-108 添加文字

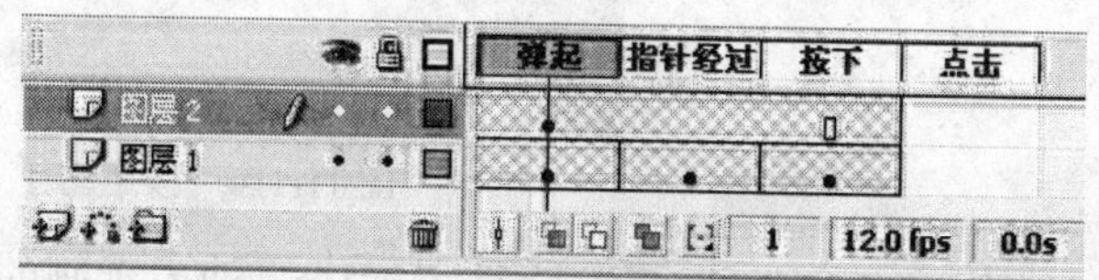

图 11-109 “时间轴”面板

4）回到场景中，打开“库”面板，将按钮拖入主场景中，删除其他对象，如图 11-110 所示。

图 11-110 添加到主场景

图 11-111 添加文字到主场景

5）新建一个图层，在第 2 帧的位置使用“文本工具”，在场景输入文字“动画开始了”，如图 11-111 所示，水平调整文字到场景外。

6）在图层 1 第 40 帧位置插入关键帧。将文字调整到场景中，在第 2 帧到第 40 帧之间设定“动画”补间模式，如图 11-112 所示。

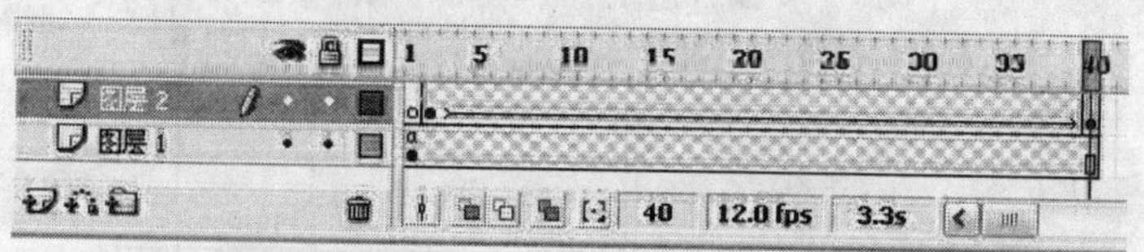

图 11-112 添加移动动画

7）单击“图层 1”的第 1 帧，打开“动作”面板。选择 stop 命令，设定动画开始为停止状态，如图 11-113 所示。

图 11-113 第 1 帧动作

8）单击按钮，打开“动作”面板，设定按钮动作如图 11-114 所示。

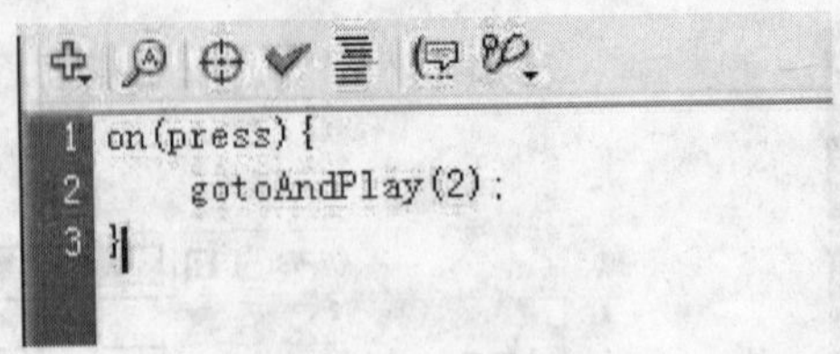

图 11-114 按钮动作

9）执行“控制”→“测试影片”命令，查看动画的执行情况。执行“文件”→“导出”→“导出影片”命令，在弹出的“导出影片”对话框中将动画保存为“控制按钮.fla”。

11.6 逐帧动画

逐帧动画是一种常见的动画形式，它的原理是在“连续的关键帧”中分解动画动作，也就是在每一帧中设置不同的画面，连续播放而形成的动画。

逐帧动画的帧序列内容不一样，不仅增加了制作负担而且最终输出的文件量也很大，但它的优势也很明显：因为它与电影播放的模式相似，很适合于表演细腻的动画，如 3D 效果、人物或动物急剧转身等效果。

11.6.1 逐帧动画的概念及表现形式

在时间帧上逐帧绘制帧内容称为逐帧动画，由于是一帧一帧地画，所以逐帧动画具有很大的灵活性，几乎可以表现任何想表现的内容。逐帧动画在时间轴上表现为连续出现的关键帧，如图 11-115 所示。

图 11-115 逐帧动画在时间轴上的表现

11.6.2 逐帧动画的制作方法

创建逐帧动画的常见方法有以下几种：

（1）用导入的静态图片建立逐帧动画。用 jpg、png 等各式的静态图片连续导入到 Flash 中，就会建立一段逐帧动画。

（2）绘制矢量逐帧动画。用鼠标或压感笔在场景中一帧一帧地画出每帧的内容。

（3）文字逐帧动画。用文字作为帧中的内容，实现文字跳跃、旋转等效果。

（4）指令逐帧动画。在时间帧面板上，逐帧写入动作脚本语句来完成元件的变化。

（5）导入序列图像。可以导入 gif 序列图像、swf 动画文件或者利用第三方软件（Swish、Swift、3D 等）产生动画系列。

11.6.3　倒数数字逐帧动画实例

操作步骤：

（1）执行“文件”→“新建”命令，弹出“新建文档”对话框，新建一个“Flash 文档”，单击“确定”按钮。

（2）单击时间轴上的图层 1 的第 1 帧，使用文字输入工具在绘图区域输入数字 9，如图 11-116 所示，将数字颜色设置为红色，大小设置为 200，如图 11-117 所示。

图 11-116　输入数字 9

图 11-117　设置文本

（3）这时可以看到，在时间轴上的第 1 帧变成一个黑色的小圆点，这说明已经有对象加入第 1 帧。在第 2 帧的位置右击，选择“插入关键帧”命令，在第 2 帧的位置插入关键帧，这时可以看到，第 2 帧也变成了一个黑色的小圆点，这说明：在插入关键帧的同时将第 1 帧的对象也复制到了第 2 帧上。继续添加其余的关键帧，如图 11-118 所示。

图 11-118　添加第 2 帧到第 9 帧

（4）使用“文本工具”，选择第 2 帧，双击鼠标左键，选中文字，将 9 改为 8，并将颜色设置为粉红色，如图 11-119 所示。

图 11-119　修改文本

（5）以同样的方式依次将其余各关键帧的内容修改为 11、6、5、4、3、2、1、0。颜色依次为蓝色、绿色、黄色、橙色、黑色、紫色、淡蓝色、黑绿色。

（6）单击 Enter 键，播放动画，可以看到数字的倒数功能出现了，这时执行“控制”→“测试影片”命令，查看动画的执行情况。执行“文件”→“导出”→“导出影片”命令，在弹出的“导出影片”对话框中将动画保存为“倒数文字.fla”。

11.7 创建形状补间动画

形状补间动画是 Flash 中非常重要的表现手法之一，运用它，可以变幻出各种奇妙的变形效果。

本节从形状补间动画基本概念入手，介绍形状补间动画在时间轴上的表现，了解补间动画的创建方法，学会应用“形状提示”让图形变得自然流畅，最后通过实例的讲解，使读者对形状补间动画有更深刻的理解。

形状补间动画概述

1. 形状补间动画的概念

在一个关键帧中绘制一个形状，然后在另一个关键帧中改变形状或绘制另一个形状，Flash 根据二者之间的形状来创建的动画被称为“形状补间动画”。

2. 构成形状补间动画的元素

形状补间动画可以实现两个图形之间颜色、形状、大小和位置的相互变化，其变形的灵活性介于逐帧动画和动画补间动画两者之间，使用的元素多为用鼠标或压感笔绘制出的形状，如果使用图形元件、按钮或文字，则必须先“分离”，才能创建变形动画。

3. 形状补间动画在时间轴面板上的表现

形状补间动画建好后，时间帧面板上的背景色变为淡绿色，在起始帧和结束帧之间有一个箭头，如图 11-120 所示。

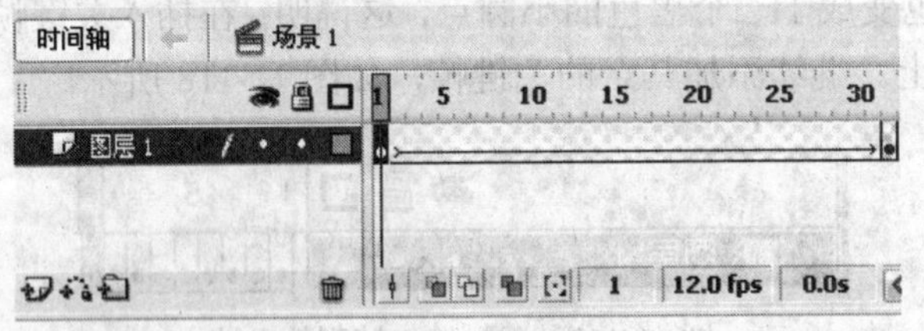

图 11-120 形状补间动画在时间轴面板上的表示标记

4. 创建形状补间动画的方法

在动画开始播放的地方创建或选择一个关键帧，并设置要开始变化的形状，一般一帧中以一个对象为好，在动画结束处创建或选择一个关键帧并设置要变成的形状，再单击开始帧，在“属性”面板上单击“补间”旁边的下拉按钮，在弹出的菜单中选择“形状”，此时，时间轴上的变化如图 11-120 所示，一个形状补间动画就创建好了。

5. 形状补间动画的属性面板

Flash 的“属性”面板随鼠标选定的对象不同而发生相应的变化，当建立了一个形状补间动画后，单击帧，属性面板如图 11-121 所示。

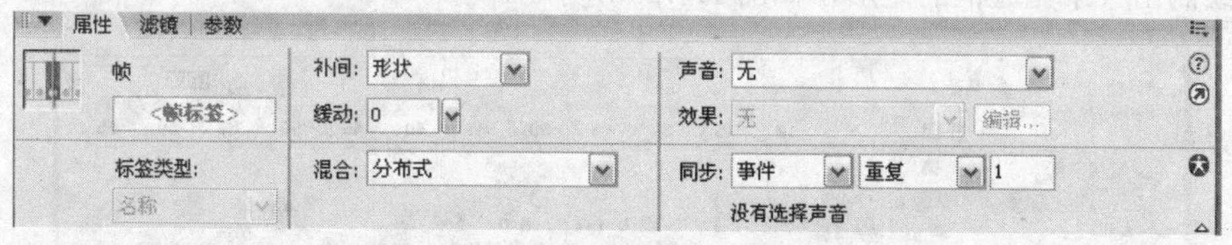

图 11-121　形状补间动画的属性面板

形状补间动画的“属性”面板上只有两个参数：“缓动”选项和“混合”选项。

（1）单击“缓动”选项右边的按钮，会弹出滑动杆，拖动上面的滑块可以调节参数值，也可以在文本框中直接输入具体的数值。设置后，形状补间动画会随之发生相应的变化。

1）在–1～–100 的负值之间，动画运动的速度从慢到快，朝运动结束的方向加速补间。

2）在 1～100 之间，动画运动的速度从快到慢，朝运动结束的方向减慢补间。

默认情况下，补间帧之间的变化速率是不变的。

（2）“混合”选项下拉列表框中有“角形”选项和“分布式”选项两项供选择。

1）“角形”选项：动画中间形状会保留有明显的角和直线，适合于具体锐化转角和直线的混合形状。

2）“分布式”选项：动画中间形状比较平滑和不规则。

6. 形状提示的使用

形状补间动画看似简单，实则不然，Flash 在“计算”两个关键帧中图形的差异时，远不如我们想象中的那么“聪明”，尤其是图形前后差异较大时，变形结果会显得乱七八糟。这时，利用“形状提示”功能会大大改善这一情况。

（1）形状提示的作用。在“起始形状”和“结束形状”中添加相应的“参考点”，使 Flash 在计算变形过渡时依一定的规则进行，从而较有效地控制变形过程。

（2）添加形状提示的方法。单击形状补间动画的开始帧，执行“修改”→“形状”→“添加形状提示”命令，该帧在形状上就会增加一个带字母的红色圆圈。相应地，在结束帧形状中也会出现一个“提示圆圈”。用鼠标左键单击并分别按住两个“提示圆圈”，放置在适当的位置，拖放成功后开始帧上的“提示圆圈”变成黄色，结束帧上的“提示圆圈”变为绿色，拖放不成功或不在一条曲线上的时候，“提示圆圈”颜色不变，如图 11-122 所示。

图 11-122　添加形状提示后各帧的变化效果

7. 形状渐变动画实例——变矩形为五角星

本实例的效果分为两个形状渐变动画，一个是由 Flash 自动生成的形状渐变动画，另外一个是设置了“提示点”控制的形状渐变动画。下面将介绍具体的制作步骤。

（1）制作无提示点动画。

1）新建一个 Flash 文档，在时间轴上插入一个新的图层将两个图层分别命名为“文字”

和“无提示点”，然后在“文字”层用文本工具A输入相关的文字，在“无提示点”层用矩形工具□绘制出一个无边框的矩形，如图 11-123 所示。

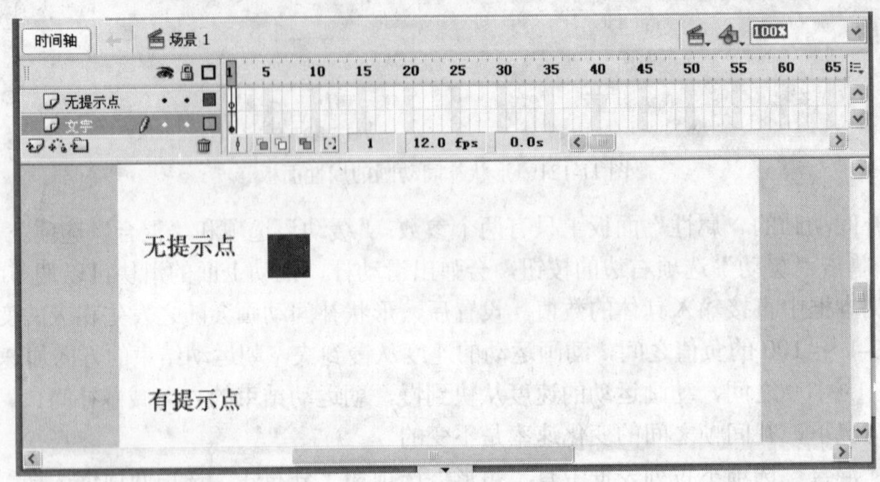

图 11-123　初始化制作

2）选择“无提示点”层的第 1 帧，打开“属性”面板，在“补间”下拉列表中选择“形状”选项，如图 11-124 所示。

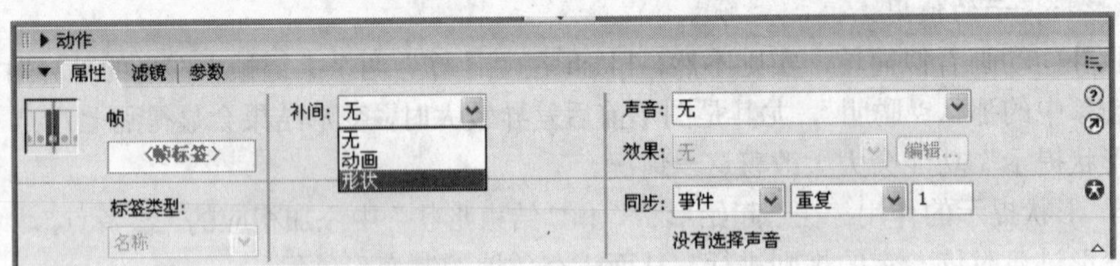

图 11-124　选择“形状”选项

3）在“无提示点”层的第 50 帧按 F6 功能键插入关键帧，在“文字”层的第 50 帧按 F5 功能键插入帧，此时时间轴如图 11-125 所示。

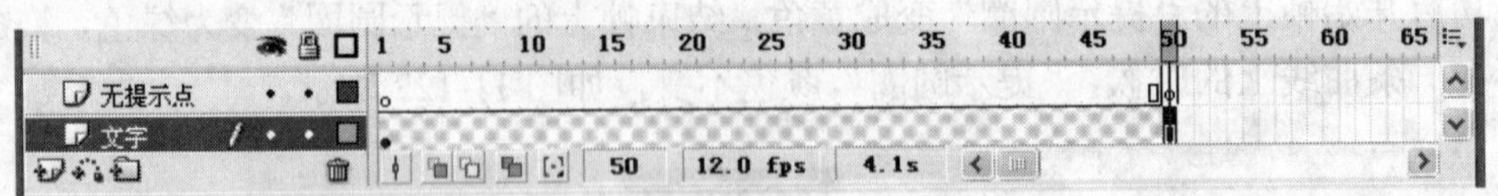

图 11-125　时间轴窗口

4）将“文字”层锁定，然后选择“无提示点”层的第 50 帧，在舞台上绘制一个无边框的五角星，并将矩形删掉，如图 11-126 所示。

5）此时按回车键或者拖动播放指针测试动画，可以看到矩形以 Flash 默认的方式，逐渐变成一个五角星，如图 11-127 所示。

（2）制作有提示点的动画。

1）在时间轴上新建一个图层，命名为“有提示点”。用同样的方法制作由矩形渐变到五角星的形状渐变动画，时间轴窗口如图 11-128 所示。

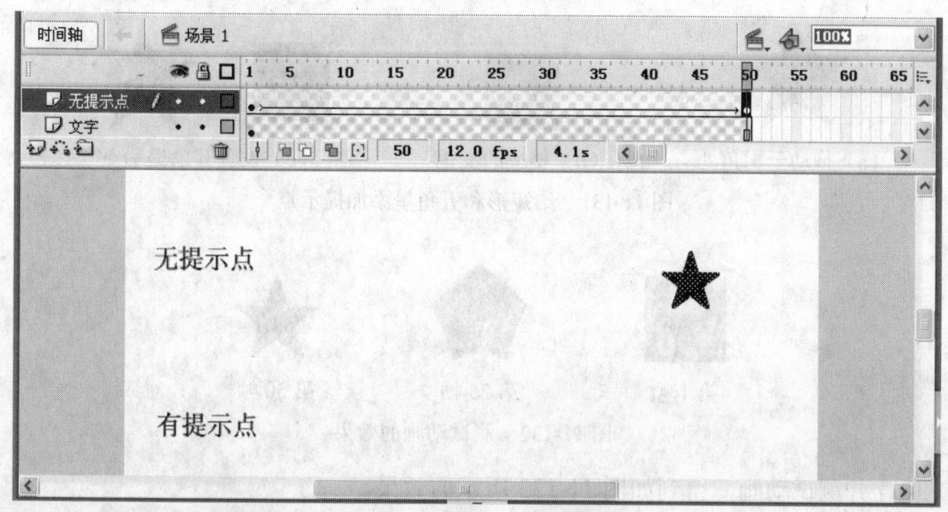

图 11-126　绘制一个五角星

图 11-127　测试动画

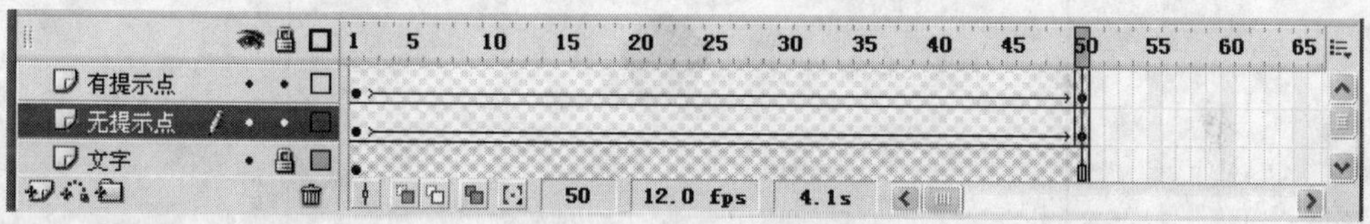

图 11-128　时间轴窗口

2）将“文字”层和“无提示点”层锁定，选择“有提示点”层的第 1 帧，然后选择菜单栏的“修改”→“形状”→“添加形状提示”命令，或者用 Ctrl+Shift+H 组合键，为形状添加提示点，此时舞台中的矩形中增加了一个红色的字母 a，如图 11-129 所示。

3）用鼠标单击字母 a，并拖曳至矩形的一个角上，如图 11-130 所示。

图 11-129　添加提示点　　　　图 11-130　拖动提示点至边缘

4）选择时间轴的第 50 帧，可以看到五角星的中央也多了一个字母 a，用鼠标单击并拖曳至五角星的拐角处，会发现字母 a 由原来的红色变成了绿色。再回到第 1 帧，发现矩形边界上的字母 a 由原来的红色变成了黄色，如图 11-131 所示。

5）用同样的方法设置另外三个提示点。

6）此时按回车键测试动画便发现原来形状渐变动画发生了改变，如图 11-132 所示。设置四个提示点在渐变前后一一对应，不再像“无提示点”那样由 Flash 自动生成了。

（a）拖动至拐角处　（b）相应的变色　（c）设置其余提示点

图 11-131　给矩形和五角星添加提示点

第 1 帧　第 25 帧　第 50 帧

图 11-132　测试动画的效果

7）保存并测试动画，得到如图 11-133 所示的效果。

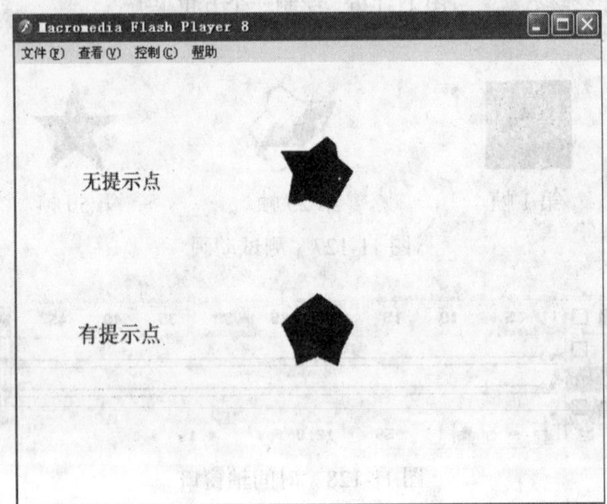

图 11-133　测试最终的效果

11.8　遮罩动画

在 Flash 的作品中，经常看到很多眩目神奇的效果，而其中不少就是由遮罩动画来完成的，如水波、万花筒、百叶窗、放大镜、望远镜和探照灯等。

11.8.1　遮罩动画的概念

1. 遮罩图层的概念

遮罩图层动画是 Flash 中的一个很重要的动画类型，很多效果丰富的动画都是通过遮罩动画来完成的，在 Flash 的图层中有一个遮罩图层类型，为了得到特殊的显示效果，可以在遮罩图层上创建一个人字形状的视窗，遮罩层下方的对象就可以通过该“视窗”显示出来，而视窗之外的对象就将不会显示。

可以用面具来理解遮罩层，当一个人戴上面具的时候，只可以从面具上镂空的地方看到一部分脸，脸的其他部分都被面具遮住了。遮罩层的作用也一样。可以根据显示的需要，在遮罩层上挖出一些“洞”，只有在有“洞”的地方才能看到下面的内容，而下面层上的其他内容看不到。

2. 遮罩图层的作用

在 Flash 动画中，“遮罩”主要有两种用途，一个作用是用在整个场景或一个特定的区域，使场景外的对象或特定区域外的对象不可见；另一个作用是用来遮罩某一元件的一部分，从而实现一些特殊的效果。

11.8.2　遮罩动画的创建方法

1. 创建遮罩

在 Flash 中设有一个专门的按钮来创建遮罩层，遮罩层其实就是由普通图层转化而来的。只要在某个图层上右击，在弹出菜单中选择“遮罩层”，该图层就会生成遮罩层，“层图标”就会从普通层图标变成遮罩层图标，系统就会把遮罩层下面的一层关联为“被遮罩层”，在缩进的同时图标变为，如果想关联更多层被遮罩，只要把这些图层拖到被遮罩层就可以了，如图 11-134 所示。

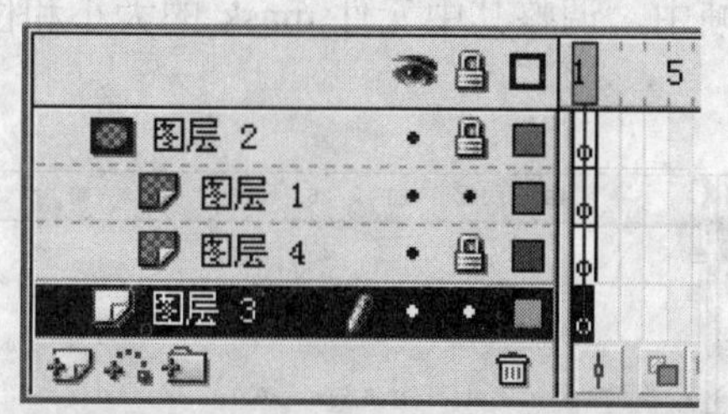

图 11-134　一个遮罩层下面有多个被遮罩层

2. 构造遮罩层和被遮罩层的元素

遮罩层的图形对象播放时是看不到的，遮罩层中的内容可以是按钮、影片剪辑、图形、位图、文字等，但不能使用线条。如果一定要用线条，可以将线条转化为“填充”。

被遮罩层中的对象只能透过遮罩层中的对象被看到。在被遮罩层，可以使用按钮、影片剪辑、图形、位图、文字、线条。

3. 遮罩中可以使用的动画形式

可以在遮罩层和被遮罩层中分别同时使用形状渐变动画、动画补间动画引导线动画等动画手段，从而使遮罩动画变成一个可以施展无限想象力的创作空间。

11.8.3　应用遮罩时的技巧

（1）遮罩层的基本原理是：能够透过该图层中的对象看到“被遮罩层”中的对象及其属性（包括它们的变形效果），但是遮罩层对象中的许多属性如渐变色、透明度、颜色和线条样式等却是被忽略的。比如说不能通过遮罩层的渐变色来实现被遮罩层的渐变色变化。

（2）要在场景中显示遮罩效果，可以锁定遮罩层和被遮罩层。

（3）不能用一个遮罩层试图遮罩另一个遮罩层。

（4）遮罩可以应用在 GIF 动画上。

（5）在制作过程中，遮罩层经常挡住下层的元件，影响视线，无法编辑。这时可以按下遮罩层“时间轴”面板上的显示图层轮廓按钮，使之变成使遮罩层显示边框形状，在这种情况下，还可以拖动边框调整遮罩图形的外形和位置。

（6）在被遮罩层中不能放置动态文本。

11.8.4 实践技能训练——探照灯效果

（1）新建一个 Flash 文档，设定大小为 500×200px，设定背景颜色为黑色。

（2）按 Ctrl+F8 组合键插入一个图形元件，命名为 mask。单击工具箱中的椭圆工具，按住 Shift 键，在其中绘制一个正圆，并且以元件的中心十字为中心点放置。

（3）单击按钮，添加图层 2，右键图层 2，在快捷菜单中选择“遮罩层”命令，将其定义为遮罩层，同时图层 1 成为被遮罩层。

（4）单击按钮，取消图层锁定，按 Ctrl+L 组合键，打开库，选取图层 2 的第 1 帧，将库中的元件 mask 拖到场景图层 1 的第 1 帧中。

（5）选取图层 1 的第 1 帧，用文本工具在场景中输入“探照灯效果”，设置字体为黑体，字号为 58 号，颜色为#FFFF00，置于中央位置。

（6）在图层 2 的第 1 帧中，调整其中元件 mask 的大小和位置，使其位于文字的左侧，如图 11-135 所示。

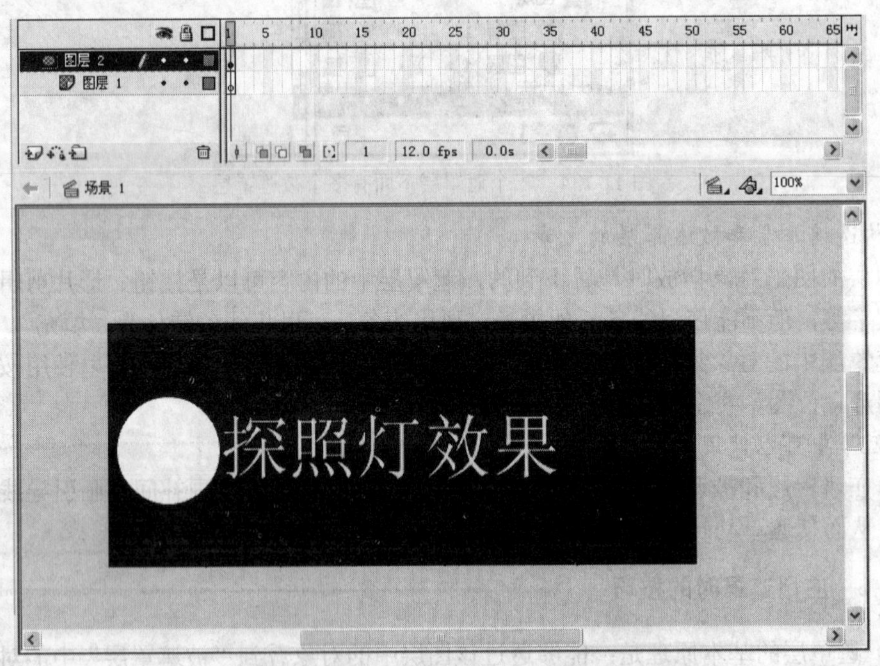

图 11-135 第 1 帧的状态图

（7）单击图层 1 的第 40 帧，按 F5 键插入普通帧，使文字保持 40 帧。

（8）分别单击图层 2 的第 20 帧和第 40 帧，按 F6 插入关键帧。

（9）单击图层 2 的第 20 帧，选择其中的元件 mask，将其移动至文字的右侧，如图 11-136 所示。

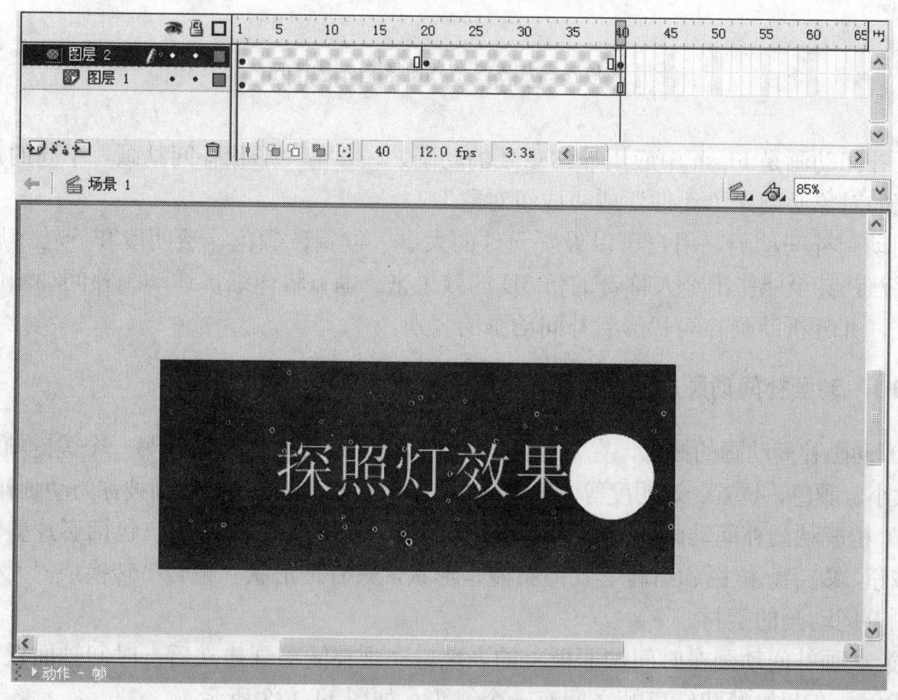

图 11-136　第 20 帧的状态图

（10）在图层 2 的第 1 帧和第 20 帧，在属性菜单中设置补间为“动画”，创建动画，如图 11-137 所示。

图 11-137　创建动画的时间轴效果

（11）保存文档并测试影片。

11.9　创建动画补间动画

动画补间动画是 Flash 中应用非常重要的动画之一，与“形状补间动画”不同的是，动画补间动画的对象必须是“元件”或“成组对象”。

运用动画补间动画，用户可以设置元件的大小、位置、颜色、透明度和旋转等属性，配合别的手法，甚至能作出令人称奇的仿 3D 的效果来。本节将详细讲述动画补间动画的特点及创建方法，并分析动画补间和形状补间动画的区别。

11.9.1　动画补间动画的概念

（1）动画补间动画的概念。在一个关键帧上放置一个元件，然后在另一个关键帧改变这个元件的大小、颜色、位置、透明度等，Flash 根据二者之间的帧创建的动画被称为动画补间动画。

（2）构成动画补间动画的元素。构成动画补间动画的元素是元件，包括影片剪辑、图形元件、按钮、文字、位图和组合等，但不能是形状，只有把形状“组合”转换成“元件”后才能作动画补间动画的素材。

（3）动画补间动画在时间帧面板上的表现。动画补间动画建立后，时间轴面板的背景色变为淡紫色，在起始帧和结束帧之间有一个箭头，如图 11-138 所示。

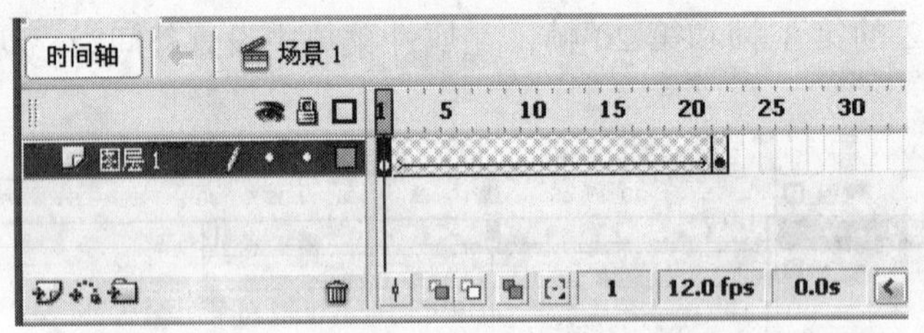

图 11-138　动画补间动画在时间轴上的表现

（4）创建动画补间动画的方法。在动画开始播放的地方创建或选择一个关键帧并设置一个元件，一帧中只能播放一个项目，在动画要结束的地方创建或选择一个关键帧并设置该元件的属性。再单击开始帧，在“属性”面板上单击“补间”旁边的下拉按钮，在弹出的菜单中选择“动画”，或右击鼠标，在弹出的菜单中选择“创建补间动画”，就建立了“动画补间动画”。

11.9.2　动画补间动画的属性面板

在时间线“动画补间动画”的起始帧上单击，帧属性面板如图 11-139 所示。

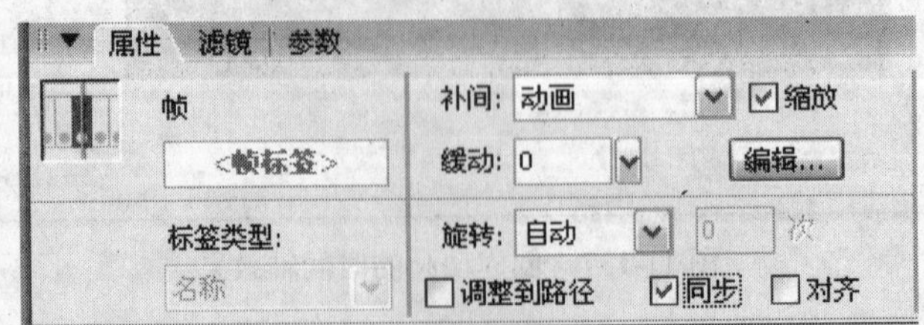

图 11-139　动画补间动画的“属性”面板

（1）单击“缓动”右边的按钮，弹出拉动滑杆，拖动上面的滑块或直接输入数值，可设置参数值，设置完后，动画补间动画的效果会按照下面的设置作出相应的变化：

1）在–1～–100 之间的负值，动画运动的速度从慢到快，朝运动结束的方向加速补间。

2）在 1～100 之间的正值，动画运动的速度从快到慢，朝运动结束的方向减慢补间。

默认的情况下，补间帧之间的变化速率是不变的。

（2）单击“编辑”按钮，可以打开“自定义缓入/缓出”对话框，设置更丰富的变化。

（3）在“旋转”下拉列表框中有四个选项，选择“无”（默认设置）可静止元件旋转；选择“自动”可使元件在需要最小动作的方向上旋转一次；选择“顺时针”（CW）或“逆时针”（CCW），并在后面输入数字，可使元件在运动时顺时针或逆时针旋转相应的圈数。

（4）选择“调整到路径”复选框，将补间元素的基线调整到运动路径。此项功能主要用于引导线运动。

（5）选择“同步”复选框，将使图形元件实例的动画和主时间轴同步。

（6）选择“对齐”复选框后，根据其注册点将补间元素附加到运动路径，此功能也用于引导线运动。

11.9.3　实践技能训练——蜜蜂采蜜

该实例的最终效果如图 11-140 所示。蜜蜂从舞台的右侧飞入，弯弯曲曲落到花丛中。

图 11-140　蜜蜂飞舞

操作步骤：

（1）新建 Flash 文档，设置文档大小为 600×400，帧频率设为 15fps。

（2）在时间轴上新建两个图层，将这三个图层从上至下分别命名为 bee、flower、bg，然后在 bg 层上用矩形工具绘制背景为矩形，采用线性渐变填充，由上至下从无色渐变到紫红色。

（3）在 flower 层绘制一些鲜花，绘制时应尽量使用元件。然后分别在 bg 层和 flower 层时间轴的第 100 帧按下 F5 功能键插入帧，使静态图像始终不变。

（4）将 bg 层和 flower 层锁定，创建名为 body 和 wing 的图形元件，分别绘制蜜蜂的身子和一片半透明的翅膀，分别如图 11-141 和图 11-142 所示。

（5）创建名为 bee 的图形元件，用 body 元件和 wing 元件组成该元件，如图 11-143 所示。

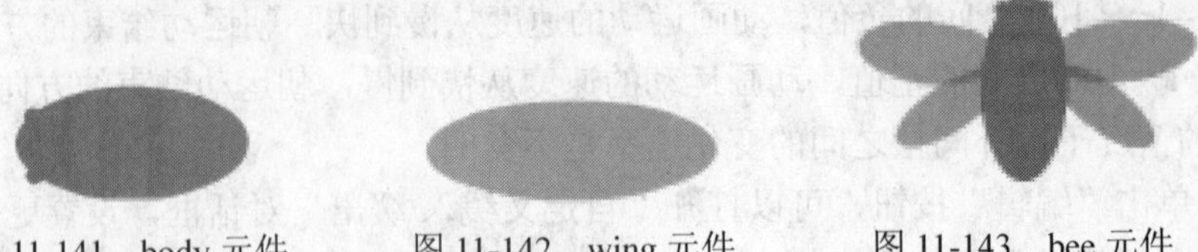

图 11-141 body 元件　　图 11-142 wing 元件　　图 11-143 bee 元件

（6）退出元件编辑状态，从“库”中拖曳 bee 元件至 bee 图层第 1 帧的舞台上，右击第 1 帧，在弹出的菜单中选择“创建补间动画”命令，再在时间轴的第 100 帧处按下 F6 功能键，制作蜜蜂的运动动画，此时时间轴如图 11-144 所示。

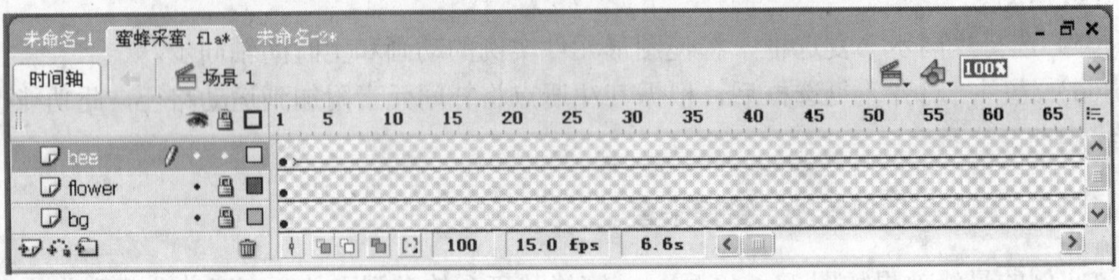

图 11-144 时间轴窗口

（7）选中 bee 图层，单击时间轴的“创建引导层”按钮，为 bee 层的运动动画添加一个引导层，Flash 会自动将该层命名为“引导层：bee”，如图 11-145 所示。

图 11-145 添加运动引导层

（8）可以看到 bee 图层的图标较其他图标后退了一格，表明该图层已经受到上面图层的控制，在引导层用铅笔工具的“平滑”选项绘制蜜蜂飞舞的路径，如图 11-146 所示。

（9）将“引导层”锁定，开启 bee，用选择工具分别移动到第 1 帧和第 100 帧的蜜蜂，让其分别位于引导线的首尾。移动时会发现蜜蜂对象自动吸附在引导线上面，如果按下工具箱“选项”区域的“贴紧至对象”按钮，则更有利于移动。

（10）然后用任意边形工具对蜜蜂进行旋转，保证蜜蜂头的朝向与引导线的切线方向一致，如图 11-147 所示（旋转时已经将 flower 层设置为不可见）。

（11）按回车键直接测试动画，可以看到蜜蜂沿着飞行路线前进。但尽管在首尾两帧蜜蜂的方向与飞行方向不一致，但中间处的效果并不让人满意，如图 11-148 所示。

图 11-146　绘制引导线

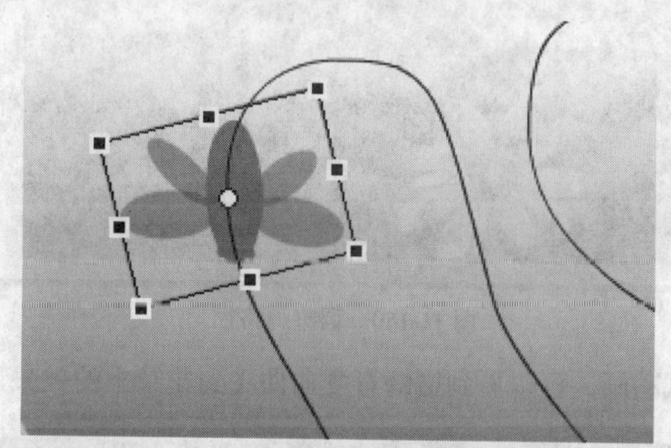

图 11-147　旋转蜜蜂的方向

图 11-148　飞行方向与蜜蜂朝向不一致

（12）选择时间轴 bee 在第 1 帧至第 99 帧的任意一帧上，打开“属性”面板，选择“调整到路径”复选框，如图 11-149 所示，此时再测试动画便可以看到蜜蜂的朝向与飞行的方向很好地吻合，如图 11-150 所示。

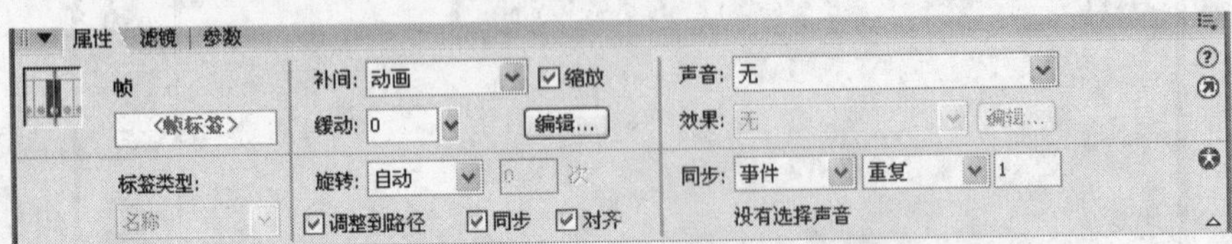

图 11-149　选择“调整到路径”复选框

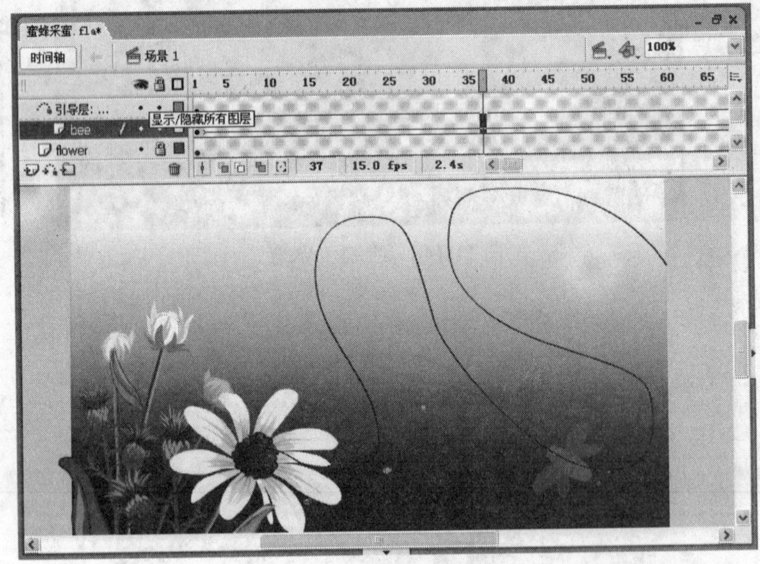

图 11-150　调整到路径

（13）保存并测试动画，可以看到蜜蜂弯弯曲曲飞到花朵上的效果，如图 11-151 所示。

图 11-151　测试动画效果

本章思考与练习

1．安装 Flash 8，并从开始菜单栏中启动 Flash 8。
2．什么是普通帧、关键帧、空白关键帧？如何插入普通帧、关键帧、空白关键帧？
3．如何创建元件和实例，元件和实例之间的区别是什么？
4．如何将声音导入到 Flash 8 中，声音的压缩方式有几种？
5．如何添加运动引导层？如何将运动对象吸附在引导路径上？
6．如何为按钮添加声音？

上机练习

1．创建一个按钮并测试按钮四种状态的功能。
2．使用自动变形工具调整填充色块的渐变属性，做光影变幻文字效果动画。
3．试做一个人影集展的动画。
4．试做一个控制色彩的按钮。

第 12 章　服务器段程序的开发

动态网页最主要的特点就是结合后台数据库自动更新页面。任何数据的添加、删除、修改、检索等都是建立在链接服务器基础上的。利用动态网页技术，可以将数据库嵌入到网页中，来实现各种表格处理、会员管理、论坛、聊天室、网上购物各种功能。即使不了解 ASP、SAP.NET、JSP 和 PHP 等语言的人，也可以在 Dreamweaver 8 中实现各种注册页面和数据的在线录入、修改、删除等复杂功能。这里以最常见的 ASP 为例来讲解。

在开始编写 ASP 程序之前，开发者首先需要对网页的“动态”和“静态”概念有一个认识。这里所说的“动”和“静”并非是网页上文字或图片的运动或静止，而是内容的“改变”或“固定”。同时，还需要对 ASP 的工作原理有一个初步的认知，为熟练使用 ASP 开发打下基础。

12.1　动态网页与 ASP

首先来了解静态网页和动态网页的区别：普通网页是用 HTML 语言编写的，被称为静态页面，一旦写好，除非改变这些 HTML 源代码，否则无法更新网页上的内容。这类网页是以.htm 或.html 结尾的。

这样就会遇到一些问题无法解决。比如说，一个网站希望向访问者提供全世界 1000 个地区的天气预报信息，如果只有 HTML 作为工具，就必须每一天为每个城市开发一个页面，以便访问者找到某一个城市相应的页面，来获取信息。可想而知，如果每天要制作这么多的网页，需要很多的人力和物力开销。如果有了 ASP，情况就不一样了，只需要制作一个页面，在这个页面需要显示天气信息的地方从数据库取得数据，也就是说页面的样子是通过 HTML 来做好的，只是相应的数据从数据库中获取，那么只要做好一个页面，就可以根据不同的城市代码，从数据库获取相应的数值，从而实现“一劳永逸”的效果。

依靠这样的思路，为了达到便捷的更改网页内容的需要，人们把网页、数据库以及程序中的变量等概念联系起来，创造了“动态网页”的概念，这种页面实质上是 HTML 和一些语言结合的结果。如 ASP 是 HTML 和 VBScript 的结合，然后再结合了数据库（用来存放信息的地方）的操作。

一个 ASP 文件的后缀为.asp，其内容包含实现动态功能的 VBScript 或 JavaScript 语句，如果去掉那些 VBScript 或 JavaScript 语句，它和标准的 HTML 文件没有任何区别。

此外，ASP 提供了一些内建对象。利用这些内建对象，可以使脚本更加强大，例如可以方便地实现从浏览器中接收和发送信息等。

更为重要的是 ASP 可以和诸如 Access、 SQL Server 这样的数据库进行挂接。对于在线商务、在线论坛这样各种更为复杂、需要动态更新的站点都需要这样的数据库支持，而且需要随数据库内容的更新而自动更新。

通过上面的描述可以看到，ASP 就是由服务器端脚本、对象以及组建拓展过的标准网页（标准网页可以理解为在普通的网页中“嵌入”了一些扩展指令），另一方面，ASP 也可以理解为一种支持 ASP 扩展的 Web 服务器环境。它最终显示在浏览器中的网页并不是在建立初期就存在的，而是当某个浏览器向 Web 服务器提出请求时，它才根据需要产生所需要的标准网页。这克服了过去 HTML 编写的网页不能更改的缺点，从而使网页上可以存在许多动态的信息。

ASP 是一套服务器端的脚本运行环境，当用户从浏览器向 Web 服务器请求一个.asp 文件时，Web 服务器并不像处理普通的 HTML 文件那样直接传送给浏览器，而是全面读取请求文件，并执行该文件中包含的所有脚本命令，然后生成一个标准的 HTML 页面传送给浏览器，即把含有 ASP 指令的那部分语句替换为标准的 HTML 语句之后，在传送回浏览器。现在来比较下面两段代码：

```
<html>
<head></head>
<body>
  Hello world!
</body>
</html>

<html>
<head></head>
<body>
  <% response.write("Hello world!") %>
</body>
</html>
```

可以看到，除了粗体字的一行之外，两段代码都是相同的，对于安装了 ASP 支持环境（例如 Windows 2000 自带的 IIS 程序）的 Web 服务器，当它“读”到第二段代码中的粗体字的“<%”符号时，它就知道，下面开始的就是 ASP 脚本了，从而把包括在一对“<%”和“%>”中的内容根据 ASP 的规则转换为 Hello world!，然后再传送给浏览器，也就是说，对于浏览器而言，它“看到”的仍然是上面的第一段代码。

对于 Web 服务器来说，ASP 与 HTML 有着本质的区别，HTML 不经任何处理送回给浏览器，而 ASP 的每一个命令都首先被用来生成 HTML 代码，然后再送回给浏览器。

另一方面，对于浏览器来说，ASP 和 HTML 几乎是没有区别的，仅仅只是后缀为.asp 和.htm 的区别，当浏览器提出对 ASP 文件的请求后，接受到的仍然是标准 HTML 格式的文件，因此它适合任何浏览器。

根据以上特性，就可以用 ASP 方便地实现诸如表格信息收集、计数器、留言簿、公告栏、聊天室甚至电子商务等必须要数据库和文件操作支持的功能。

12.2　ASP 的开发

12.2.1　ASP 语言开发基础

ASP 本身并不是一种脚本语言，它只是提供了页面中的脚本运行环境。但是要学好 ASP 就必需掌握它的语法规则。

1. 变量、常量、过程

在介绍脚本语言之前，应该理解简单的概念，即变量和进程。

所谓变量是计算机内存中已经命名的存储位置，包含数字或字符串等数据，它使用户便于理解脚本的名称，为用户提供了存储、检索和操作数据的途径。程序是由一个或多个进程组成的，在 VBScript 中进程就是“指令块”，通常意义上的进程，如 Sub 只是为了简单的数据处理。

在 VBScript 中，严格来讲变量是不用声明的。

如<% Mystring="This my string" %>

即使在使用变量前不需要声明变量，也要养成在编程时对变量必须“先声明，后使用”的良好习惯，因为这样有助于防止错误发生。声明一个变量意味着告诉脚本引擎，有一个特定名称的变量，这样就可以在脚本中引用该变量。在 VBScript 中声明一个变量可以使用 Dim 语句，如下所示。

```
<script language="vbscript">
<!-
'要求在脚本中声明所有的变量
option Explicit
Dim Mystring
   Mystring="This my string"
   -->
   </script>
```

常量是用来代替一个数字或字符串的名称，它在整个脚本中保持不变。可以用 Const 语句在 VBScript 中创建用户自定义常数。使用 Const 语句可以创建名称具有一定含义的字符型或数字型常数，并给它赋予原义值。例如，

```
<%const Mystring="这是一个常数"%>
<%const Mystring=100%>
```

在这里一定要注意，字符串文字包含在（" "）之间，这是区分字符串型常数和数字型常数最明显的方法，日期文字和时间文字包含在两个（#）之间，例如，

```
<%const CutoffData=#28-2-2006#%>
```

在理解了常量和变量之后，下面来看什么是过程。它是一组能执行指定任务且具有返回值的脚本命令。可以定义自己的过程，然后在脚本中反复调用它们。可以将过程定义放在调用过程的 ASP 文件中，也可以将通用过程放在一个共享的 ASP 文件中，然后用 SSI#include 指令将其包含进其他调用其过程的 ASP 文件中。还可选择另外一种方法，即把这些功能打包在 ActiveX 组件中。过程定义可出现在<script >和</script>标记内部且必须遵循声明脚本语言的规则。如果过程所用的语言与脚本语言不同，则要使用<script >元素。主脚本语言中的过程用脚本分界符“<%”和“<%”分隔。用 HTML<script >标记时，必须使用两个属性来保证服务器端能够处理脚本。使用<script >标记的语法如下：

```
<script runat=server language=Jscript>
procedure definition
</script>
```

这里的 runat=server 属性通知 Web 服务器在服务器上处理脚本。若不设置该属性，脚本将由客户端浏览器处理。Language 属性决定此脚本块所用的脚本语言。可以指定任何一种脚本

具有脚本引擎的语言。

在 VBScript 中，过程分为两类，即 Sub 过程和 Function 过程。Sub 过程是包含在 Sub 过程 End Sub 过程语句之间的一组 VBScript 语句，执行操作但不返回值。Sub 过程可以使用参数。如果 Sub 过程无任何参数，则 Sub 语句必须包含空括号（）。

Function 过程式包含在 Function 和 End Function 语句之间的一组 VBScript 语句。Function 过程与 Sub 类似，但是 Function 过程可以返回值。Function 过程可以使用参数（可以是调用过程中的常数、变量或表达式）。如果 Function 过程无任何参数，则 Function 语句必须包含空括号（）。Function 过程通过函数名返回一个值，这个值是在过程的语句中赋给函数名的。

在下面的示例中 Sub 过程使用两个固有的 VBScript 函数，即 MsgBOX 和 InputBox，来提示用户输入信息。然后显示根据这些信息计算的结果。计算由使用 VBScript 创建的 Function 过程完成，Celsius 函数将华氏度换算成摄氏度。Sub 过程 ConvertTemp 调用此函数时，包含参数值的变量被传递给函数。换算结果返回到调用过程并显示在消息框中。

```
sub ConvertTemp()
Temp=InputBox("请输入华氏温度。", 1)
MsgBOX"温度为"& Celsius(temp) & "摄氏度。"
End  sub
Function Celsius(fdegrees)
Celsius=(fdegrees-32)*5/9
End Function
```

所给过程传递数据的途径是使用参数。参数被作为要传递过程数据的占位符。参数名可以是任何有效的变量名。使用 Sub 语句和 Function 语句创建过程时，过程名后必须紧跟括号。括号中包含所有的参数，参数间用逗号分隔。在下面的示例中，

```
Function celsius(fdegrees)
celsius=(fdegrees-32)*5/9
End Function
```

要从中获取数据，必须使用 Function 过程。函数和过程一样都是命名了的代码块，但它们却有很大的区别，过程完成程序任务，函数则返回值。如想获取某个数的平方根，只要将该数传给 VBScript 的 Spr( )函数，此函数会立即返回该数的平方根。

如 A= Spr(16)

则 A=4。

2. 条件语句

If…Then…Else 语句用于计算条件是否为 True 和 False，并且根据计算结果指定要运行的语句。通常条件是使用比较运算符对值或变量进行比较的表达式，If …Then…Else 语句可以按照需要进行嵌套。

下面来创建两个范例文件 fablil.asp 和 fabli2.asp，将以下语句输入到记事本中，并保存为文件 fablil.asp。

```
<html>
<head>
<title>fanli1.asp</title>
</head><body bgcolor="#ffffff">
<form action="fabli2.asp" method=get>
```

```
your First Name<input name="FirstName" MaxLeng=20><p>
your Last Name<input name="LastName"MaxLeng=20><p>
<input type=submit><input type=reset>
</form>
</body>
</html>
```

将以下语句输入到记事本中，并保存为文件 fabli2.asp。

```
<html>
<head>
<title>fabli2.asp</title>
</head>
<% fname=request.querysting("Firstname")
lname=request.querysting("Lastname")
If fname="孙"and  lname="涛"ther %>
hi.You mustbe the first president!
<%  else  %>
hi!Nice to Meet You
<% end  if%>
</body>
</html>
```

文件 fablil.asp 产生一个文本输入框，要求用户输入姓名。

文件 fabli2.asp 则是用 If 语句来判断用户输入的姓名是否为“孙涛”，并作出相应的反馈。

If…Then…Else 语句的一种变形允许从多个条件中选择，即添加 Else…If 子句以扩充 If …Then…Else 语句的功能，可以控制基于多种可能的程序流程。

在多个条件中进行选择的更好方法是使用 Select Cese 语句。Select Cese 语句结构提供了 If …Then…Else If 结构的一种变通形式，可以从多个语句块中选择执行其中的一个。

3. 循环用语

循环用语的作用就是重复执行程序代码，循环可分为三类。一类在条件变为“假”之前重复执行语句，一类在条件变为“真”之前重复执行语句，另一类按照指定的次数重复执行语句。在 VBScript 中可使用下列循环语句。

Do…Loop：当（或直到）条件为“真”时循环。

While…Wend：当条件为“真”时循环。

For…Next：指定循环次数，使用计数器重复运行语句。

For Each…Next：对于集合中的每项或数组中的每个元素，重复执行一组语句。

Do Loop 语句还可以使用以下语法：

```
Do
[statements][Exit Do]
[statements]Loop [{While | Until}condition]
```

While…Wend 语句是为那些熟悉其用法的用户提供的。但是由于 While…Wend 缺少灵活性，所以建议最好使用 Do…Loop 语句。

IIS4.0 包括 Microsoft Script Debugger（script 调试工具），提供脚本程序的调试功能。可以使用 Microsoft Script 调试工具来进行对使用 VBScript、JavaScript 编写的脚本程序，以及 Java

Applet，beans 和 ActiveX 组件的调试工作。

有的脚本程序在用户端浏览器端执行，有的脚本程序（<%…%>中的部分）在服务器端执行。Microsoft Script Debugger 可以侦错用户端执行的脚本程序以及服务器端执行脚本程序。

在用户端浏览器执行的脚本程序是在用户端的浏览器当中执行，包括在标准 HTML 代码中的 VBScript、JavaScript 部分。在浏览器载入此 HTML 代码或按下按钮触发事件时，将执行此包括脚本程序的 HTML 代码。用户端浏览器执行的脚本程序，主要用于对 HTML 表单输入的基本检查等功能。

在服务器端执行的脚本程序是在 IIS 服务器执行，先在 IIS 服务器上执行，执行结果产生标准的 HTML 代码，再传送到用户端浏览器。服务器端执行的脚本程序，主要用于 HTML 表单输入的处理，以及存取服务器上数据库的资料等。

Microsoft Script Debugger 提供以下的除错功能。

（1）设定中断点。

（2）逐步追踪脚本程序。

（3）设定书签。

（4）检视呼叫堆叠。

（5）检视和更改变数值。

（6）执行脚本指令。

12.2.2　ASP 内建对象

在面向对象编程中，对象是指由当作完整实体的操作和数据组成的变量。对象是基于特定模型的，在对象中客户使用对象的服务通过由一组方法或相关函数的接口访问对象的数据，然后客户端可以调用这些方法执行某个操作。要使用组件提供的对象，创建对象的实例并将这个新的实例分配变量名。使用 ASP 的 Server.CreateObject 方法可以创建对象的实例，使用脚本语言的变量分配指令可以为对象实例命名。如 Set db= Server.CreateObject("ADODB.Connection")。

这里的变量 DB 就是 ASP 程序创建的访问数据库的对象实例。

Action Server Pages 提供了可在脚本中使用的内建对象。这些对象使用户更容易收集通过浏览器请求发送的信息、响应浏览器以及存储用户信息，从而使对象开发者摆脱了很多烦琐的工作。下面将通过实例来进行学习内建对象。

1．Request 对象

可以使用 Request 对象访问任何基于 HTTP 请求传递的信息，包括从 HTML 表格用 POST 方法或 GET 方法传递的参数、 Cookie 和用户认证。Request 对象能够访问客户端发送给服务器的二进制数据。

Request 的语法：

Request.集合/属性/方法

（1）Form。Form 集合通过使用 POST 方法的表格检索邮送到 HTTP 请求正文中的表格元素的值。

语法：Request.Form(element)[(index) | Count]

参数：element 指定集合要检索的表格元素的名称。

index 为可选参数，使用该参数可以访问某参数中多个值中的一个。它可以是 1 到

Request.Form(parameter).Count 之间的任意整数。

Form 集合按请求正文中参数的名称来索引。Request.Form(element)的值是请求正文中有 element 值的数组。通过调用 Request.Form(element). Count 来确定参数中值的个数。如果参数未关联多个值，必须指定 index 值。Index 参数可以是从 1 到 Request.Form(parameter).Count 中的任意数字。如果引用多个表格参数中的一个，而未指定 index 值，返回的数据将是以逗号分隔的字符串。

（2）QueryString。QueryString 集合检索 HTTP 查询字符串中变量的值，HTTP 查询字符串由问号（?）后的值指定。

如<A href="example.asp?string=this is a example">sting sample</A>

生成值为 this is a example 的变量名字符串，通过发送表格或由用户在浏览器在地址栏中输入查询也可以生成查询字符串。

语法：Request. QueryString(variable)[(index)|.Count]

QueryString 集合可以以名称检索 query_string 变量。Request.QueryString（参数）的值是出现在 query_string 中所有参数的值的数组。通过调用 Request.QueryString（parameter）.Count 可以确定参数有多少个值。

也可以使用 QueryString 来达到与前一个范例相同的功能。只需要将 Request. Form 部分替换如下：

```
<%
For Each I In Request.querystring("baby")
Response.Write I & "<.BR>"
Next
%>
```

（3）Cookies。Cookie 其实是一个标签，当访问一个需要惟一标识网址的站点时，它会在硬盘上留下一个标记，下一次访问同一个站点时，站点的页面会查找这个标记。每个站点都有自己的标记，标记的内容可以随时读取，但只能由该站点的页面完成。每个站点的 Cookie 与其他所有站点的 Cookie 存在同一个文件夹中的不同文件内。这项功能经常被使用在要求认证客户密码以及 BBS、聊天室等 ASP 程序中。

语法：Request. Cookies(Cookie)[(key)|.attribute]

参数：Cookie 指定要检索其值的 Cookie。

Key 可选参数，用于从 Cookie 字典中检索子关键字的值。

Attribute 指定 Cookie 自身的有关信息，如 Haskeys 只读，指定 Cookie 是否包含关键字。

可以通过包含一个 key 值来访问 Cookie 字典的子关键字。如果访问 Cookie 字典时未指定 key，则所有关键字都会作为单个查询字符串返回。如果 My Cookie 两个关键字为 First 和 Second，而在调用 Request. Cookies 时并未指定其中任何一个关键字，将返回下列字符串。

```
First=firstkeyvalue&Second=secondkeyvalue
```

如果客户端浏览器发送了两个同名的 Cookie，那么 Request. Cookies 将返回其中路径结构较深的一个。如果有两个同名的 Cookie，其中一个的路径属于为/www/，而另一个为/www/home/，客户端浏览器会同时将两个 Cookie 都发送到/www/home/目录中，那么 Request. Cookies 只返回第 2 个 Cookie。

要确定某个 Cookie 是不是 Cookie 字典，可使用下列脚本。

```
<%=Request. Cookie("mycookie").HasKeys%>
```

如果 Mycookie 是一个 Cookie 字典，则前面的赋值为 true；否则为 false。下面来看看一个 Cookie 的应用实例：

```
<%
Nickname=request.form("nick")response.cookies("nick")=nickname
用 Response 对象将用户名写入 Cookie 之中
Response.write"欢迎" &request.cookie("nick") &"光临小站!"
%>
<HTML><head><meta http-equiv="Connect-Type"connect="text/html;charset=gb2312">
<title>cookie</title>
<meta name="GENERATOR"content="Microsoft FrontPage 3.0"></head>
<body>.
<form method="post"action="cookie.asp">
<p><inpet type="text"name="nick"size="20"
<input type="submit"value="发送"name="B1">
<input type="reset"value="重填"name="B2"></p>
</form>
</body>
</HTML>
```

这其实是一个基于 Web 的 BBS 或 CHAT 的 ASP 程序中常见的手法，它将用户在起始页面上填入的姓名保存在 Cookie 中，这样后面的程序就可以很容易地调用该用户的 nick 了。

（4）Server Variables。在浏览器中浏览网页的时候使用的传输协议是 HTTP，在 HTTP 的标题文件中返回记录客户端的信息，如客户的 IP 地址等，有时服务器端需要根据不同的客户端信息作出不同的反应，这时候就需要用 Server Variables 集合获取所需信息。

语法：Request. Server Variables

2．Response 对象

与 Resquest 是获取客户端发送给服务器 HTTP 信息相反，Response 对象是用来控制发送给用户的信息，包括直接发送信息给浏览器、重定向浏览器到另一个 URL 或设置 Cookie 的值。

Response 语法：Response.集合/属性/方法

（1）属性。

1）Buffer。Buffer 属性指示是否缓冲页输出。当缓冲页输出时，只有当前页的所有服务器脚本处理完毕或者调用了 Flush 或 End 方法后，服务器才将响应发送给客户端浏览器，服务器将输出发送给客户端浏览器后就不能在设置 Buffer 属性。因此应该在 ASP 文件的第 1 行调用 Response. Buffer。

2）Charset。Charset 属性将字符集名称附加到 Response 对象中 content-type 标题的后面。对于不包含 Response. Charset 属性的 ASP 页面，content-type 标题将为 content-type: text/html。

可以在 ASP 文件中指定 content-type 标题，如，

```
<%Response. Charset="slj">%>
```

将产生以下结果：

```
content-type:text/html;Charset=slj
```

提示：无论字符串表示的字符集是否有效，该功能都会将其插入 content type 标题中。如果某个页包含多个含有 Response. Charset 的标记，则每个 Response. Charset 都将替代前一个 Charset Name。这样，字符集将被设置为该页中 Response. Charset 的最后一个实例所指定值。

3）Content Type。Content Type 属性指定服务器响应的 HTTP 内容类型。如果未指定 contentType，则默认为 text/HTML。

4）Expires。Expires 属性指定了在浏览器上缓冲存储的页距过期还有多少时间。如果用户在某个页过期之前又回到此页，就会显示缓冲区中的页面。如果设置 Response. expires=0,则可使缓冲的页面立即过期。这是一个较实用的属性。当客户通过 ASP 的登录页面进入 Web 站点后，应该利用该属性使登录页面立即过期，以确保安全。

5）Expires Absolute。与 Expires 属性不同，Expires Absolute 属性指定缓存于浏览器中的页面的确切到期日期和时间。在未到期之前，若用户返回至该页，该缓存中的页面就显示。如果未指定时间，该主页在当天午夜到期。如果未指定日期，则该主页在脚本运行当天的指定时间到期。如下示例指定页面在 1998 年 12 月 10 日上午 9 时 0 分 30 秒到期。

```
<% Response. ExpiresAbsolute=#Dec12,1998  9:00:30# %>
```

（2）方法。

1）Clear。可以用 Clear 方法清除缓冲区中的所有 HTML 输出。但 Clear 方法只清除响应正文而不清除响应标题。可以用该方法处理错误情况。但是如果没有将 Response. Buffer 设置为 true，则该方法将导致运行错误。

2）End。End 方法使 Web 服务器停止处理脚本并返回当前结果。文件中剩余的内容将不被处理。如果 Response. Buffer 已设置为 true，则调用 Response. End 将缓冲输出。

3)Flash。Flash 方法是立即发送缓冲区中的输出。如果没有将 Response. Buffer 设置为 true，则该方法将导致运行错误。

4）Redirect。Redirect 方法使浏览器立即重定向到程序指定的 URL。这也是一个经常用到的方法，这样程序员就可以根据客户的不同响应，为不同的客户指定不同的页面或根据不同的情况指定不同的页面。一旦使用了 Redirect 方法，任何在页中显示设置的响应正文内容都将忽略。然而，此方法不向客户端发送该页设置的其他 HTTP 标题，将产生一个将重定向 URL 作为链接包含的自动响应正文。Redirect 方法发送下列显示标题，其中 URL 是传递给该方法的值。例如，

```
<%Response. Redirect("www.sina.com")%>
```

5）Write。Write 方法是平时最常用的方法之一，它将指定的字符串写到当前的 HTTP 输出。

（3）集合。Response.对象只有一个集合——cookie。

Cookies 集合设置 cookie 的值。若指定的 cookie 不存在，则要创建它。若存在，则设置新的值并且将旧值删去。

语法：Response. cookies（cookie）[(key)｜.attribute]=value

这里的 cookie 是指定 cookie 的名称。而如果指定了 key，则该 cookie 就是一个字典。Attribute 指 cookie 自身的有关信息。Attribute 参数可以是下列之一。

1）Domain 若被指定，则 cookie 将被发送到对该域的请求中去。

2）Expires 指定 cookie 的过期日期。为了在会话结束后将 cookie 存储在客户端磁盘上，必须设置该日期。若此项属性的设置未超过当前日期，则在任务结束后 cookie 将到期。

3）HasKeys 指定 cookie 是否包含关键字。

4）Path 若被指定，则 cookie 将只发送到该路径的请求中。如果未设置该属性，则使用应用程序的路径。

3. Application 对象

下面介绍非常实用且重要的 ASP 的 Application 内建对象。

在 ASP 的内建对象中除了用于发送、接收和处理数据的对象外，还有一些经常使用的对象。在同一虚拟目录及其子目录下的所有 ASP 文件构成了 ASP 应用程序。可以使用对象，在给定的应用程序的所有用户之间共享信息，并在服务器运行期间持久地保存数据。而且 Application 对象还有控制访问应用层数据的方法和可用于在应用程序启动和停止时触发过程的事件。

（1）属性。虽然 Application 对象没有内置的属性，但可以使用以下句法设置用户定义的属性，也可称为集合。

```
Application("属性/集合名称")=值
```

可以使用如下脚本声明并建立 Application 对象的属性。

```
<%
Application("MyVar")="Hello"
Set Application("MyObj")= Server.CreateObject("MyComponent")
%>
```

一旦分配了 Application 对象的属性，它就会持久地存在，直到关闭 Web 服务器使得 Application 停止。由于存储在 Application 对象中的数值可以被应用程序的所有用户读取。所以 Application 对象的属性特别适合在应用程序的用户之间传递信息。

（2）方法。Application 对象有两个方法：Lock 方法和 Onlock 方法。它们都是用于处理多个用户对存储在 Application 中的数据进行写入的问题。

1）Lock 方法禁止其他客户修改 Application 对象的属性。Lock 方法阻止其他客户修改存储在 Application 对象中的变量，以确保在同一时刻仅有一个客户可修改和存取 Application 变量。如果用户没有明确调用 Unlock 方法，则服务器将在 ASP 文件结束或超时后解除对 Application 对象的锁定。

来看看下面这段用 Application 来记录页面访问次数的程序：

```
<%
Dim NumVisitsNumVisits=0
Application.LockApplication("NumVisits")= Application("NumVisits")+1
Application.Unlock
%>
```

欢迎光临本网页，你是本页的第<%=Application("NumVisits")%>位访客！

将以上脚本保存在 ASP 文件中，就给页面添加了一个计数器。

2）和 Lock 方法相反，Unlock 方法允许其他客户修改 Application 对象的属性。在上面的例子中，Unlock 方法解除对象的锁定，使得下一个客户端能够增加 Num Visits 的值。

（3）事件。

1）Application_OnStart 事件在首次创建新的会话（即 Session_OnStart 事件）之前发生。当 Web 服务器启动并允许对应用程序所包含的文件进行请求时触发 Application_OnStart 事件。

Application__OnStart 事件的处理过程必须写在 Global.asa 文件之中。

Application__OnStart 事件的语法如下：

```
<script language=ScriptLanguage runat=Server>
Sub Application__OnStart…
End Sub
</script>
```

2）Application_OnEnd。Application_OnEnd 事件在应用程序退出时于 Session_OnEnd 事件之后发生，Application_OnEnd 事件的处理过程也必须写在 Global.asa 文件之中。

下面来看看在使用 Application 对象时必须注意的一些事项。

不能在 Application 对象中存储 ASP 内建对象。例如下面的每一行都返回一个错误。

```
<%
Set Application("Var1")=Session
Set Application("Var2")=Request
Set Application("Var3")=Response
Set Application("Var4")=Server
Set Application("Var5")= Application
Set Application("Var6")=ObjectContext
%>
```

若将一个数组存储在 Application 对象中，不要直接更改存储在数组中的元素。例如，下列的脚本无法运行。

```
<% Application("StoredArray") (3)= "new value"%>
```

这是因为 Application 对象是作为集合被实现的。数组元素 Application（3）未获得新的赋值。而此值将包含在 Application 对象集合中时，并将覆盖此位置以前存储的信息。建议在将数组存储在 Application 对象中时，在检索或改变数组中的对象前获取数组的一个副本。在对数组操作时，应再将数组全部存储在 Application 对象中，这样所进行的任何改动将被存储下来。

4. Session 对象

与 Application 对象具有相近的另一个经常使用的 ASP 内建对象就是 Session。可以使用 Session 对象存储特定的用户会话所需的信息。当用户在应用程序的页之间跳转时，存储在 Session 对象中的变量不会清除，而用户在应用程序中访问页面时，这些变量始终存在。当用户请求来自应用程序的 Web 页时，如果该用户还没有会话，则 Web 服务器将自动创建一个 Session 对象。当会话过期或被放弃后，服务器将终止该会话。

通过向客户程序发送惟一的 cookie 可以管理服务器上的 Session 对象。当用户第一次请求 ASP 应用程序中的某个页面时，ASP 要检查 HTTP 的信息，查看是否在报文中有名为 ASP SESSIONID 的 cookie 发送过来，如果有则服务器会启动新的会话，并为该会话生成一个全局惟一的值，再把这个值作为新 asp sessionid Cookie 值发送给客户端，正是使用这种 cookie，可以访问存储在服务器上属于客户程序的信息。

Session 对象最常见的作用就是存储用户的首选项。如果用户指明不喜欢查看图形，就可以将该信息存储在 Session 对象中。另外其还经常被用在鉴别客户身份的程序中。要注意的是，会话状态仅在支持 cookie 的浏览器中保留，如果客户关闭了 cookie 选项，Session 也就不能发挥作用了。

（1）属性。

1）Session ID。Session ID 属性返回用户的会话标识。在创建会话时，服务器会为每一个会话生成一个单独的标识，会话标识以长整形数据类型返回。在很多情况下 Session ID 可以用于 Web 页面注册统计。

2）Timeout。Timeout 属性以分钟为单位为该应用程序的 Session 对象指定超时时限。如果用户在该超时时限之内不刷新或请求网页，则该会话将终止。

（2）方法。Session 对象仅有一个方法，就是 Abandon，Abandon 方法删除所有存储在 Session 对象中的对象并释放这些对象的源。如果未明确地调用 Abandon 方法，一旦会话超时，服务器将删除这些对象。当服务器处理完当前页时，下面示例将释放会话状态。

```
<% Session. Abandon%>
```

（3）事件。Session 对象有两个事件可用于在 Session 对象启动和释放运行过程。

1）Session_OnStart 事件在服务器创建新会话时发生。服务器在执行请求的页之前先处理该脚本。Session_OnStart 事件是设置会话期变量的最佳时机，因为在访问任何页之前都会先设置它们。

尽管在 Session_OnStart 事件包含 Redirect 或 End 方法调用的情况下 Session 对象仍会保持，然而服务器将停止处理 Global.asa 文件并触发 Session_OnStart 事件的文件中的脚本。

为了确保用户在打开某个特定 Web 页时始终启动一个会话，就可以在 Session_OnStart 事件中调用 Redirect 方法。当用户进入应用程序时，服务器将为用户创建一个会话并处理 Session_OnStart 事件脚本。可以将脚本包含在该事件中以便检查用户打开的页是不是启动页，如果不是，就指示用户调用 Response. Redirect 方法启动网页，其程序如下所示。

```
<script runat=Server Language=Vbscript>
SubSession_OnStart
startPage="/MyApp/StartHere.asp"
currentPage=Request.ServerVariables("script name")
if strcomp (currentPage,startPage,1) then
Response. Redirect(startPage)
end if
End Sub
</script>
```

上述程序只能在支持 cookie 的浏览器中运行。因为不支持 cookie 的浏览器不能返回 Session ID cookie，所以每当用户请求 Web 页时，服务器都会创建一个新会话。这样对于每个请求服务器都将处理 Session_OnStart 脚本并将用户重定向到启动页中。

2）Session_OnEnd 事件在会话被放弃或超时发生。关于使用 Session 对象需要注意的事项与 Application 对象相近，请参照前文。

如果用户在指定时间内没有请求或刷新应用程序中的任何页，会话将自动结束。这段时间的默认值是 20 分钟。可以通过在 Internet 服务管理器中设置“应用程序选项”属性页中的“会话超时”属性改变应用程序的默认超时限制设置。应根据 Web 应用程序的要求和服务器的内存空间来设置此值。

当然也可以设置一个大于默认设置的超时值，Session.Timeout 属性决定超时值。还可以通过 Session 对象的 Abandon 方法显示结束一个会话。例如，在表格中提供一个“退出”按钮，将按钮的 Action 参数设置为包含下列命令的 ASP 文件的 URL。

```
<% Session. Abandon%>
```

12.2.3 ADO 简介

如今很多网站都要求使用数据库，如果不会使用数据库，就不能编写出功能强大的 ASP 应用程序。ASP 用 Database Access 组件与数据库进行连接，Database Access 组件通过 ActiveX Data Objects 访问存储在数据库或其他表格化数据结构中的信息。

Microsoft 对应用程序访问各种各样的数据源所使用的方法是 OLEDB，OLEDB 介于 ODBC 层和应用程序之间。在 ASP 页面中，ADO 介于 OLEDB 之上的"应用程序"。ADO 调用首先被送到 OLEDB，接着被送到 ODBC 层。OLEDB 是一套组件对象模型接口，但它是相当复杂的。这样需要一个连接应用程序与 OLEDB 的桥梁，这就是 ADO，而且它支持开放式数据库连接标准的关系型数据库。

现在讲述如何使用 ADO 来访问数据库，首先看一下服务器端所需要的 ADO 执行环境。

（1）安装 Windows NT/2000 Server 或是 Personal Web Server。

（2）安装 Internet Information Server 3.0 以上版本。

（3）在用户端所需要的 ADO 执行环境，需要浏览器。

（4）创建数据库源名，即创建了配置 ODBC 数据源。

（5）创建数据库链接，ASP 文件中如果要访问数据，必须创建与数据库的链接，其语法如下：

```
Set Conn=Server CreateObject("adobd.connecttion")
```

这条语句创建了链接对象 Conn，接下来：

```
Conn.open "dsn_name","username","password"
```

这条语句打开链接，用到了 DSN，本例中 DSN 名为 dsn_name，其后的两个参数分别是访问数据库的用户名和口令，为可选参数。

如前边对系统 DSN 的设置，这一段代码如下所示。

访问 Access 数据库系统 DSN：

```
Set Conn=Server CreateObject ("adobd.connecttion")
Conn.Open"test_dsn"
```

访问 SQL Server 数据库系统 DSN：

```
Set Conn=Server CreateObject ("adobd.connecttion")
Conn.Open"test_dsn_sql","sa","passwd"
```

其中 sa 为访问 SQL Server 数据库的账号，passwd 为账号的访问口令，具体内容创建数据库时设定。

在 ADO 中还可以不通过 ODBC 而直接与 Access 数据相连，这种方法在个人主页中大量使用，这里只简单提一下。

```
Connection.Open"driver={Microsoft Access Driver(*.mdb)};
Dbp=c:\test.mdb"
```

（6）创建数据对象。RecordSet 保存的是数据库命令结果集，并标有一个当前记录，以下是创建方法：

```
Set RecordSet=Conn.Execute(sqtstr)
```

这条语句创建并打开了对象 RecordSet，其中 Conn 是创建链接对象，sqlstr 是一个串，代表一条标准的 SQL 语句，例如，

```
sqlstr ="SELECT*FROM authors"
Set RecordSet=Conn.Execute(sqlstr)
```

这条语句执行后，对象 RecordSet 中就保存了表 authors 中的所有记录。

（7）操作数据库。Execute 方法的参数是一个标准的 SQL 语句串，所以可以利用它方便地执行数据插入、修改、删除等操作，例如，

```
Sqlstr="DELETE FROMauthors"
Conn.Execute (sqlstr)     //执行删除操作
Sqlstr="UPDATE authors SET salary=3 WHERE id='FZ0001'"
Conn.Execute(sqlstr)      //执行删除操作
```

（8）关闭数据对象和链接。在使用了 ADO 对象之后，一定要记住关闭它，因为它使用了服务器的资源，如果不释放将导致服务器资源浪费并影响服务器性能。通过调用方法 close 实现关闭，然后再释放它，如 Conn.Close。

ADO（ActiveX Data Objects）是 Microsoft 提出的应用程序接口，用以实现访问关系或非关系数据库中的数据。ADO 是 DAO/RDO 的后续产品，吸取了 DAO 和 RDO 的精华部分，简化了 DAO 和 RDO 使用的对象模式。与 DAO、RDO 相比，ADO 包含的属性、方法、对象和事件更少，但是更具有 Internet 的针对性和灵活性。

ADO 是为数据访问方法 OLEDB 而设计的，是一个专门针对 Internet 的应用程序编程接口。OLEDB 是 Microsoft 开发的一种底层接口，适用通用的访问规范，不需要考虑格式和存储方法。OLEDB 能够对各种类型的数据进行处理，甚至包括电子邮件、非关系数据库、文件系统、文本、自定义的对象和图像等。

ODBC 的应用程序接口是无法在 ASP 中使用的，而 ADO 却是可以在 ASP 中使用的标准对象。因此对于 Web 应用程序的开发者来说，通过在 ASP 页面中使用 ADO 对象来实现数据库的访问是目前比较常用的方法。

12.3　搭建服务器平台

要利用 Dreamweaver 8 完成对动态网站的开发与管理，首先必须搭建服务器平台，ASP 是微软公司开发的服务器端脚本环境。对于 Windows 2000 和 Windows XP 操作系统，它内含于 IIS（Internet Information Server）组件程序中，而对于 Windows Me 操作系统，它内含于 PWS（Personal Web Server）组件程序中，通常开发动态网站都使用 Windows 2000 和 Windows XP 操作系统。网站需要在服务器平台上运行，离开一定的平台，动态交互式的网站就不能正常运行。

下面来看如何在 Windows XP 操作系统上来搭建服务器平台。

配置 IIS

默认情况下，安装 Windows XP 时是不会自动安装 IIS 的，需要使用“控制面板”中的“添加/删除程序”来安装 IIS，具体操作过程如下。

（1）选择“开始”→“控制面板”，选择“添加/删除程序”，在弹出窗口中选择左边的“添

加/删除 Windows 组件”，出现“Windows 组件向导”对话框，如图 12-1 所示。

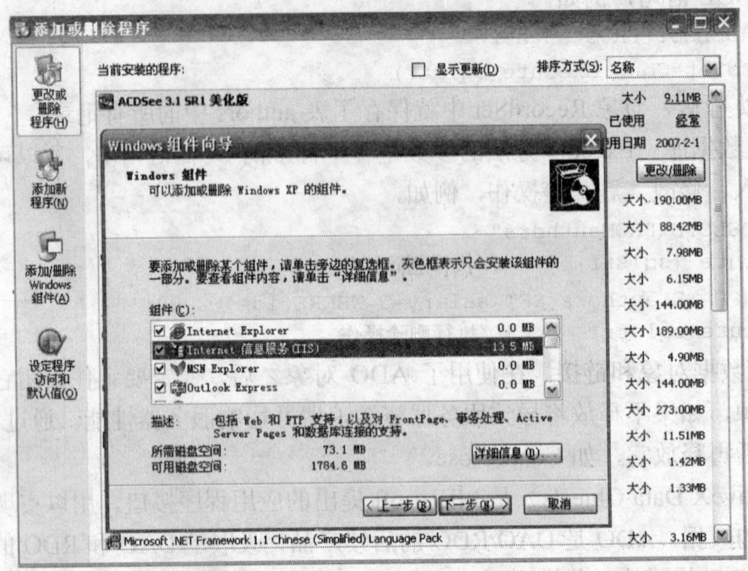

图 12-1 安装界面

（2）在“Windows 组件向导”对话框中选中“Internet 信息服务（IIS）”复选框，然后单击“下一步”按钮，这样 IIS 就可以安装到系统中了。

在 IIS 安装完成以后，需要进行配置，按照如下步骤操作。

1）选择“开始”→“控制面板”→“管理工具”→“Internet 信息服务”命令，打开“Internet 信息服务”窗口。如图 12-2 所示。

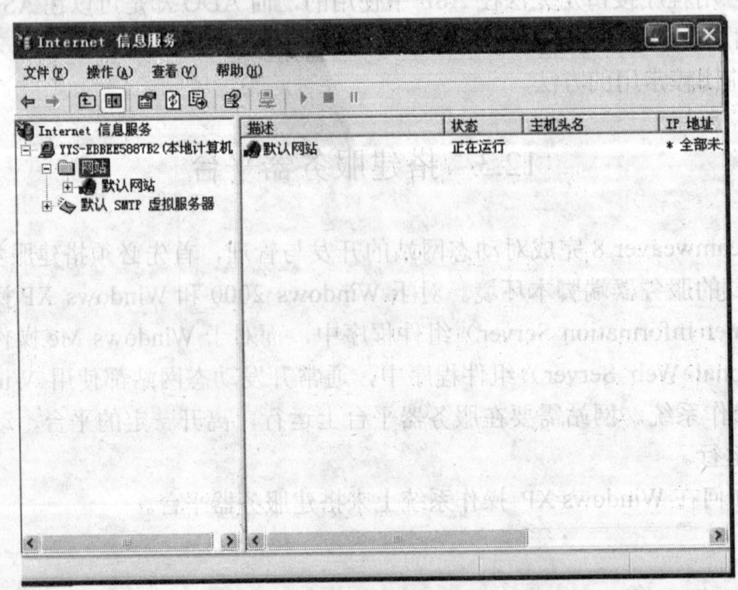

图 12-2 “Internet 信息服务”窗口

2）右击“默认网站”项目，在弹出菜单中选择“属性”命令，这时会弹出“默认网站属性”对话框，如图 12-3 所示。

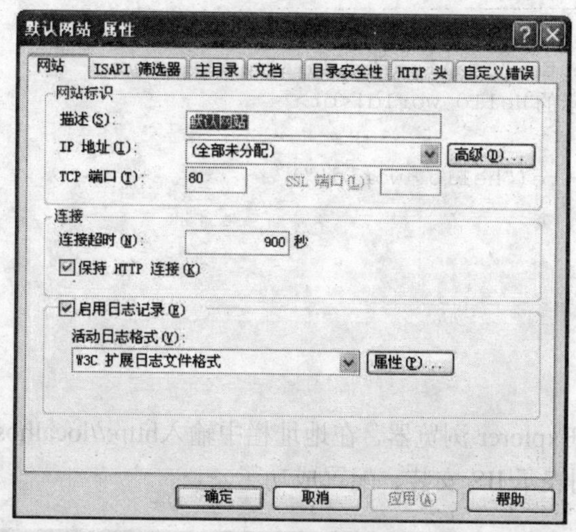

图 12-3　“默认网站属性”对话框

（3）下面就可以通过这个对话框对 IIS 进行配置了，常用的配置有两个选项卡。

1）“网站”选项卡。用来指定网站的 IP 地址；通常可以不修改 IP 地址，如图 12-3 所示为“(全部未分配)”，在测试过程中需要使用 localhost，即在浏览器中输入地址http://localhost/index.asp就可以了。

2）“主目录”选项卡。用来修改网站的目录，如图 12-4 所示。默认情况下，Windows 将目录设置为 Inetpub\wwwroot，可以在“本地路径”文本框中将目录修改为其他目录，以方便对文件的管理。

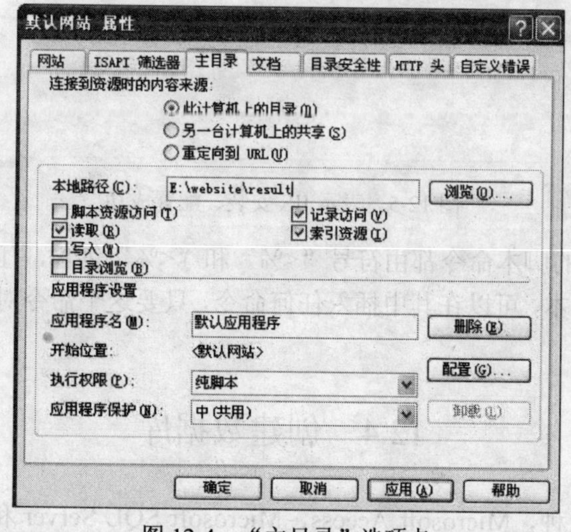

图 12-4　“主目录”选项卡

（4）下面开始测试安装和配置的 IIS 是否正确，在上一步设置的 IIS 主目录下建立 hello.asp，内容如下：

```
<html>
<head></head>
<body>
 <table width="636" height="181" border="1" align="center">
```

```
  <tr>
    <td align="center" valign="middle">
    这是使用ASP显示的Hello world!<br>
     <%
      response.write("hello  world!")
      %>
    </td>
   </tr>
   </table>
  </body>
 </html>
```

（5）打开 Internet Explorer 浏览器，在地址栏中输入http://localhost/hello.asp，如果出现如图 12-5 所示的页面，则表示 IIS 安装、配置成功了。

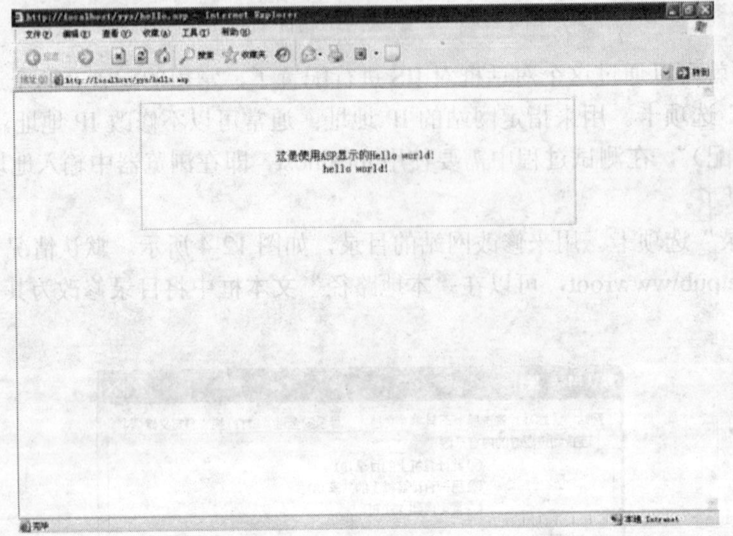

图 12-5 表示 IIS 安装、配置成功

在 ASP 中，所有的脚本命令都由符号“<%”和“<%”包含，任何在这对符号中包含的内容都被认为是一段脚本，可以在其中插入任何命令，只要这个命令对正在使用的脚本语言有效即可。

12.4 创建数据库

常用的数据库有三种，Microsoft Access，Microsoft SQL Server 和 Oracle。小型网站多使用 Microsoft Access 数据库，只有大型网站才使用 Microsoft SQL Server 和 Oracle 数据库。

下面对留言簿中数据库中的每个字段作简要介绍，以便更好学习后面的内容，这里使用 Access 数据库，主要包括以下字段。

（1）ID：自动编号。

（2）username：访问者姓名。

（3）Email：访问者邮箱。

（4）Homepage：访问主页。

（5）title：留言主题。

（6）Content：留言内容。

（7）createDate：留言时间。

（8）Revert：回复。

（9）revertDate：回复时间。

12.4.1　新建数据库

（1）启动 Access 软件，选择“文件”→“新建”，弹出如图 12-6 所示的“新建”对话框。

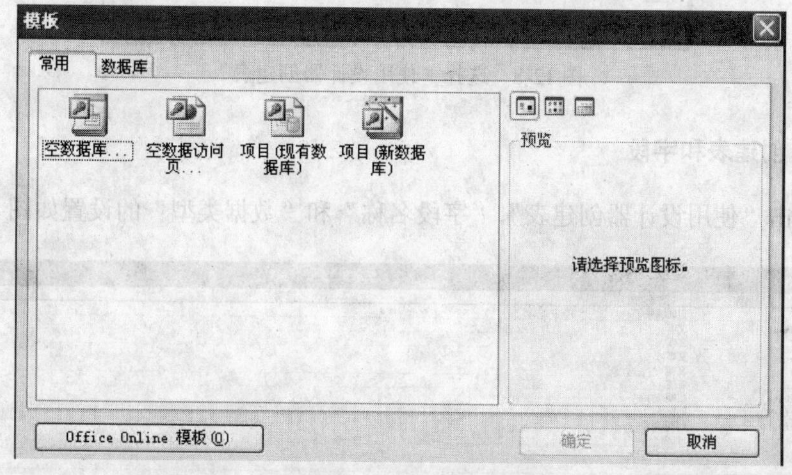

图 12-6　“新建”对话框

（2）在如图 12-6 所示的“新建”对话框中选择“空数据库”选项，单击“确定”按钮后，Access 会提示先保存数据库，这里将文件名设为 boxian.mdb，如图 12-7 所示。

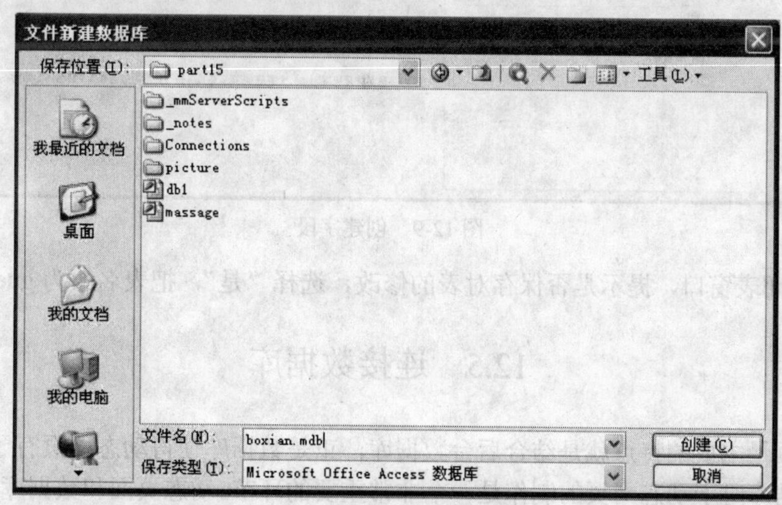

图 12-7　创建 boxian 数据库

（3）单击“创建”按钮，弹出如图 12-8 所示的窗口。

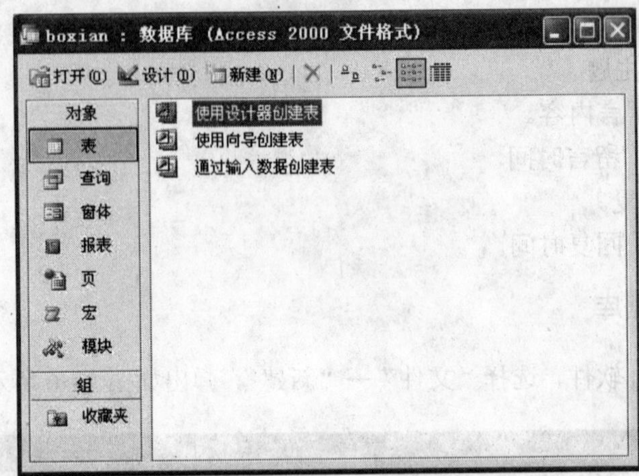

图 12-8　选择“使用设计器创建表”

12.4.2　创建表和字段

（1）双击“使用设计器创建表”、“字段名称”和“数据类型”的设置如图 12-9 所示。

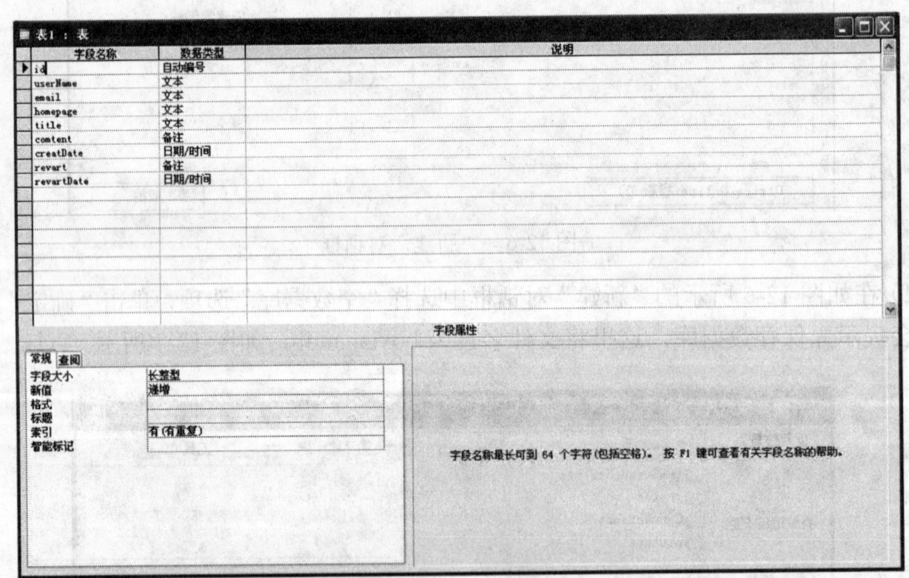

图 12-9　创建字段

（2）关闭表窗口，提示是否保存对表的修改，选择“是”，把表名改为 guestbook。

12.5　连接数据库

动态网页最主要的特点就是结合后台数据库，正是数据库使得动态网页有了生动的变化，所以连接数据库对于动态网页的制作是一个非常重要的环节。动态页面和数据库的连接在 ASP 中有两种方法：一种是通过 ODBC 连接数据库；另一种是通过书写程序代码连接语句，利用 OLEDB 的方法直接连接数据库。

12.5.1　ODBC

ODBC（Open Database Connectivity）是 Microsoft 开发的一套对数据库进行操作的方案，将对数据库的所有底层操作都放到了 ODBC 的驱动程序中。对于用户来说，只要指定一个连接，就可以采用同一规定的应用程序编写接口实现对数据库的读写，而不用考虑数据库的生产厂家和使用格式。

12.5.2　在 Dreamweaver 8 中连接数据库

DSN（Data Source Name，数据源名称）是通过 ODBC 连接数据库时为连接起的名称。在 Dreamweaver 8 中使用 DSN 连接数据库的具体步骤如下：

（1）打开 Dreamweaver 8“文档”窗口的“应用程序”面板，切换到“数据库”选项卡，如图 12-10 所示。

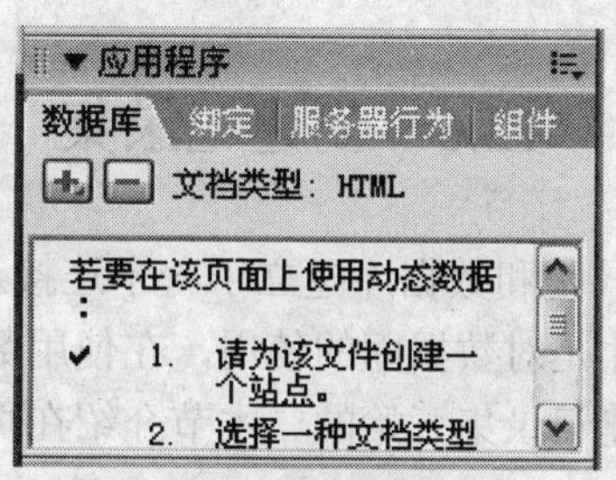

图 12-10　“应用程序”面板

（2）单击“添加”按钮，从弹出的菜单中选择“数据源名称（DSN）”菜单项，弹出如图 12-11 所示的“数据源名称”对话框。

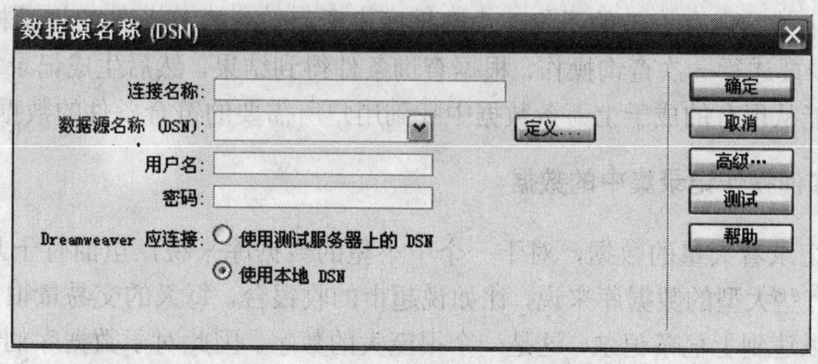

图 12-11　“数据源名称”对话框

（3）在“连接名称”文本框中输入连接名称，建议尽量使用容易识别的连接名称。在“数据源名称”的下拉列表中选择数据源的名称，也可以单击定义...按钮启动“ODBC 数据源管理器”。

（4）如果数据库需要使用密码，则可在“用户名”文本框中输入用户名，在“密码”文本框中输入用户的密码。

（5）如果是通过应用程序服务器上的 DSN 建立连接，则可选中“使用测试服务器上的 DSN”单选按钮；如果要连接位于本地的 DSN，则可选中“使用本地 DSN”单选按钮。

（6）对话框中的“高级”按钮是用来设置计划和目录的，用户可以根据实际需要进行相应的设置。

（7）设置完成后可以单击“测试”按钮来测试是否连接成功，如果弹出如图 12-12 所示的对话框，则表示连接成功。

图 12-12　连接成功对话框

（8）测试成功后单击“确定”按钮，该连接就创建好了，此时在“数据库”面板中就会看到相应的数据库连接项。

12.6　创建记录集

创建数据库的连接可以说只是和数据库建立了一个连接通道，并没有和数据库进行实质性的沟通，而对记录集的操作才是对数据库的使用，在使用数据库的 Web 应用程序中，几乎所有对数据库的操作都是从创建记录集开始的。本节介绍在页面中创建记录集的方法。

12.6.1　记录集的概念

数据库中的数据记录都被保存在表中。表就是一个二维数组，其中的一列就是一个字段，一行就是一条记录，数据库中的数据就是以字段和记录方式来组织的。

所谓记录集就是现有记录的子集，由数据库中所有符合查询条件的记录构成。如果要生成记录集，至少要进行一次查询操作，根据查询条件得到结果，然后生成记录集。只有设置了查询条件，才能从现有的成千上万条数据中找到用户所需要的符合条件的数据。

12.6.2　如何操作记录集中的数据

数据库中记录着大量的数据，对于一个中小型的数据库来说，里面有十几万条数据是很正常的。对于有些大型的数据库来说，比如说超市的收银台，每天的交易量很大，因而数据库里面的内容可以达到上亿条记录，这是一个很庞大的数字。因此对于数据库的操作员来说，如果每次都将所有的数据一次性地存放在本机的内存中再进行操作，那是非常不现实的。

对于这样的数据库，通常都是每次只操作一条记录，当前操作的记录集被称为“当前记录”，记录集中的当前位置被称为“记录指针”，简称“指针”。为了能够操作记录集中的多条记录，指针需要在记录集中的各记录间来回移动，但是这是非常麻烦的。而 Dreamweaver 8 中，利用重复区域的服务器行为，就可以在页面中显示多条记录。

12.6.3　利用 Dreamweaver 8 创建简单的记录集

创建记录集主要是在“绑定”面板中完成的，在“应用程序”面板中切换到“绑定”选项卡就可以打开“绑定”面板，如图 12-13 所示。

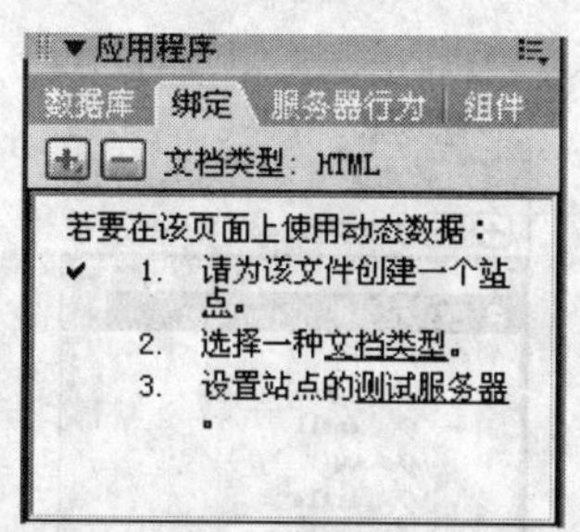

图 12-13　“绑定”面板

例如创建一个留言板管理系统的数据库，其中就应该包含一些关于与留言有关的信息。要创建一个显示留言人的姓名、E-mail、留言主题、留言时间和留言内容等信息的留言页面，具体的操作步骤如下。

（1）在 Dreamweaver 8 的“文档”窗口中打开要使用记录集的.asp 文档，或在已经定义的站点中创建一个空白文档并将其打开。

（2）单击“绑定”面板中的“添加”按钮，从弹出的菜单中选择“记录集（查询）”菜单项，弹出如图 12-14 所示的“记录集”对话框。

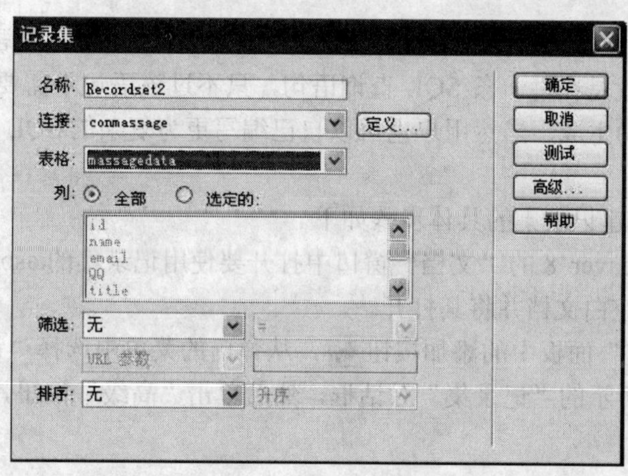

图 12-14　“记录集”对话框

（3）在“名称”文本框中输入该记录集的名称，也可以采用系统默认的名称 Recordsetl；从“连接”下拉列表中选择前面所创建的数据源名称 conmassage；如果列表中未出现连接，则可以单击“定义”按钮创建连接。此时的“表格”下拉列表中会自动列出当前所连接的数据库中所有表的名称，然后从中选择要作为记录集数据源的表 massagedata。

（4）在“列”列表框中会自动地列出所选表中包含的所有字段信息，可以从中选择要在记录集中包含的字段。如果记录集中要包含表中的所有字段，则可选中“全部”单选按钮；如果要选中表中的部分字段，则可在按住 Ctrl 键的同时单击列表中想要选择的字段。

（5）可以通过“筛选”下拉列表设置条件；通过“排序”下拉列表设置是否对记录集中的记录进行排序，具体的排序方式可以根据需要自由设定。

（6）在选择了某种排序方式后，可以在其右侧的下拉列表中设置按升序还是按降序排列。

（7）单击“确定”按钮完成操作，记录集就创建完成。此时的“绑定”面板如图 12-15 所示。

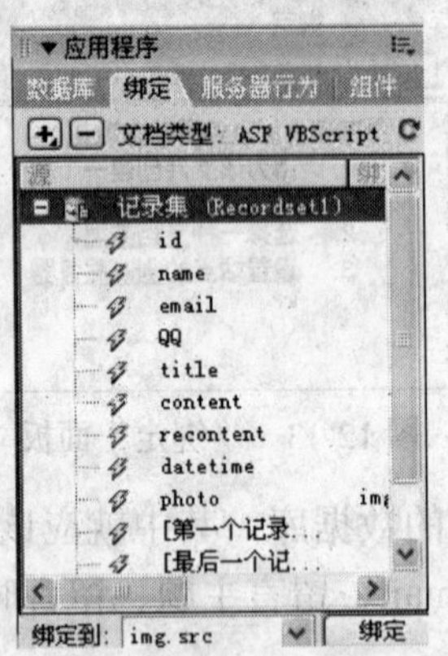

图 12-15　构建记录集的“绑定”面板

其中“第一个记录”表示的是数据库的第一条数据，“最后一个记录”表示的是数据库中的最后一条数据，“总记录数”表示数据库中总的数据数目。

12.6.4　利用 SQL 命令创建记录集

记录集和 SQL 查询语句是相对的，记录集中的内容就是 SQL 查询语句的查询结果，前面介绍的记录集实际上就是在写一条 SQL 查询语句，只不过该语句不需要用户自己编写，而是由 Dreamweaver 8 自动生成，当然用户也可以自己编写更为复杂的 SQL 语句来构造更为复杂的记录集。

利用 SQL 命令创建记录集的具体步骤如下。

（1）在 Dreamweaver 8 的“文档”窗口中打开要使用记录集的.asp 文档，或者在已经定义的站点中创建一个空白文档并将其打开。

（2）单击“绑定”面板中的添加按钮，从弹出的菜单中选择“记录集（查询）”菜单项，弹出如图 12-14 所示的“记录集”对话框，然后单击“高级”按钮弹出如图 12-16 所示的“记录集”对话框。

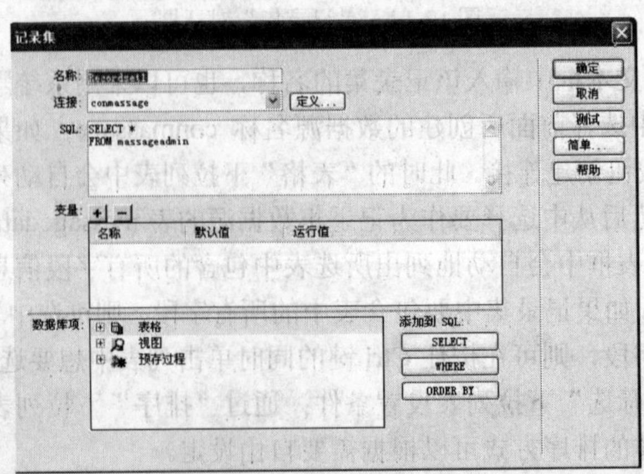

图 12-16　“记录集”对话框

（3）在“名称”文本框中输入该记录集的名称，也可以采用系统默认的名称。从“连接”下拉列表中选择要创建的数据库的连接名称。

（4）在 SQL 文本框中输入用于选择记录集数据源的 SQL 查询语句，如果该查询语句中包含双引号，则应该将其改为单引号。在“变量”区域内可以设置变量的名称及相应的数值。

（5）单击“测试”按钮会弹出一个显示当前查询结果的对话框。如果测试成功，则可单击“确定”按钮完成记录集的创建。

12.6.5　使用“数据库项”树创建 SQL 查询

可以使用图 12-16 所示的高级“记录集”对话框的“数据库项”树和“添加到 SQL”中的几个按钮创建复杂的 SQL 查询，而不必将 SQL 语句手动输入到 SQL 文本框中，从而节省书写代码的时间。

在“数据库项”列表框中列出了当前数据库中所有的“表格”、“视图”和“预存过程”。单击前面的“+”按钮即可显示数据库的树状结构，单击“–”按钮可以恢复到原始状态。

如果用户要在 SQL 文本框中输入查询语句，则可首先在“数据库项”列表框中选择要操作的数据库项目，然后单击“添加到 SQL”中的相应按钮即可。

例如有一个存储有关留言簿信息的数据库，如果需要查询其中的一些数据，则可在 SQL 文本框中输入如下代码。

```
SELECT id,name,email,title,content,datetime
From massagedate
WHERE title="music"
Order by id;
```

用户也可以使用“数据库项”树添加该查询语句，具体操作如下。

（1）在“数据库项”列表中单击“表格”前面的“+”按钮，得到该数据库的树状结构。

（2）在“数据库项”列表框中单击表 massagedate 中的 id 字段，然后单击 SELECT 按钮，在 SQL 文本框中就会显示出相应的代码，如图 12-17 所示。

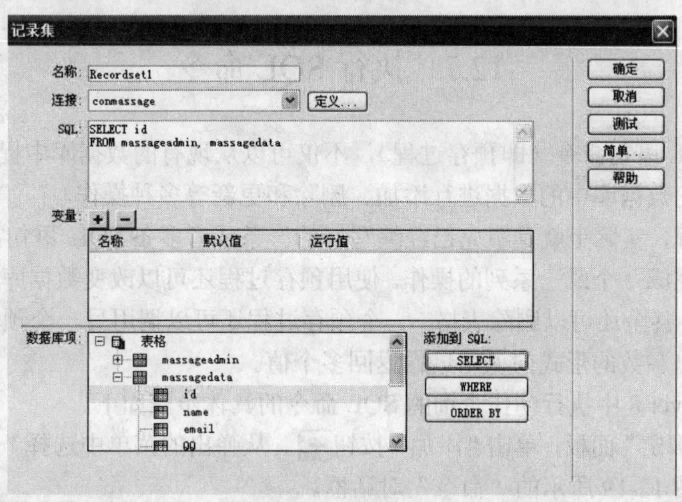

图 12-17　添加查询条件的“记录集”对话框

（3）重复上述步骤，依次单击 name，email，title，content，datetime 和 SELECT 按钮，

分别将其添加到带SQL文本框的代码中。

（4）在“数据库项”列表框中单击字段title，然后单击WHERE按钮，设置该查询语句的查询条件。此时在SQL文本框中添加相应的代码，但该代码并不完整，还需要用户手工输入相应的谓词和条件值。需要注意的是：该条件值应该是使用单引号括起来的，不可以使用双引号。

（5）在“数据库项”列表框中单击字段id，然后单击Order by按钮，设置查询结果的排序准则。

（6）设置完成后的对话框如图12-18所示，单击“确定”按钮就可完成操作。

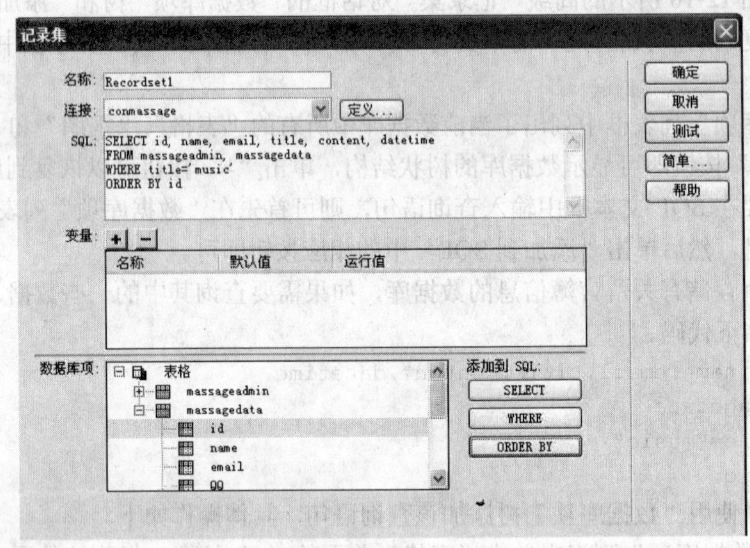

图12-18 添加查询语句的“记录集”对话框

通过本实例可以看到：如果用户使用“数据库项”树添加查询语句就可以极大地简化在SQL文本框中输入查询代码操作，从而可进一步提高网页的制作效率。

12.7 执行SQL命令

通过执行SQL语句命令（即预存过程），不仅可以从现有的数据库中提取所需要的数据，而且可以对现有的数据库中的数据进行添加、删除和更新等多种操作。

所谓预存过程，实际上就是事先已经编写好的一条或者多条SQL语句，用于在服务器上利用数据库系统完成一个或一系列的操作。使用预存过程还可以改变数据库本身的结构，例如可以添加表格列，甚至还可以删除表格。一个预存过程还可以调用另一个预存过程，以及接受输入参数并以输出参数的形式向调用过程返回多个值。

在Dreamweaver 8中执行动作查询的SQL命令的具体步骤如下。

（1）打开“绑定”面板，单击“添加”按钮，从弹出的菜单中选择“命令（预存过程）”菜单项，弹出如图12-19所示的“命令”对话框。

（2）在“名称”文本框中输入该命令的名称，也可以采用系统默认的名称，从“连接”下拉列表中选择要使用的数据库连接，如conmassage。

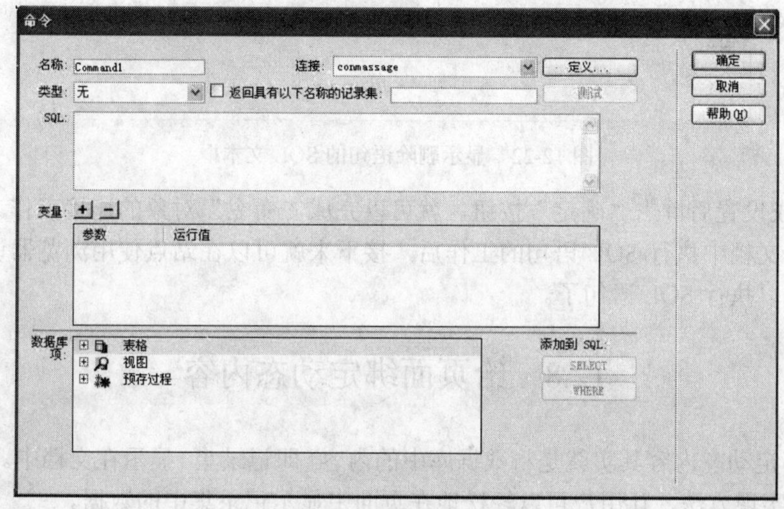

图 12-19　“命令”对话框

（3）从“类型”下拉列表中选择所需要的 SQL 命令类型。如果选择的是“预存过程”选项，则可将执行结果作为一个记录集对象返回。这样就可以选中右侧的“返回具有以下名称的记录集”复选框，并在其右侧的文本框中输入记录集的名称，然后单击“测试”按钮就可以得到结果。

“类型”下拉列表各项的含义如下。

1）无。选中该项则不会使用任何命令类型。

2）预存过程。选中该项则可利用“命令”对象执行存储过程。

3）插入。选中该项则可执行插入记录集操作，此时在“记录集”对话框的 SQL 文本框中出现对应的插入语句，如图 12-20 所示。

图 12-20　显示插入语句的 SQL 文本框

4）更新。选中该选项则可执行更新记录（修改记录）的操作，此时在“记录集”对话框中的 SQL 文本框中会出现对应的更新语句，如图 12-21 所示。

图 12-21　显示更新语句的 SQL 文本框

5）删除。选中该项则可执行删除记录操作，此时在“记录集”对话框中的 SQL 文本框中会出现对应的删除语句，如图 12-22 所示。

（4）在“变量”文本框中可以设置变量名称及相应的变量值，可以使用“数据库项”列表框和“添加到 SQL”按钮组添加相应的代码。

图 12-22　显示删除语句的 SQL 文本框

（5）完成设置后单击“确定”按钮，就可以完成“命令”对象的连接工作。

完成了在文档中执行 SQL 语句的工作后，接下来就可以在站点使用浏览器访问相应的页面，也就是可以执行 SQL 语句了。

12.8　给页面绑定动态内容

给页面绑定动态内容其实就是将数据库中的内容（即记录集）显示在文档中。Dreamweaver 8 提供有多种实现方法，让用户可以轻松地在页面中显示记录集中的数据。

在 Dreamweaver 8 中给页面添加动态内容的具体步骤如下。

（1）在“绑定”面板中选中要显示的数据源。如果数据源是记录集类型的，则选择其中的字段。

（2）可以直接将选定的数据源拖放到文档的指定位置上，也可以将光标置于所需的位置后单击“绑定”面板中的插入按钮。例如要在留言簿中显示留言者的姓名，就可以从“绑定”面板的记录集中直接将 name 字段拖放到文档中。动态内容被添加到页面中以后就会在页面中显示出来，同时标以浅蓝色的底色，如图 12-23 所示。

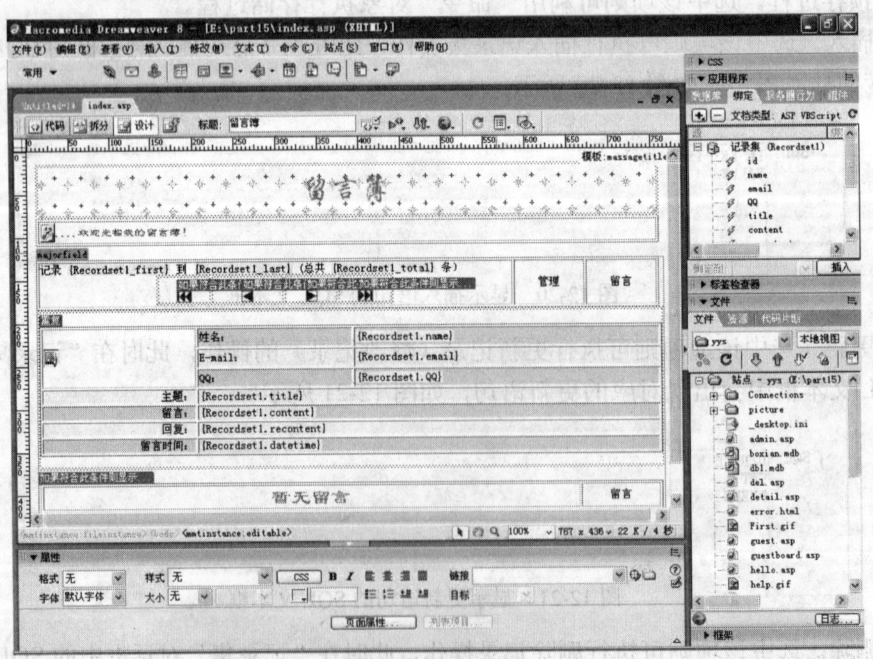

图 12-23　动态内容的显示效果

此外 Dreamweaver 8 还提供了将表单对象设置为动态，将 HTML 设置为动态，以及改变动态内容的形式等方法，有兴趣的读者可以参考阅其他内容书籍，本书不作介绍。

12.9　实践技能训练——留言簿的制作

留言簿是为网上所有想交流意见的人提供的一种交流场所，各个网站的管理者可以通过留言簿收集来自该网站浏览者的反馈信息，随着信息技术、通信技术以及多媒体技术的进一步成熟和普及，留言簿已经成为各个网站必不可少的组件。

下面介绍利用 Dreamweaver 8 制作留言簿的具体过程。

12.9.1　实例分析

本实例是一个功能齐全的留言系统，包括以下三个功能模块。

（1）客户模块。该模块任何人都能进入，包括显示留言的主页面和用户输入留言的页面

（2）管理员模块。该模块是为管理员设计的，包括管理员的首页面、回复留言和删除留言页面等。

（3）权限模块。该模块是为了限制非管理人员进入管理页面而设计的。

12.9.2　文件说明

本实例主要包括以下七个页面。

（1）index.asp。留言簿的首页，是可以连接到留言页面和管理员登录页面的动态页面。

（2）guest.asp。用户留言页面，是所有用户都可以使用的动态页面。

（3）admin.asp。只有管理员才可以进入的动态页面，在该页面中可以恢复和删除用户的留言。

（4）login.asp。管理员登录的动态页面，只有通过此页面的验证才可以进入 admin.asp 页面。

（5）error.html。管理员登录失败转到的静态页面。

（6）reply.asp。管理员回复用户留言的动态页面。

（7）del.asp。管理员删除用户留言的动态页面。

12.9.3　数据库的创建

留言簿所存储的信息都是要保存在数据库中的，所以在制作留言簿之前应该先创建数据库。本实例将采用简单易学的 Access 2003 数据库管理软件来创建数据库。

1. 创建数据库

打开 Office 工具的 Access 2003，创建一个名为 massage.mdb 的数据库，然后将该数据库保存在已经定义站点中，接下来就可以在数据库中创建数据表了。

2. 设计数据表 massagedata

数据表 massagedata 用于保存发表留言用户的信息以及管理员回复的信息，其字段设计如图 12-24 所示。

字段 id 是留言内容的关键字，可以作为传递参数，用以区别不同的字段，这里将其“参数类型”设置为“自动编号”且设置为主键。

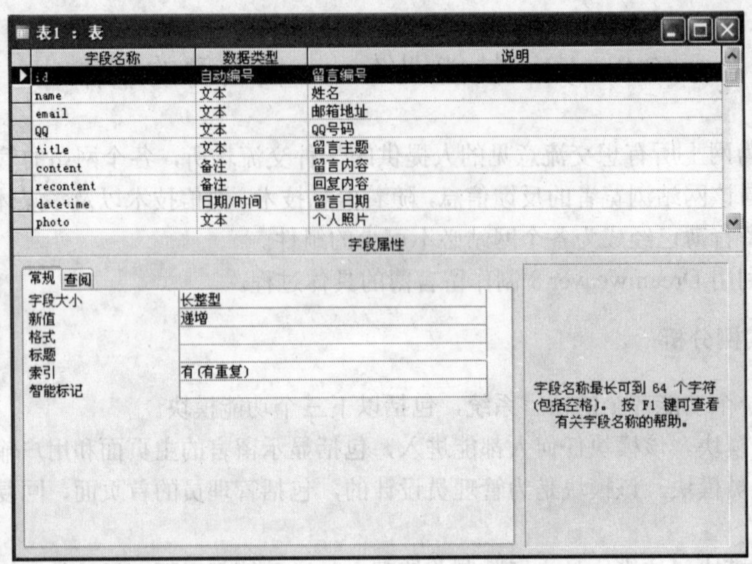

图 12-24　数据表 massagedata 的属性及说明

字段 name、email、QQ、title 和 photo 分别用于存储留言者的姓名、邮箱地址、QQ 号码、留言主体和个人照片。其中 name 字段是要求留言者必须填写的。在如图 12-25 所示的数据表中选中 name 字段，然后在“常规”选项卡的“必填字段”右侧的下拉列表中选择“是”，在“允许空字符串”右侧的下拉列表中选择“否”。

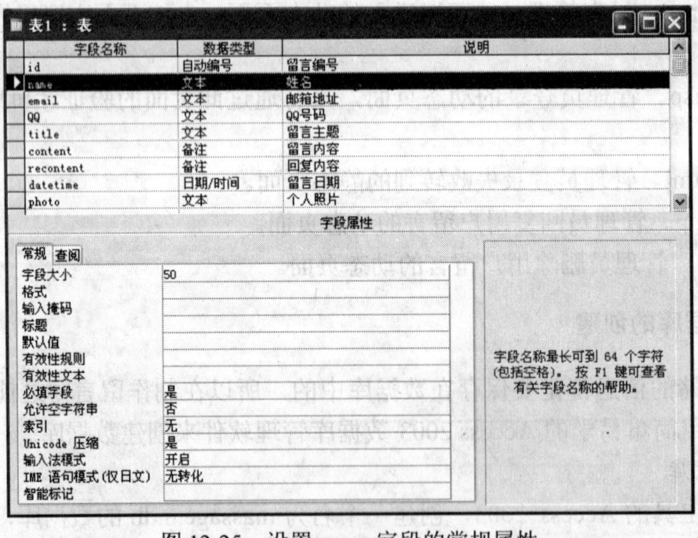

图 12-25　设置 name 字段的常规属性

字段 content 和 recontent 分别用于存储留言内容和回复内容，由于“文本”数据类型最多只能存放 255 个字符，对留言内容来说太少了，所以需要将字段设置为“备注”类型，因为“备注”类型最多可以存放 65535 个字符。其中 content 字段也是必须填写的，可以参照 name 字段的设置方法设置其常规属性。字段 recontent 需要设置一个默认值，在数据表中选择该字段，在“常规”选项卡中的“默认值”文本框中输入“暂无回复”。需要注意的是：此处的双引号必须是英文状态下的。

字段 datetime 是用来存储发表留言的时间，应该将其数据类型设置为“日期/时间”型，并且还需要设置一个默认值。在数据表中选择该字段，在“常规”选项卡中单击“默认值”文本框右侧的按钮[...]，弹出如图 12-26 所示的“表达式生成器”对话框。双击左侧的“函数”选项，从中间的列表框中选择“日期/时间”选项，从右侧的列表框中选择 Now 选项，此时对话框上方的预览区域内就会显示出所选的函数，然后单击“确定”按钮即可。

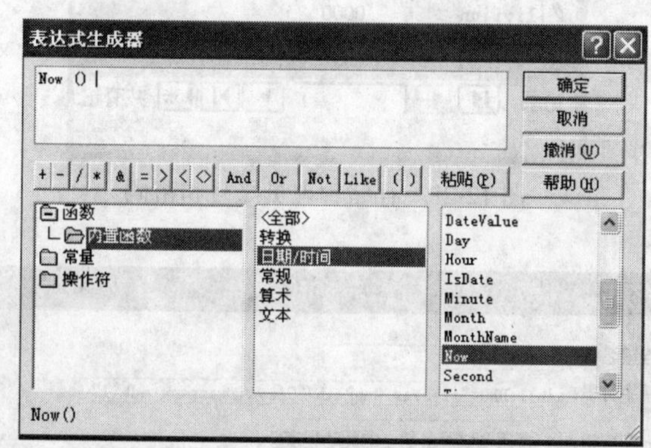

图 12-26　“表达式生成器”对话框

3. 设计数据表 massageadmin

数据表 massageadmin 用于存储管理员的账号和密码，其字段设计如图 12-27 所示，在表中添加一条初始记录用于存储管理员的账号和密码，当用户登录时用于核对管理员的账号和密码是否正确，如图 12-28 所示。

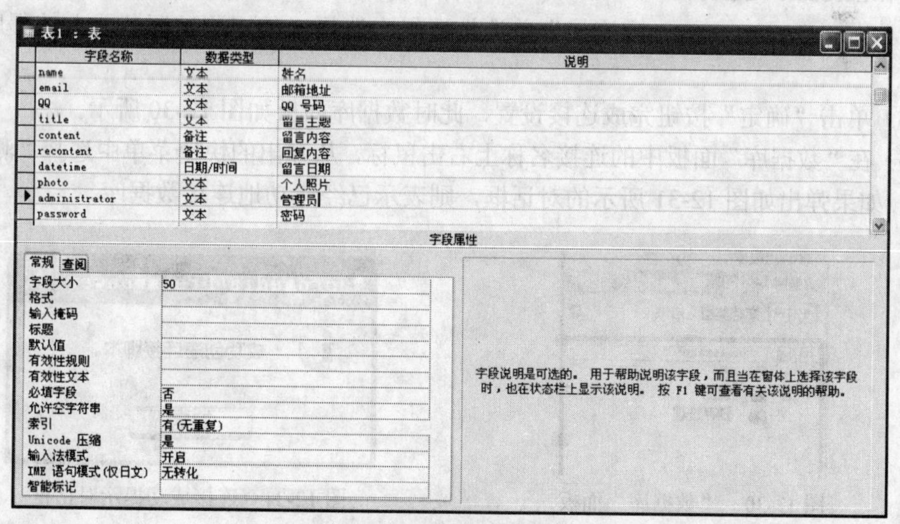

图 12-27　数据表 massageadmin 的属性说明

4. 构造自定义的连接字符串

通过自定义连接字符串连接数据库的具体步骤如下。

（1）在 Dreamweaver 8“文档”窗口的“应用程序”面板中单击“数据库”选项卡，打开“数据库”面板，单击“添加”按钮[+]，从弹出的菜单中选择“自定义连接字符串”菜单项，弹出如图 12-29 所示的“自定义连接字符串”对话框。

图 12-28 存储管理员账号和密码

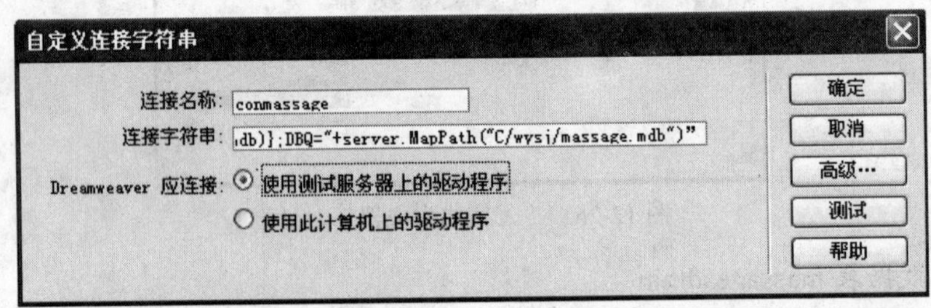

图 12-29 “自定义连接字符串”对话框

（2）在“连接名称”文本框中输入 conmassage，在“连接字符串”文本框中输入字符串"Driver={Microsoft Access Driver (*.mdb)};DBQ="+server.MapPath(../massage.mdb")。

（3）在“Dreamweaver 应连接”单选按钮组中选择“使用测试服务器上的程序”单选按钮。

（4）单击“确定”按钮完成连接设置，此时数据库面板如图 12-30 所示。

（5）在“数据库”面板中的连接名称上右击鼠标，从弹出的快捷菜单中选择“测试连接”菜单项，如果弹出如图 12-31 所示的对话框，则表示已经成功地连接数据库。

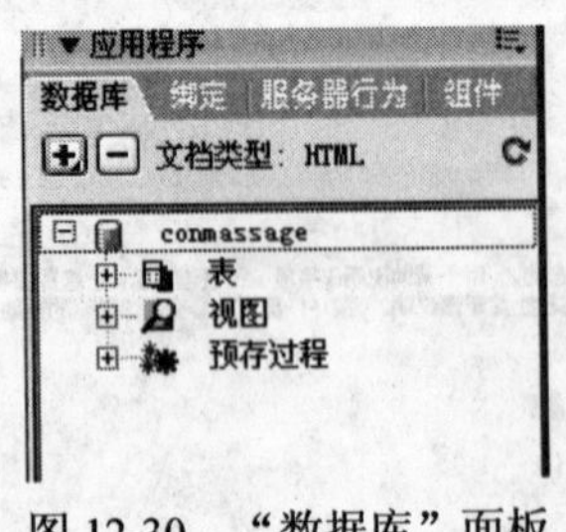

图 12-30 “数据库”面板

图 12-31 连接成功提示对话框

12.9.4 首页的制作

首页是用于显示用户留言的页面，可以链接到管理页面和书写留言的页面。

1. 创建模板

（1）在 Dreamweaver 8 的“文档”窗口创建一个空白文档并将其打开。

（2）在“插入”栏的“常用”选项卡中单击“表格”按钮插入一个 1 行 1 列的表格，

然后选中该表格，在“属性”面板中设置其宽度、高度、对齐方式、边框以及背景图像等属性，如图 12-32 所示。

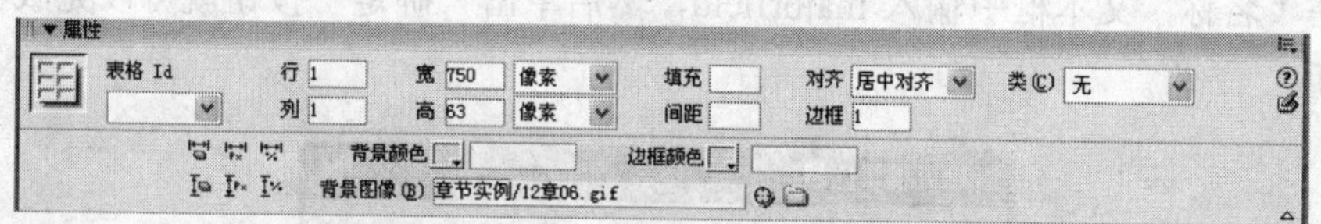

图 12-32　设置表格属性

（3）在光标主语表格中输入文字“留言簿”，然后选中该文字，在其“属性”面板中设置字体样式、大小、颜色以及对齐方式等属性，如图 12-33 所示。

图 12-33　设置文字属性

（4）将光标置于表格右侧，按 Shift+Enter 组合键，光标则到达下一行，且紧贴该表格的底部，在“插入”栏的“常用”选项卡中单击“表格”按钮继续插入一个 1 行 1 列的表格，然后将其宽度设置为 750，边框设置为 1 且居中对齐。

（5）将光标置于刚插入的表格中，在“插入”栏的“常用”选项卡中单击“图像”按钮，从弹出的“选择图像源文件”对话框中选择合适的图像，然后选中图像并在“属性”面板中设置其宽度、高度、对齐方式等属性，如图 12-34 所示。

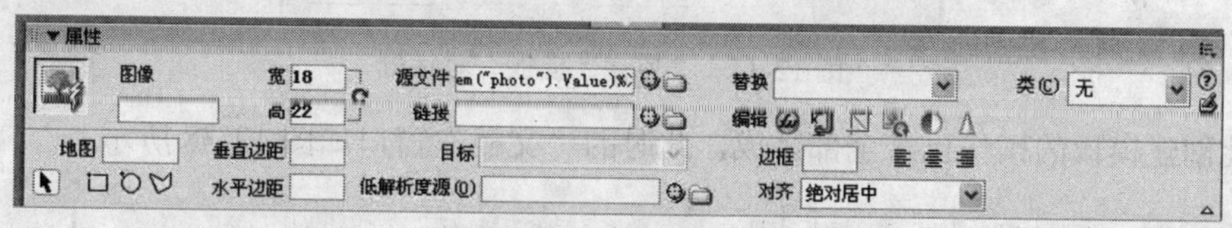

图 12-34　设置图像属性

（6）将光标置于插入图像的右侧，输入四个英文状态下的句点，接着输入文字“欢迎光临我的留言簿”，然后选中输入的文本内容，在“属性”面板中设置字体样式、大小及颜色等属性，如图 12-35 所示。

图 12-35　设置文本属性

（7）将光标置于该文本中，单击“代码”视图按钮切换至“代码”视图，然后在标签<td>和</td>之间添加如下代码即可实现滚动文字的效果。

```
<marquee scrollamount="3" scrolldelay="10" loop="-1">
<img src="../wysjsc/12.1.gif" width="18" height="22" align="absbottom" />
<span class="STYLE2">欢迎光临我的留言簿</span></marquee>
```

（8）将光标置于下一行，继续插入一个宽度为 750，边框为 0 的表格。选中该表格，单击“插入”→“模板对象”→“可编辑区域”菜单项弹出如图 12-36 所示的“新建可编辑区域”对话框，在“名称”文本框中输入 majorfield，然后单击“确定”按钮就可以完成创建可编辑区域的操作。

图 12-36 “新建可编辑区域”对话框

（9）单击“文件”→“另存为模板”菜单项弹出如图 12-37 所示的“另存为模板”对话框，从“站点”下拉列表中选择当前站点，在“另存为”文本框中输入该模板的名称 massagetitle，然后单击“保存”按钮。

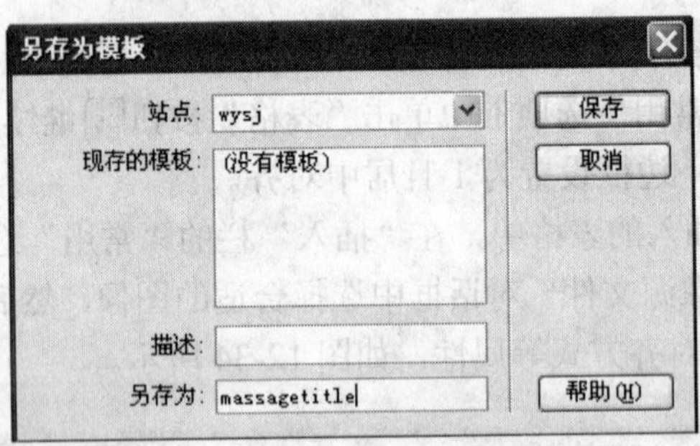

图 12-37 “另存为模板”对话框

至此创建模板的操作已经全部完成，此时的“文档”窗口如图 12-38 所示。

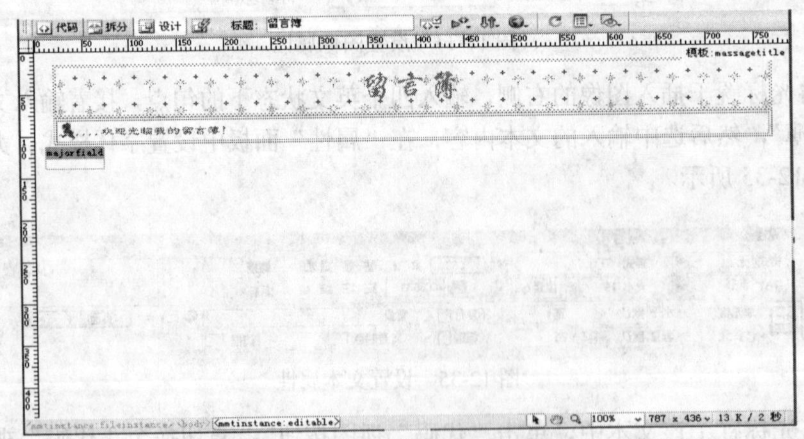

图 12-38 模板效果

2. 制作首页的内容主体

制作首页内容主体的具体步骤如下。

（1）在已经定义的站点中创建一个名为 index.asp 的空白文档并将其打开。打开“资源”

面板，在“名称”列表中选择模板 massagetitle，然后单击“应用”按钮将模板应用到文档中。

（2）将光标置于可编辑区域 majorfield 中，然后按照图 12-39 所示设计好表格及文字内容。

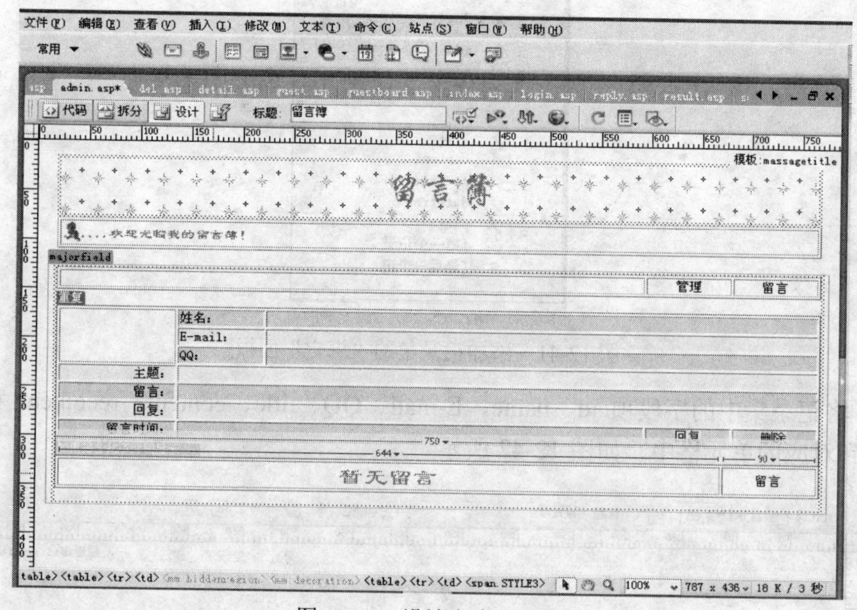

图 12-39　设计文字及表格

（3）打开“数据库”面板连接数据库。

（4）在“应用程序”面板中单击“绑定”选项卡，打开“绑定”面板，单击“添加”按钮[+]，从弹出的菜单中选择“记录集（查询）”菜单项，弹出如图 12-40 所示的“记录集”对话框。

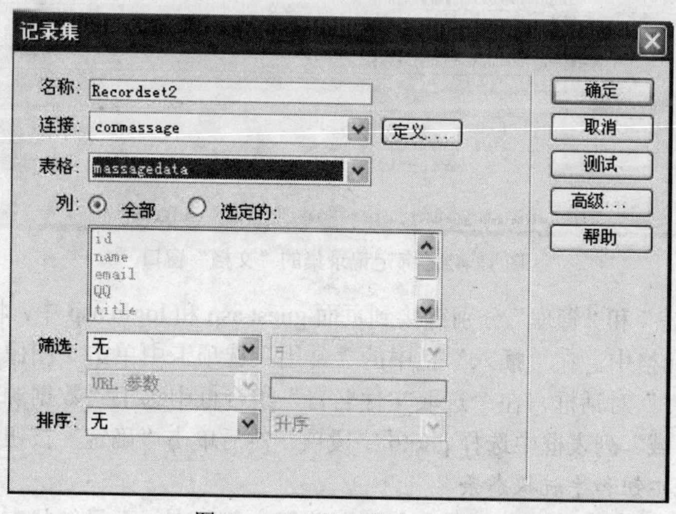

图 12-40　“记录集”对话框

（5）从“连接”下拉列表中选择 conmassag 选项，从“表格”下拉列表中选择 massagedata 选项，然后单击“确定”按钮就可完成对记录集的设置操作，此时“绑定”面板如图 12-41 所示。

图 12-41 添加记录集的“绑定”面板

（6）将记录集中的字段项 id、name、E-mail、QQ、title、content、recontent 和 datetime 分别绑定到对应的单元格中，如图 12-42 所示。

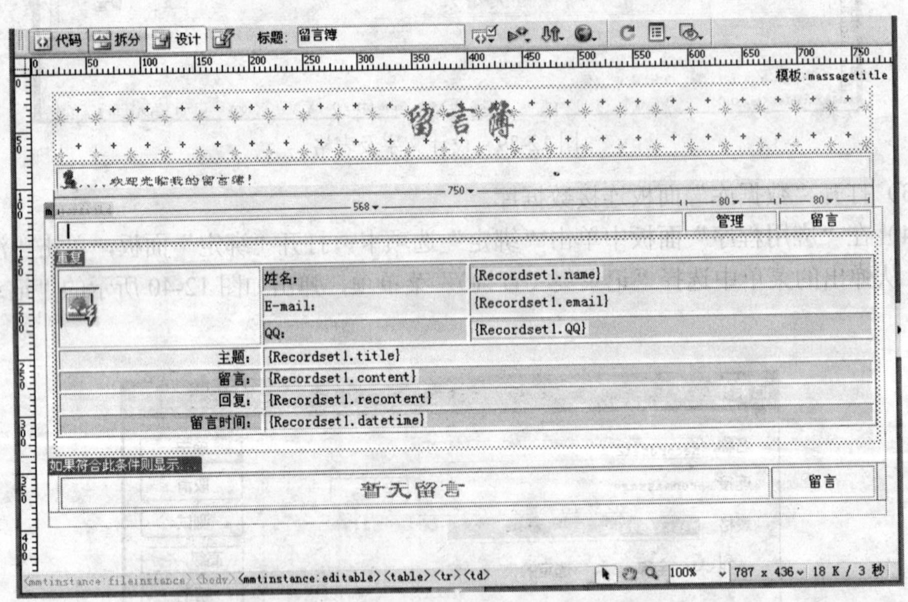

图 12-42 绑定记录集的“文档”窗口

（7）将“留言”和“管理”分别链接到页面 guest.asp 和 login.asp 中，将光标置于“姓名”单元格左侧的单元格中。在“插入”栏中的“常用”选项卡中单击“图像”按钮弹出的“选择图像源文件”对话框，在“选取文件名自”组合框中选中“数据源”单选按钮，如图 12-43 所示。在“域”列表框中选择 photo 字段项，然后单击“确定”按钮即可。

3. 添加导航按钮和导航状态条

有了导航按钮可以让浏览者更加方便地浏览每一条留言，而导航状态条则可帮助浏览者更加直观地了解留言的整体情况。

（1）将光标置于要插入导航按钮的单元格中，在“插入”栏的“应用程序”选项卡中单击“记录集导航条”按钮，弹出“记录集导航条”对话框，如图 12-44 所示。

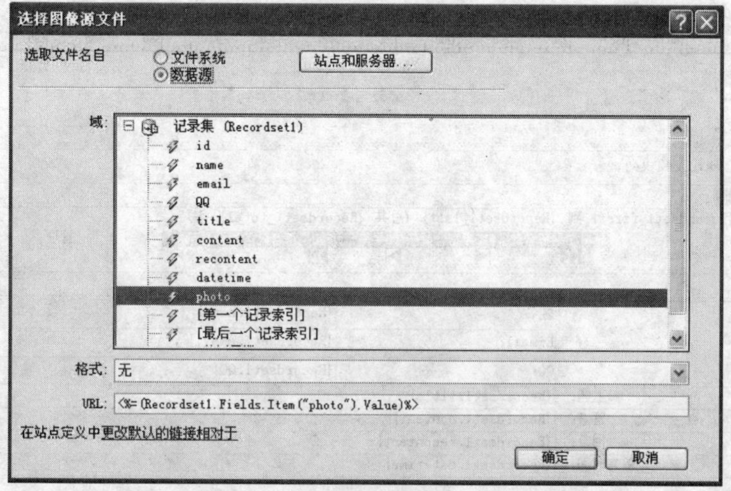

图 12-43 “选择图像源文件”对话框

图 12-44 “记录集导航条”对话框

（2）从“记录集”下拉列表中选择 Recordsetl 选项，在“显示方式”单选按钮组中选择“图像”单选按钮，然后单击“确定”按钮完成导航条的制作。

（3）继续将光标置于该单元格中，在“插入”栏“应用程序”选项卡中单击“记录集导航状态”按钮，弹出如图 12-45 所示的 Recordset Navigation Status 对话框。

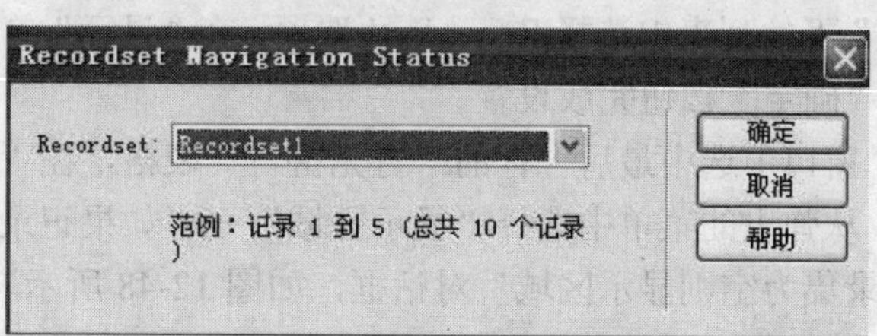

图 12-45 Recordset Navigation Status 对话框

（4）从 Recordset 下拉列表中选择 Recordsetl 选项，然后单击“确定”按钮完成添加记录集导航状态条的制作，此时“文档”窗口如图 12-46 所示。

4. 添加行为

主页需要添加“记录集分页”行为、“重复区域”行为以及“显示区域”行为等行为，具体操作如下：

（1）在“文档”窗口中选中要作为重复区域的中间表格，在“应用程序”面板中选择“服务器行为”选项卡。单击“添加”按钮，从弹出的菜单中选择“重复区域”菜单项，弹出“重复区域”对话框，如图 12-47 所示。

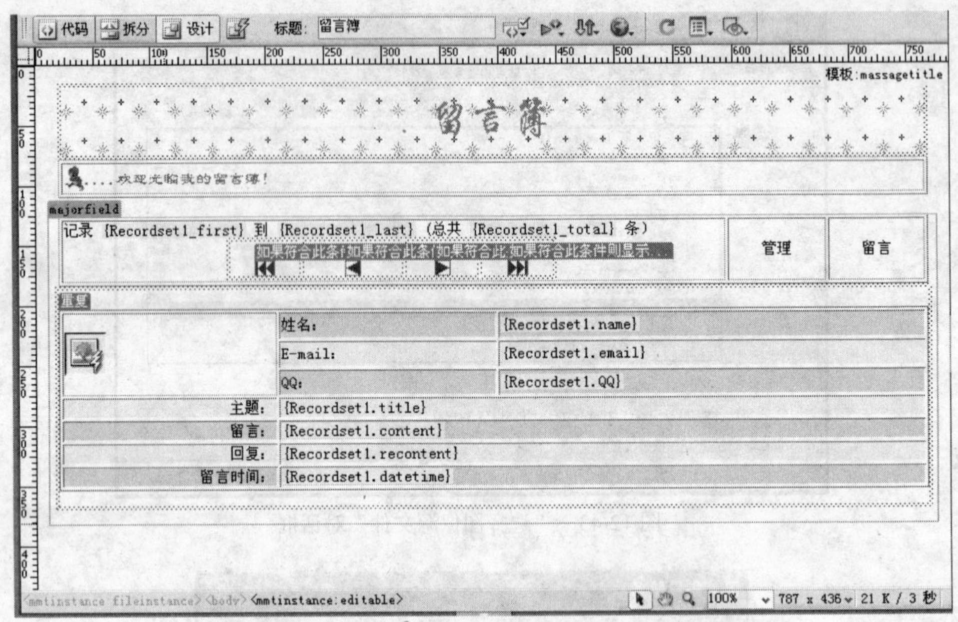

图 12-46　添加导航状态条的“文档”窗口

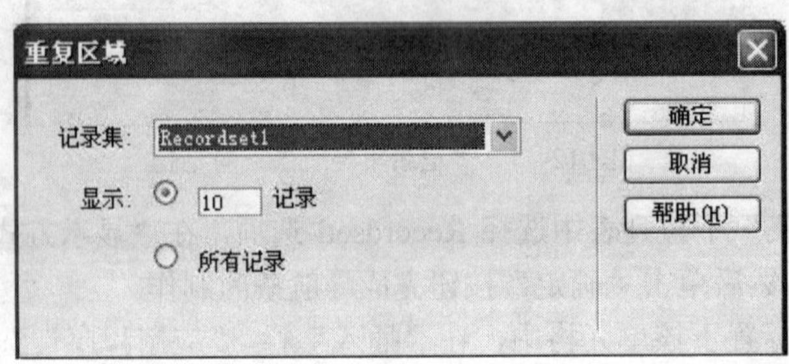

图 12-47　“重复区域”对话框

（2）从“记录集”下拉列表中选择 Recordsetl 选项，在“显示”单选按钮组中选择 10“记录”单选按钮，单击“确定”按钮完成设置。

（3）在“文档”窗口中选中最后一行的“暂无留言”表格，在“服务器行为”面板中单击“添加”按钮[+]，从弹出的菜单中选择“显示区域”→“如果记录集为空则显示区域”菜单项，弹出“如果记录集为空则显示区域”对话框，如图 12-48 所示。

图 12-48　“如果记录集为空则显示区域”对话框

（4）从“记录集”下拉列表中选择 Recordsetl 选项，单击“确定”按钮完成设置，此时的“文档”窗口如图 12-49 所示。

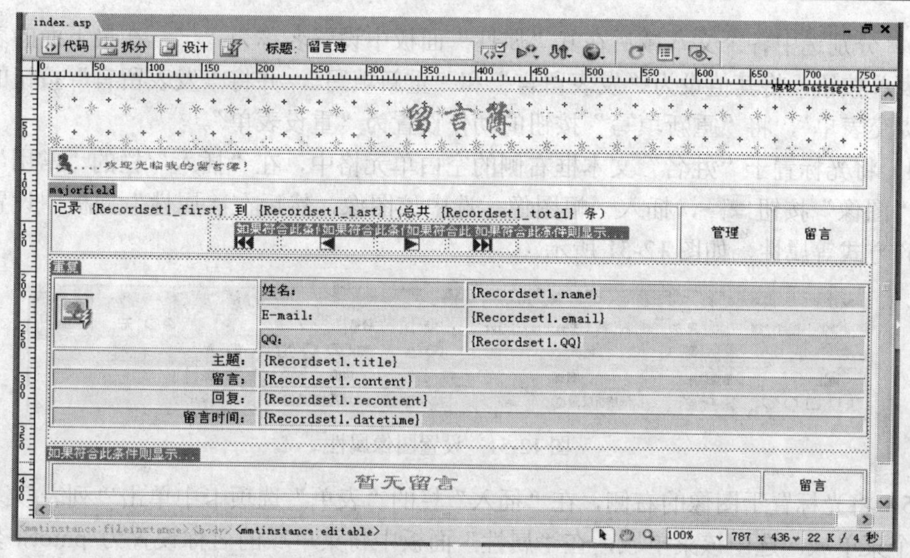

图 12-49　添加行为的“文档”窗口

12.9.5　留言页面的制作

本节主要介绍用户书写留言 guest.asp 的制作过程。

1. 制作内容主体

（1）在已经定义的站点中创建一个名为 guest.asp 的空白文档并将其打开，打开“资源”面板，在“名称”列表框中选中模板 massagetitle 选项，然后单击“应用”按钮将模板应用到文档中。

（2）将光标置于可编辑区域 majorfield 中，然后按照图 12-50 所示设计好表格及相应的文字内容，并将最下面的文字“浏览留言”连接到页面 index.asp。

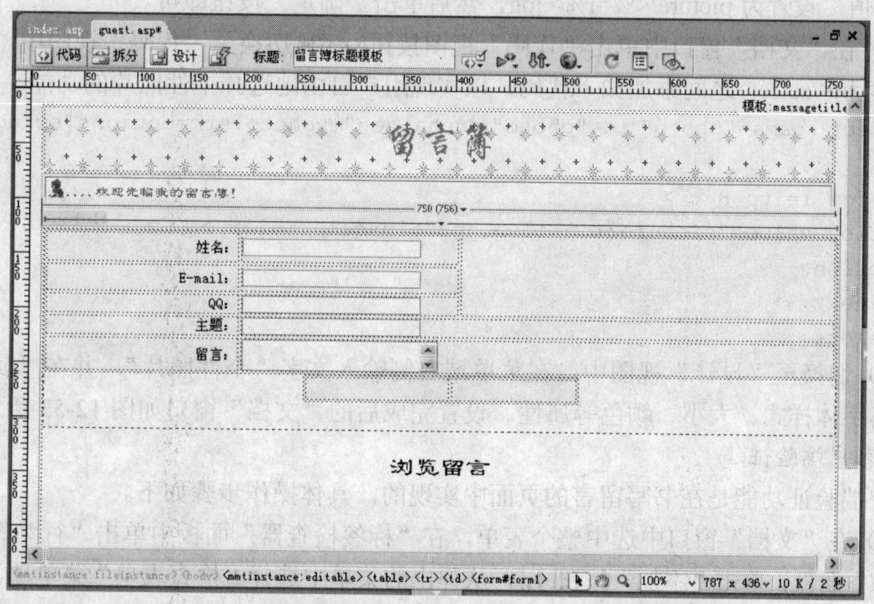

图 12-50　设计页面积表格

（3）分别选中各个文本域后在其“属性”面板中设置名称为“ ”，在最下面的表格中插入两个表单按钮，将其值设为“发表留言”和“重新填写”，并将“发表留言”按钮的动作设置为“提交表单”，将“重新填写”按钮的动作设置为“重设表单”。

（4）将光标置于“姓名”文本框右侧的空白单元格中，在“插入”栏的“常用”选项卡中单击“图像”按钮，插入一幅图像。选中该图像，然后在“属性”面板中设置其名称以及对齐方式等属性，如图 12-51 所示。

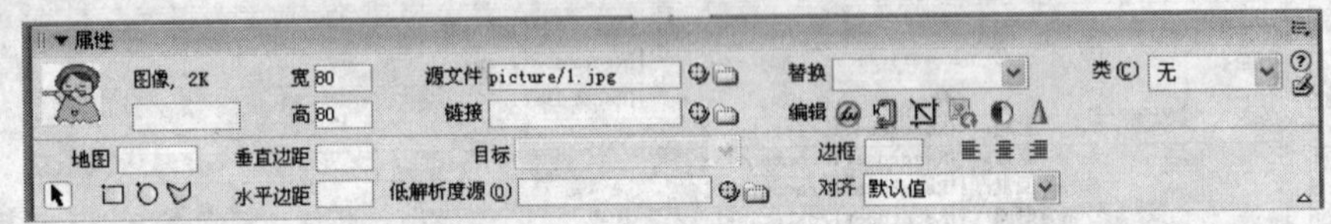

图 12-51　设置图像属性

（5）将光标置于图像的右侧，在“插入”栏的“表单”选项卡中单击“列表/菜单”按钮插入一个菜单域。选中该菜单域，在“属性”面板中将菜单域的名称设置为 phtot，然后单击“列表值”按钮弹出如图 12-52 所示的“列表值”对话框。

图 12-52　“列表值”对话框

（6）单击“添加”按钮，在对话框中新建一个项目标签 image<%=i%>，并将该项目标签的“值”设置为 picture/<%=i%>.jpg，然后单击“确定”按钮即可。

（7）在“文档”窗口中单击“代码”视图按钮切换至“代码”视图中，然后在标签<select>和</select>之间添加如下代码，以实现用户自由地选择个性照片的功能。

```
<select  name="photo" id="photo" onchange="myphoto.src=options[selectdindex]
value">
<% for i=1to 8 % >
<option value="picture/< %=i% >.jpg">image< % =i % >
</option>
< % next %>
</select>
```

（8）切换至“设计”视图中，在菜单域右侧输入文字“个性照片”，并在“属性”面板中设置其字体样式、大小、颜色等属性。设置完成后的“文档”窗口如图 12-53 所示。

2. 客户端验证

客户端验证功能是在书写留言的页面中实现的，具体操作步骤如下。

（1）在“文档”窗口中选中整个表单，在“标签检查器”面板中单击“行为”选项卡打开“行为”面板，单击“添加”按钮，从弹出的菜单中选择“检查表单”菜单项，弹出“检查表单”对话框，如图 12-54 所示。

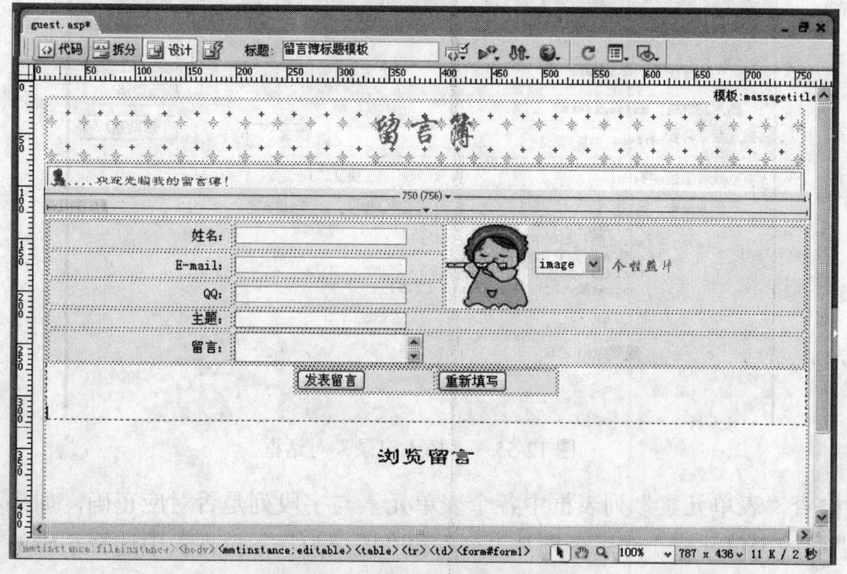

图 12-53　留言页面主体效果图

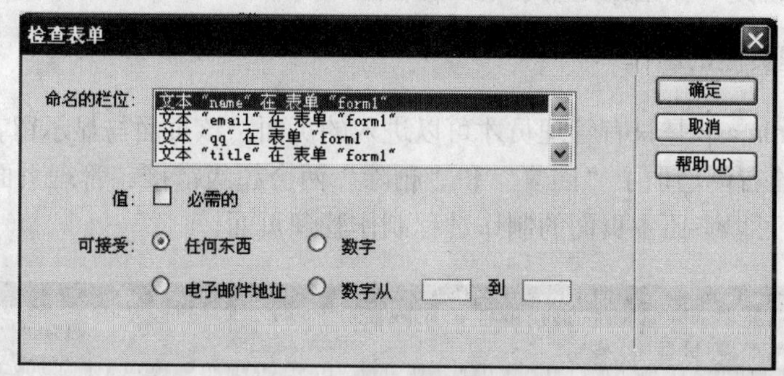

图 12-54　“检查表单”对话框

（2）从“命令的栏位”列表框中分别选择“文本‘name’在表单‘from1’”、“文本‘title’在表单‘form1’”和“文本‘content’在表单‘forml’”选项，并选中“必须的”复选框。

（3）从“命名的栏位”列表框中选择“文本‘email’在表单‘forml’”选项，在“可接受”单选按钮组中选中“电子邮件地址”单选按钮。

（4）单击“确定”按钮即可完成设置。

3．插入记录

要想将用户填写的留言添加到数据库中，就需要向页面添加一个“插入记录”的服务器行为，具体操作步骤如下。

（1）在“应用程序”面板中单击“服务器行为”选项卡，打开“服务器行为”面板，单击“添加”按钮[+]，从弹出的菜单中选择“插入记录”菜单项，弹出“插入记录”对话框，如图 12-55 所示。

（2）从“连接”下拉列表中选择 conmassage 选项；从“插入到表格”下拉列表中选择 massagedata 选项；单击“插入后，转到”文本框右侧的“浏览”按钮，从弹出的“选择文件”对话框中选择文件 index.asp；从“获取值自”下拉列表中选择“form1”选项。

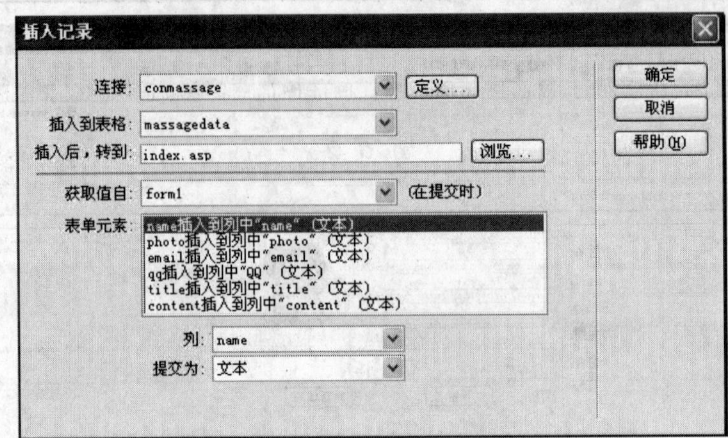

图 12-55　“插入记录”对话框

（3）检查“表单元素”列表框中各个表单元素与字段列是否对应正确，如果不正确则可选择对应错误的表单元素，然后分别从“列”和“提交为”下拉列表中选择正确的字段列及提交方式即可。

（4）单击“确定”按钮就完成了相应的设置。

12.9.6　管理页面的制作

管理页面 admin.asp 是只有管理员才可以进入的页面。该页面与显示留言的主页面类似，只是在每条留言的右侧增加了“回复”和“删除”两个超级链接。管理页面的最终效果如图 12-56 所示。用户可以参照主页面的制作过程制作管理页面。

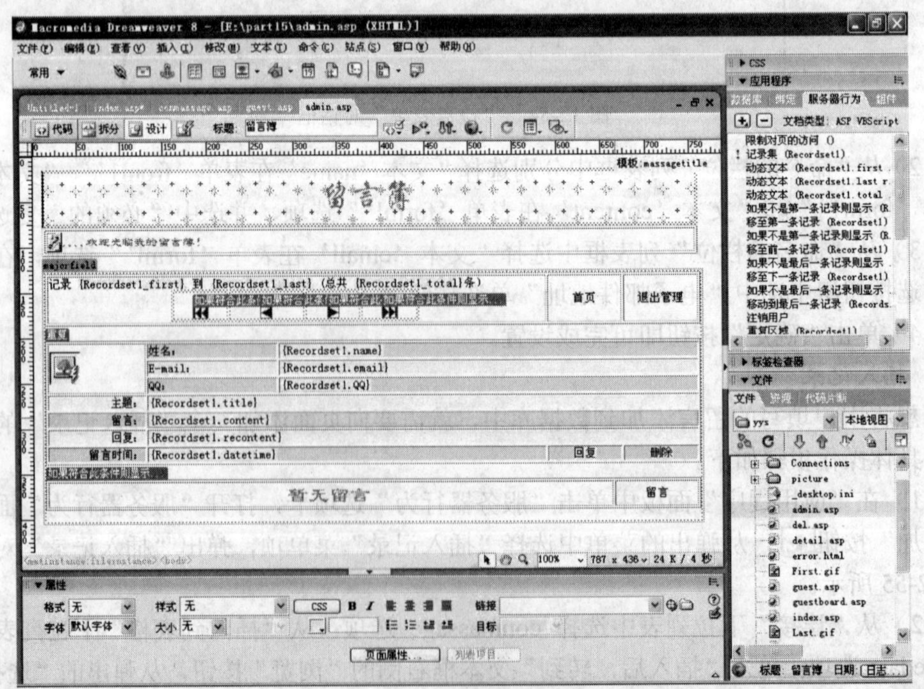

图 12-56　管理页面效果

下面分别介绍退出管理、回复以及删除的设置方法。

1. 退出管理

（1）在“文档”窗口中选中文本“退出管理”，打开“服务器行为”面板，单击“添加”按钮，从弹出的菜单中选择“用户身份验证”→“注销用户”菜单项，弹出“注销用户”对话框，如图 12-57 所示。

图 12-57　“注销用户”对话框

（2）在“在完成后，转到”文本框中输入 index.asp；或者单击“浏览”按钮，从弹出的“选择文件”对话框中选择文件 index.asp。

（3）单击“完成”按钮完成设置。

2. 回复

（1）在“文档”窗口中选中文本“回复”，打开“服务器行为”面板，单击“添加”按钮，从弹出的菜单中选择“转到详细页面”菜单项，弹出“转到详细页面”对话框，如图 12-58 所示。

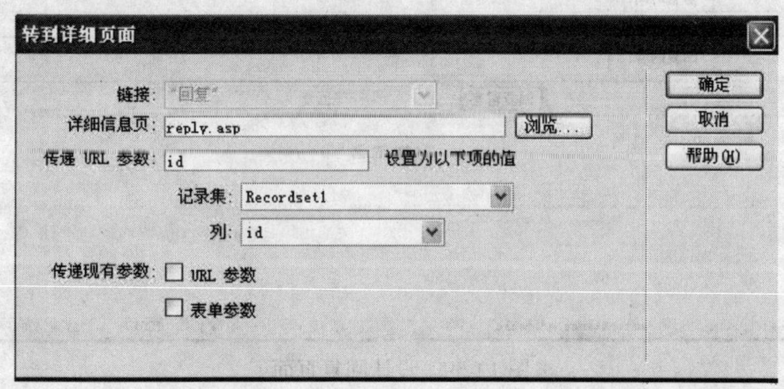

图 12-58　“转到详细页面”对话框

（2）单击“详细信息页”文本框右侧的“浏览”按钮，从弹出的“选择文件”对话框中选择文件 reply.asp，也可以直接在文本框中输入文件路径及名称。

（3）从“记录集”下拉列表中选择 Recordsetl 选项，从“列”下拉列表中选择 id 选项。单击“确定”按钮完成设置。

3. 删除

（1）在“文档”窗口中选择文本“删除”，打开“服务器行为”面板，单击“添加”按钮，从弹出的菜单中选择“转到详细页面”菜单项，弹出“转到详细页面”对话框，如图 12-58 所示。

（2）单击“详细信息页”文本框右侧的“浏览”按钮，从弹出的“选择文件”对话框中选择文件 del.asp，也可以直接在文本框中输入文件路径及名称。

（3）从“记录集”下拉列表中选择 Recordsetl 选项，从“列”下拉列表中选择 id 选项。单击“确定”按钮完成设置。

12.9.7 回复页面的设置

回复页面 reply.as; 主要用于管理员回复用户发表的留言。具体操作过程如下。

（1）在已经定义的站点中创建一个名为 reply.asp 的空白文档并将其打开。

（2）在“文件”面板中单击“资源”选项卡打开“资源”面板，从“名称”列表框中选择模板 massagetitle，然后选择“应用”按钮将模板应用到文档中。

（3）参照图 12-59 所示设计页面及相应的文字内容，为“回复留言”按钮设置“提交表单”动作，然后将文字“不予回复”连接到页面 damin.asp，“浏览留言”链接到页面 index.asp。

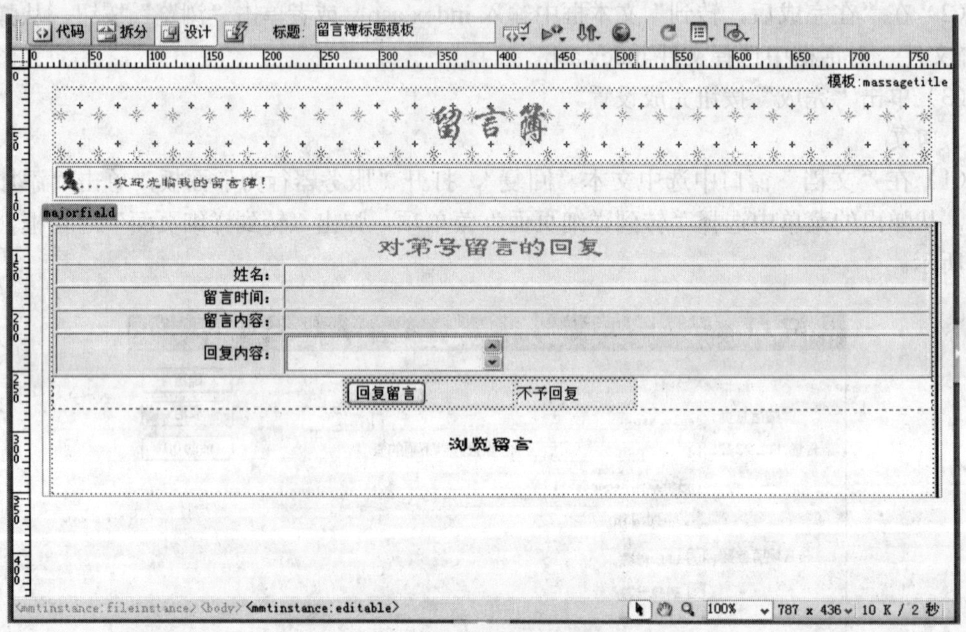

图 12-59 设计回复页面

（4）在“应用程序”面板中单击“绑定”选项卡打开“绑定”面板，单击“添加”按钮 ，从弹出菜单中选择“记录集（查询）”菜单项，弹出“记录集”对话框。

（5）在“链接”下拉列表中选择 conmassage 选项，在“表格”下拉列表中选择 massagedata 选项。

（6）选中“选中的”单选按钮，在按住 Ctrl 键的同时选择 id、name、content、recontent 和 datetime 等字段项，从“筛选”下拉列表中选择“id”选项，其余采用默认值即可。

（7）单击“确定”按钮完成添加记录集的操作。

（8）分别将记录集中的字段项绑定到对应的单元格中，如图 12-60 所示。

（9）打开“服务器行为”面板，单击“添加”按钮 ，从弹出的菜单中选择“更新记录”菜单项，弹出“更新记录”对话框，如图 12-61 所示。

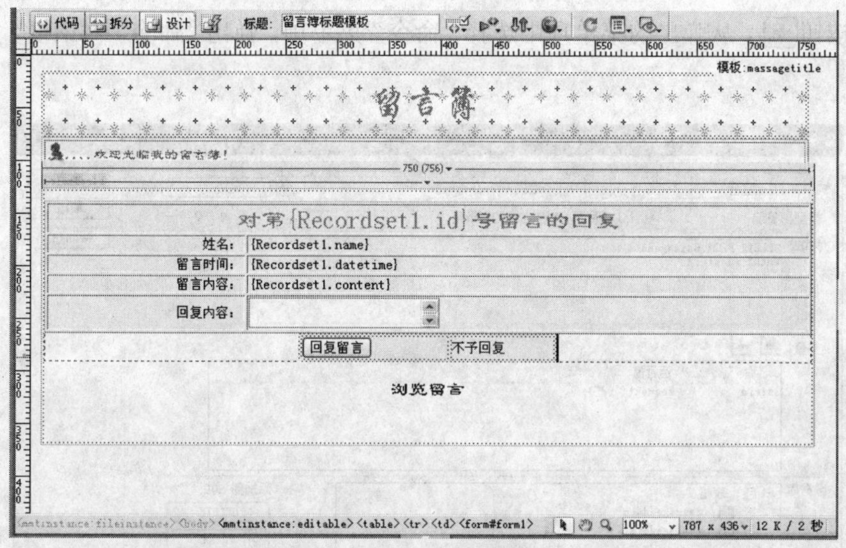

图 12-60　绑定记录集

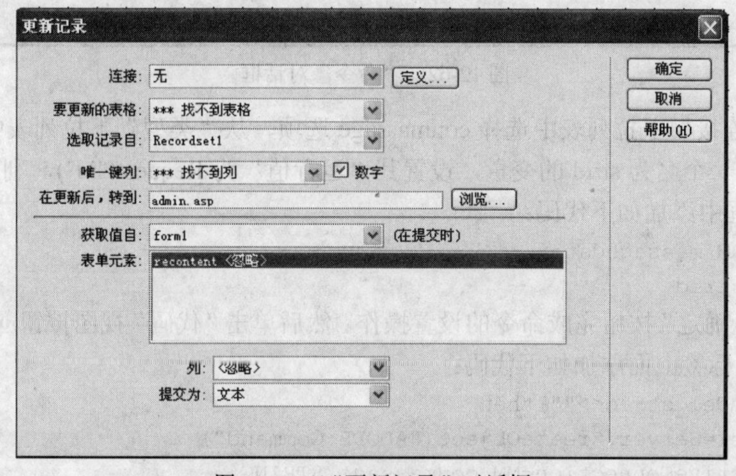

图 12-61　“更新记录”对话框

（10）从“连接”下拉列表中选择 conmassage 选项；从“要更新的表格”下拉列表中选择 massagedata 选项；从“选取记录自”下拉列表中选择 Recordsetl 选项，从“唯一键列”下拉列表中选择 id 选项，单击“在更新后，转到”文本框右侧的“浏览”按钮，从弹出的“选择文件”对话框中选择文件 admin.asp；从“获取值自”下拉列表中选择 form1 选项。

（11）检查“表单元素”组合框中的更新列是否对应正确，如果对应有错误，则可以从“列”和“提交为”下拉列表中选择相应的选项，单击“确定”按钮完成设置。

12.9.8　删除页面的制作

删除页面 del.asp 主要用于删除用户的留言，该页面根据管理页面 admin.asp 传过来的 id 值，利用“命令”菜单项实现删除操作，所以该页面不需要制作前台界面。该页面的具体操作步骤如下：

（1）在“应用程序”面板中单击“服务器行为”选项卡，打开“服务器行为”面板，单击“添加”按钮，从弹出的菜单项中选择“命令”菜单项，弹出“命令”对话框，如图 12-62 所示。

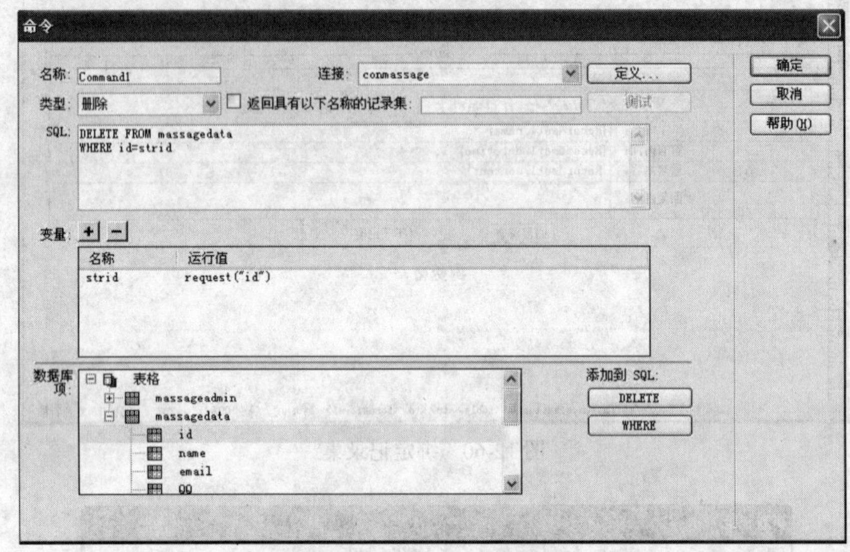

图 12-62 “命令”对话框

（2）从“连接”下拉列表中选择 conmassage 选项，从“类型”下拉列表中选择“删除”选项，然后添加一个名为 strid 的变量，设置其“运行值”为 Request("id")，利用“数据库项”树在 SQL 文本框中添加如下代码：

```
DELETE FORM massagedata
WHERE id=strid
```

（3）单击“确定”按钮完成命令的设置操作。然后单击“代码”视图按钮切换至“代码”视图中，在标签上面添加如下代码：

```
<% if(commdel_strid<>"")then
set Commdel=Server.CreateObject("ADODB.Command")
Commdel.ActiveConnection=MM_conmassage_STRING
Commdel.CommandText="DELETE FORM massagedata WHERE id="+Replace(Commdel_strid,"'","''")+""
Commdel.CommandType=4
Commdel.CommandTimeout=0
Commdel.Prepared=true
end if
'执行删除操作后，转道其他页面
response.Redirect("admin.asp")
%>
```

至此删除页面制作完成，然后保存该文档即可。

12.9.9 登录机制

由于普通用户只有留言和预览留言的权利，所以不需要登录。而对于管理员来说，当进入管理员页面进行维护、删除和修改时，就要有一个登录机制来保证这些页面是不能被其他用户进入的。

1. 登录页面的制作

限制用户登录采用的方法是：首先在数据库中存储管理员的用户名和密码，当访问者要访问这些限制访问的页面时，系统就会要求访问者输入用户名和密码，然后将用户输入的数据与数据库中的记录进行核对，符合则允许进入，否则不允许登录该限制页面。

制作登录页面的具体步骤如下：

（1）在已经定义的站点中创建一个名为 lonin.asp 的空白文档。打开“资源”面板，选择模板 massagetitle 选项后单击“应用”按钮，将模板应用到该文档中。

（2）在文档的可编辑区域内插入一个表单，参照图 12-63 在该表单中制作登录页面的表格，然后分别将“提交”和“重置”按钮的动作设置为“提交表单”和“重设表单”。

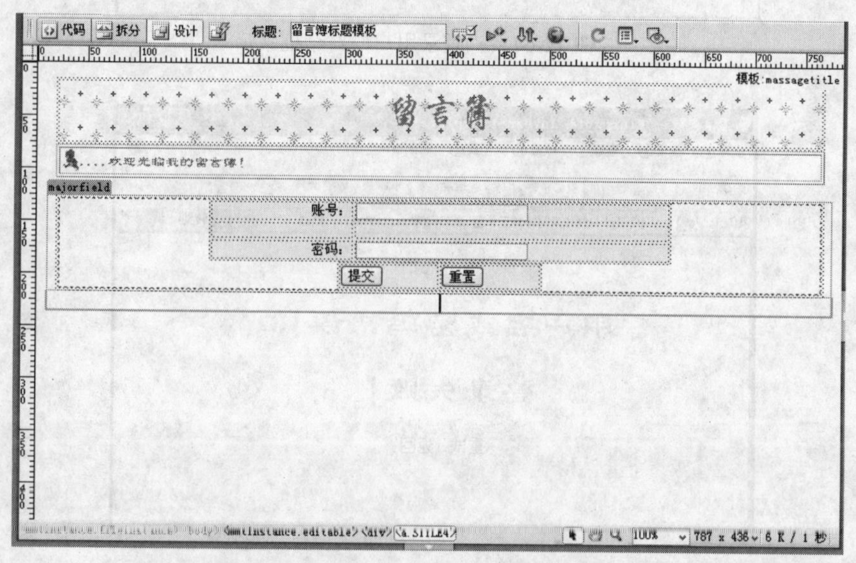

图 12-63　制作登录页面

（3）在表单的下方输入“浏览留言”，在“属性”面板中设置其字体样式及大小等属性，并将其链接到主页面 index.asp。

（4）打开“服务器行为”面板，单击“添加”按钮[+]，从弹出的菜单中选择“用户身份验证”→“登录用户”菜单项，弹出如图 12-64 所示的“登录用户”对话框并进行如下的设置。在“从表单获取输入”文本框中输入 forml，在“用户字段名”的文本框中输入 numbel，在“密码字段”文本框中输入 password，在“使用连接验证”文本框中输入 conmassage，在“表格”文本框中输入 massageadmin，在“用户名列”文本框中输入 administrator，在“如果登录成功，转到”文本框中输入 admin.asp，在“如果登录失败，转到”文本框中输入 error.html，在“基于以下项限制访问”单选按钮组中单选“用户名和密码”，设置完成后单击“确定”按钮即可完成登录页面的制作。

2. 登录失败页面的制作

登录失败页面的制作很简单，只需要新建一个名为 error.html 的空白文档，在文档中输入登录失败的信息，然后将“重试”和“返回”分别链接到页面 lonin.asp 和 index.asp 即可，如图 12-65 所示。

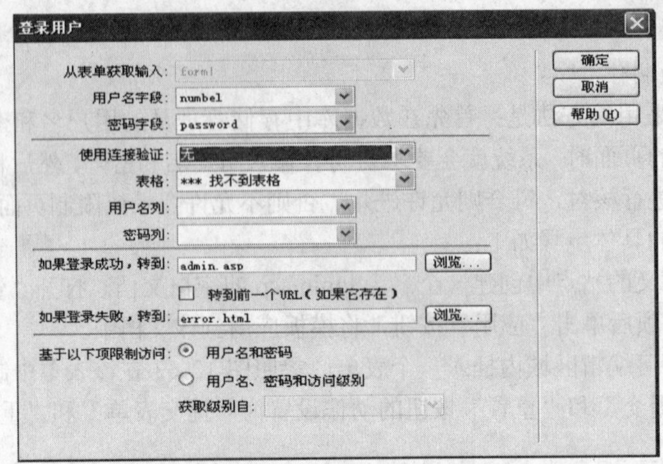

图 12-64 “登录用户”对话框

图 12-65 登录失败的页面

3. 限制未登录用户访问

页面 admin.asp、del.asp 和 reply.asp 是禁止非授权用户访问的页面，所以需要添加“限制对页的访问”服务器行为来判断是否允许登录，具体的操作步骤如下：

（1）分别打开页面 admin.asp、del.asp 和 reply.asp 这些需要限制登录用户访问权限的页面。

（2）打开“服务器行为”面板，单击“添加”按钮，从弹出的菜单中选择“用户身份验证”→“限制对页的访问”菜单项，弹出“限制对页的访问”对话框，如图 12-66 所示。

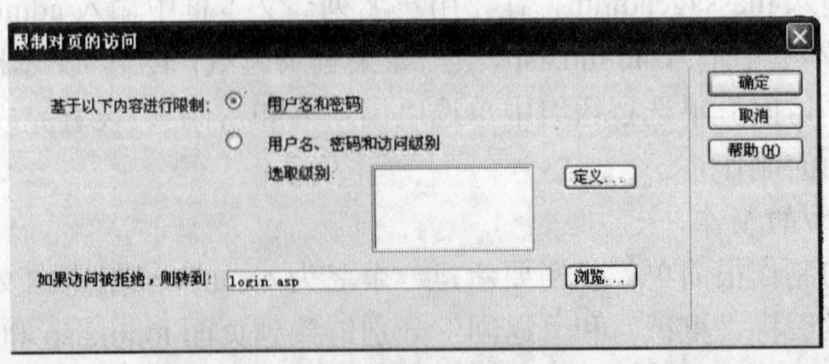

图 12-66 “限制对页的访问”对话框

（3）选中“用户名和密码”单选按钮，然后单击“如果访问被拒绝，则转到”文本框右侧的“浏览”按钮，从弹出的“选择文件”对话框中选择文件 login.asp。

这样当访问者访问页面 admin.asp、del.asp 或 reply.asp 时，系统就会自动弹出页面 login.asp，要求用户输入用户名和密码。

12.9.10　共享源文件夹

在编辑网页的过程中，如果要通过浏览器来预览，有时候会出现“数据库使用中”的错误信息提示。这种情况很可能是因为主窗口中的数据库所在之处的安全设置有一些问题，此时需要将站点根文件夹设置为共享。

将站点根文件夹设置为共享的具体操作如下：

（1）在站点根文件夹上右击鼠标，从弹出的快捷菜单中选择“共享和安全”菜单项，如图 12-67 所示。

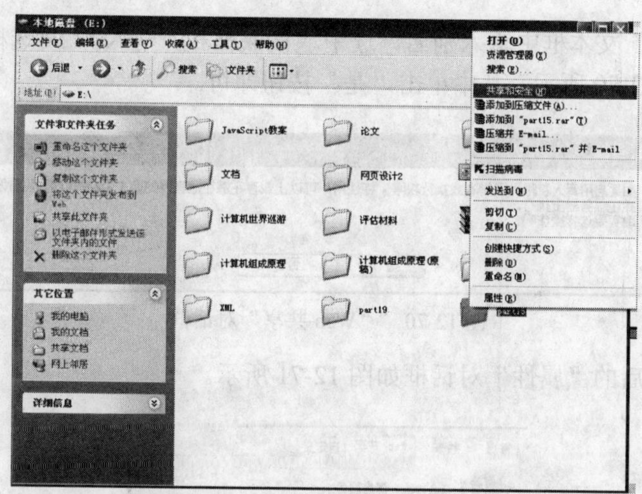

图 12-67　选择“共享和安全”菜单项

（2）随即会弹出站点文件夹的“属性”对话框，切换至“Web 共享”选项卡，如图 12-68 所示。

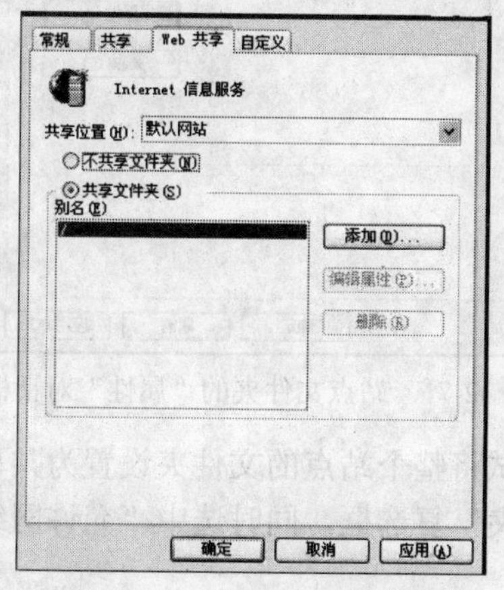

图 12-68　“Web 共享”选项卡

（3）选中“共享文件夹”单选按钮，弹出“编辑别名”对话框，如图 12-69 所示。

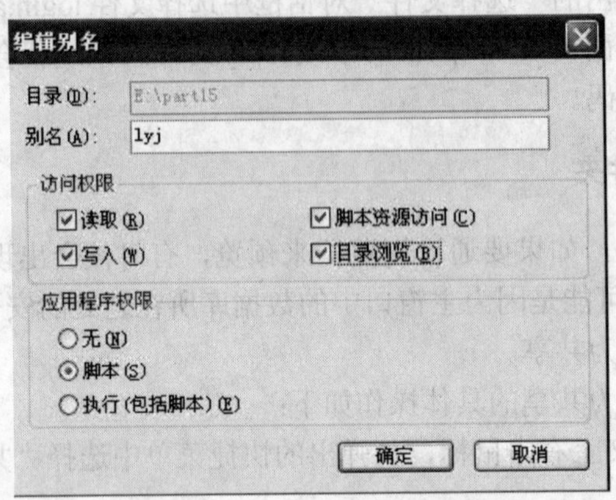

图 12-69 “编辑别名”对话框

（4）在“别名”文本框中输入别名，选中“读取”和“写入” 复选框，弹出“Web 共享”对话框，如图 12-70 所示，从中单击“是”按钮即可。

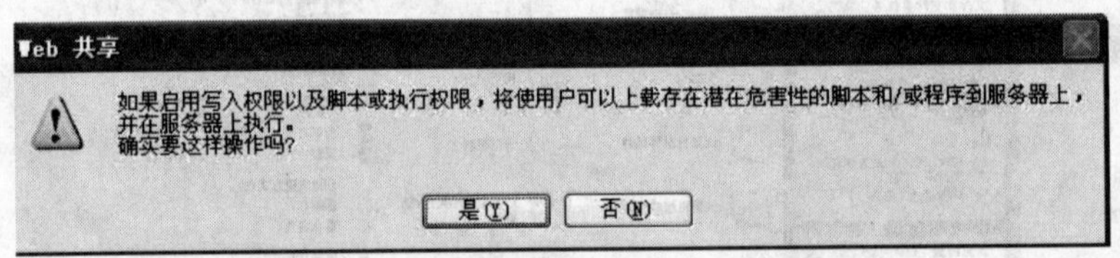

图 12-70 “Web 共享”对话框

（5）设置完成后的“属性”对话框如图 12-71 所示。

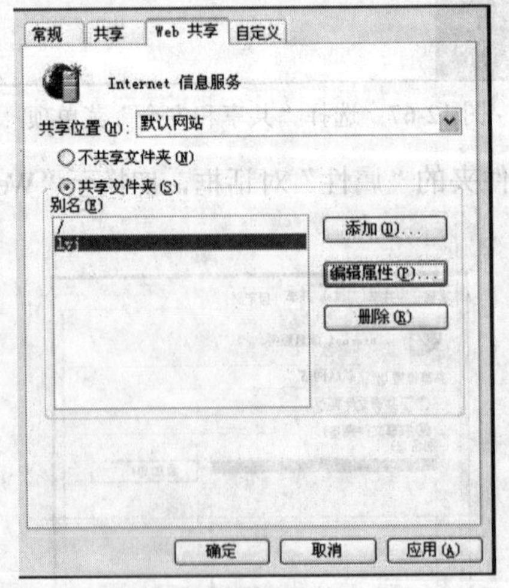

图 12-71 站点文件夹的“属性”对话框

如果仍然有问题，则可尝试将整个站点的文件夹设置为共享。即切换至“共享”选项卡，选中“在网络上共享这个文件夹”复选框，同时选中“允许网络用户更改我的文件”复选框，然后单击“确定”按钮即可。

本章思考与练习

1．简述静态网页与动态网页的区别。
2．简述搭建服务器平台的过程。

上机练习

1．制作如图 12-72 所示效果的动态网页。

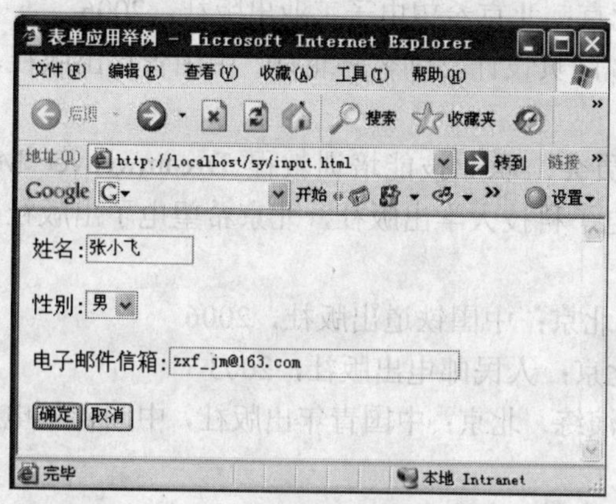

（a）

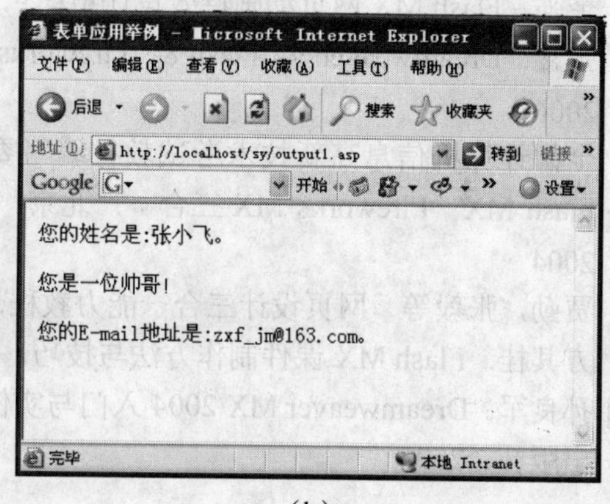

（b）

图 12-72　动态网页

2．制作用户登录检测的动态网页。

参考文献

[1] 鲁晓成，王志敏．网页设计与制作．武汉：华中科技大学出版社，2004

[2] 邵杰．网页设计三合一教程．北京：地质出版社，2006

[3] 冯跃辉，黄智诚．新编网页设计与制作教程．北京：冶金工业出版社，2005

[4] 神龙工作室．Dreamweaver 8 完全自学手册（中文版）．北京：北京人民邮电出版社，2007

[5] 余强．Flash MX 网页动画特效设计精粹．北京：北京希望电子工业出版社，2006

[6] 张鑫．Dreamweaver 8　Flash 8　Fireworks 8 网页设计三剑客．北京：中国青年出版社，2006

[7] 全国计算机信息高新技术考试教材编写委员会．职业技能培训教程 Dreamweaver MX　Flash MX　Fireworks MX 三合一．北京：电子科技大学出版社，北京希望电子出版社，2004

[8] 贾勤，张毅等．网页设计三合一能力教程．北京：中国铁道出版社，2006

[9] 方其桂．Flash MX 课件制作方法与技巧．北京：人民邮电出版社，2003

[10] 孙良军．Dreamweaver MX 2004 入门与实例演练．北京：中国青年出版社，中国青年电子出版社，2005